“十四五”普通高等学校规划教材

物联网应用实践教程

主　编　王　磊
副主编　范明凯　刘　云　荣漪涛

中国铁道出版社有限公司
CHINA RAILWAY PUBLISHING HOUSE CO., LTD.

内 容 简 介

本书围绕物联网实用技术展开，从基础的理论知识到相关的操作技能，从模拟仿真软件、开源硬件、物联网平台使用、真实商用场景介绍、实际应用案例介绍等多个方面、多个维度介绍了物联网技术。

本书共 8 章，主要内容包括物联网概述、物联网模拟仿真软件介绍、无线传感器网络概述、Arduino 概述、Arduino 相关电子元件介绍、物联网云平台介绍、物联网智能家居系统介绍和物联网智能农业系统应用。通过学习本书，读者可以对物联网中使用的各类相关技术有一定的了解和认识。

本书适合作为高等院校物联网工程专业、网络工程专业、计算机科学与技术专业的教材，也可以作为高职院校计算机类专业的教材，此外还可以作为 1+X 职业资格证书和上海市等级证书的辅助参考教材。

图书在版编目（CIP）数据

物联网应用实践教程/王磊主编. —北京:中国铁道出版社有限公司，2021.7（2024.7重印）

“十四五”普通高等学校规划教材

ISBN 978-7-113-27917-2

Ⅰ.①物… Ⅱ.①王… Ⅲ.①物联网-高等学校-教材 Ⅳ.①TP393.4②TP18

中国版本图书馆CIP数据核字(2021)第075185号

书　　名：物联网应用实践教程
作　　者：王　磊

策　　划：王春霞　　**编辑部电话：**（010）63551006
责任编辑：王春霞　李学敏
封面设计：刘　颖
责任校对：焦桂荣
责任印制：樊启鹏

出版发行：中国铁道出版社有限公司（100054，北京市西城区右安门西街 8 号）
网　　址：https://www.tdpress.com/51eds/
印　　刷：北京铭成印刷有限公司
版　　次：2021 年 7 月第 1 版　2024 年 7 月第 2 次印刷
开　　本：880 mm×1 230 mm 1/16　**印张：**20　**字数：**484 千
书　　号：ISBN 978-7-113-27917-2
定　　价：54.00 元

版权所有　侵权必究

凡购买铁道版图书，如有印制质量问题，请与本社教材图书营销部联系调换。电话：（010）63550836

打击盗版举报电话：（010）63549461

前 言

本书围绕物联网技术展开，从基础的物联网定义、层次结构、关键技术、应用场景等内容开始，介绍了无线传感器网和物联网之间的区别，分别讲解了 Cisco Packet Tracer 和华清远见两款模拟仿真软件，引入了 Arduino 和树莓派两款开源硬件，搭建了智能家居和智慧农业两个实际应用场景，此外还介绍了物联网平台的基本应用，从多个维度、多个方面对物联网的相关理论知识和操作技能进行了详细的说明和介绍。

本书落实立德树人根本任务，坚定文化自信，践行二十大报告精神。全书共 8 章：第 1 章主要介绍了物联网的基本概念，包括定义、由来、发展现状、层次结构、关键技术、应用场景等；第 2 章主要介绍了 Cisco Packet Tracer 和华清远见两款模拟仿真软件，通过模拟仿真的方式实现了设备的连接、配置，实现了相关场景功能；第 3 章主要介绍了无线传感器网络的基本定义、来源、发展历程、标准等内容；第 4 章主要介绍了创客文化、Arduino 开源硬件的由来、Arduino 编程语言、程序结构、数字 I/O 口和模拟 I/O 口的基本使用，Fritzing 绘图软件的基本使用；第 5 章主要介绍了 Arduino 的相关外围设备及相关应用，讲解了各类传感器，并实现了如 RFID 读卡实验、自动灌溉实验、ESP8266 联网实验等；第 6 章主要介绍了各类物联网云平台，并以阿里云物联网平台为例设计了 MQTT 的连接实验，实现了数据的模拟上云操作；第 7 章主要以智能家居为例，介绍了智能家居系统的基本定义、关键技术、发展现状，并使用华清远见模拟仿真软件完成了智能家居系统的模拟仿真，结合 Arduino 和 OneNET 平台实现了温湿度监测系统，介绍了杭州鸿雁电器有限公司在物联网智能家居系统中的实际应用案例；第 8 章主要介绍了智慧农业的基本定义、传感器的类型，结合华清远见仿真软件设计了智慧农业系统，结合 Arduino 和树莓派搭建了农业环境监控系统。

本书由王磊任主编，范明凯、刘云、荣漪涛任副主编，具体编写分工如下：第 1、7 章由刘云编写，第 2、3 章由范明凯编写，第 4、6 章由荣漪涛编写，第 5、8 章由王磊编写并对全书进行统稿。

本书在编写过程中得到了众多同行的支持和帮助，上海因仑信息技术有限公司的孙鹏、上海紫越网络科技股份有限公司的李善勇，在教材编写过程中均给予了支持，此外，上海建桥学院物联网工程系学生杨元淏、金日成、仲子良、陈颖彤和雷陈卉协助了部分实验内容的整理，在此也表示感谢！

由于编者水平有限，不妥和疏漏之处在所难免，恳请广大读者批评指正。各位读者如在教学及学习过程中有疑惑，可以直接通过邮件或微信联系编者，编者 Email 地址为：03010@gench.edu.cn，答疑微信号如下。

微信答疑

编　者

2024 年 7 月

目 录

第1章 物联网概论

本章主要介绍物联网的基本定义、由来、发展现状、工业物联网的基本概念，对物联网的基本层次架构、技术特征、关键技术、应用场景等内容进行了详细地介绍和说明，并对物联网的标准制定情况和物联网的安全性问题进行了说明。

1.1 物联网

1.1.1 物联网定义

自从1999年提出物联网（Internet Of Things，IOT）的概念后，物联网逐渐进入人们日常生活的各个方面。物联网最基本的定义就是物物相连的互联网，其中包括两层含义：其一是物联网的核心和基础是互联网，物联网是在互联网的基础上延伸和扩展出来的网络；其二是物联网的面向对象延伸和扩展到了任何物品和物品之间，进行信息交换和通信。物联网可以认为是把所有物品通过射频识别技术、传感器技术等信息传感设备与互联网连接起来，实现智能化识别和管理，被称为是继计算机、互联网之后，世界信息产业的第三次浪潮。

虽然物联网是在互联网的基础上延伸和扩展出来的，但物联网绝不同于互联网，其主要的区别如下：

（1）服务对象不同，互联网的服务对象是人，通过互联网可以实现人与人之间的信息通信，而物联网的服务对象是物，通过物联网可以实现管理物，让物与物之间的信息沟通，并最终服务于人，物联网是为物而生，通过物体之间的信息沟通，实现智能控制和管理，因此相对而言物联网比互联网更加复杂，应用的范围更加广泛，但是互联网又是物联网的基础，没有互联网就不会有物联网。

（2）连接方式不同，互联网实现的是人与人之间的沟通，因此终端设备包括各种服务器、笔记本电脑、台式机、移动终端等，连接方式根据应用系统不同，接入方式也不同。而物联网实现的是物物相连的信息传输，因此其终端设备一般是各类传感器节点、射频识别（RFID）芯片等，接入方式也可以选择无线传感器网络或者RFID应用系统接入互联网。

（3）技术范围不同，物联网涉及涵盖的范围几乎包括信息通信技术的所有领域，互联网只是其中的一个技术方向，互联网实现的主要是虚拟的交流，而物联网实现的是真实的物体跟物体之间的交流。

国际电信联盟（ITU）发布的ITU互联网报告，对物联网的定义如下：通过二维码识读设备、射频识别装置、红外感应器、全球定位系统和激光扫描器等信息传感设备，按约定的协议，把任何物品与互联网相连，进行信息交换和通信，以实现智能化识别、定位、跟踪、监控和管理的一种网络。

百度百科对物联网的定义是指通过信息传感器、射频识别技术、全球定位系统、红外感应器、激光扫描器等各种装置与技术，实时采集任何需要监控、连接、互动的物体或过程，采集其声、光、热、电、力学、化学、生物、位置等各种需要的信息，通过各类可能的网络接入，实现物与物、物与人的泛在连接，实现对物品和过程的智能化感知、识别和管理。物联网是一个基于互联网、传统电信网等的信息承载体，它让所有能够被独立寻址的普通物理对象形成互联互通的网络。

2010年3月，我国政府工作报告所附的注释中对物联网的定义是，物联网是指通过信息传感设备，按照约定的协议，把任何物品与互联网连接起来，进行信息交换和通信，以实现智能化识别、定位、跟踪、监控和管理的一种网络，它是在互联网基础上延伸和扩展的网络。

1.1.2 物联网的由来

1991年，美国施乐公司（Xerox）的首席科学家马克·维瑟（Mark Weiser，1952.7.23—1999.4.27）在《科学美国人》杂志上发表了《21世纪的计算机》、*The Computer for the 21st Century*一文，对计算机的未来发展进行了大胆的预测。在文中，他开创性地提出“泛在计算”（Ubiquitous Computing，UC）的思想，认为计算机将发展到与普通事物无法分辨为止，人们能随时随地通过任何智能设备上网享受各项服务，计算机技术最终将无缝地融入日常生活中。

1995年，美国微软公司联合创始人比尔·盖茨（Bill Gates）在其著作《未来之路》中有这样的一段精彩描述：“当你走进机场大门时，你的袖珍个人计算机与机场的计算机相联，就会证实你已经买了机票；而你所遗失或遭窃的照相机将自动发回信息，告诉用户它现在所处的具体位置，甚至当它已经身处不同的城市的时候……”比尔·盖茨在这里提及的便是“物物互联”的设想。然而受限于当时无线网络、硬件及传感设备的发展水平，他的美好设想并未引起当时人们的重视。

1999年，在美国召开的移动计算和网络国际会议上，美国麻省理工学院自动识别中心（MIT Auto-ID Center）的凯文·阿什顿（Kevin Ashton）教授（见图1-1）在研究射频识别技术时结合物品编码、RFID和互联网技术的解决方案首次提出了“物联网”的概念，他因此也被称作是“物联网之父”。

2005年，国际电信联盟（ITU）在突尼斯举行的信息社会世界峰会（WSIS）上正式确定了“物联网”的概念，并在之后发布的《ITU互联网报告2005：物联网》报告中给出了较为公认的“物联网”定义：物联网是通过智能传感器、射频识别设备、卫星定位系统等信息传感设备，按照约定的协议，把任何物品与互联网连接起来，进行信息交换和通信，以实现对物品的智能化识别、定位、跟踪、监控和管理的一种网络。显而易见，物联网所要实现的是物与物之间的互联、共享、互通，因此又被称为“物物相连的互联网”。作为新一代信息技术的高度集成和综合运用，物联网备受各界关注，也被业内认为是继计算机和互联网之后的第三次信息技术革命。当前，物联网已经应用在仓储物流、城市管理、交通管理、能源电力、军事、医疗等领域，广泛涉及国民经济和社会生活的方方面面。

图 1-1　凯文·阿什顿教授

2006 年，韩国确立了 U-Korea 计划，该计划旨在建立无所不在的社会（Ubiquitous Society），在民众的生活环境里建设智能型网络（如 IPv6、BcN、USN）和各种新型应用（如 DMB、Telematics、RFID），让民众可以随时随地享有科技智慧服务。2009 年，韩国通信委员会出台了《物联网基础设施构建基本规划》，将物联网确定为新增长动力，提出到 2012 年实现“通过构建世界最先进的物联网基础实施，打造未来广播通信融合领域超一流信息通信技术强国”的目标。

2009 年，欧盟发表了欧洲物联网行动计划，描绘了物联网技术的应用前景，提出欧盟政府要加强对物联网的管理，促进物联网的发展。

2009 年 1 月 28 日，IBM 首次提出“智慧地球”概念，建议新政府投资新一代的智慧型基础设施。当年，美国将新能源和物联网列为振兴经济的两大重点。

2009 年 2 月 24 日，IBM 论坛上，IBM 大中华区首席执行官钱大群公布了名为“智慧的地球”的最新策略。此概念一经提出，即得到美国各界的高度关注，甚至有分析认为 IBM 公司的这一构想极有可能上升至美国的国家战略，并在世界范围内引起轰动。

2009 年 8 月，温家宝“感知中国”的讲话把我国物联网领域的研究和应用开发推向了高潮，无锡市率先建立了“感知中国”研究中心，中国科学院、运营商、多所大学在无锡建立了物联网研究院，无锡市江南大学还建立了全国首家实体物联网工厂学院。自温家宝提出“感知中国”以来，物联网被正式列为国家五大新兴战略性产业之一，写入“政府工作报告”，物联网在中国受到了全社会极大的关注，其受关注程度是在美国、欧盟以及其他各国不可比拟的。

目前，物联网的概念已经是一个“中国制造”的概念，它的覆盖范围与时俱进，已经超越了 1999 年凯文·阿什顿教授和 2005 年 ITU 报告所指的范围，物联网已被贴上“中国式”标签。截至 2010 年，发改委、工信部等部委正在会同有关部门，在新一代信息技术方面开展研究，以形成支持新一代信息技术的一些新政策措施，从而推动我国经济的发展。根据 2012 年第三届中国国际物联网博览会透露的消息，2012 年全球物联网市场规模会超过 1 700 亿美元，2015 年 3 500 亿美元，年增长率接近 25%，到 2020 年，世界进入万物互联的世界，物联网也被称为是下一个万亿美元级别的信息技术产业。

1.1.3　国内外物联网发展概况

随着物联网技术的不断成熟，国内外各个国家和地区都出台了符合自己国情的物联网发展计划，以下就分别对美国、欧盟、日本、韩国、中国进行相关的介绍和说明。

1. 美国的物联网发展

美国最先提出物联网的概念，并凭借其在互联网时代积累起来的在芯片、软件、互联网和高端应用集成等领域强大的技术优势，在军事、电力、工业、农业、环境监测、建筑、医疗、企业管理、空间和海洋探索等领域，大力推进RFID、传感器和M2M等应用，在物联网领域取得了明显的成效。

2008年，IBM提出“智慧地球”理念后，得到奥巴马政府的响应。《2009年美国恢复和再投资法案》提出，要在电网、教育、医疗卫生等领域加大政府投资力度带动物联网技术的研发应用，发展物联网成为美国推动经济复苏和重塑其国家竞争力的重点。美国国家情报委员会（NIC）发表的《2025年对美国利益潜在影响的关键技术报告》中，把物联网列为六种关键技术之一。此间，国防部“智能微尘”（Smart Dust）、国家科学基金会“全球网络研究环境”（GENI）等项目也都把物联网作为提升美国创新能力的重要举措。与此同时，以思科、德州仪器（TI）、英特尔、高通、IBM、微软等企业为代表的产业界也在强化核心技术，纷纷加大用于物联网软硬件技术的研发及产业化的投入。物联网已经开始在军事、工业、农业、环境监测、建筑、医疗、空间和海洋探索等领域投入应用。

2010年至2011年，美国联邦政府颁布了关于政府机构采用云计算的政府文件以及《联邦云计算策略》白皮书，前者提出了制定一个政府层面风险授权的计划，建议对云计算服务商进行安全评估和授权认定，通过“一次认证，多次使用”的方式加速云计算的评估和结果的获取，从而降低风险评估的费用，增强政府管理目标的开放性和透明度，积极推广云计算在政府各部门的应用。后者则对云计算定义、云计算转移IT基本构架、云计算改变公共信息部门等内容进行了阐述。美国联邦政府还计划在每年800亿美元的IT项目支出中，划拨25%的份额（约200亿美元）投入云计算的研发应用。

2015年是AT&T物联网业务发展的关键一年。AT&T专门成立了“移动和商业”事业部门，把车联网、物联网业务当作未来最大的利润增长点，其目标是通过提供更加多样化的服务，使更多的营收来自于车联网和物联网。其物联网业务布局主要分为六大模块，分别是车联网、智慧城市、家庭连接、商业连接、智能设备和智能医疗。车联网是发展的重中之重。2016年第一季度，AT&T网内新增120万个连接设备，其中包括100万台汽车。

美国在物联网产业方面的优势正在加强与扩大。美国将物联网发展和重塑智能制造业优势结合，希望借此重新占领全球制造业制高点，并借助联合GE、Amazon、Accenture、Cisco等打造符合工业物联网与海量数据分析平台，推动工业物联网标准框架制定。

在2016年11月发布的《保障物联网安全的战略原则》版本1.0中，美国国土安全部（DHS）表示，物联网制造商必须在产品设计阶段构建安全，否则可能会被起诉。随着物联网产业的发展，物联网带来的安全问题开始受到政府等的重视。

2018年5月22日，美国众议院能源和商业委员会下的数字商业和消费者保护小组委员会就“SMART物联网法案”（又被称为“IoT的现代应用、研究和趋势法案”）草案举行听证会。

以2019年到2020年的数据来看，物联网的应用持续增加，美国有92%的公司正在使用物联网技术，86%的公司认为物联网技术对公司的发展至关重要，69%的公司计划在未来2年内更多地使用物联网技术。整个美国在物联网应用方面的投入也在不断增加，受新冠疫情的影响，物联网解决方案的应用比例在美国更是进一步提升，因此物联网技术的研发，物联网应用案例的实施必将进一步成为美国未来发展的重中之重。

2. 欧盟

2009年6月发布的《欧盟物联网行动计划通告》，目的是确保欧洲在构建物联网的过程中起主导作用。通告提出了14项物联网行动计划。同年9月发布的《欧盟物联网战略研究路线图》，提出欧盟到2010、2015、2020年三个阶段物联网研发路线图，并提出物联网在航空航天、汽车、医药、能源等18个主要应用领域，以及识别、数据处理、物联网架构等12个方面需要突破的关键技术领域。

2009年11月，欧盟委员会以政策文件的形式对外发布了物联网战略，提出要让欧洲在基于互联网的智能基础设施发展上领先全球，除了通过ICT研发计划投资4亿欧元，启动90多个研发项目提高网络智能化水平外，欧盟委员会还于2011—2013年间每年新增2亿欧元进一步加强研发力度，同时拿出3亿欧元专款，支持物联网相关公司合作短期项目建设。

为了加强政府对物联网的管理，消除物联网发展的障碍，欧盟制定了一系列物联网相关的管理规则，并建立了一个有效的分布式管理架构，使全球管理机构可以公开、公平、尽责地履行管理职能。为了完善隐私和个人数据保护，欧盟提出持续监测隐私和个人数据保护问题，修订相关立法，加强相关方对话等；执委会将针对个人可以随时断开联网环境开展技术、法律层面的辩论。此外，为了提高物联网的可信度、接受度、安全性，欧盟积极推广标准化，执委会将评估现有物联网相关标准并推动制定新的标准，确保物联网标准的制定是在各相关方的积极参与下，以一种开放、透明、协商一致的方式达成。

欧盟的物联网愿景是，建立以人为中心的欧洲物联网单一市场，并且持续投资于创新的物联网生态系统。尽管英国退出了欧盟，但是欧盟仍然持续朝着“促进和平，追求富裕，持续经济发展，加强国际合作”的创办目标前进。物联网的发展一直是欧盟在过去十几年来不断努力的重要方向。

2010年，在欧盟第七框架计划（Framework Program 7，FP7）发布的“2011年工作计划”中，确立了2011至2012年期间ICT领域需要优先发展的项目。

2013年，欧盟通过Horizon 2020计划，针对之前FP7的研发重点计划提出更全面和国际化的规划，旨在利用科技创新促进经济成长、增加就业。其研发重点集中在传感器、架构、标识、安全隐私等。此外，欧盟也在其国家型科研计划FP7中设立IoT-A、IoT6、open IoT等一系列项目，布建智能电网、智能交通等智能城市应用项目。

2015年3月，欧盟成立了物联网创新联盟（Alliance for Internet of Things Innovation，AIOTI），汇集欧盟各成员国的物联网技术与资源，创造欧洲的物联网生态体系。同年5月，欧盟通过单一数字市场（Digital Single Market）策略，强调要避免分裂和促进共通性的技术和标准来发展物联网。在欧盟所提出的欧洲产业数字化（Digitising European Industry）新措施中，列出了三项具体行动：建构物联网的单一市场、强力发展物联网生态系统、深化以人为中心的物联网。2015年10月，欧盟发布“物联网大规模试点计划书”征求提案，广泛向全球征求各种发展物联网产业的好点子。

从2014年至2017年，欧盟共投资1.92亿欧元用于物联网的研究和创新。目前，欧盟物联网产业发展的重点领域包括：智慧农业、智慧城市、逆向物流（废弃产品回收）、智慧水资源管理和智能电网等。在发展物联网的同时，欧盟也同步进行各种预防性的研究，比如隐私和安全、商业模式、可用性、法律层面和对社会可能造成的冲击。

鉴于物联网的战略重要性，欧盟委员会在2016—2017年的工作计划中引入了一个单元专门以支持物联网的开放，并制定了一些关键性的计划文件，如《地平线2020 ICT工作计划2018—2020》及其欧洲数字化转型等。

2016年，欧盟成立了IoT欧洲平台，计划在欧洲范围内推广和构建充满活力和可持续发展的IoT生态系统。同年，欧盟启动了物联网大规模试验（LSP）计划，以测试和促进物联网在欧洲五个特定领域内的部署：智慧生活、智慧农业和食品安全、智慧城市和社区、可穿戴设备和自动驾驶。为了解决能源、农业和医疗保健领域的数字化转型问题，欧盟于2019年启动了另外三个大型试点项目。与此同时，欧盟委员会于2018年决定支持一个小组项目，用以专门解决数据安全和隐私问题。

物联网创新联盟在2017—2021年已经涵盖了物联网与相关技术的各个方面，着重指出了当前在物联网、5G网络、人工智能（AI）、机器人技术、量子计算、区块链和纳米技术等方面的研发活动将如何产生新的技术进步。

3. 日本

日本是世界上第一个提出“泛在网”战略的国家。2004年，日本政府在两期E-Japan战略目标均提前完成的基础上，提出了U-Japan战略，其战略目标是实现无论何时、何地、何物、何人都可受益于计算机通信技术（ICT）的社会。物联网包含在泛在网的概念之中，并服务于U-Japan及后续的信息化战略。通过这些战略，日本开始推广物联网在电网、远程监测、智能家居、汽车联网和灾难应对等方面的应用。

2009年3月，日本总务省（MIC）通过“数字日本创新计划”使物联网广泛应用于“泛在城镇”“泛在绿色ICT”“不撞车的下一代智能交通系统”等项目中。

2012年，日本总计发展物联网用户（放号量）超过317万，主要分布在交通、监控、远程支付（包括自动贩卖机）、物流辅助、抄表等九个领域；通过推出可车载、小型、轻量、廉价的物联网通信服务，在交通、物流行业发展了超过100万KDDI用户；而Softbank因为最迟涉足物联网行业，仅25万多用户，大部分是数码相框等个人电子消费品，还有少量的电梯监控和自动贩卖机业务。

2015年，日本发布中长期信息技术发展战略《i-Japan战略2015》，其目标是“实现以国民为中心的数字安心、活力社会”。i-Japan战略2015描述了2015年日本的数字化社会蓝图，阐述了实现数字化社会的战略。该战略旨在通过打造数字化社会，参与解决全球性的重大问题，提升国家的竞争力，确保日本在全球的领先地位。i-Japan战略2015在总结过去问题的基础上，从“以人为本”的理念出发，致力于应用数字化技术打造普遍为国民所接受的数字化社会。

在物联网平台建设方面，日本于2015年10月成立物联网推进联盟，该机构主要的职能为技术开发、活用及解决政策问题。在物联网推进联盟以下，共有4个工作会议，分别是技术开发

WG（Working Group）、先进实证事业推进WG、物联网安全WG，及促进数据流通WG。

在物联网运用电业方面，2016年6月，日本中部电力公司和NEC合作，通过物联网技术支持火力发电厂，通过装设在火力发电厂的传感器和累积的大量数据，针对火力发电厂的设备故障、发电效率下降、温度、压力等因素进行分析，进一步服务国内外火力发电厂。

目前，日本为了建构新的物联网社会，提出了应对的战略计划，对于能源而言，有效率的分配电力也需要物联网的技术支持，因此，日本已经开始着手新一轮的商业模式布局。

日本政府在2020年春开始大规模投入资源，主导进行数字管理准则与数字转型评价制度，从工业4.0开始进行数字化。日本出现了社会5.0，运用物联网技术配合各项技术，在许多地方产生了效果，影响层面更广，发展更迅速，物联网技术的发展也在日本社会得到了广泛的认可和重视。

4. 韩国

韩国将物联网的发展纳入了信息产业的范畴。从1997年推动互联网普及的Cyber-Korea21计划到2011年对RFID、云计算等技术发展的明确部署规划的14年中，韩国政府先后出台了8项国家信息化建设计划。自2010年之后，韩国政府从订立综合型的战略计划转向重点扶持特定的物联网技术——致力于通过发展无线射频技术、云计算等，使其成为促进国家经济发展的新推动力。

2004年，韩国提出为期十年的U-Korea战略，是推动物联网普及应用的主要策略。其目标是"在全球最优的泛在基础设施上，将韩国建设成全球第一个泛在社会"。为了更好实施U-Korea战略，2006年2月，韩国《U-IT839计划》提出，要建设全国性宽带（BcN）和IPv6网络，建设泛在的传感器网（USN），打造强大的手机软件公司；把发展包括RFID/USN在内的8项业务和研发宽带数字家庭、网络等9方面的关键设备作为经济增长的驱动力。

为推动USN在现实世界的应用并进行商业化，韩国在食品和药品管理、航空行李管理、军火管理、道路设施管理等方面进行了试点应用。2009年10月，韩国通信委员会出台了《物联网基础设施构建基本规划》（以下简称《规划》），明确了把物联网市场作为经济新增长动力的定位。《规划》提出了到2012年实现"通过构建世界最先进的物联网基础实施，打造未来广播通信融合领域超一流的信息通信技术强国"的目标，并确定了构建物联网基础设施、发展物联网服务、研发物联网技术、营造物联网扩散环境等4大领域、12项子课题。韩国通信委员会（KCC）决定促进"未来物体通信网络"建设，实现人与物、物与物之间的智能通信，由首尔市政府、济州岛特别自治省、春川市江原道三地组成试点联盟，建设物体通信基础设施。

为推动优化社会的建设，深入推进物联网特定技术的相关研究，韩国政府陆续出台了推动RFID发展的相关政策，RFID/USN（传感器网）就是其中之一。韩国RFID/USN政策主要由三大板块构成：RFID先导计划、RFID全面推动计划以及USN领域测试计划。

2011年3月，韩国知识经济部在经济政策调整会议上发布了隶属于"+α 产业培育战略"一部分的"RFID推广战略"。该战略主要包含3方面的内容。在制药、酒类、时装、汽车、家电、物流、食品等七大领域扩大RFID的使用范围，分别推行符合各领域自身特点的相应项目。其中，在制药和酒类两大领域，将推行RFID标签，而在食品领域，则将推行RFID示范项目，以增强食品流通记录的透明度。韩国计划研发在900 Hz和13.56 MHz带宽上均可使用的双读写芯片，并推广拥有双读写芯片的经济型手机USIM卡。同时，到2015年，在流动人口密集地区规划出50个智能RFID区，使人群在此类区域里可以利用装有RFID读写器的手机享受定位查询、信息检测、购物结算、演出票购买、观看视频等服务。

在2011年5月召开的经济政策调整会上，韩国放送通信委员会、行政安全部和知识经济部联合做出决定，计划到2014年前，向云计算领域投入6 146亿韩元（约合6亿美元），大力培育云计算产业，使韩国在2015年发展成为全球“云计算”强国。该会议还发表了《云计算扩散和加强竞争力的战略计划》。计划规定，政府从2012年起，将在政府综合计算机中心引进云系统供多个部门同时使用，并建设大型云检测中心。

2014年5月，韩国出版《物联网基本规划》。在规划中，韩国政府提出成为“超联数字革命领先国家”的战略远景，计划提升相关软件、设备、零件、传感器等技术竞争力，并培育一批能主导服务及产品创新的中小及中坚企业；同时，通过物联网产品及服务的开发，打造安全、活跃的物联网发展平台，并推进政府内部及官民合作等，最终力争使韩国在物联网服务开发及运用领域成为全球领先的国家。

韩国部分民众认为，2016年是韩国物联网元年，韩国两大通信运营商SK电信（SK Telecom）和韩国电信（Korea Telecom）争先部署物联网，为的是第一时间实现商用。两家都想把另一家运营商LG U+拉到自己的阵营，争夺市场的话语权。韩国曾经因为拥有最快网速而进入全球视野。在2016年，韩国又成为全世界物联网设备普及率最高的国家。

2018年，韩国物联网大会在韩国首尔召开，此次韩国国籍物联网展览会全面覆盖整个物联网产业链，包括RFID产品线、传感器及传感网络节点、通信技术产品、系统集成和软件、物联网整体解决方案等多个大类，并将重点展示物联网技术在个人生活、工业、安保、交通、环保、电力、物流等诸多领域的示范应用。这次展览会在物联网应用领域的系统、物联网设备、传感器与配件、物联网平台以及解决方案等展示，涵盖了物联网感知层、网络层、应用层、应用示范、车联网、人工智能、智慧生活、大数据云计算、信息安全、元器件产品、系统集成和软件等各类产品，集中展示各国物联网优秀成果，为各国物联网产品及解决方案提供全方位的采购平台。

在此次会议上，达成了一些物联网发展趋势，具体包括，其一，5G为物联网最新发展的主线，本次韩国的物联网展充分说明这一点，以LG、SK等为代表的韩国大企业集团全体都推出了各种基于5G的物联网应用场景和解决方案。特别在网络基站本身和围绕5G的应用上，可谓是花样百出，层出不穷，展会上有些公司的广告语就是“Hi Five 5G”。其二，工业物联网成为主角，韩国面积10万平方千米，其GDP世界排名第十，是世界第七大出口国和第九大进口国。其经济实力雄厚，钢铁、汽车、造船、电子、纺织等已成为韩国的支柱产业。韩国从20世纪70年代开始的30年，创造了与日本堪称的世界经济奇迹。短短的30年，韩国人走完了西方国家要用100年才走完的工业化进程。连自行车都不能生产的韩国却生产出了自己的汽车、火车、轮船。其中造船和汽车制造等行业更是享誉世界。韩国电子工业以高技术密集型产品为主，为世界十大电子工业国之一。其三，物联网民用产品更加亮眼，包括人工智能耳机、智能补丁、儿童体温计、电子面膜等。

5. 中国

我国的物联网产业起步较晚，但国家层面对于物联网产业的发展非常重视，2006年出台的《中国射频识别技术政策白皮书》，对射频识别产业化和应用的关键技术进行了深入的研究，促进了射频识别技术和互联网、通信等技术的有效结合。2009年提出了“感知中国”战略，以国家战略性新兴产业的高度大力推进其发展。“十二五”期间，在各级政府主管部门和产业界的努力下，物联网产业发展取得显著成效，成为全球物联网发展最为活跃的地区之一。2010年十七届五中全会指出要把促进物联网的发展纳入“十二五”规划，为物联网产业的发展提供了良好的政策环境。

2017年1月发布《信息通信行业发展规划物联网分册（2016—2020年）》，提出产业规模突破1.5万亿元的发展目标，并制定“强化产业生态布局”等重点任务。

近几年来，我国物联网产业规模高速增长。《信息通信行业发展规划物联网分册（2016—2020年）》指出，2015年底我国物联网产业规模已达7 500亿元，整个“十二五”期间年均复合增长率达到25%。我国机器到机器连接数突破1亿，成为全球最大市场，占全球总量31%。“十三五”期间，随着万物互联时代开启，我国物联网产业规模也将保持高速发展势头，在“十三五”末期产业规模突破1.5万亿元。

物联网作为一个新经济增长点的战略新兴产业，具有良好的市场效益，根据《2020—2026年中国工业物联网市场调查与投资战略研究报告》，2020年全球物联网市场规模达1.9万亿美元。麦肯锡预计，2025年全球物联网市场规模平均将达7.4万亿美元。同时，麦肯锡进一步将物联网应用场景分为工厂、城市、医疗保健、外部环境、工地、车辆、家庭、人类生产力、办公室9类，其中智慧家庭的市场规模将达2 750亿美元。全球消费级IOT销售额快速增长并于2017年超过智能手机。随着物联网行业的迅猛发展，消费级IOT销售额快速增长。2017年全球消费级IOT销售额为4 859亿美元，同比增长29.5%，并首次超过全球智能手机销售额。2020年全球消费级IOT销售额达到10 689亿元，其销售规模达到智能手机的2倍。

1.1.4　工业物联网概述

2006年，美国国家科学基金会的Helen Gill提出了CPS（Cyber Physical System）的概念，并将其列为重要的研究项目。由于CPS侧重于研究工业、制造业中嵌入式、自动化的信息系统，所以一开始也被直观地理解为“嵌入式物联网”。在“Cyber Physical System”一词中，“Cyber”指的是信息系统，“Physical”指的是物理系统（设备、环境、产生资料）。

CPS强调的是物理世界和信息世界之间实时的、动态的信息回馈、循环过程。它深度融合了各类信息技术：传感器、嵌入式计算、云计算、网络通信、软件，使得各种信息化能力（3C：计算Computer、通信Communication和控制Control）高度协同和自治，实现生产应用系统自主、智能、动态、系统化地监视并改变物理世界的性状。

CPS的目标，就是实现信息系统和物理世界，以及各信息系统之间的深度融合：在感知、互联互通（标准的通信、应用协议）、能力开放（互联网服务接口、API应用编程接口）、安全可控（身份认证、安全加密）、应用计算（数据计算、信息控制）的基础上，构建出一个巨大的、融合的、智能化的生产服务系统。

CPS所涵盖的应用范围十分广阔：从微小的纳米机器人，到庞大的工程基建设备，从城市交通信息提供，到远程手术医疗系统，交通、医疗、农业、能源、国防、建筑、制造业流水线都是其涉足的领域。就目前来看，CPS更偏重于科学研究，M2M、IOT则更注重于工程技术的落地。

在工业领域，生产系统在操控机械设备的同时，还接收并处理从物理世界反馈的信息（感知），生产操控中信息的“上传”和“下达”具有高度的实时协同性。在M2M、IOT、CPS这三种概念中，CPS正是为满足这种特性而设计的，也因此，被认定为工业领域的物联网（IIOT），下一代工业体系中的基础信息系统。

在工业领域中，未来的信息化应用场景和CPS技术构想有着很高的契合度，所以普遍认为CPS是实现工业物联网的核心技术。虽然通信领域的M2M和互联网领域的IOT已经先入为主，深得人心，在商业系统中和消费市场上已经呈现出了各式各样的应用和产品。但工业领域作为全球经济主动脉，才是未来物联网技术（即CPS）发展的核心领域。当然M2M、IOT、CPS相互之间并不是孤立的，在它们当中很多技术功能是相互交叉或互补的，它们都代表了重要的物联网领域，只是侧重不同而已。

工业物联网的发展经历了多个阶段，以下就分别进行介绍：

1. 工业4.0阶段

“工业4.0”的称谓源自德国。在2011年4月汉诺威工业博览会上，“工业4.0”第一次出现（来自《高技术战略2020》）。2013年4月，德国正式推出了“工业4.0”，并组建了一个由政府、企业、大学以及研究机构共同参与的大项目团队，举国上下共同推动代表着工业4.0的相关工作，明确了工业制造智能化与数字化的发展道路。项目团队中的合作企业包括西门子、博世、大众汽车、戴姆勒、汉莎航空等，而研究机构就是神秘而又著名的“弗劳恩霍夫研究所”。弗劳恩霍夫研究所作为主导研究机构，参与了德国工业4.0战略（2013年）的起草，并落实到其下属的多项生产领域的研究中。

2015年4月，德国经济技术部、教育研究部成为了工业4.0平台的指导机构。而后，工会组织也成为了平台成员。工业4.0随后推出了描述工厂场景的参考架构*Reference Architecture Model Industrie 4.0*（*RAMI4.0*），它成了德国举国推动的一场“革命”。从信息技术的角度来看，德国的工业4.0就是工业领域中面向全球并基于人工智能的信息物理系统（CPS）。

2. 工业互联网阶段

2012年，GE公司基于自身的“软件梦”，提出了“工业互联网”的概念。

2014年3月，美国五家顶级企业作为主要代表，发起了工业互联网联盟（Industrial Internet Consortium，IIC）。这五家企业分别是GE、AT&T、IBM、Intel和思科，一开始由GE主导。在此之前，后四家通信、IT公司都已经有相关的物联网概念提出，AT&T倡导“M2M”，IBM推出“智慧地球”，而思科打造了“IOE（Internet Of Everything）”。各家的概念不同，但愿景一致，其发展方向不仅是像工业4.0那样实现制造业的信息化和智能化，更是希望实现各产业整体的数字化转型。IIC刚成立时和工业4.0不同，其主要成员集中在电信和IT领域，工业企业相对较少。到了2015年初，工业4.0平台中的西门子、博世、SAP加入了工业互联网联盟。IIC主要的工作目标是为物联网制定标准，其在2015年6月4日，发布了第一版标准化的参考架构模型：美国工业互联网参考架构（v1.7版）。

3. 平台合作的开始阶段

一些大型企业在跨领域的工业项目合作中，遇到了两种工业物联网标准因存在较大差异而产生的矛盾（工业互联网和工业4.0），于是在2015年11月的瑞士，工业互联网联盟和工业4.0平台开了一场保密的研讨会。会中，双方发现两个参考平台之间具有很强的、天然的互补性。2016年3月，德国工业4.0平台宣布与美国工业互联网联盟展开合作，并随后设立了多个联合任务组(JTG)，努力将两种技术架构进行对接和融合，使得两种架构中的元素能够相互映射，使得企业无论采用哪种技术标准，都能够方便地与其他标准的企业系统进行对接。2017年12月，两个组织联合发布了《IIRA和RAMI 4.0体系结构映射和对接白皮书》，系统性地阐明了两个体系中的异同点和互补性。

德国和美国对工业的展望，都是一条工业信息化、互联网化的道路。工业4.0和工业互联网，它们架设在CPS的信息化系统之上，使得新的生产模式面向市场，更具有“柔性”：将各类“硬件”（设备、环境、物料、人机交互端）映射在信息系统中，并由“软件”来发挥人和团队的创造力，满足个性化的市场需求。基于CPS的工业物联网，简称为“IIOT”（Industrial Internet of Things，工业物联网）。两国从各自擅长的部分入手，按不同的路线走向产业变革。德国的长处就在于强大的工业技术实力。因此工业4.0是以生产车间为核心的信息化革命，工厂的数字化和智能化是产业升级的核心部分，互联网、大数据、（公有）云计算，以及大众消费市场的服务，都处于体系的边缘位置。德国工业4.0主要关注的是复杂生产场景中的工业自动化、软/硬件的融合和内部信息系统的智能化。正因为工业4.0更关注工厂内部的制造环节，对大数据和互联网并不特别关注，所以被理解为是“硬件式”的改革路线。

美国的工业互联网在工业领域没有德国那么强势的实力，他们从信息系统出发，去触动产业链整体的智能化。工业互联网意在通过提供互联网和计算服务，提升传统工业企业的IT和软件实力，在面向工业领域企业的服务中获取价值，并实现产业升级。工业互联网中的IT企业通常会从自身擅长的互联网、云计算等信息技术领域入手，将大数据和人工智能注入进工业领域的企业系统中，触发产业创新和升级。工业互联网的主旨是提供信息化服务，与工业结合并创造价值，所以也称为“软件化”的改革道路。

从整体来看，德国的工业4.0和美国的工业互联网各有优势和短板，并且整体架构之间有一定的映射关系。工业4.0钻研于对制造业的价值链重新构建，工业互联网则聚焦在跨领域的工业互联架构。所以，鉴于他们之间存在互通、互补的效应，合作与融合便水到渠成。其实在工业4.0提出之前，很多德国工业企业就已经在使用美国IT企业的软件服务，部署云计算平台和商业系统了。

1.2 物联网的层次架构

关于物联网的层次架构，目前广泛被接受的物联网架构分为三个层次，自下而上依次是感知层、网络层和应用层，如图1-2所示。这三层与信息技术的传感技术、通信技术、计算机技术是相对的，传感技术主要用于物联网的感知层，通信技术主要用于物联网的网络层，计算机技术主要用于应用层。

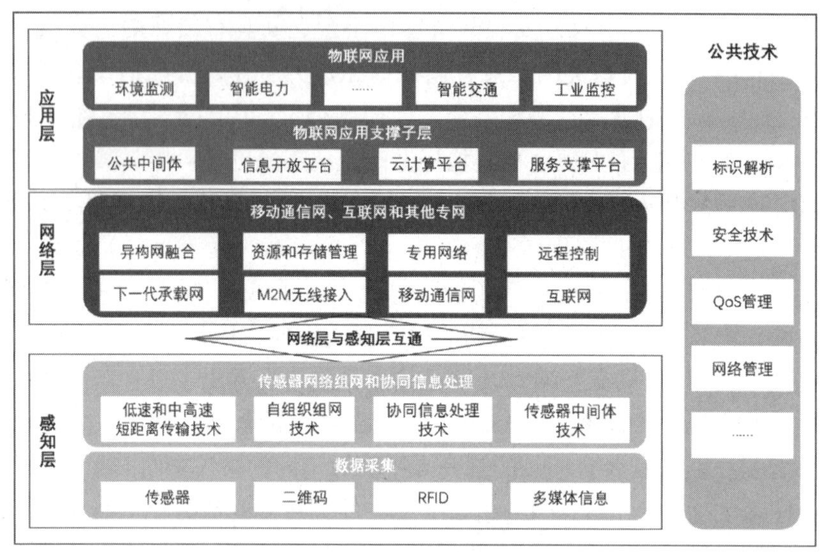

图1-2　物联网层次架构图

1.2.1　感知层

感知层主要由终端设备完成信息的感知和数据的采集，终端设备如条码识别器、RFID读写器、传感器网络和摄像头等；物联网的感知层解决的是人类世界和物理世界的数据获取问题，包括各类物理量、标识、音频、视频数据等。感知层处于物联网体系结构的最低层，是物联网发展和应用的基础，具有物联网全面感知的核心能力，作为物联网的最基本一层，感知层具有十分重要的作用。

感知层由数据采集子层及短距离通信技术和协同信息处理子层两个部分组成。

（1）数据采集子层，通过各种类型的传感器获取物理世界中发生的物理事件和数据信息，如温度、湿度、亮度等，物联网的数据采集涉及传感器、RFID、多媒体信息采集、二维码和实时定位等技术。

（2）短距离通信技术和协同信息处理子层，将采集到的数据在局部范围内进行协同处理，以提高信息的精度，降低信息的冗余度，并通过具有自组织能力的短距离传感网络接入广域网实现数据的传输。

感知层相当于人的神经末梢，负责物理世界和信息世界的衔接，它的接入单元包括将传感数据直接传送到通信网络的数据通信单元，以及连接无线传感器网络和通信网络的物联网网关设备，其中物联网网关根据使用环境的不同，又可以分为行业物联网网关和家庭物联网网关两种。

感知层是物联网发展和应用的基础，涉及的关键技术包括传感器技术、RFID技术、微机电系统、条形码技术、自动识别技术等，以下分别进行简要的介绍。

1. 传感器技术

传感器技术是一种主要研究关于从自然信源获取信息，并对之进行处理和识别的多学科交叉的现代科学与工程技术，涉及传感器、信息处理和识别的规划设计、开发、制造、测试、应用及评价改进等活动。传感技术的核心就是各类传感器，如图1-3所示，传感器是负责实现物联网中物与物、物与人之间信息交互的必要组成部分。获取信息要依靠各类传感器，有各种反应物的物理量、化学量或生物量的传感器。信息的处理包括信息的预处理、后置处理、特征提取与选择等。

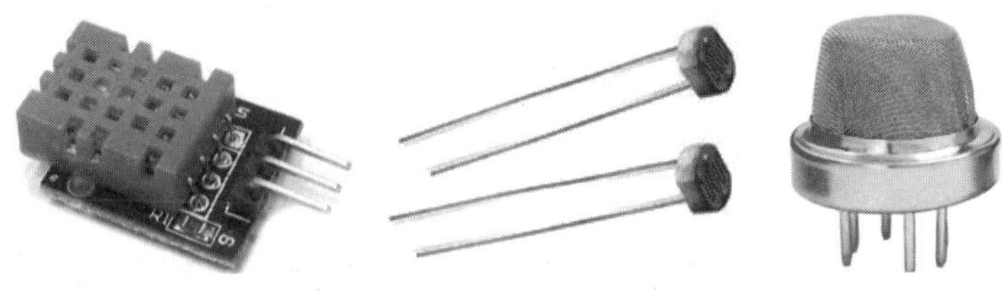

图 1-3 各类传感器

2. RFID技术

RFID技术是20世纪90年代兴起的一种非接触式自动识别技术，该技术的商业应用正式推动物联网技术发展的关键因素，通过射频信号识别，有利于人们对周围环境进行识别和管理。RFID系统通常由电子标签和阅读器组成，如图1-4所示，电子标签的内存中有一定格式用于标识物体信息的电子数据。RFID技术能够轻易嵌入或附着，对所附着的物体进行追踪定位。其读取距离更远，存取数据所需要的时间更短。标签的数据存取具有密码保护，安全性更高。目前RFID使用频段，主要集中在13.56 MHz频段和900 MHz频段。其中13.56 MHz频段主要用于短距离应用，900 MHz频段主要用于远距离应用。阅读器和电子标签可按通信协议互传信息，即由阅读器向电子标签发送命令，电子标签根据该命令将内存的标识性数据回传给阅读器。

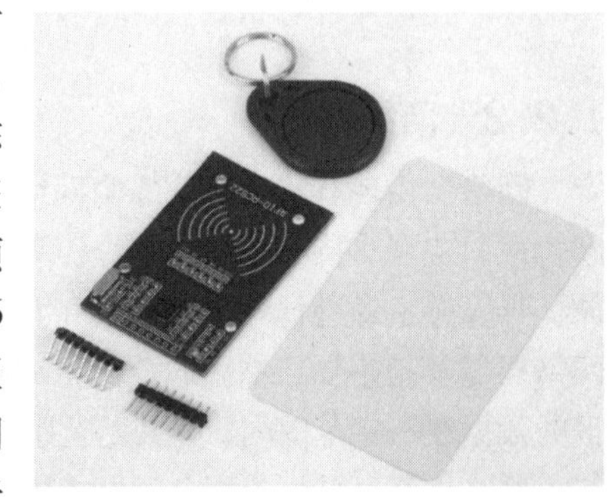

图 1-4 RFID-RC522

3. 微机电系统

微机电系统是指利用大规模集成电路制造工艺，经过微米级加工得到的集微型传感器、执行器以及信号处理和控制电路、接口电路、通信和电源于一体的微型机电系统。近年出现了集成度更高的纳米级机电系统，具有微型化、智能化、多功能、高集成度和适合大批量生产等特点。

4. 条形码技术

条形码最早发明于日本，它是用某种特定的几何图形按照一定规律在平面分布的黑白相间的图形上记录数据符号信息，在代码编制上巧妙地利用构成计算机内部逻辑基础的0和1比特流的概念，使用若干个与二进制相对应的几何形体来表示文字数值信息，通过图形输入设备或光电扫描设备自动识别以实现信息的自动处理。条形码技术经历了一维条形码和二维码，如图1-5所示。

图 1-5 一维条形码和二维码

相比一维条形码，二维码的优点明显，具体包括：首先二维码的安全性更高，引入了保密措施；其次，二维码能容纳的数据容量更大，超越了字母数字的限制；第三，二维码的相对尺寸更小，具有抗损毁能力。

5. 自动识别技术

自动识别技术就是应用一定的识别装置，通过被识别物品和识读装置之间的接近活动，自动地获取被识别物品的相关信息，并提供给后台的计算机处理系统来完成相关后续处理的一种技术。自动识别技术的最典型应用是生物识别技术。生物识别技术是指利用可以测量的人体生物学或行为学特征来核实个人身份，包括指纹识别、视网膜和虹膜扫描、声音识别、面部识别等，如图1-6所示。

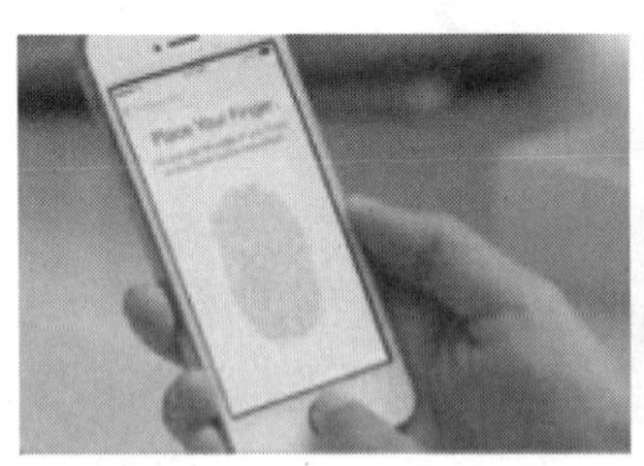

图1-6　生物识别技术

1.2.2　网络层

网络层由现有移动通信蜂窝网络、无线接入网、其他专用和主干网络以及互联网等连接在一起构成，实现支持异构网络安全、可靠的无缝接入。网络层实现信息高效可靠传输，对网络、存储、计算等资源进行一体化管理和共享，实现数据的高效、可靠和安全的传输。在物联网中要求网络层能够把感知层捕获的数据无障碍地、高可靠性地、安全地进行传送，解决的是感知层所获得的数据在一定范围内，尤其是远距离的传输问题。

网络层又可以分为两个子层，信息传输承载子层和服务支撑子层。

（1）信息传输承载子层主要实现传感与服务数据信息的传输、寻址与交换等功能。

（2）服务支撑子层实现感知数据的存储、处理与分析，以及服务控制与管理等功能。

网络层的关键技术包括GPRS、ZigBee、Wi-Fi、IPv6、蓝牙等，以下进行相关介绍：

（1）GPRS是一种无线网络通信技术，也是一种移动服务商提供的服务，它利用GSM网络中未使用的TDMA信道，提供中速的数据传递。GPRS首先引入了分组交换的传输模式，提高了传输的速率，并缩短了接入的时间。

（2）ZigBee技术是指ZigBee无线传感器网络，由于ZigBee采用多跳方式传输数据，节点之间直接通信的距离通常小于100 m，因此是一种短距离通信规则。目前主要可使用3个基本频段，分别是2.4 GHz的公共通用频段、欧洲的868 MHz频段和美国的915 MHz频段。ZigBee主要应用于短距离范围内，并且数据传输速率要求不高的各类电子设备之间。其特点主要有数据传输速率低、功耗低、成本低、网络容量大、有效范围小、工作频段灵活、可靠性高、安全性高等。在物联网的实际应用中，由于其成本低、组网灵活，因此发挥着重要的作用。

（3）Wi-Fi技术是一种能够将计算机、手持设备等终端以无线方式相互连接的技术，一般可以将使用IEEE802.11系列协议的局域网称为Wi-Fi。Wi-Fi在无线局域网的范畴是指无线相容性认证，其实质是一种商业认证，同时也是一种无线联网技术，Wi-Fi是通过无线电波联网的，实际应用中可以使用无线路由器，简单配置后就可以实现办公范围内多台计算机的无线联网操作，相关操作非常简便，一般信号的接收范围为半径95 m左右。

（4）IPv6是互联网通信协议第6版，具有比IPv4更大的编码地址空间，采用的是128位的地址编码，其产生的目的就是为了解决IPv4地址资源枯竭的问题。物联网在实现功能时需要大量的IP地址用于实现物物的联网，因此升级后的IPv6极大地满足了物联网发展的实际需求。

（5）蓝牙是一种支持设备短距离（一般10 m以内）通信的无线电技术，使用IEEE802.15协议，其产生的宗旨就是短距离、低成本的无线传输应用技术。蓝牙工作频段一般是2.4 GHz，数据传输的速率为1 Mbit/s，采用时分双工传输方案，被用来实现全双工传输。

1.2.3 应用层

应用是物联网发展的驱动力和目的，应用层其主要的目的是将感知到和传输来的信息进行分析和处理，做出正确的控制和决策，实现智能化的管理、应用和服务。这一层解决的是信息处理和人机界面的问题。这一层也可以分为两个子层，分别是应用程序层和终端设备层。应用程序层进行的是数据处理，完成跨行业、跨应用、跨系统之间的信息协同、共享、互通的功能，具体包括电力、医疗、银行、交通、环保、物流、工业、农业、城市管理、智能家居等，主要用于政府、企业、社会组织、家庭和个人等，这些应用也正是物联网深入社会各个阶层的各类重要应用。终端设备层提供人机界面，物联网虽然最终实现的是物物相连的网络，但实际具体操作的还是人，因此提供人机界面也是非常重要的一个环节，在此所指的人机界面其范围更广，泛指那些与应用程序相连的各种设备与人的反馈，物联网的应用中包括监控型（物流监控、环境监控）、查询型（远程抄表、智能查询）、控制型（智能家居、智能农业、智能交通）、扫描型（ETC系统、移动支付）等。

应用层的关键技术包括M2M（Machine to Machine）平台、通用服务技术和其他各类服务平台。

M2M平台不是简单的数据在机器和机器之间的传输，而是机器和机器之间的一种智能化、交互式的通信。即使人们没有实时发出信号，机器也会根据既定的程序主动进行沟通，并根据所得到的数据智能化地做出相关的决策，对相关设备发出正确的指令。智能化、交互式是M2M技术的关键特征。M2M平台是为机器对机器通信提供智能管道的运营平台，能够控制终端合理使用网络，监控终端流量和发布预警，辅助快速定位故障，提供方便的终端远程维护工具。无论是哪一种M2M技术和应用，一般都会包括5个重要的技术部分，分别是机器（使机器具有信息感知、信息加工、无线通信的能力）、M2M硬件（进行信息的提取、从各种机器中获得数据，并传送到通信网络）、通信网络（将信息传送到目的地）、中间件（在通信网络和IT系统之间建立桥接的作用）和应用（对获得的数据进行加工和分析，为决策和控制提供依据）。

通用服务技术是指为各行各业提供通用服务的技术，包括数据的集中管理、通信的管理、业务流程定制、设备维护服务等。

其他各类服务平台是指以智能计算技术为基础，搭建物联网服务平台，为各种不同的物联网应用提供统一的服务平台，提供海量的计算和存储资源，提供统一的数据存储格式、数据处理和分析手段，大大简化应用的交付过程，降低交付成本。

1.3 物联网的技术特征

物联网是在互联网的基础上建立起来的，相对于互联网具有以下特征：

（1）物联网集合了大量的传感器，通过传感器进行数据采集，每个传感器就是一个节点，一个信息源，通过这个节点可以实时采集外界环境的信息数据，并能采用不同类型的传感器采集不同的数据。

（2）物联网是一种建设在互联网基础上的泛在网络，其核心和基础还是互联网，因此通过有线网络或无线网络有效地将数据信息准确地传输到目的地就是一个非常重要的特征。

（3）物联网实现的是物物相连，通过各类传感器实现数据的采集，并使用有线网络和无线网络实现数据的传输，最终通过物联网技术实现数据的智能处理，利用云技术、大数据分析技术、模式识别技术等各种智能处理技术，扩充了其具体的应用领域。

具体特征简况表如表1-1所示。

表1-1 物联网的技术特征

特　征	描　述
全面感知	利用RFID技术、二维码识别技术、传感器等感知、捕获、测量技术对环境物体进行信息数据的采集和捕获
可靠传递	通过通信网络，利用有线网络和无线网络技术进行可靠的信息交互和共享操作
智能处理	利用云技术、大数据分析技术对采集到的信息进行实时的数据智能处理，实现对事件的智能决策和控制功能

1.3.1 全面感知

全面感知是指通过各类传感器、RFID技术、二维码识别技术、摄像头等各类感知、捕获和测量的技术手段，实时地对环境物体进行信息数据的采集和获取。通过各类传感器识别周围环境的基本情况，并能进行远程查询。

全面感知不仅需要通过各类传感器探查到周围环境的基本信息，而且需要通过不间断的捕获信息，取得最精确的信息数据，准确的信息采集和捕获是物联网进行智能处理的关键，只有采集的信息准确无误才能采取对应的处理措施。

此外，各类传感器在进行设计时还需要考虑到所处的环境因素，需要考虑环境因素对传感器的影响，因此传感器在进行设计时需要考虑其准确性、耐久性、低功耗等基本的特性，只有这样的传感器才能在严苛条件下采集到准确的数据信息，从而提供给后续机构进行相关处理。

1.3.2 可靠传递

可靠传递是指通过各类通信网络与互联网进行融合，将采集或捕获到的各类环境物体信息实时、准确地传递到目的地。现有的通信网络包括4G、5G、GSM、GPRS、WLAN等，互联互通使得网络不断延伸，网络的触角可以无处不在，从而能非常好地实现物联网的最基本概念——物物相连。

互联互通的关键在于如何实现无缝的连接，要做到无缝连接就必须构建一个规模庞大、密集、具有多样化连接方式的网络，要结合来自不同传感器的多样化的信息，主动实时地将所搜集到的信息提供给使用者。

1.3.3　智能处理

智能处理是物联网的关键特征，通过传感器采集相关数据，并使用无缝网络进行传输，其最终目的就是使用云计算、大数据分析等核心技术进行对物的智能控制，实现物物之间的自动沟通。智能处理意味着物体对外部的刺激拥有一定的处理能力和反应能力。

智能处理是以实现人与人、物与物、物与人之间的全面感知、互联互通和信息智能处理为特征，以物联网、云计算、3D技术、大数据分析等新一代信息技术为基础，涉及智能家居、智能交通、智能电网、智能物流、智能医疗、智能工业、智能农业等诸多领域。

智能处理需要强大的云后台支撑，智能处理依托强大的系统运算能力和数据优化分析能力，只有具有这些能力才能有效地分析数据并得到具体操作能力，例如，在智能家居系统中，当温湿度传感器感应到室内温度过高时，就需要通过智能计算，自动进行智能处理，打开空调为室内降温。但一般这类简单的智能处理都是依托使用者制定的各类标准规则，如何持续调整分析方法而自动更新标准规则，如何利用大数据分析能力和云计算能力，根据使用者的个人系统自动控制就是未来的研究方向。

1.4　物联网应用场景

物联网的应用领域非常广泛，涵盖人们生活的方方面面，跟人们的日常生活密不可分。亿欧智库在2018年撰写的《2018物联网行业应用研究报告》中对物联网产业的发展进行了梳理，并总结出了十大应用领域，分别为物流、交通、安防、能源环保、医疗、建筑、制造、家居、零售和农业。以下就对相关内容进行说明。

1. 智能物流

智慧物流指的是以物联网、大数据、人工智能等信息技术为支撑，在物流的运输、仓储、运输、配送等各个环节实现系统感知、全面分析及处理等功能。当前，应用于物联网领域主要体现在三个方面：仓储、运输监测以及快递终端等，通过物联网技术实现对货物的监测以及运输车辆的监测，包括货物车辆位置、状态以及货物温湿度、油耗及车速等，物联网技术的使用能提高运输效率，提升整个物流行业的智能化水平，如图1-7所示。

2. 智能交通

智能交通是物联网的一种重要体现形式，利用信息技术将人、车和路紧密地结合起来，改善交通运输环境、保障交通安全以及提高资源利用率。运用物联网技术具体的应用领域，包括智能公交车、共享单车、车联网、充电桩监测、智能红绿灯以及智慧停车等领域。其中，车联网是近些年来各大厂商及互联网企业争相进入的领域，如图1-8所示。

3. 智能安防

智能安防是物联网的一大应用市场，因为安全永远都是人们的一个基本需求。传统安防对人员的依赖性比较大，非常耗费人力，而智能安防能够通过设备实现智能判断。目前，智能安防最核心的部分在于智能安防系统，该系统是对拍摄的图像进行传输与存储，并对其分析与处理。一个完整的智能安防系统主要包括三大部分：门禁、报警和监控，行业中主要以视频监控为主，如图1-9所示。

4. 智慧能源环保

智慧能源环保属于智慧城市的一个部分，其物联网应用主要集中在水能、电能、燃气、路灯等能源以及井盖、垃圾桶等环保装置。如智慧井盖监测水位及其状态、智能水电表实现远程抄表、智能垃圾桶自动感应等。将物联网技术应用于传统的水、电、光能设备并联网，通过监测提升利用效率，减少能源损耗，如图1-10所示。

图1-7 智能物流

图1-8 智能交通

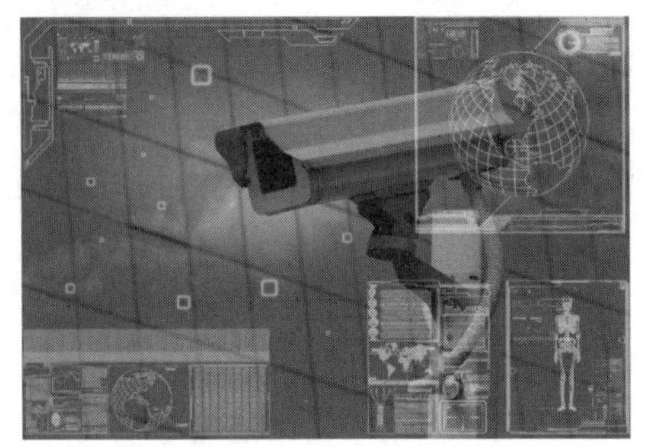

图1-9 智能安防产品

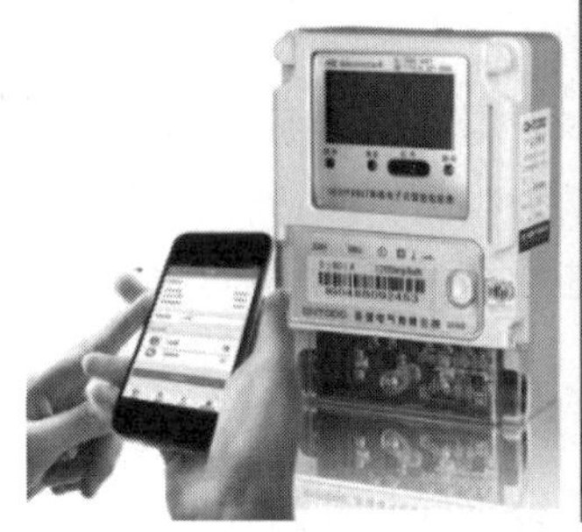

图1-10 智能远程抄表及智能垃圾桶

5. 智能医疗

在智能医疗领域，新技术的应用必须以人为中心。而物联网技术是数据获取的主要途径，能有效地帮助医院实现对人和物的智能化管理。对人的智能化管理指通过传感器对人的生理状态（如心跳频率、体力消耗、血压高低等）进行监测，主要指医疗可穿戴设备将获取的数据记录到电子健康文件中，方便个人或医生查阅。除此之外，通过RFID技术还能对医疗设备、物品进行监控与管理，实现医疗设备、用品可视化，主要表现为数字化医院，如图1-11所示。

6. 智慧建筑

建筑是城市的基石，技术的进步促进了建筑的智能化发展，以物联网等新技术为主的智慧建筑越来越受到人们的关注。当前的智慧建筑主要体现在节能方面，将设备进行感知、传输并实现远程监控，不仅能够节约能源，同时也能减少楼宇人员的运维工作。根据调查，亿欧智库了解到目前智慧建筑主要体现在用电照明、消防监测、智慧电梯、楼宇监测以及运用于古建筑领域的白蚁监测。

7. 智能制造

智能制造细分概念范围很广，涉及很多行业。制造领域的市场体量巨大，是物联网的一个重要应用领域，主要体现在数字化以及智能化的工厂改造上，包括工厂机械设备监控和工厂的环境监控。通过在设备上加装相应的传感器，设备厂商可以远程随时随地对设备进行监控、升级和维护等操作，更好地了解产品的使用状况，完成产品全生命周期的信息收集，指导产品设计和售后服务；而厂房的环境主要是采集温湿度、烟感等信息。

8. 智能家居

智能家居指的是使用不同的方法和设备，来提高人们的生活能力，使家庭变得更舒适、安全和高效。物联网应用于智能家居领域，能够对家居类产品的位置、状态、变化进行监测，分析其变化特征，同时根据人的需要，在一定的程度上进行反馈。智能家居行业发展主要分为三个阶段：单品连接、物物联动和平台集成。其发展的方向是首先是连接智能家居单品，随后走向不同单品之间的联动，最后向智能家居系统平台发展。当前，各个智能家居类企业正在从单品向物物联动的阶段过渡，如图1-12所示。

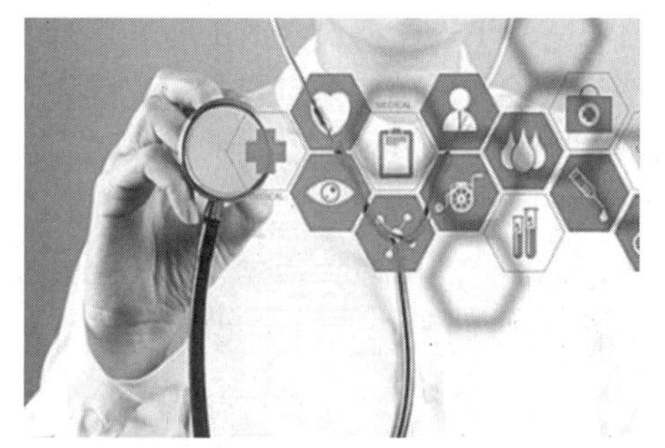

图1-11 智能医疗

图1-12 智能家居

9. 智能零售

行业内将零售按照距离分为三种不同的形式：远场零售、中场零售、近场零售，三者分别以电商、商场/超市和便利店/自动售货机为代表。物联网技术可以用于近场和中场零售，且主要应用于近场零售，即无人便利店和自动（无人）售货机。智能零售通过将传统的售货机和便利店进行数字化升级、改造，打造无人零售模式。通过数据分析，并充分运用门店内的客流和活动，为用户提供更好的服务，给商家提供更高的经营效率，如图1-13所示。

10. 智慧农业

智慧农业指的是利用物联网、人工智能、大数据等现代信息技术与农业进行深度融合，实现农业生产全过程的信息感知、精准管理和智能控制的一种全新的农业生产方式，可实现农业可视化诊断、远程控制以及灾害预警等功能。物联网应用于农业主要体现在两个方面：农业种植和畜牧养殖。农业种植通过传感器、摄像头和卫星等收集数据，实现农作物数字化和机械装备数字化（主要指的是农机车联网）发展，如图1-14所示。畜牧养殖指的是利用传统的耳标、可穿戴设备以及摄像头等收集畜禽产品的数据，通过对收集到的数据进行分析，运用算法判断畜禽产品健康状况、喂养情况、位置信息以及发情期预测等，对其进行精准管理。

图1-13　无人便利店

图1-14　智慧农业

1.5 物联网的标准制定工作

物联网产业作为新一代信息技术产业中最为重要的一支，其发展的战略意义巨大。中国政府非常重视物联网标准制定工作。在发展和改革委员会、国家标准化管理委员会、工业和信息化部的指导下，物联网标准工作自2009年开展以来，取得了很大的成绩。中国信息通信研究院发布的《物联网白皮书》中指出，微软、华为、软银、高通、BAT等全球知名企业均从不同环节布局物联网，产业大规模发展的条件正快速形成，物联网产业生态也在不断成熟。

2017年12月29日，国家标准委发布了五项物联网国家标准，进一步完善了我国物联网标准体系建设，对于指导和促进全国物联网技术、产业、应用的发展具有重要意义。以下分别介绍这五项物联网相关标准。

GB/T 30269.502—2017《信息技术　传感器网络　第502部分：标识：传感节点标识符解析》，规定了传感器网络中传感节点标识符的解析，包括节点身份属性信息、应用属性信息、配置信息和感知信息的解析，适用于传感器网络节点标识符解析系统的设计、开发、管理和维护，实施日期是2018年7月1日。

GB/T 30269.602—2017《信息技术　传感器网络　第602部分：信息安全：低速率无线传感器网络网络层和应用支持子层安全规范》，规定了低速率无线传感器网络网络层和应用支持子层的原语、命令帧格式以及安全交互规程，适用于低速率传感器网络传输安全的开发设计，实施日期是2017年12月29日。

GB/T 30269.801—2017《信息技术　传感器网络　第801部分：测试：通用要求》，规定了传感器网络测试的基本分类、测试规范的组成、测试例的结构、被测设备的声明文件以及测试日志和测试报告的通用要求，适用于传感器网络设备和系统测试，实施日期是2017年12月29日。

GB/T 30269.803—2017《信息技术　传感器网络　第803部分：测试：低速无线传感器网络网络层和应用支持子层》，根据GB/T 30269.301-2014《信息技术　传感器网络　第301部分：通信与信息交换：低速无线传感器网络网络层和应用支持子层规范》的要求，规定了低速无线传感器网络网络层和应用支持子层的测试例，包括测试目的、初始配置、测试过程、测试判决和说明等，适用于对符合GB/T 30269.301—2014的产品进行一致性测试，实施日期是2018年7月1日。

GB/T 35319—2017《物联网　系统接口要求》规定了物联网系统实体间接口的具体功能要求，适用于物联网系统实体间接口的设计、开发和应用，实施日期是2017年12月29日。

上述五项国家级物联网标准的发布，进一步完善了我国物联网标准体系的建设，对于指导和促进全国物联网技术、产业、应用的发展具有非常重要的意义。

此外，由中国牵头的全球物联网领域首个顶层架构国际标准（ISO/IEC 30141）于2018年8月30日正式由ISO/IEC JTC 1/SC 41（物联网及相关技术分技术委员会）标准项目发布，命名为ISO/IEC 30141：2018《物联网 参考体系结构》，如图1-15所示。

图1-15　物联网参考体系结构

由于物联网参考架构标准的战略性地位和作用，各国竞争非常激烈，自2013年9月提出立项以来，美、英、日、瑞典等国一直试图通过各种手段抢夺这一新兴热门领域的国际最高话语权。当前，就物联网领域来说，迫切需要一个统一的物联网参考架构作为物联网技术和产业发展的最顶层和最基础的标准。由中国电子标准化研究院和无锡物联网产业研究院“感知中国”团队代表中国牵头在国际标准组织ISO/IEC JTC 1率先提交了物联网参考架构国际标准项目，并占据国际架构组主编辑的最重要职位，从而掌握了物联网顶层架构标准的主导权和最高“话语权”。在国家标准化管理委员会、工业和信息化部等相关部门的指导下，经历了5年的努力推进，最终获得了突破性的成果。体系架构标准的制定历来都是各领域标准化工作的必争之地和制高点，物联网体系架构标准由我国主导提出并制定，体现了我国在物联网国际标准化领域的技术领先优势。在制定物联网总体架构国际标准的同时，由全国信息技术标准化技术委员会归口，国家物联网基础标准工作组组织编写的国家标准GB/T 33474—2016《物联网　参考体系结构》于2016年先于国际标准发布。

ISO/IEC 30141：2018《物联网 参考体系结构》标准规定了物联网系统特性、概念模型、参考模型、参考体系结构视图（功能视图、系统视图、网络视图、使用视图等），以及物联网可信性。该国际标准的发布将为全球物联网实现提供体系架构、参考模型的总体指导，对促进国内外物联网产业的快速、健康发展具有重要意义。标准统一了业界的认知，成为物联网时代的“宪法”，构建物联网产业大厦的基础框架，物联网发展的基石。

1.6 物联网的安全性问题

物联网技术给人们的工作和生活带来了便捷，也给社会的发展带来了可观的经济效益，但与此同时，物联网也存在很多的安全隐患，物联网除了具有互联网安全的相关问题外，还存在许多自身的安全问题，并且更加复杂。

物联网面临的安全威胁众多，以下就简单说明几项。

1. 计算机病毒

物联网是依托于互联网搭建起来的，因此具有互联网的共性，互联网中可能存在的安全隐患，在物联网中同样存在，比如计算机病毒，由于物联网需要通过互联网来进行数据的传输，在互联网中传输的计算机病毒、木马的攻击、恶意软件可以绕过相关安全技术的防范，对物联网的授权管理进行恶意操作，掌握或者控制他人的物品，进而对个人隐私、安全等方面形成侵犯。

2. 数据泄露

物联网系统中会部署大量的各类传感器节点、RFID节点等，这些节点非常容易成为攻击的对象，黑客可以盗取或截取节点中的数据进行分析，从而导致节点数据的泄露，甚至可以破解节点中的密文，从而对系统进行非法授权。

3. 信息干扰

信息在物联网中进行传输时，攻击者可以使用特殊的设备发射干扰信号，堵塞正常的通信链路，使得正常的业务被拒绝服务，也可以利用伪造节点的方式向基站或者阅读器发送数据，达到破坏物联网正常工作的目的。

4. 个人隐私泄露

在物联网的实际应用中，携带有RFID标签或者传感器节点的人或者物很容易被自动跟踪，节点中的信息也很容易与个人的信息一一对应，这样就可以监控节点的行踪而获得一个人的行为轨迹。还可以通过节点或者标签对用户实现关联威胁。这样用户的位置隐私信息和个人身份信息都可能被暴露。

总之，物联网技术给人们的生活和工作带来了非常多的便利，但同样使用者也需要警惕安全问题，在享受便捷生活的同时，也要保护自身的安全。

1.6.1 感知层安全

物联网感知层是物联网与传统互联网的重要区别之一，感知层的存在使得物联网的安全问题具有一定的独特性。感知层具有自身独有的特点，具体包括拥有大量的节点数量、多种多样的终端节点类型、较低的安全性能。物联网需要感知的对象多种多样，监测数据需求量也较大，因此需要部署大量的感知层节点才能满足其全面的感知需求，也正因为这种大面积的感知需求，使得终端节点的类型也呈现出多样化，结构各异。但随之而来的是由于数量众多，终端节点在性能和成本上必定受限，从而导致了感知节点不具备较高的安全性能，不具备较强的计算能力、存储能力。

正因为上述感知层特点，感知层存在的安全威胁分别有物理攻击、身份攻击和资源攻击，详细介绍如下：

（1）物理攻击包括物理损坏和非法盗窃，由于物联网的应用场景复杂多样，非常容易受到人为或自然损坏，导致节点无法工作，此外，由于人员成本、管理不善等原因，终端节点也非常容易被盗窃、破解，导致用户敏感信息的泄露，影响系统安全。

（2）身份攻击是指攻击者非法获取用户的敏感信息，并冒充该用户进入系统，越权访问合法资源或享受服务。此外还有一种形式是攻击者替换原有的感知层节点设备，系统无法识别替换后的节点身份，导致信息感知异常。

（3）资源攻击是指攻击者恶意占用信道，堵塞信道，导致数据无法正常传输，攻击者不断地向节点发送无效请求，占用大量节点的计算、存储资源，影响正常的工作。

1.6.2　网络层安全

物联网网络层的基本功能是通过各类网络接入设备与移动通信网和互联网等广域网络相连，把感知层收集到的信息快速、可靠、安全地传输到应用层，然后根据不同的应用需求进行信息处理、分类和聚合等。

网络层存在的安全威胁包括数据非法获取、完整性攻击、拒绝服务攻击、否认攻击、非法访问等问题，以下详细进行介绍：

（1）对数据的非法获取是指通过窃取、篡改、删除链路上的数据、伪装成网络实体截取业务数据、对网络流量进行分析，从而非法获得数据。

（2）完整性攻击是指对数据链路中传输的业务和控制信息等进行篡改，包括修改、插入和删除数据等，通过伪装成应用程序或数据发起方篡改用户终端的行为。

（3）拒绝服务攻击是指通过各种手段拒绝正常的服务，拒绝正常用户请求的行为，具体包括物理级干扰，即通过物理手段对无线链路进行干扰，从而阻塞正常通信；协议级干扰，通过诱使特定的协议流程失败，干扰正常通信；伪装成网络实体拒绝服务，攻击者通过伪装成合法的网络实体，对用户的服务请求做出拒绝回答。

（4）否认攻击是指对费用的否认、对发送数据的否认、对接收数据的否认等。

（5）非法访问是指攻击者伪装成其他合法用户身份，非法访问网络，或者切入到用户和网络之间，进行中间攻击，其攻击手段包括伪装成用户、服务网络、归属网络、滥用特权非法访问非授权的业务等。

1.6.3　应用层安全

物联网应用层的主要功能是进行信息的分析和处理，做出正确的决策和判断，实现智能的管理和服务，其数据来源于感知层和网络层，因此在具体实施过程中也必然存在众多的安全威胁，具体包括：

如何保证数据的真实性、安全性，如何判断所获得数据的真实性至关重要，因此在获得数据时必须进行审核。

如何及时处理大量数据信息，物联网数据终端数量众多，需要处理的数据量也是巨大的，因此如何及时有效地处理数据也是非常大的威胁。

智能节点设备的自身安全问题，物联网应用可以取代人来完成一些复杂、危险和机械的工作，所以物联网节点一般部署在无人看管的环境中，攻击者可以轻易地接触到这些设备，从而对它们进行破坏，甚至直接通过本地操作更换设备的软硬件，从而导致智能设备的失效，导致效率严重下降。

应用层中为用户提供了大量的服务，这些服务非常容易受到各类恶意的攻击，这些攻击包括假冒攻击、数据链攻击、恶意代码攻击、拒绝服务攻击等，如假冒攻击，由于物联网中的设备一般都是无人值守的，这些设备就可能被劫持，然后伪装成客户端或者应用程序发送数据，执行其恶意操作。

隐私威胁也是应用层安全的一个大问题，在物联网中大量使用了无线通信、电子标签和无人值守设备，个人的隐私信息非常可能被攻击者获取，给用户带来安全隐患，主要涉及的威胁可分为隐私泄露和恶意跟踪等。

针对上述物联网的各类安全威胁，物联网行业从业人员提出了多项物联网的安全防范措施，以下就具体进行说明：

1. 物联网中的加密机制

密码编码学是保障信息安全的基础。在传统IP网络中加密的应用通常有两种形式：点到点加密和端到端加密。从目前学术界所公认的物联网基础架构来看，不论是点到点加密还是端到端加密，实现起来都有困难，因为在感知层的节点上要运行一个加密/解密程序不仅需要存储开销、高速的CPU，而且还要消耗节点的能量。因此，在物联网中实现加密机制原则上有可能，但是技术实施上难度大。

2. 节点的认证机制

认证机制是指通信的数据接收方能够确认数据发送方的真实身份，以及数据在传送过程中是否遭到篡改。从物联网的体系结构来看，感知层的认证机制非常有必要。身份认证是确保节点的身份信息，加密机制通过对数据进行编码来保证数据的机密性，以防止数据在传输过程中被窃取。PKI是利用公钥理论和技术建立的提供信息安全服务的基础设施，是解决信息的真实性、完整性、机密性和不可否认性这一系列问题的技术基础，是物联网环境下保障信息安全的重要方案。

3. 访问控制技术

访问控制在物联网环境下被赋予了新的内涵，从TCP/IP网络中主要给“人”进行访问授权、变成了给机器进行访问授权，有限制地分配、交互共享数据，在机器与机器之间将变得更加复杂。

4. 态势分析及其他

网络态势感知与评估技术是对当前和未来一段时间内的网络运行状态进行定量和定性的评价、实时监测和预警的一种新的网络安全监控技术。通过建立各种数学模型，进行规则挖掘和融合、推理、归纳等，提出能客观、全面地对大规模传感网络正常运行做态势评估的指标，为网络的安全运行提供分析报警等措施。虽然物联网的网络态势感知与评估的有关理论和技术目前还只是处于初步的研究阶段，但未来必将是保证物联网安全的重要手段。

习　题

一、选择题

1. 物联网（Internet Of Things，IOT）的概念在__________被首次提出，进而使物联网逐渐进入人们日常生活的各个方面。

A. 1964年　　B. 1990年　　C. 1999年　　D. 2004年

2. 物联网的核心和基础是__________。

A. 广域网　　B. 无线网　　C. 有线网　　D. 互联网

3. 通过二维码识读设备、射频识别装置、红外感应器、全球定位系统和激光扫描器等信息传感设备，按约定的协议，把任何物品与互联网相连，进行信息交换和通信，以实现智能化识别、定位、跟踪、监控和管理的一种网络，以上物联网定义是__________给出的。

A. 国际电信联盟（ITU）　　B. 百度百科
C. 美国施乐公司　　D. 美国微软公司

4. __________被称为是物联网之父。

A. 马西莫·班兹　B. 凯文·阿什顿　C. 比尔·盖茨　D. 马克·维瑟

5. “工业4.0”的称谓源自__________。

A. 美国　B. 德国　C. 日本　D. 英国

6. 通过各种类型的传感器获取物理世界中发生的物理事件和数据信息，如温度、湿度、亮度等，这是指__________。

A. 数据采集子层　　B. 短距离通信技术
C. 协同信息处理子层　　D. 神经末梢子层

7. __________是负责实现物联网中物与物、物与人之间信息交互的必要组成部分。

A. 感应器　B. 传感器　C. ZigBee　D. RFID

8. 目前RFID使用频段，主要集中在13.56 MHz频段和__________频段。

A. 200 MHz　B. 600 MHz　C. 100 MHz　D. 900 MHz

9. 条形码最早发明于__________，它是用某种特定的几何图形按照一定规律在平面分布的黑白相间的图形上记录数据符号信息的。

A. 美国　B. 英国　C. 日本　D. 德国

10. ZigBee技术主要可使用3个基本频段，分别是__________、欧洲的868 MHz频段和美国的915 MHz频段。

A. 2.4 GHz的公共通用频段　　B. 3.2 GHz的公共通用频段
C. 2.8 GHz的公共通用频段　　D. 5.6 GHz的公共通用频段

二、判断题

1. M2M平台不是简单的数据在机器和机器之间的传输，而是机器和机器之间的一种智能化、交互式的通信。（　）

2. 物联网的技术特征主要包括全面感知、可靠传递和智能处理。（　）

3. 智能物流以物联网、大数据、人工智能等信息技术为支撑，在物流的运输、仓储、运输、配送等各个环节实现系统感知、全面分析及处理等功能。（　）

4. 智能零售通过将传统的售货机和便利店进行数字化升级、改造，打造无人零售模式。（　）

5. 2018年12月29日，国家标准委发布了五项物联网国家标准，进一步完善了我国物联网标准体系建设，对于指导和促进全国物联网技术、产业、应用的发展具有重要意义。（　）

三、简答题

1. 简述物联网和互联网的区别。

2. 简述目前广泛被接受的物联网架构包括哪三层。

3. 简述生物识别技术一般包括哪些。

第2章

物联网模拟仿真软件介绍

本章主要介绍Cisco Packet Tracer和华清远见模拟仿真软件，通过模拟仿真的方式实现物联网设备的连接，介绍物联网运行过程中相关的协议类型、配置方法等内容。

2.1 Cisco Packet Tracer软件简介

Cisco Packet Tracer 是由Cisco公司发布的一款辅助学习工具，通过软件的使用，为学生学习思科网络学院课题提供便利，也使初学者可以利用该软件进行网络设计、交换机、路由器配置、网络故障排除等操作，提供了一个非常好的模拟仿真平台。学生可以通过在软件界面中直接使用拖曳的方式搭建网络拓扑，并能提供数据包在网络中运行的详细处理过程，模拟仿真网络数据实时的运行情况。学生可以通过对各类设备的配置，熟练掌握相关配置命令，并能对相关网络故障排除有所了解和掌握。

基于模拟仿真技术，Cisco Packet Tracer软件在网络配置方面的应用非常广泛，早期的版本主要用于辅助学生考取思科的CCNA、CCNP证书，但随着物联网技术的不断发展，最新版本的Cisco Packet Tracer软件也开始在物联网模拟仿真领域有所尝试，本章中就以Cisco Packet Tracer 7.2.2版本为例，进行相关的介绍，首先说明软件的基本安装步骤。

（1）首先双击安装源文件，使用的版本是Cisco Packet Tracer 7.2.2，单击I accept the agreement同意接收条款，单击Next按钮继续，如图2-1所示。

（2）选择安装路径，默认路径为C:\Program Files\Cisco Packet Tracer 7.2.2，如果不想修改可以单击Next按钮继续，如图2-2所示。

（3）选择项目开始的文件夹，使用默认设置即可，单击Next按钮继续，如图2-3所示。

（4）设置软件快捷方式，默认选择添加桌面快捷方式，也可以设置创建启动快捷方式，单击Next按钮继续，如图2-4所示。

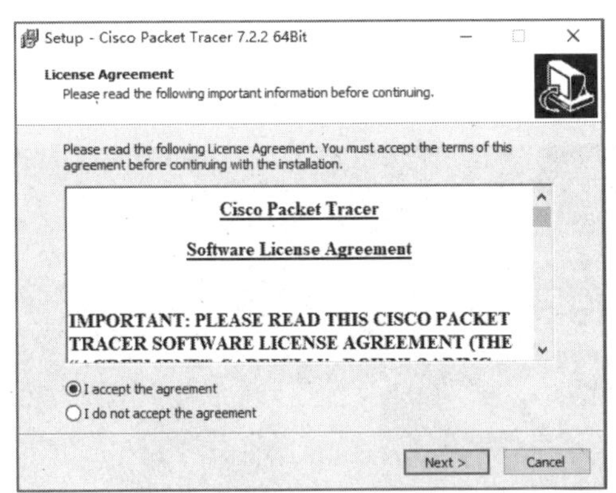

图2-1　接收条款

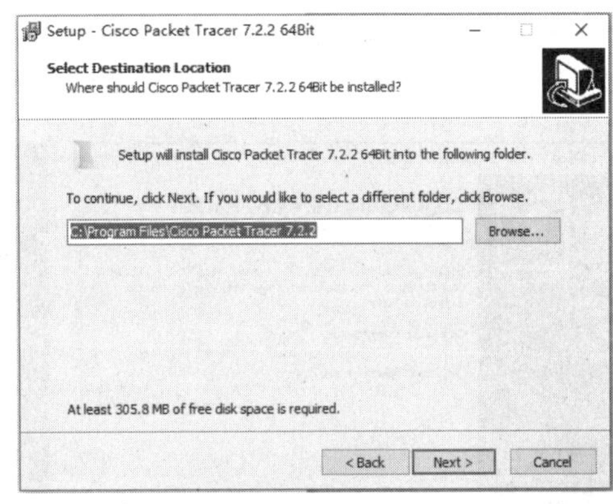

图2-2　选择安装路径

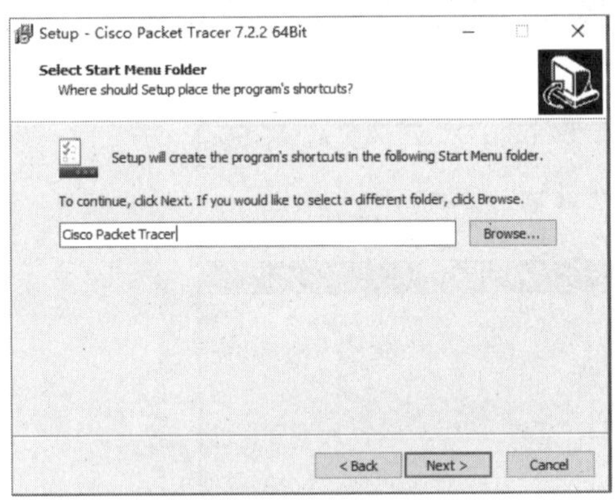

图2-3　选择项目文件夹

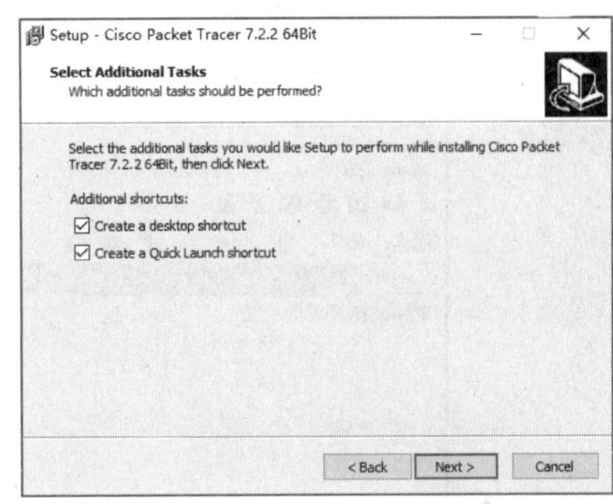

图2-4　快捷方式设置

（5）安装选项设置完成后，可以单击Install按钮，进行软件安装，如图2-5所示。

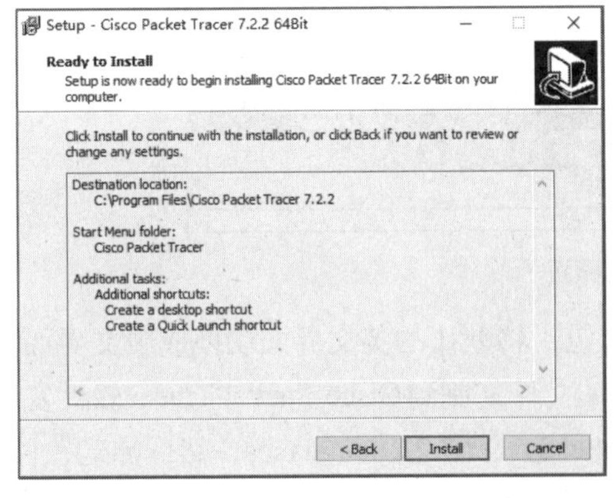

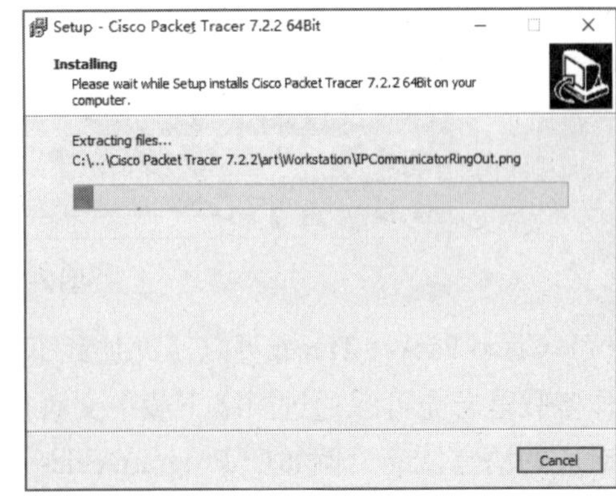

图2-5　开始安装

（6）安装完成后，系统会提示，单击Finish按钮，结束安装，如图2-6所示，安装完成后就可以在桌面上创建快捷方式，双击Cisco Packet Tracer快捷方式就可以启动软件，软件启动界面如图2-7所示。从Cisco Packet Tracer 7.0版本开始，用户需要拥有Cisco网络学院的账号才能登录使用，如果没有账号，就只能使用Guest账号进行登录，但使用Guest账户进行登录，只允许保存三次。软件主界面如图2-8所示，包括菜单栏、主工具栏、常用工具栏、主工作区、设备类型选择框、特定设备选择框、逻辑和物理工作空间切换、实时和模拟切换等功能模块。

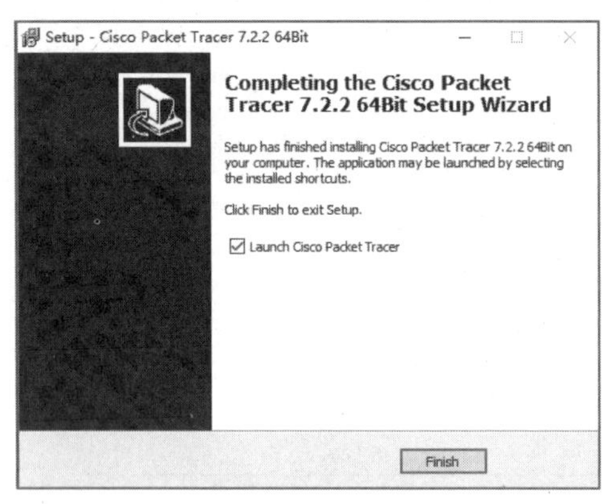

图2-6　完成安装

图2-7　启动界面

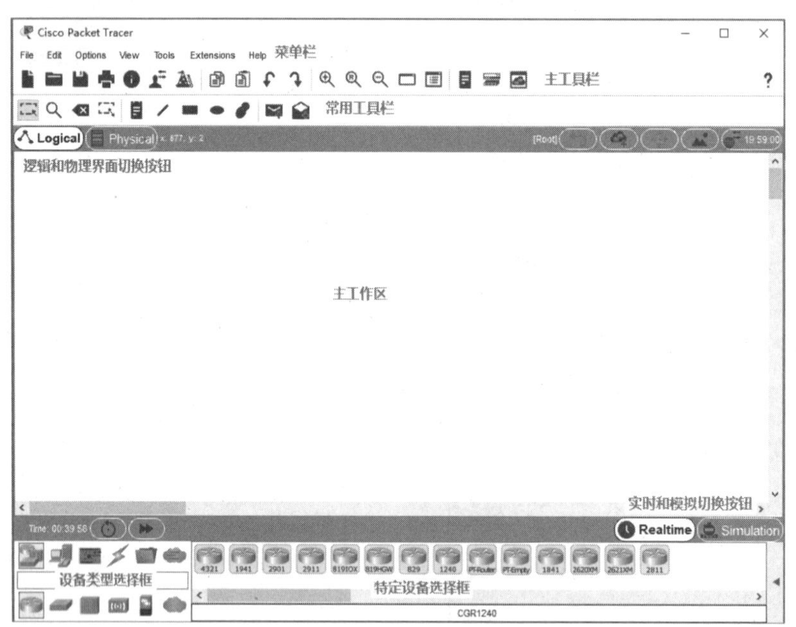

图2-8　软件主界面

（7）Cisco Packet Tracer可以通过加载不同的语言包，将默认的英文界面切换成中文界面，具体操作步骤是首先可以通过网络下载中文语言包，将该文件复制到Cisco Packet Tracer软件安装目录下对应的语言目录，例如C:\Program Files\Cisco Packet Tracer 7.2.2\languages，然后启动软件。

（8）选择Options菜单，选择Preferences选项，在弹出的Preferences对话框中，选择Interface选项卡，选择Select Language，在其中选择中文语言包，单击右下角的Change Language按钮进行语言包的切换，如图2-9所示，但由于语言包汉化的精确性问题，汉化后软件可能会出现中文和英文并存的界面，因此本教材中还是以默认的英文界面介绍为主，不进行相应的汉化操作。

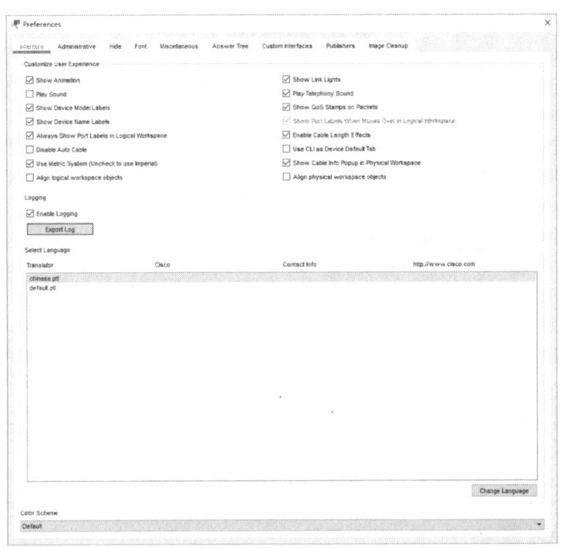

图2-9　切换语言包

2.2 Cisco Packet Tracer基本使用

Cisco Packet Tracer软件最常用的应用场景是网络拓扑搭建，虽然在最新的版本中提供了对物联网相关设备的模拟仿真，但物联网的基础还是互联网，还是离不开互联网的相关配置和仿真，因此在本节中对于软件的基本网络配置进行简要的介绍，主要包括两个基本实验，其一是交换机的基本配置，主要完成VLAN的相关配置，其二是路由器的配置包括端口配置、DHCP服务配置等，具体操作如下：

2.2.1　交换机模拟仿真实验

（1）根据拓扑图2-10所示，完成网络环境的搭建，其中Switch0和Switch1之间使用24号端口进行级联操作，并根据表2-1，完成计算机IP地址的配置。

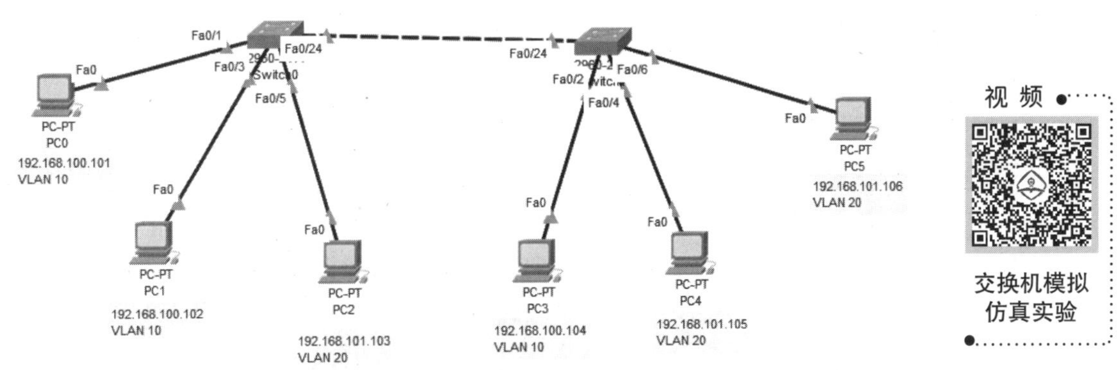

图2-10　实验网络拓扑图

视频

交换机模拟仿真实验

表 2-1　计算机配置信息

计算机名	IP 地址	子网掩码	端口号	所属 VLAN
PC1	192.168.100.101	255.255.255.0	Switch0 交换机 1 号端口	VLAN 10
PC2	192.168.100.102	255.255.255.0	Switch0 交换机 3 号端口	VLAN 10
PC3	192.168.101.103	255.255.255.0	Switch0 交换机 5 号端口	VLAN 20
PC4	192.168.101.104	255.255.255.0	Switch1 交换机 2 号端口	VLAN 10
PC5	192.168.101.105	255.255.255.0	Switch1 交换机 4 号端口	VLAN 20
PC6	192.168.101.106	255.255.255.0	Switch1 交换机 6 号端口	VLAN 20

（2）首先对Switch0进行配置，创建VLAN 10和VLAN 20，将端口1和端口3划分到VLAN 10中，将端口5划分到VLAN 20，保存相关配置，使用Ping命令在计算机的命令提示符中测试相同VLAN之间的相互访问，不同VLAN之间数据不能访问的正确性，具体操作命令行如下：

创建VLAN 10和VLAN 20：

```
Switch>enable                          //从用户模式切换到特权模式
Switch#configure terminal              //从特权模式切换到全局模式
Enter configuration commands, one per line.  End with CNTL/Z.
Switch(config)#vlan 10                 //创建VLAN 10
Switch(config-vlan)#name test1         //修改名称
Switch(config-vlan)#exit               //退出
Switch(config)#vlan 20                 //创建VLAN 20
Switch(config-vlan)#name test2         //修改名称
Switch(config-vlan)#exit
Switch(config)#exit
Switch#
```

将端口1和端口3划分到VLAN 10中，将端口5划分到VLAN 20，保存相关配置：

```
Switch(config)#interface fastEthernet 0/1          //切换到接口配置模式
Switch(config-if)#switchport mode access           //设置端口模式
Switch(config-if)#switchport access vlan 10        //将端口添加到VLAN 10
Switch(config-if)#exit
Switch(config)#interface fastEthernet 0/3          //切换到接口配置模式
Switch(config-if)#switchport mode access           //设置端口模式
Switch(config-if)#switchport access vlan 10        //将端口添加到VLAN 10
Switch(config-if)#exit
Switch(config)#interface fastEthernet 0/5          //切换到接口配置模式
Switch(config-if)#switchport mode access           //设置端口模式
Switch(config-if)#switchport access vlan 20        //将端口添加到VLAN 10
Switch(config-if)#exit
Switch(config)#exit
Switch#
```

使用PC1的命令提示符窗口进行Ping命令测试，如图2-11所示，验证了同一台交换机中相同VLAN之间可以实现数据访问，不同VLAN之间无法进行数据访问。

（3）使用同样的配置方法，在Switch1交换机中创建VLAN 10和VLAN 20，并将端口2划分给VLAN 10，将端口4、6划分给VLAN 20，并实现同一台交换机内部的相同VLAN之间访问，不同VLAN之间的数据隔绝。

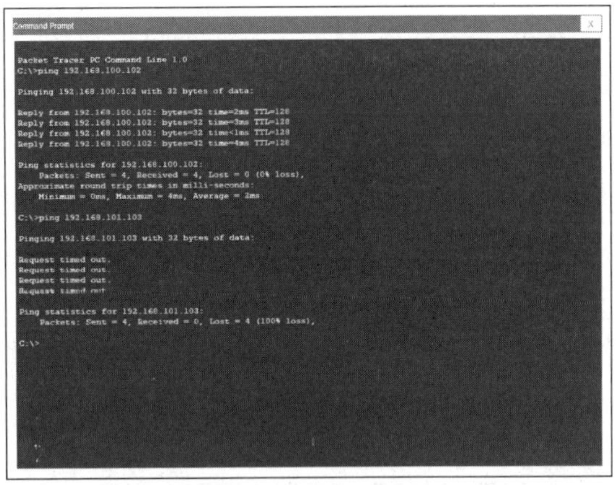

图2-11　连通性测试

（4）为了能实现跨交换机之间的相同VLAN访问，需要将级联端口模式设置成Trunk模式，该模式的交换机端口是相连的VLAN汇聚口，可以实现VLAN信息的共享，实现多个VLAN的数据通信。

配置交换机级联端口模式为Trunk模式：

```
Switch>enable                                    //从用户模式切换到特权模式
Switch#configure terminal                        //从特权模式切换到全局模式
Enter configuration commands, one per line.  End with CNTL/Z.
Switch(config)#interface fastEthernet 0/24       //切换到接口配置模式
Switch(config-if)#switchport mode trunk          //设置端口模式为Trunk模式
Switch(config-if)#no shutdown
Switch(config-if)#exit
Switch(config)#exit
Switch#
Switch#copy running-config startup-config        //将运行配置保存到启动配置文件中
Destination filename [startup-config]? startup-config
Building configuration...
[OK]
Switch#
```

（5）交换机级联端口模式都配置成Trunk模式后，就可以尝试使用命令提示符窗口进行Ping命令测试了，通过验证表明，通过设置后，实现了跨交换机的相同VLAN之间的访问，测试结果如图2-12所示，使用Ping命令实现了PC3和PC5、PC6之间的联通测试。

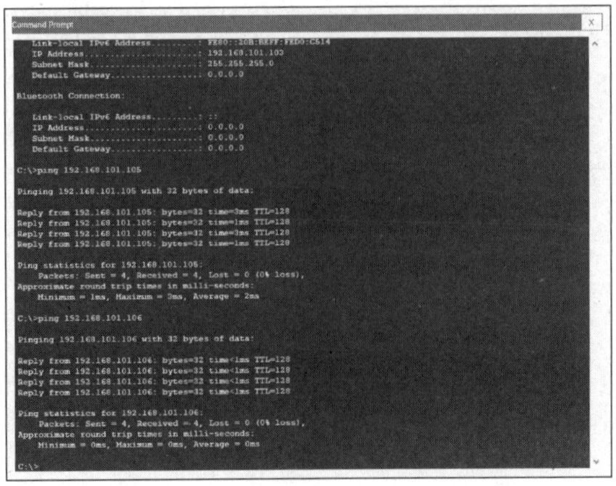

图2-12　跨交换机VLAN联通测试

2.2.2 路由器模拟仿真实验

(1) 首先在软件左下角的设备类型选择区域，选择对应的交换机、路由器、PC终端、连接线，拖曳到主工作区，准备搭建网络拓扑结构，设备选型如图2-13所示。

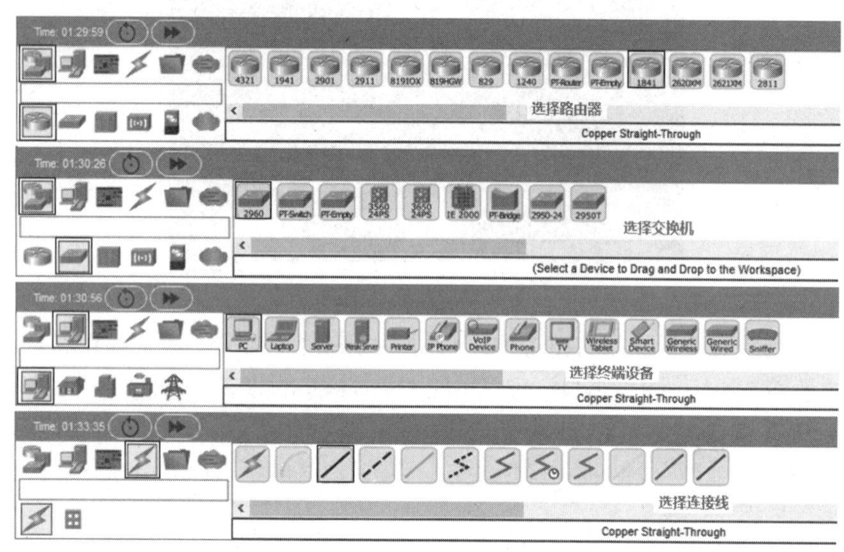

图2-13 选择设备连线

(2) 设备型号选择完成后，按照如图2-14所示的拓扑图进行网络架构的搭建，主要通过在路由器中配置DHCP服务来实现IP地址的自动分配，DHCP被称为是动态主机配置协议，主要作用是集中管理，分配IP地址，使网络环境中的主机动态地获得IP地址、网关地址、DNS服务器地址等信息，并且通过使用该服务可以提升IP地址的利用率。

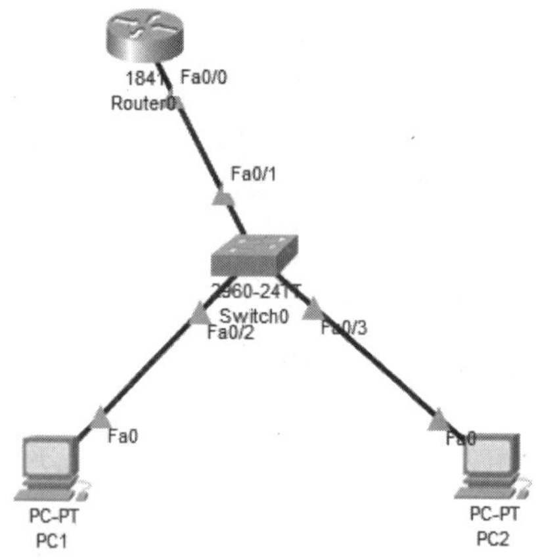

图2-14 网络拓扑

(3) 具体的设置步骤包括配置路由器端口IP、创建地址池、分配地址池范围、分配网关、分配DNS、设置客户端连接，以下就具体进行相关介绍说明。

(4) 配置路由器端口IP地址，具体命令如下：

```
Router>enable                                            //从用户模式切换到特权模式
Router#configure terminal                                //从特权模式切换到全局模式
Enter configuration commands, one per line. End with CNTL/Z.
Router(config)#interface fastEthernet 0/0                //切换到接口配置模式
Router(config-if)#ip address 192.168.1.1 255.255.255.0   //配置IP地址
Router(config-if)#no shutdown
Router(config-if)#exit
Router(config)#exit
Router#show running-config
```

（5）配置DHCP服务，具体命令如下：

```
Router# configure terminal                              //从特权模式切换到全局模式
Enter configuration commands, one per line. End with CNTL/Z.
Router(config)#ip dhcp pool test                        //创建地址池
Router(dhcp-config)#network 192.168.1.0 255.255.255.0   //分配地址池的范围
Router(dhcp-config)#default-router 192.168.1.1          //设置网关
Router(dhcp-config)#dns-server 192.168.1.2              //分配DNS地址
Router(dhcp-config)#exit
Router(config)#ip dhcp excluded-address 192.168.1.1 192.168.1.10       //指定这
10个地址不被DHCP分配
Router(config)#exit
Router#show running-config
!
ip dhcp excluded-address 192.168.1.1 192.168.1.10
!
ip dhcp pool test
network 192.168.1.0 255.255.255.0
default-router 192.168.1.1
dns-server 192.168.1.2
!
Router#copy running-config startup-config     //将运行配置保存到启动配置文件中
Destination filename [startup-config]? startup-config
Building configuration...
[OK]
```

（6）单击客户端，在Config选项中，设置IP地址的获取方式为DHCP，设置完成后，就可以发现客户端已经通过DHCP服务分配到了IP地址，如图2-15所示，客户端分配到的IP地址就是192.168.1.11，用户也可以通过命令提示窗口查看客户端IP地址，从而验证DHCP是否正常工作，如图2-16所示。

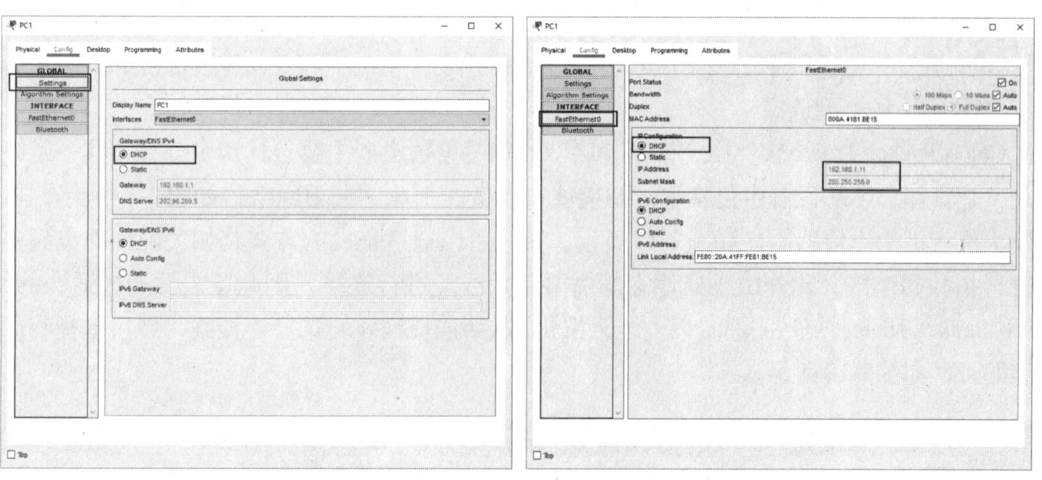

图2-15 客户端设置

```
Packet Tracer PC Command Line 1.0
C:\>ipconfig

FastEthernet0 Connection:(default port)

   Link-local IPv6 Address.........: FE80::2E0:B0FF:FEA9:6319
   IP Address......................: 192.168.1.11
   Subnet Mask.....................: 255.255.255.0
   Default Gateway ................: 192.168.1.1

Bluetooth Connection:

   Link-local IPv6 Address.........: ::
   IP Address......................: 0.0.0.0
   Subnet Mask.....................: 0.0.0.0
   Default Gateway.................: 0.0.0.0

C:\>ping 192.168.1.1

Pinging 192.168.1.1 with 32 bytes of data:

Reply from 192.168.1.1: bytes=32 time<1ms TTL=255
Reply from 192.168.1.1: bytes=32 time<1ms TTL=255
Reply from 192.168.1.1: bytes=32 time<1ms TTL=255
Reply from 192.168.1.1: bytes=32 time=1ms TTL=255

Ping statistics for 192.168.1.1:
    Packets: Sent = 4, Received = 4, Lost = 0 (0% loss),
Approximate round trip times in milli-seconds:
    Minimum = 0ms, Maximum = 1ms, Average = 0ms

C:\>
```

图2-16 客户端测试

2.3 Cisco Packet Tracer物联网基本功能介绍

视 频

Cisco仿真模拟

随着物联网技术的兴起，越来越多的物联网应用被广泛使用，物联网技术也在各种领域中普遍使用，如智能家居、智能农业、智能医疗、智能物流、智能交通等，在进行大规模应用前，需要对实际应用进行相应的原型开发，通过模拟仿真技术来验证相关设想的可能性，以及相关设计的最终效果，目前有很多公司都在开发相关的模拟仿真软件，Cisco Packet Tracer软件就是其中一款，这款软件依托前期成熟的网络模拟仿真经验，在物联网模拟方面也有独特的见解和特色，以下就具体进行相关介绍，首先对相关功能进行初步的介绍。

1. 物联网设备类型选择

在Cisco Packet Tracer软件中，涉及物联网的相关设备类型主要包括两个部分，其一是终端设备，其二是器件。终端设备中包括家、智能城市、智能工业、电力网络，如图2-17所示。器件包括主板、执行机构、传感器，如图2-18所示。用户可以通过拖曳的方式将相关配件拖曳到主工作区，进行拓扑的连接，此外由于器件之间需要使用线缆进行连接，因此还需要选择适合的线缆，在Cisco Packet Tracer软件也提供了一类专用的物联网连接线缆，选择连接线，然后选择物联网定制线缆即可，如图2-19所示。

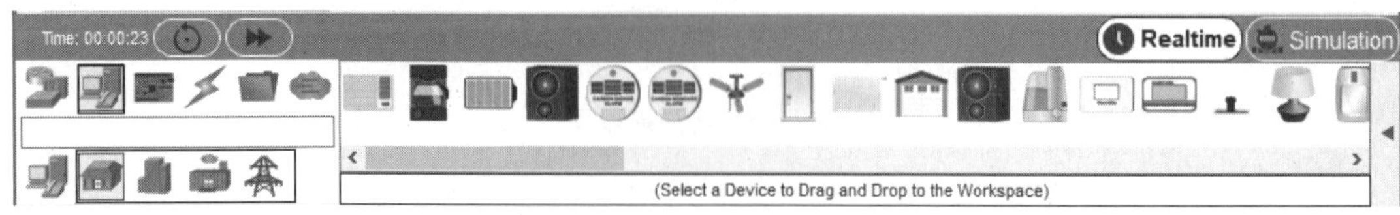

图2-17 终端设备

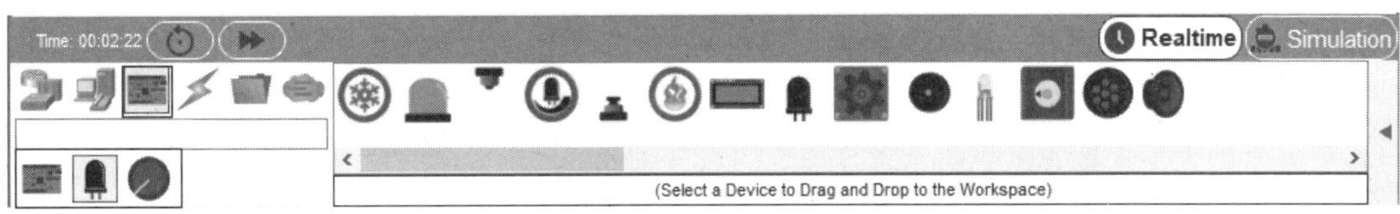

图2-18 器件设备

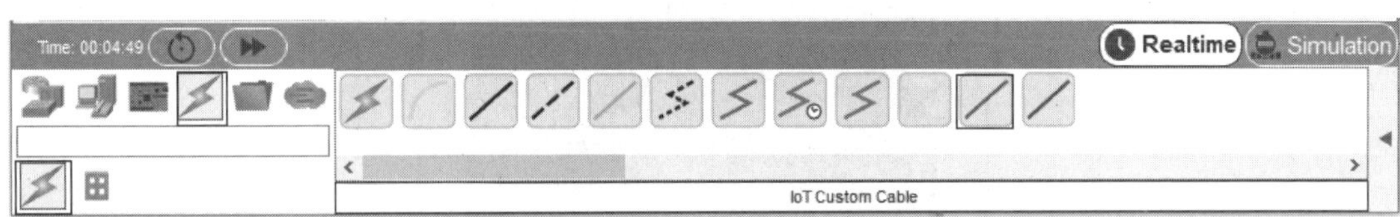

图2-19 连接线选择

2. 物联网应用场景介绍

为了能使物联网仿真更有场景感，Cisco Packet Tracer软件在整体设计中，还允许用户添加实体背景图，用户可以在主工作区右上方，选择设置背景图片，或者使用【Shift+I】组合键来开启背景图片设置功能，如图2-20所示，打开背景图片设置窗体后，可以选择所需要的背景图片，可以选择使用原始图像或者显示平铺背景图像，并单击Apply按钮进行添加，如图2-21就是添加智能家居系统的背景图，用户可以按照背景图的结构在特定位置添加物联网元器件，从而使模拟仿真更加真实。

此外为了能使物联网的应用范围更加的广阔，软件还允许设置相应的场景模式，如设置城际场景、主城市场景、公司办公室场景、主机房场景等，通过这样的设置可以扩大物联网的应用领域，保证模拟仿真的真实性，当然相应的场景也可以通过定制的方式设置大小和背景图片，具体操作步骤是首先单击主工作区左上角的物理按钮，切换到真实物理场景后，单击导航面板，并选择对应的物理位置进行跳转切换，如图2-22所示。

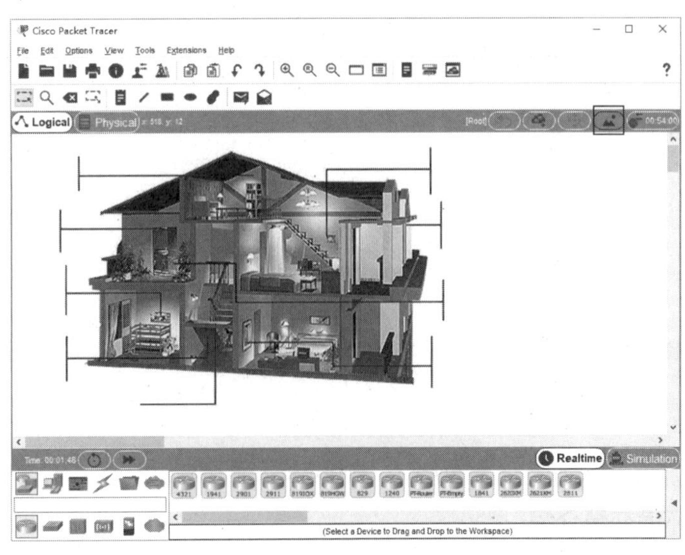

图2-20 设备背景图片

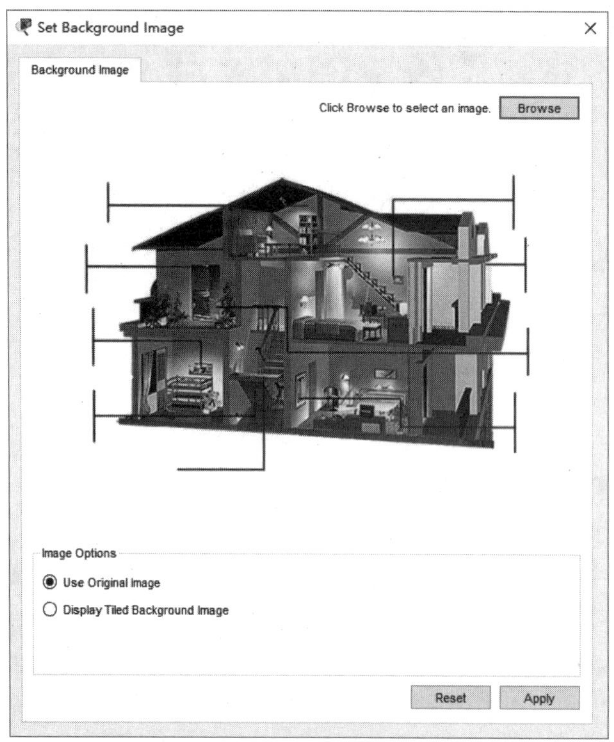

图2-21　设备背景图片

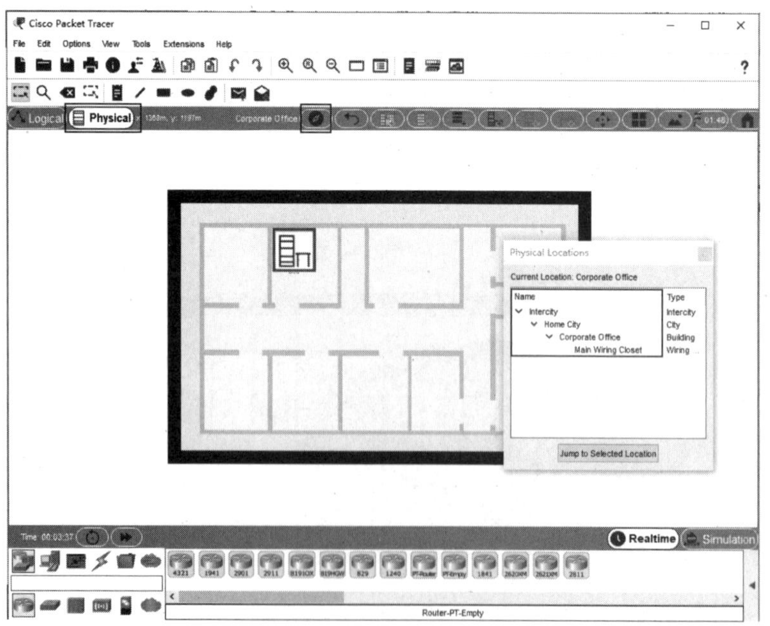

图2-22　物理位置选择

3. 物联网模拟环境变量介绍

物联网可以分为三层，其中最底层的是感知层，所以对于真实世界的感知是物联网的根基，

Cisco Packet Tracer软件为能实现最真实的模拟仿真，也设置了环境变量的仿真，具体操作步骤是单击主工作区右上角的环境参数按钮，如图2-23所示，打开对应的对话框，在其中可以对不同应用场景下的不同参数变量进行设置，包括环境温度、湿度、二氧化碳值、阳光、氧气、可见光、风速等，通过曲线图的方式，可以设置不同时间节点时不同的参数值，例如，设置午夜0点的温度为6度，早晨7点的温度为15度，中午12点的温度为30度，下午16点的温度为25度，晚上8点的温度为16度，依次类推就可以较好地模拟出相应的环境变量因素，从而保证软件模拟仿真的真实效果。此外软件还可以进行模拟时间尺度的设置，把相关模拟仿真尽快地展现在用户面前，例如，设置1秒等于现实中的60分钟，这样只需要24秒就完成一天24小时的仿真过程，如图2-24所示。如果用户还想对环境变量进行更进一步的设置，还可以打开高级设置界面对相关变量进行进一步的设置，操作界面如图2-25所示。

图2-23　环境参数按钮

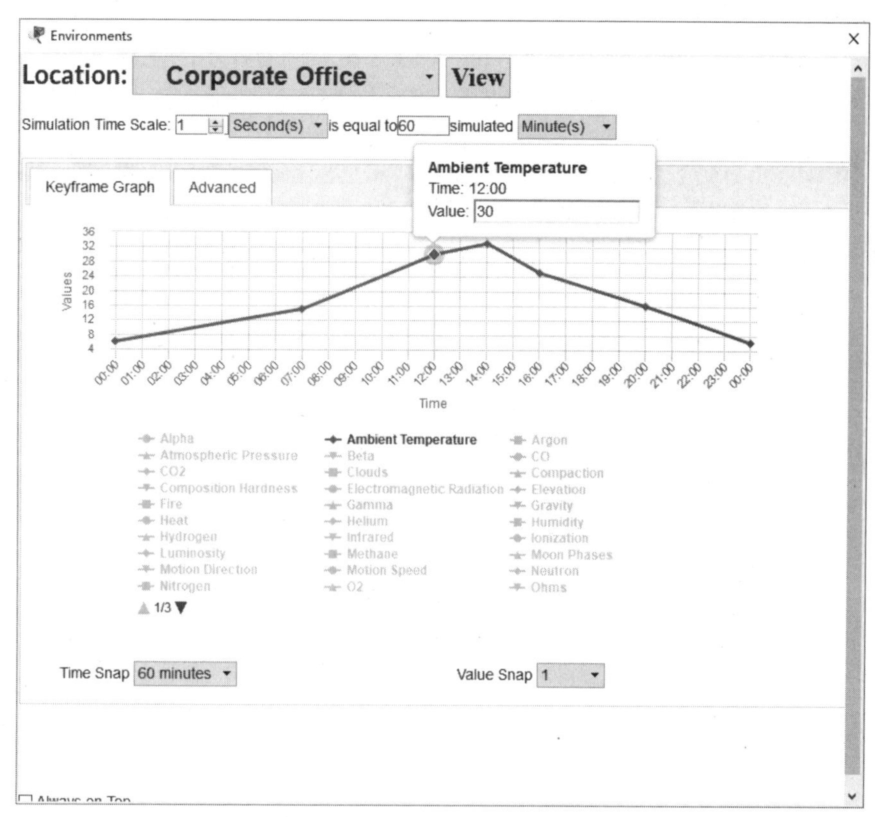

图2-24　环境参数设置

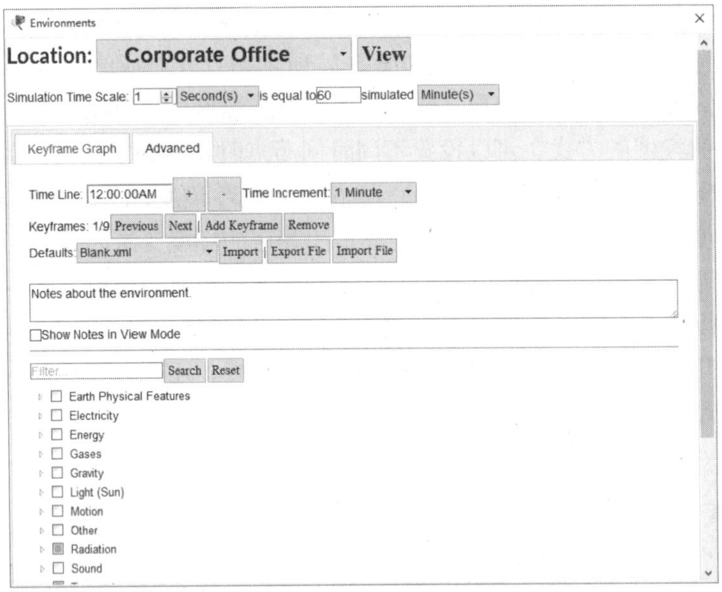

图2-25　环境参数高级设置

4. 物联网器件详解

Cisco Packet Tracer软件中对每个器件都进行了详细的设计，以下以两款器件为例进行相关说明，其一是终端设备下家模块中的窗（Windows），其二是器件中的主板（MCU Board），如图2-26所示，通过这两款器件的介绍，可以基本了解每个器件的基本配置内容和重点。

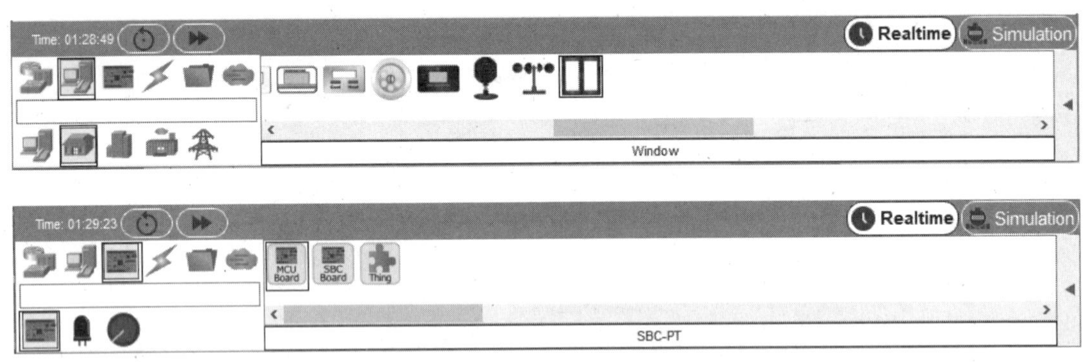

图2-26　主板及窗器件选择

1）终端设备下家模块中的窗

在终端设备的家模式下，可以选择很多家庭中使用到的电器，包括空调、蓝牙音箱、炉子、电扇、门、加湿器、台灯、移动探测器、网络摄像头、测风仪、窗、太阳能电池板等，相关图标如图2-27所示。

首先将窗拖曳到主工作区并单击，可以打开器件的详细配置窗体，在默认的对话框中包括Specifications（说明）、Physical（物理）、Config（配置）和Attributes（属性），用户可以单击该窗体右下角的Advanced（高级）按钮展示更多的配置功能，增加的功能包括I/O Config（I/O口配置）、Thing Editor（物品编辑）和Programming（程序设计），界面如图2-28所示，以下就对部分功能进行详细介绍说明。

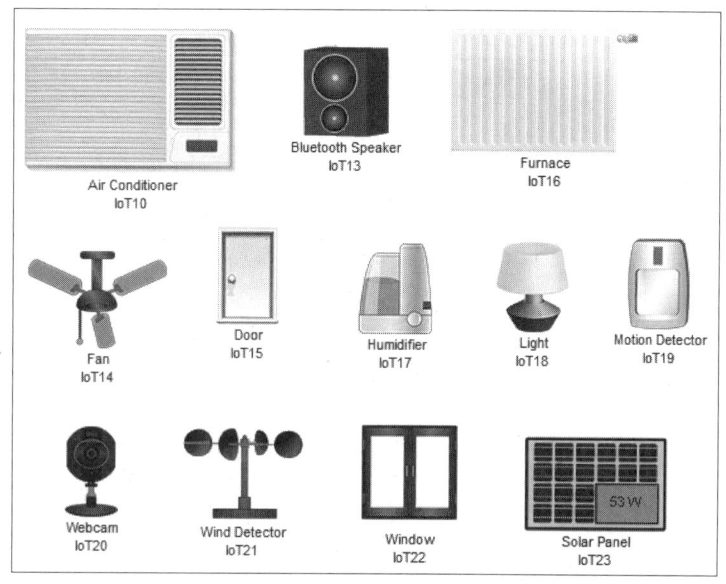

图2-27　智能家居设备

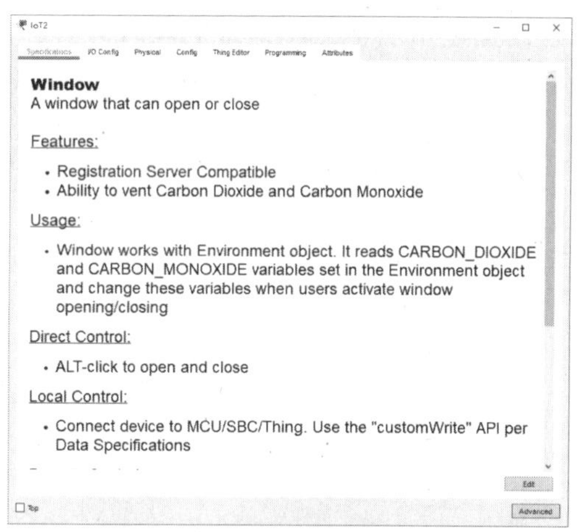

图2-28　窗设备的配置界面

（1）在Specifications（说明）界面主要介绍了该设备的相关基本功能，包括功能基本介绍、特征、用法、直接控制方法、本地控制方法、远程控制方法、数据格式、案例等，例如在窗这个设备中，就说明可以打开或关闭窗户，如果直接控制则可以使用【ALT】键+单击控制窗户的开启和关闭，如果使用连接本地MCU/SBC/Thing主板，就可以使用customWrite函数进行控制，如果使用远程控制，就可以将设备连接到注册服务器进行控制，窗这个设备的控制消息格式是当输入0时为关闭，当输入1时为打开。

（2）I/O Config（I/O口配置），该功能可以设置相关端口的信息，在物联网智能家居系统中大量设备均使用的是无线布放，因此需要为原有的设备添加无线连接接口，在该选项卡中就可以进行设置，在Network Adapter（网络适配器）中，选择PT-IOT-NM-1W选项就可以实现无线网络的连接，当智能家居中存在无线网关时就可以实现无线网络连接，如图2-29所示。

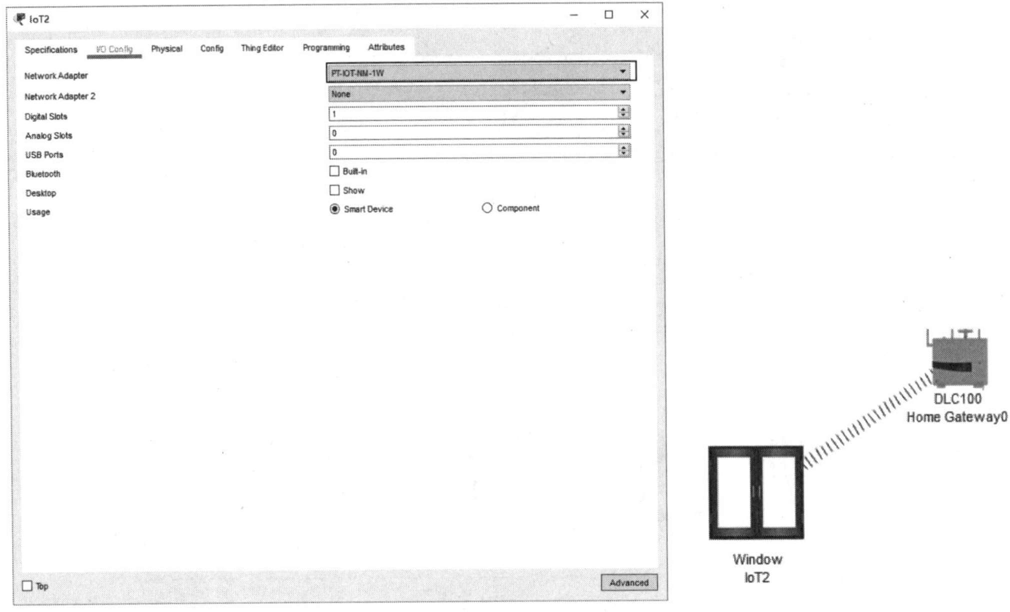

图2-29　无线网卡设置

（3）Config（配置）可以设置显示名字、IP地址的获取方式、服务器等信息，例如设置显示名称为IoT，设置IP获取方式为DHCP，设置IoT Server为Home Gateway（家庭网关），如图2-30所示。

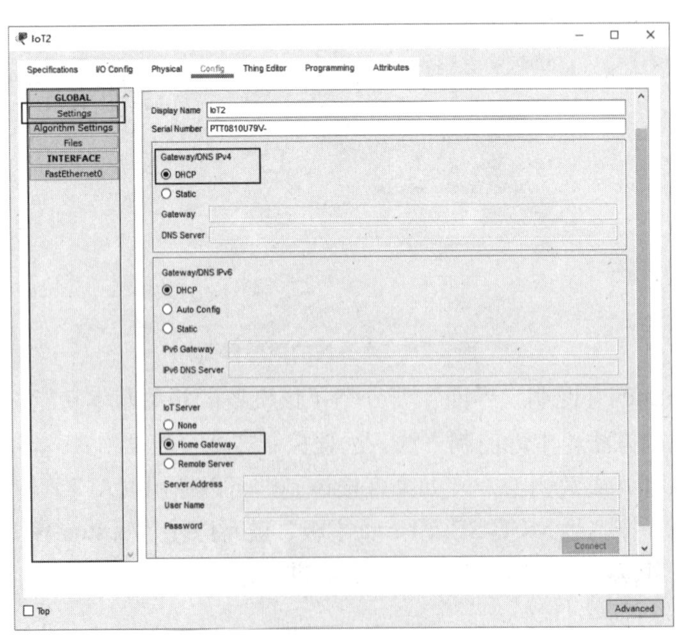

图2-30　配置界面

（4）Thing Editor（物品编辑）可以为设备添加不同的状态，设置应用于数字引脚还是模拟引脚，如图2-31所示。

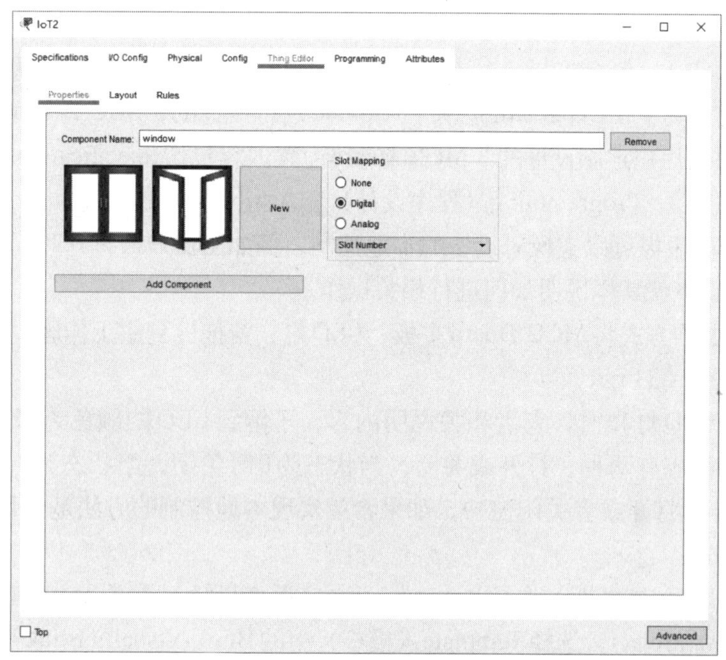

图2-31　物品编辑界面

（5）Programming（程序设计）可以为设备添加相应的程序代码，目前软件支持的程序代码语言包括JavaScript、Python，同时也支持Visual可视化的编程方式进行相关操作，界面如图2-32所示。

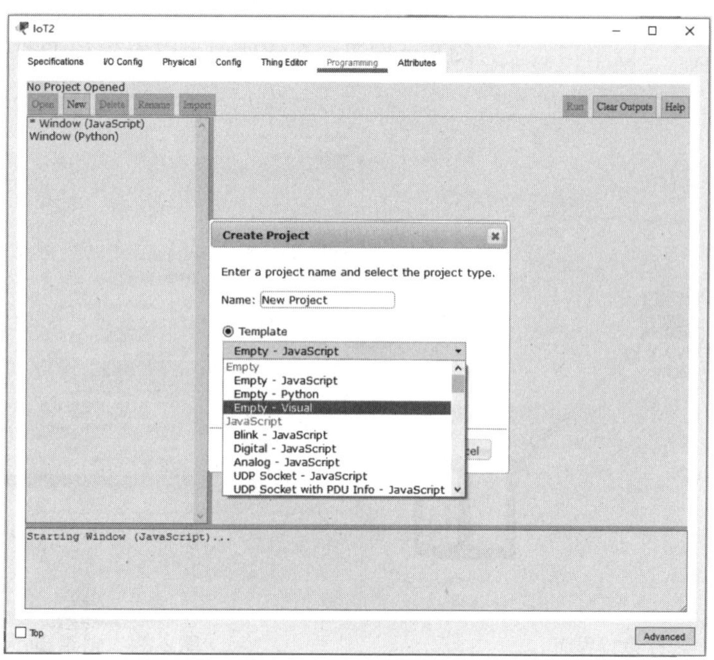

图2-32　程序设置界面

2）器件

在器件选择区域中，包括主板、执行机构和传感器，而在主板中又可以分为MCU Board、SBC Board和Thing，其中MCU Board是基于Arduino进行设计的，SBC Board是基于树莓派进行设计的，Thing是用于用户定制设计的。MCU Board配置内容包括Specifications（说明）、Physical（物理）、Config（配置）、Programming（程序设计）和Attributes（属性）。

使用MCU Board主板可以实现对设备的本地控制，例如当窗户被打开时同时开灯，当窗户被关闭时同时关灯，以下就具体说明如何进行相关操作。

（1）首先以拖曳的方式将MCU Board主板、LED灯、窗拖曳到主工作区，并使用物联网定制线缆进行连接，如图2-33所示。

（2）分别单击LED灯和窗，查看相关说明内容，了解到LED的颜色为绿色，数据的输入范围是0~1023。窗的状态有两种，打开或关闭，当状态为0时关闭，当状态为1时打开，可以使用【Alt】键+单击组合键打开或者关闭窗户，如果希望实现本地控制的方法是使用customWrite函数进行控制。

（3）单击MCU Board主板，选择Programming（程序设计）选项卡，在其中选择New选项卡，默认名称为New Project，选择Template（模板）中的Blink-Visual（Blink可视化模板）选项，单击Create（创建）按钮，如图2-34所示。创建完成后可以双击左侧的main.visual，打开图形化界面模板，如图2-35所示，可以看到软件已经完成了初步模板创建，但模板中连接的接口是D1接口而本实验的拓扑图中连接的是D0接口，因此需要进行修改，并且使用digitalWrite函数进行电平输出时，同样需要修改接口为D0接口，并设置输出的电平范围为0~1023，从而能使LED灯在1秒的间隔过程中一闪一灭的变化，修改后的结果如图2-36所示。

（4）修改完成后，可以单击右上方的Run按钮，在软件中可以看到LED灯会发生闪烁。

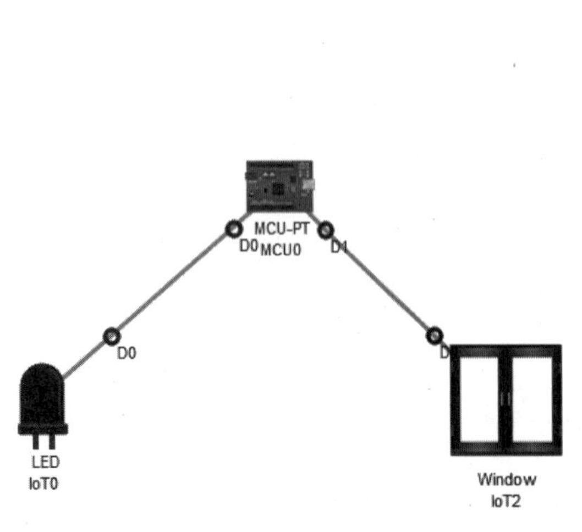

图2-33　程序设置界面

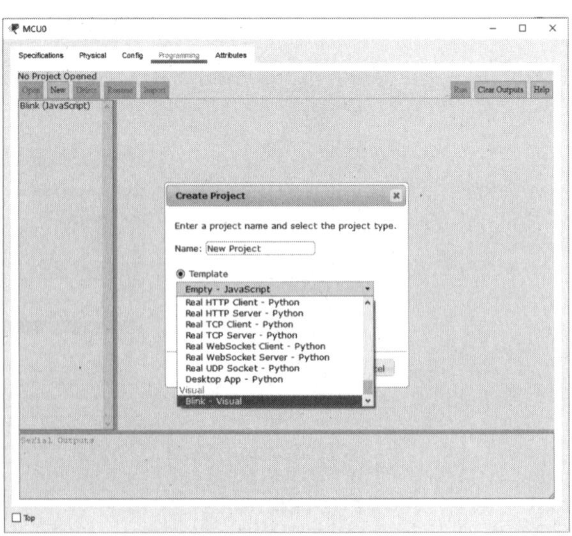

图2-34　创建Blink模板

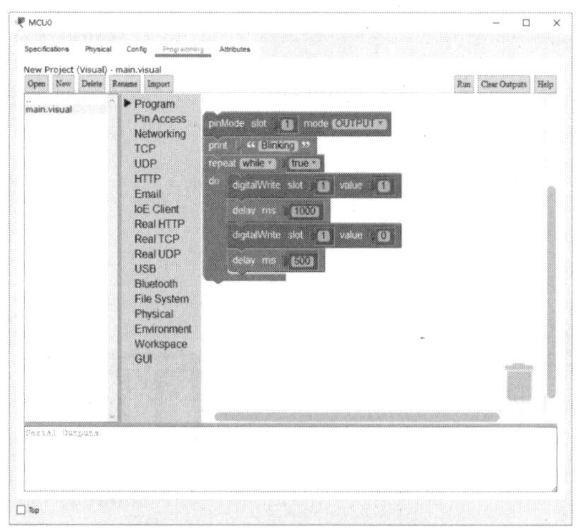

图2-35　图形界面模板

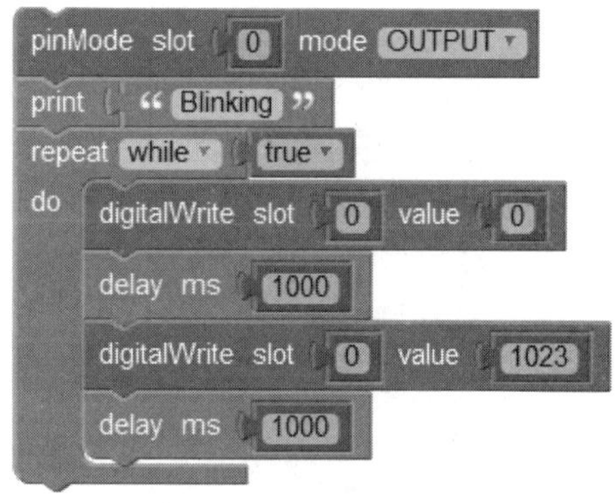

图2-36　修改接口

（5）实现了LED灯的闪烁控制后，就可以使用拖曳的方式实现窗户的同步开启和关闭，首先选择Pin Access，在其中选择引脚模式设置函数PinMode，将引脚1设置为OUTPUT模式，并按照窗户说明文字中的描述使用customWrite函数实现对窗户进行打开关闭控制，同样选择Pin Access，在其中选择customWrite函数将函数中的引脚同样设置成1，并选择Program选项中的Math，拖曳添加一个变量值，相关选择如图2-37所示。

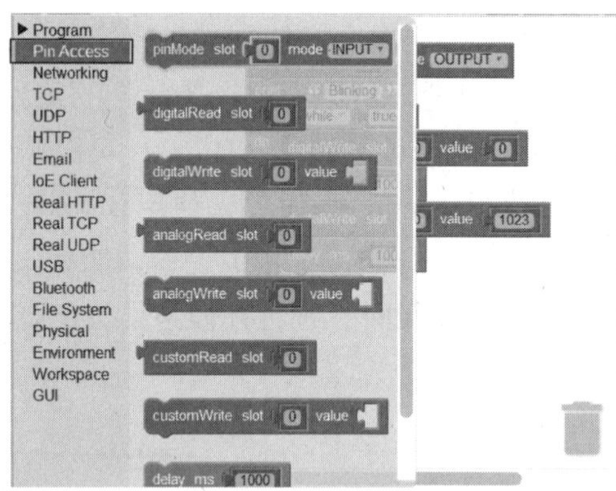

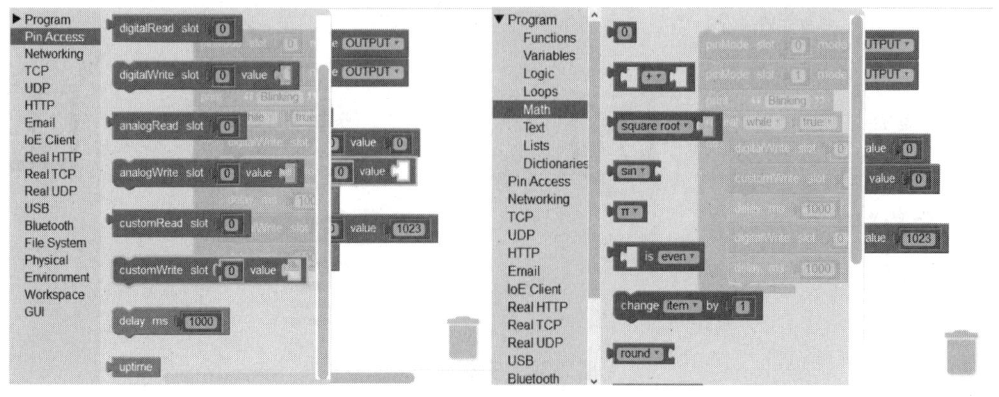

图2-37　选择函数

（6）所有函数添加完成，并且相关接口设置完成后，就可以实现当窗户被打开的同时开灯，当窗户被关闭的同时关灯，可视化编程结果及相关实际效果如图2-38所示。

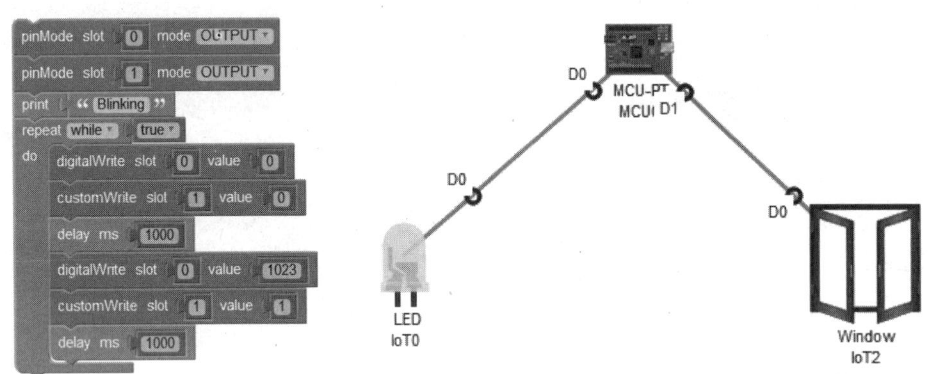

图2-38　编程结果及实际效果

上述实现相关功能，并没有使用相关的编程语言，而是使用了最简单的Blockly功能，2012年6月，Google发布了完全可视化的编程语言Google Blockly，用户可以通过搭建积木的方式构建应用程序，每个图形对象就是一个代码段，可以实现拼接，创造出一个个的简单功能，并将简单的功能进行组合，形成一个复杂的程序功能，正因为使用非常的简单便捷，用户不一定要了解相关编程语言就可以实现功能，因此被广泛使用。Blockly作为可视化编程解决方案，其优点首先是开源，Blockly是开放所有源代码的，允许进行复制、修改等操作；其次是可扩展性和高可用性，可以添加自定义的块，扩展程序功能，可以实现较为复杂的编程任务；再者Blockly具有很好的国际化应用，目前已经可以支持40余种的语言。Blockly可以将块导出为代码，目前可以支持各种主流的语言，包括JavaScript、Python、PHP等。使用Blockly可以实现非常多复杂的程序功能，在上述简要控制的前提下，可以进一步进行相关设置，例如添加测风仪和风传感器，当感应到有风时，关闭窗户，打开灯，而当无风时，则打开窗户，关闭灯，效果图如图2-39所示，相关Blockly编程结果如图2-40所示。

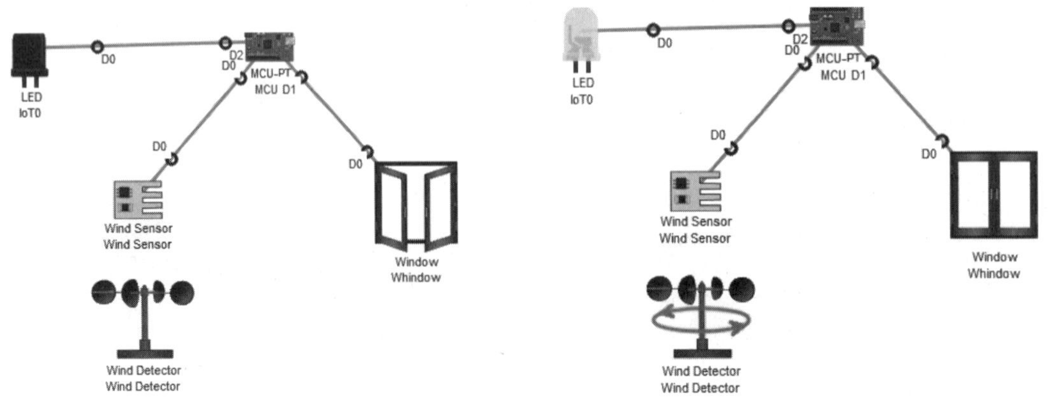

图2-39　实际效果

```
pinMode slot 0 mode INPUT
pinMode slot 1 mode OUTPUT
pinMode slot 2 mode OUTPUT
repeat while true
do  if  digitalRead slot 0 = 0
    do  customWrite slot 1 value 1
        digitalWrite slot 2 value 1023
        delay ms 1000
        print digitalRead slot 0
    else customWrite slot 1 value 0
        digitalWrite slot 2 value 0
        delay ms 1000
        print digitalRead slot 0
```

图2-40　Blockly编程

2.4 Cisco Packet Tracer物联网智能家居系统模拟仿真

根据百度百科对智能家居的定义，智能家居是以住宅为平台，利用综合布线技术、网络通信技术、安全防范技术、自动控制技术、音视频技术将家居生活有关的设施集成，构建高效的住宅设施与家庭日程事务的管理系统，提升家居安全性、便利性、舒适性、艺术性，并实现环保节能的居住环境。智能家居系统的应用将会越来越广泛，也会越来越便捷，因此在实现智能家居实际施工前，一般都需要首先进行原型开发，此时就需要模拟仿真软件来实现相关的原型认证，以下就以Cisco Packet Tracer为例介绍，智能家居系统的模拟仿真操作。

视频

物联网智能家居模拟仿真

1. 智能家居设计功能介绍

智能家居的应用可以有很多种，在本例中主要包括以下功能，所需设备如表2-2所示。

- 当门被打开时，自动打开台灯。
- 当打开窗户时，自动打开电扇进行通风操作。
- 设置恒温器为自动感应，当温度低于10度时自动打开火炉加热；当温度高于20度时自动打开空调降温。
- 当运动检测器检测到有人时，自动打开网络摄像头进行拍摄，并打开LED灯进行闪烁报警。

表2-2　设备清单

设备名	功能	设备名	功能
家庭网关	控制整个系统	门	模拟家庭房门
计算机	访问网关	台灯	模拟室内台灯
路由器	DHCP分配	运动检测器	模拟运动侦测
恒温器	恒定温度	摄像头	模拟监控摄像头
火炉	模拟家庭火炉	窗户	模拟家庭窗户
空调	模拟家庭空调	电扇	模拟家用电扇

2. 智能家居设备选择

在Cisco Packet Tracer软件中分别选择上述设备，选择位置如图2-41~图2-44所示，案例完整拓扑图如图2-45所示。

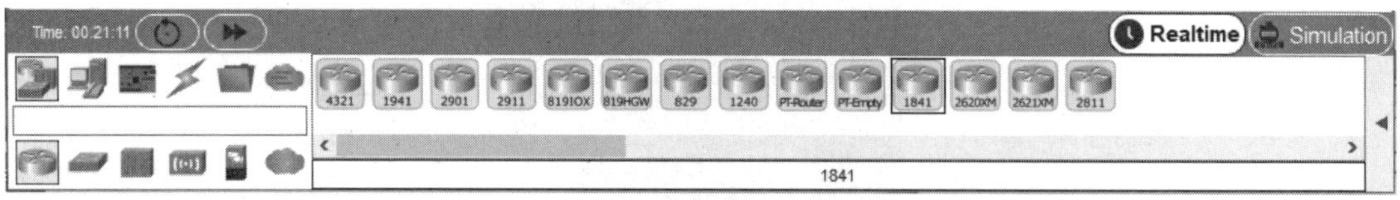

图2-41 选择路由器

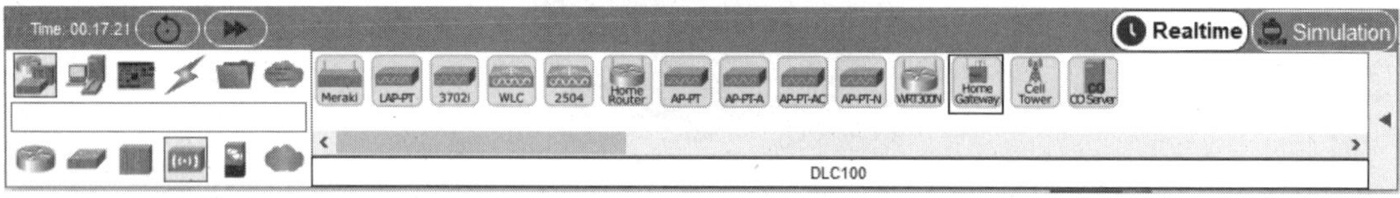

图2-42 选择家庭无线网关

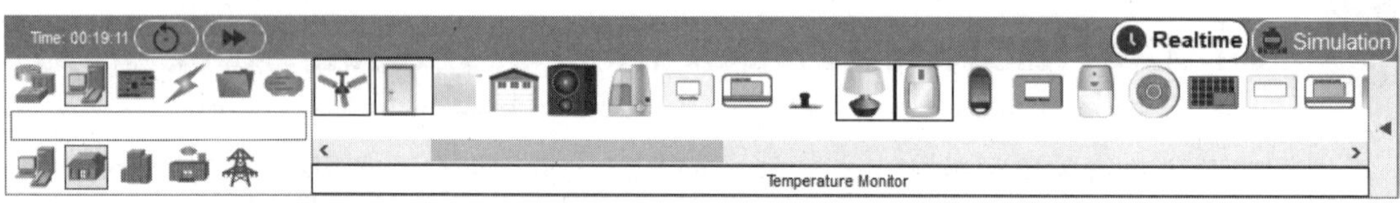

图2-43 选择模拟家庭电器

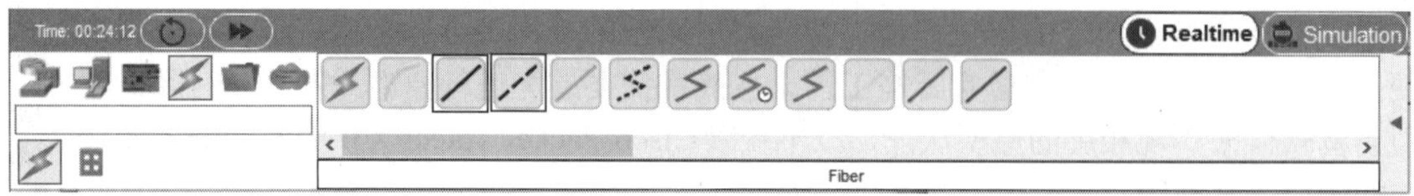

图2-44 连接线缆选择

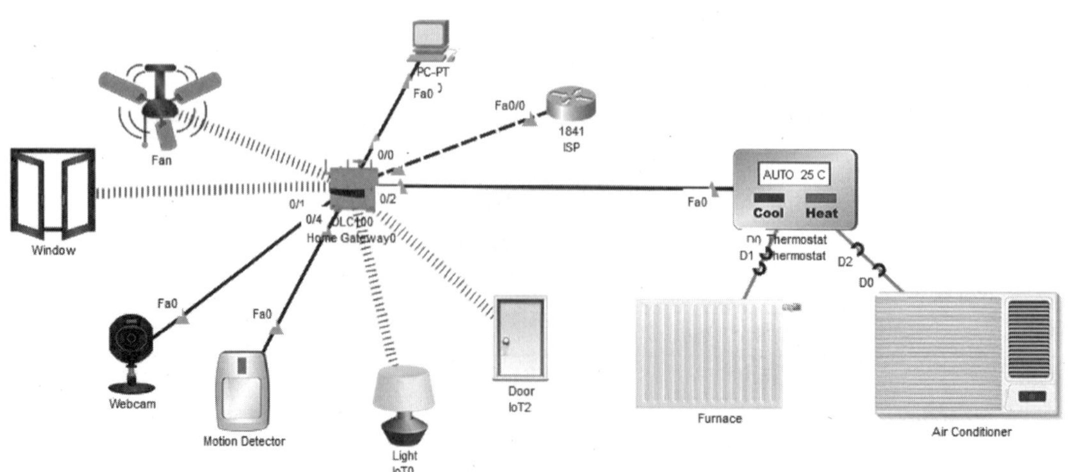

图2-45 智能家居拓扑图

3. 具体实现过程

（1）网关页面连接：

步骤1：按照拓扑图完成设备选型后，首先要做的是进行设备的连接，一般连接方式有两种，其一是有线连接，其二是无线连接，在本案例中计算机终端、恒温器、运动检测器、摄像头、路由器使用的是有线连接，而其他的设备，如台灯、门、窗户、电扇则使用了无线连接。注意无线连接只需要在高级选项中，选择I/O Config选项，然后在Network Adapter（网络适配器）中，选择PT-IOT-NM-1W接口，如图2-46所示。有线连接直接选择线缆进行连接即可，但请注意家庭网关的端口分配情况。

步骤2：设备连接完成后，需要首先配置路由器，进行DHCP服务的配置，在之前章节中已经进行了DHCP服务配置的介绍，在此就不再赘述，结果如图2-47所示。

步骤3：DHCP服务配置完成后，就需要对各个设备进行IP获取方式，单击对应设备，选择Config选项卡，选择Wireless0选项，在其中选择IPV4和IPV6的获取方式均为DHCP，并选择IoT Server的位置为Home Gateway，图2-48分别是窗和台灯的设置界面。

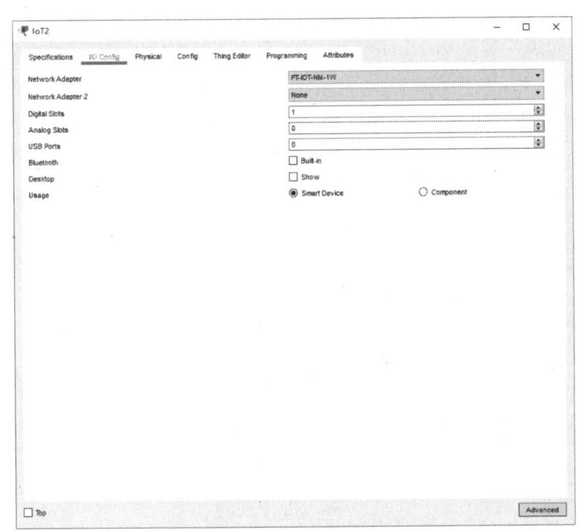

图2-46 无线设置

ISP

Physical Config CLI Attributes

IOS Command Line Interface

```
ISP>enable
ISP#show running-
ISP#show running-config
Building configuration...

Current configuration : 726 bytes
!
version 12.4
no service timestamps log datetime msec
no service timestamps debug datetime msec
no service password-encryption
!
hostname ISP
!
!
!
!
ip dhcp excluded-address 198.100.1.1 198.100.1.10
!
ip dhcp pool ISP1
 network 198.100.1.0 255.255.255.0
 default-router 198.100.1.1
 dns-server 211.7.8.9
!
!
 --More--
```

Ctrl+F6 to exit CLI focus　Copy　Paste

Top

图2-47 DHCP服务配置

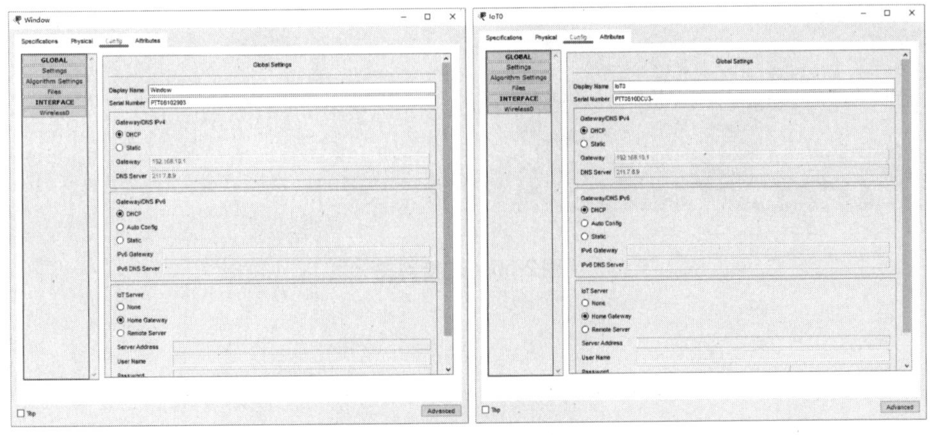

图2-48 IP获取方式设置

步骤4：单击打开Home Gateway配置界面，在其中Config选项卡，查看LAN中的IP地址分配情况，本例中IP地址为192.168.10.1，子网掩码为255.255.255.0，并选择GUI选项卡，查看对应的文件名，如index.php，如图2-49所示。

了解Home Gateway的基本信息后，就可以单击打开PC，在其中选择浏览器，并在浏览器的地址栏中输入192.168.10.1，登录到Home Gateway，用户名和密码默认均为admin，如图2-50所示。

步骤5：进入网关页面后，可以查看到所有目前进行连接到网关中的设备信息，如图2-51所示，用户可以通过单击相关设备进行单项的控制。

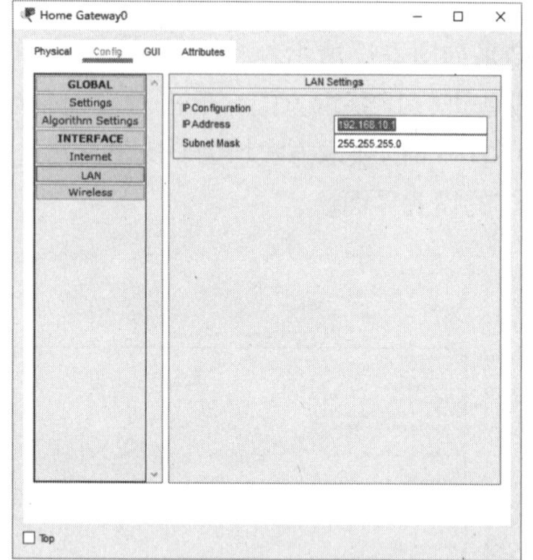

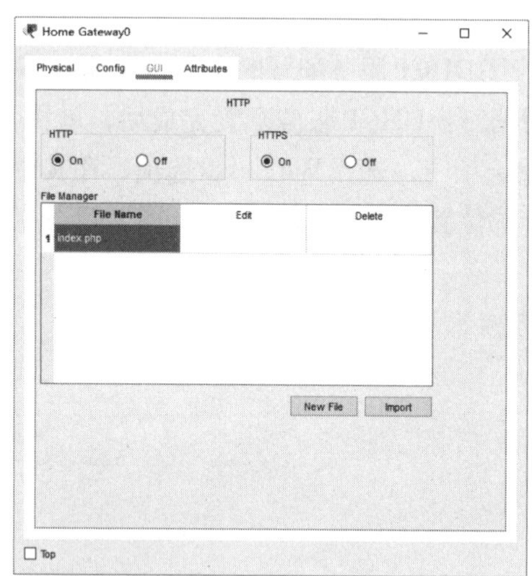

图2-49　查看Home Gateway基本设置

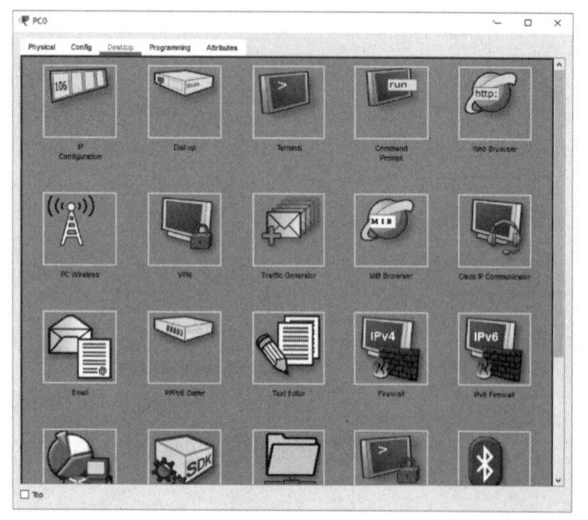

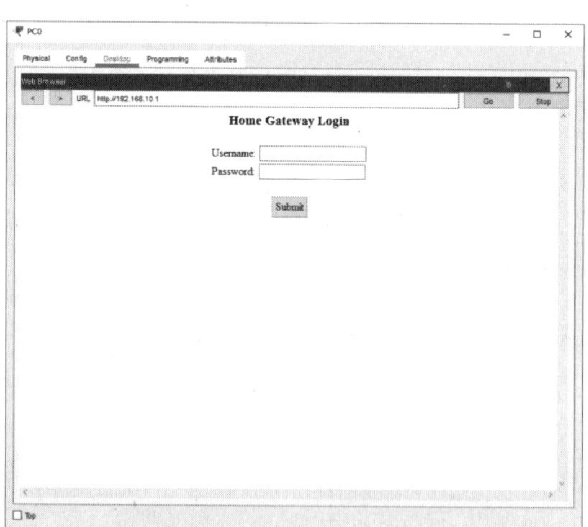

图2-50　连接网关

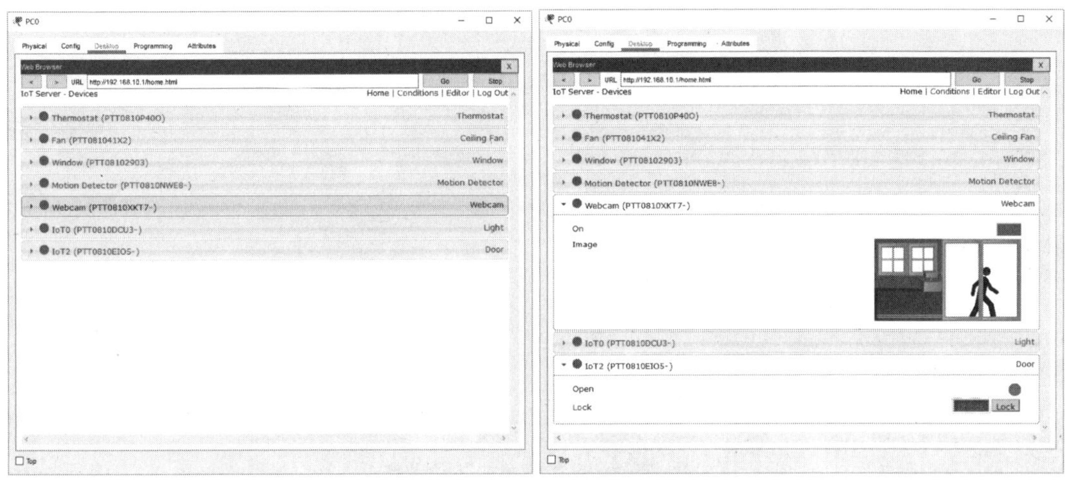

图2-51　单一设备控制

（2）场景条件设置：选择网页右上方的菜单栏，选择其中的Conditions按钮，就可以根据实际的需求来设置相关的场景条件，本例简单设置4个基础的场景，具体包括如下：

- 当门被打开时，自动开启台灯，当门被关闭时，自动关闭台灯；
- 当窗被打开时，自动开启风扇进行通风操作，当窗被关闭时，自动关闭风扇；
- 当恒温器温度大于20度时自动开窗；
- 当运动检测器检测到有人时，网络摄像头自动开启。

具体步骤如下：

步骤1：选择Add（添加）按钮，设置条件名称为test1，选择当IoT2（门）的Open（打开）状态为true（真）时，自动将IoT0（台灯）的Status（状态）设置为On（开启），同样还需要设置一个当门的状态为关闭时自动关闭台灯的规则，如图2-52所示。

步骤2：选择Add（添加）按钮，设置条件名称为test2，选择当Windows（窗）的On（开启）状态为true（真）时，自动将Fan（风扇）的Status（状态）设置为High（高速），同样还需要设置一个当窗的状态为关闭时自动关闭风扇的规则，如图2-53所示。

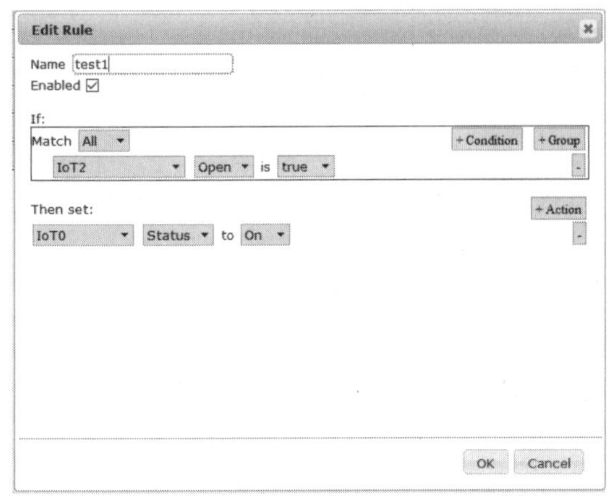

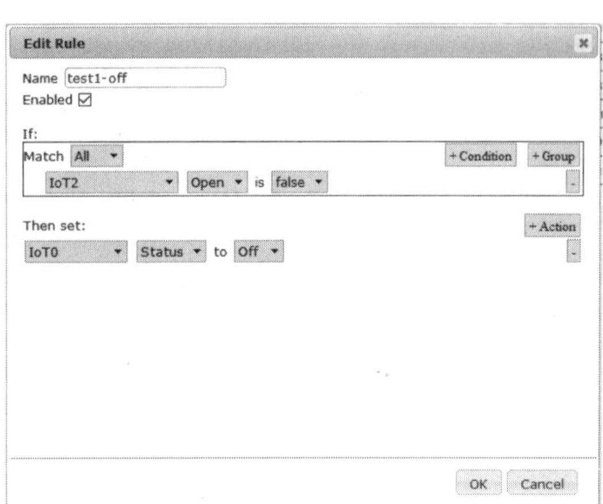

图2-52　门和台灯的联动操作

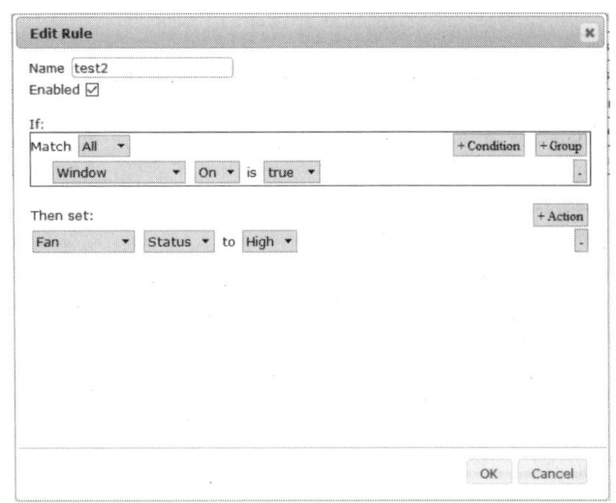

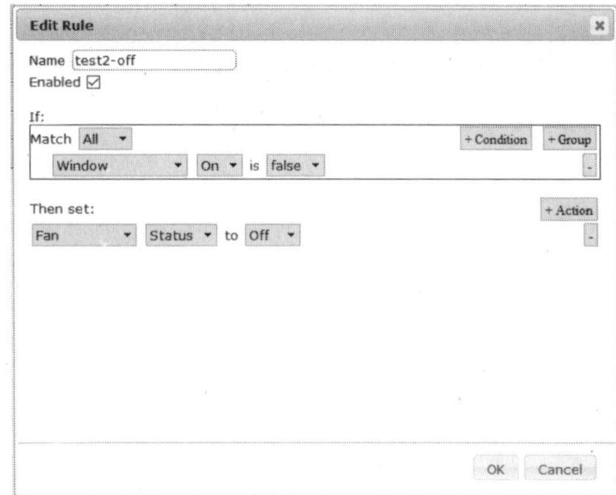

图2-53　窗和风扇的联动操作

步骤3：选择Add（添加）按钮，设置条件名称为test3，设置Thermostat的温度大于20度的时候，就设置Windows（窗）的On（开启）状态为true（真），开窗，如图2-54所示，当然此条件的实现还需要跟场景环境温度设置进行配置操作，具体环境变量设置已经在之前章节中进行了介绍，在此不再进行介绍。

步骤4：选择Add（添加）按钮，设置条件名称为test4，设置Motion Detector（运动检测器）的On（开启）状态为true（真），Webcam（网络摄像头）的On（开启）状态为true（真），如图2-55所示。

图2-54　恒温器和窗的联动操作

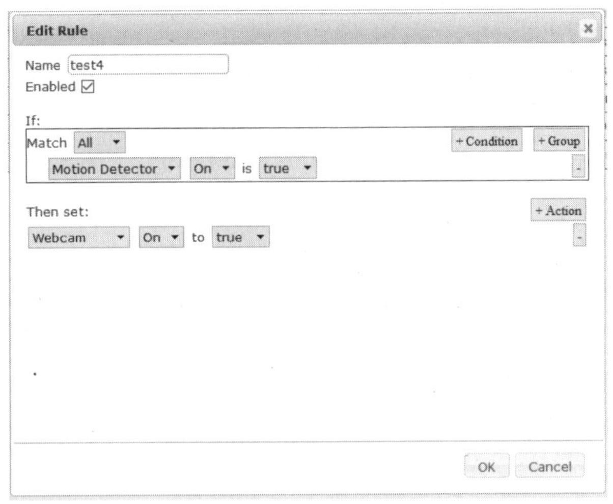

图2-55　运动检测器和网络摄像头的联动操作

除了上述简单的条件场景判断外，Cisco Packet Tracer软件还可以通过编程或者图形界面方式来进行场景的设置，具体选择Editor，然后选择New（新建），对不同的设备进行编程设计，如图2-56所示。

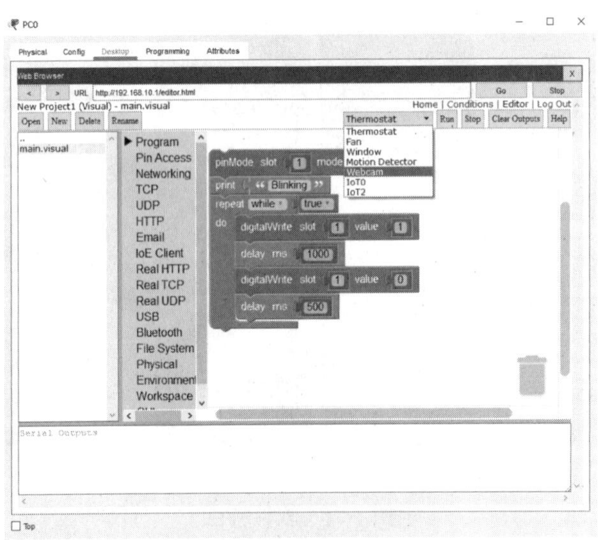

图2-56　场景程序设计

2.5 华清远见模拟仿真软件介绍

北京华清远见教育科技有限公司，成立于2004年6月8日，历经16年风雨，华清远见从一家不足5人的小团队，发展到今天拥有1 000多名员工的集团公司；从成立最初的单一嵌入式学科，到现在包括嵌入式人工智能、物联网、JavaEE、HTML5、Python+人工智能等众多高端IT学科培训；从屈指可数的几间教室，发展成为分布于北京、上海、深圳、成都、南京、武汉、西安、广州、沈阳、重庆、济南、长沙12所城市直营中心的规模。自华清远见成立以来，始终坚持“做良心教育，做专业教育，做受人尊敬的职业教育”的育人理念，创业16年来，华清远见改变了20余万学子的命运，帮助他们实现了梦想，这是华清远见企业价值的实现，更是每一个华清人社会价值的实现。

目前华清远见开设了嵌入式人工智能、物联网、JavaEE、HTML5、Python+人工智能和星创客六个教学方向。其中物联网虚拟仿真系统，可以说在业内是具有里程碑意义的教学平台，这个虚拟仿真平台，可以开展理论教学、编程、实验模拟、成果展示、创新实验等一系列物联网教学活动，有效解决物联网教学复杂，实验操作难，对硬件依赖高等一系列专业建设问题。本节就对该模拟仿真软件进行详细介绍。

2.5.1 华清远见模拟仿真软件特色介绍

华清远见模拟仿真软件的出现改变了物联网专业实验环境建设难度大、投入成本高等困境，具有非常明显的产品特色，软件特色如图2-57所示。软件可以使用2D、3D软件仿真的形式，形象展示系统器件及运行逻辑。软件拓展了图像化编程、Python等编程接口，在软件平台上就能完成物联网基础教学、系统开发教学及实验成果展示，有效解决物联网学习门槛高、教学及实验开展难等诸多问题。

图2-57 软件特色

软件支持2D场景中拖拽控件，设置了画线布线功能，同时支持接线验证判错，可轻松学习硬件接线技术，如图2-58所示。

硬件布线完成后，需要正确理解RS485、ZigBee、Bluetooth4.0、Wi-Fi、LoRa、IPv6等底层通信协议，以及Modbus等数据交互协议，正确完成相关配置，才能通过验证，如图2-59所示。

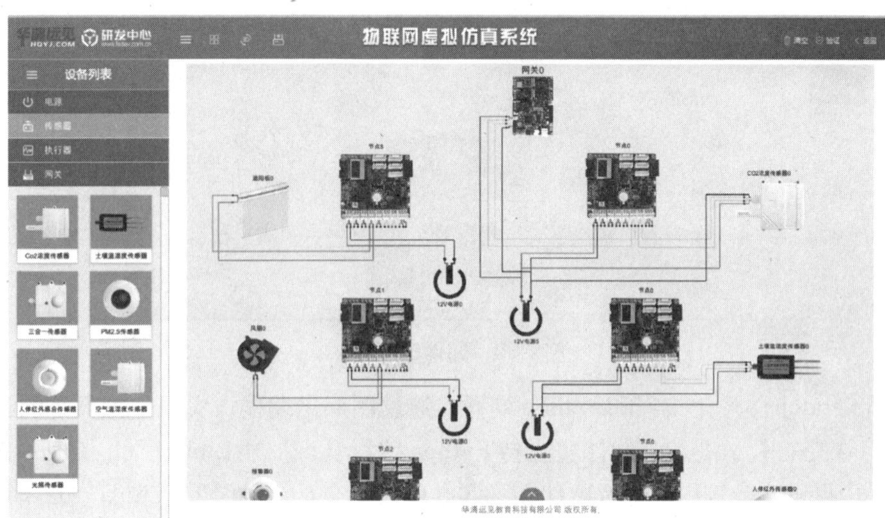

图2-58　支持2D模式

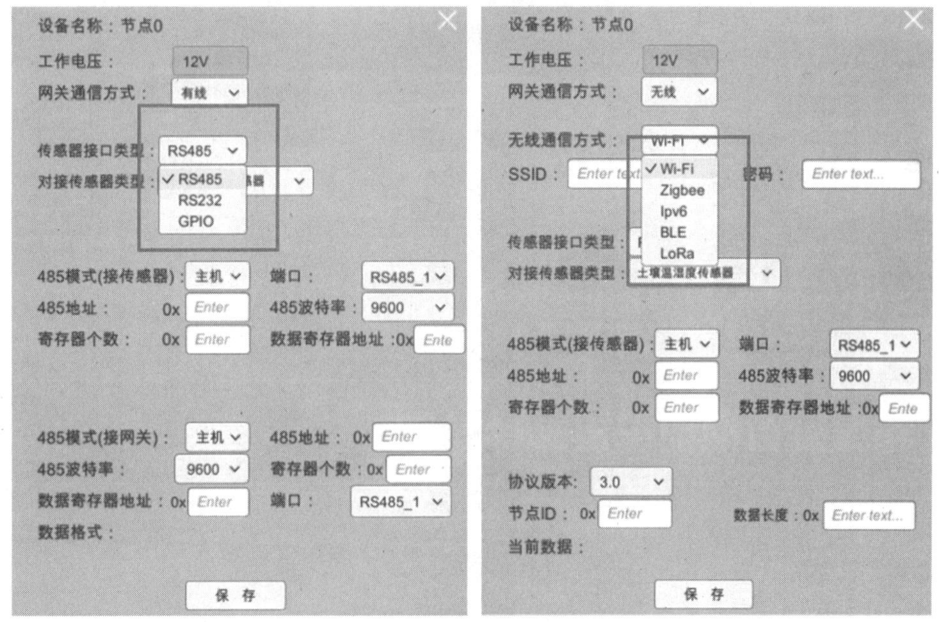

图2-59　接口类型及通信协议选择

软件为物联网系统里每个部件都做了3D模型，用户通过单击2D布线项目中的模块，便可以出现对应的3D模型，可以查看具体相关信息，如图2-60所示。

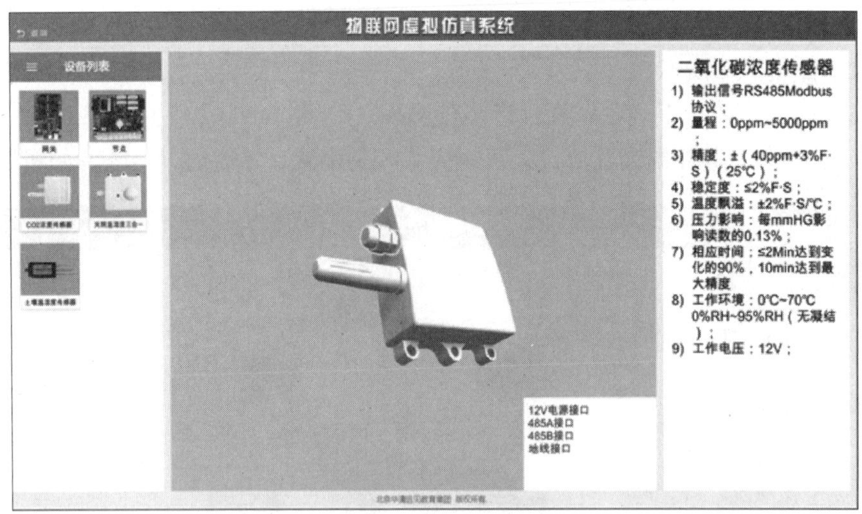

图2-60　部件3D模型

软件支持Scratch图形化编程和Python编程，通过图形化编程，实现虚拟系统的运行，可以满足编程入门阶段的教学需求。软件也支持Python编程（可扩展Linux、C、C++、H5、Java、Android编程），提供实验例程、仿真硬件和真实硬件数据交互，如图2-61和图2-62所示。此外软件还可以实现虚拟器件和真实器件之间的融合交互操作。

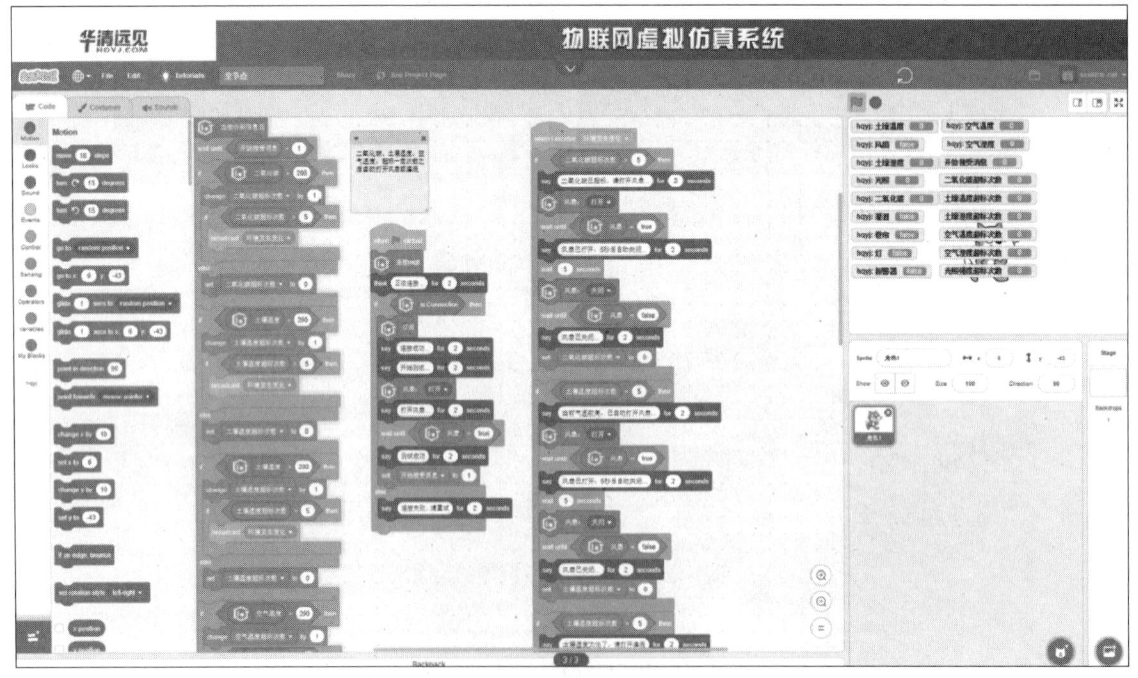

图2-61　Scratch图形化编程

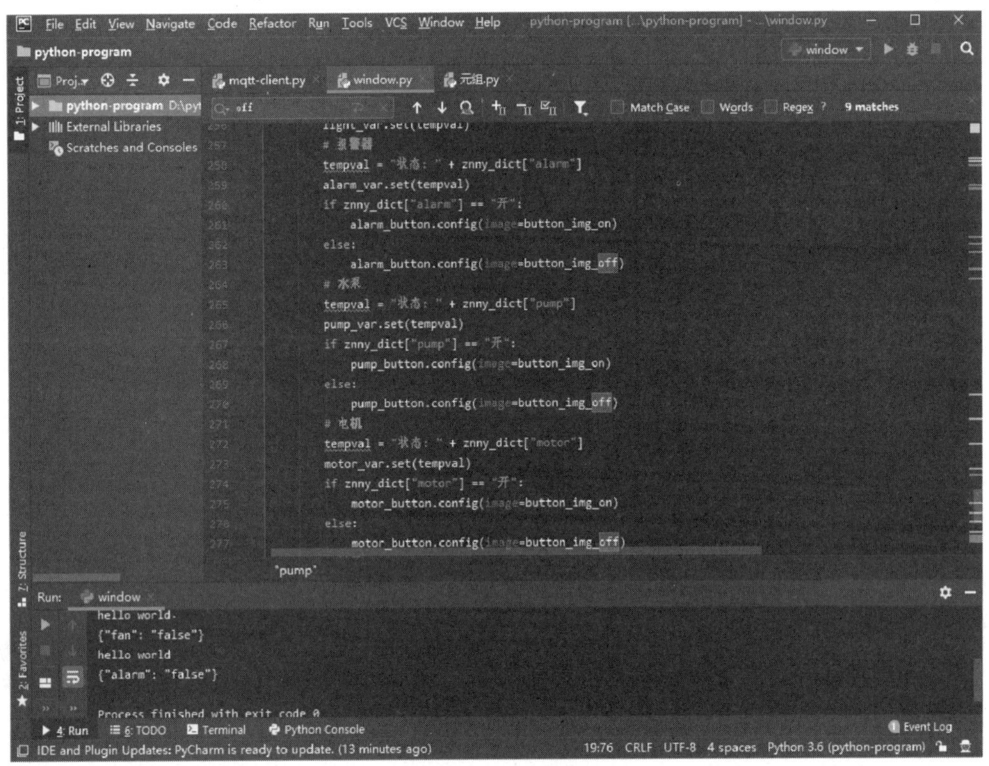

图2-62　Python编程

项目运行时，可以选择在3D场景中体验最终的运行过程。3D场景中会动态展示项目运行，并且以动画的方式展示物联网模块间的数据交互过程。这种生动的交互方式，可以增强学生的沉浸感，验证项目成果，提升教学效果，如图2-63所示。

图2-63　3D场景仿真

2.5.2　华清远见模拟仿真软件安装和初步使用

在进行软件操作前，首先需要进行模拟仿真软件的安装操作，具体步骤如下：

（1）首先以管理员身份运行安装源，单击“下一步”按钮继续，输入用户名和公司名称，如

图2-64所示。

（2）选择安装类型，默认选择全部安装，单击“安装”按钮开始安装，如图2-65所示。安装完成如图2-66所示。

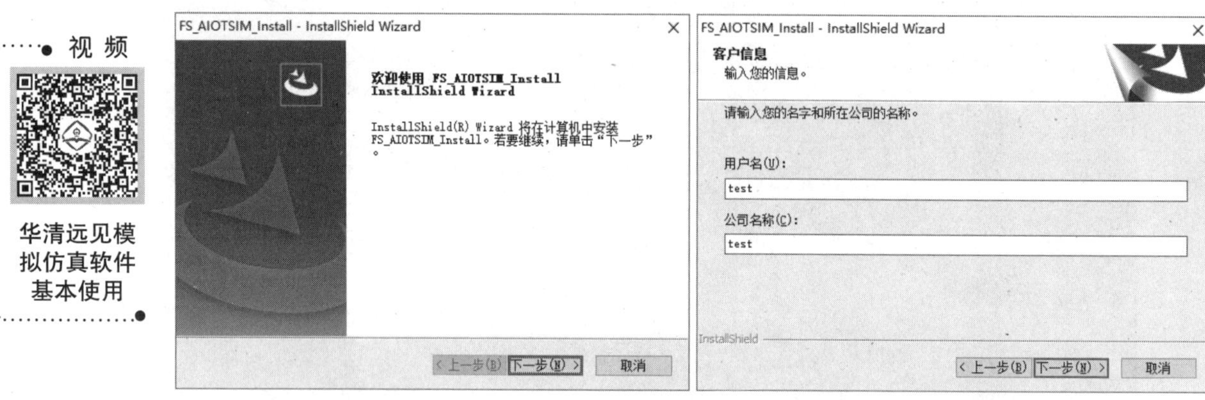

图2-64　开始安装

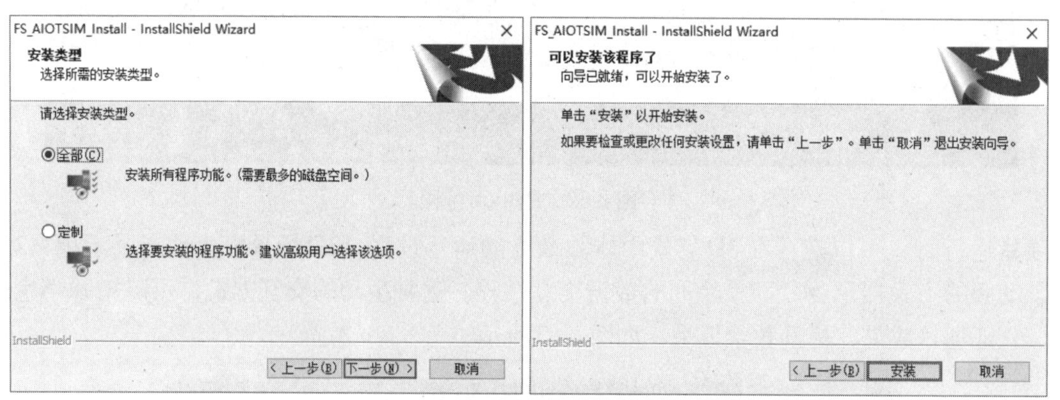

图2-65　开始安装

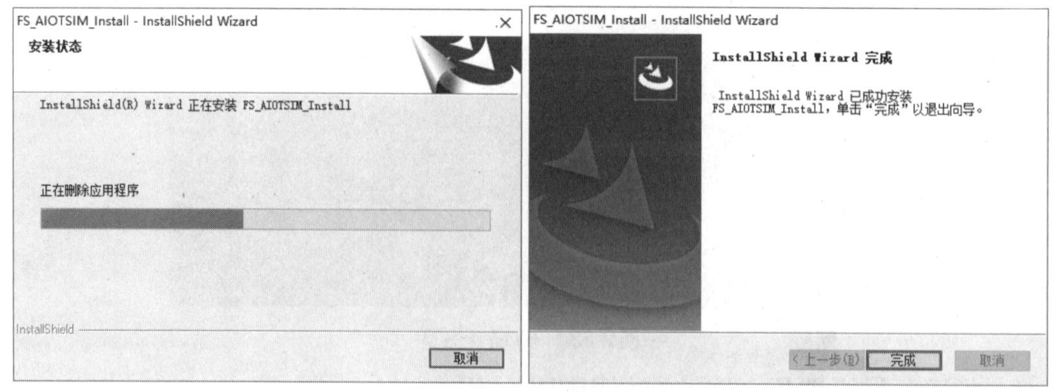

图2-66　完成安装

（3）安装完成后输入激活码才能正常使用，主界面如图2-67所示，注册完成后可以输入账号

密码登录软件。

图2-67　软件主界面

（4）启动软件后，可以选择“我的实验”，或者预设实验进行相关实验操作，预设实验是指软件自带的相关实验，在此选择“我的实验”，新建实验，命名为test1，单击“确定”按钮继续，如图2-68所示，新建完成后，可以打开对应实验。

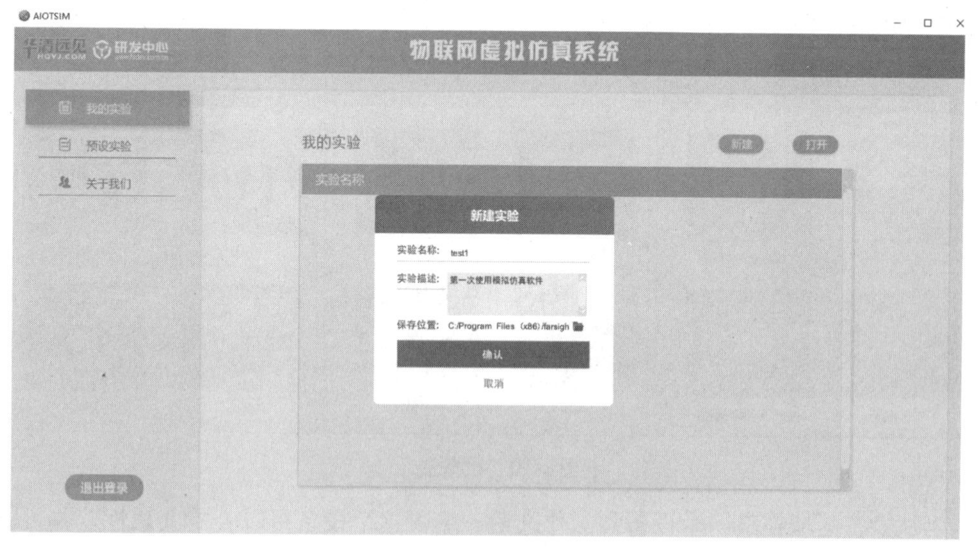

图2-68　新建实验

（5）新建实验并打开后，默认实验内没有包括任何物联网设备，用户需要通过拖曳和设置的方法进行相关配置和操作，软件的主界面包括左侧的设备列表，在其中可以选择物联网搭建所需要的设备，界面上方分别有工具按钮和功能按钮，其中工具按钮中可以进行文件的新建、保存、导入、导出等操作，可以选择进入不同的3D模式，查看各类器件的3D模型。功能按钮中包括设置当前MQTT属性，清空当前工作区，验证连线和协议属性等功能，如图2-69所示。

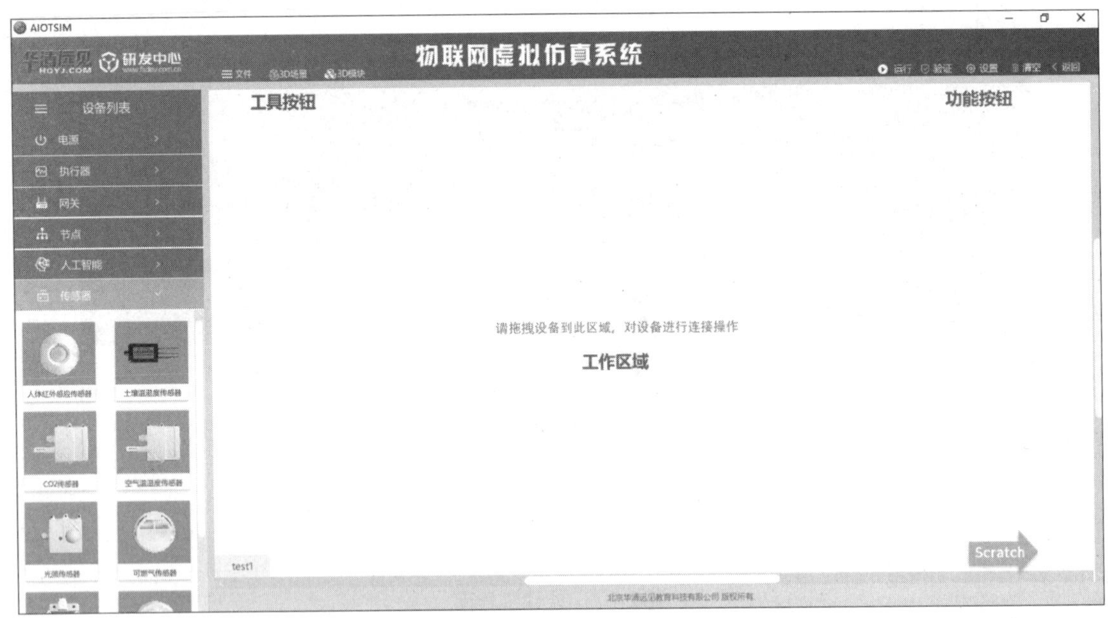

图2-69 软件布局

（6）设备列表中包括电源、执行器、网关、节点、人工智能和传感器，用户可以分别单击每一个选项，并从中选择所需要的物联网设备，直接拖曳到工作区域内，图2-70展示了传感器、执行器和电源的相关内容。

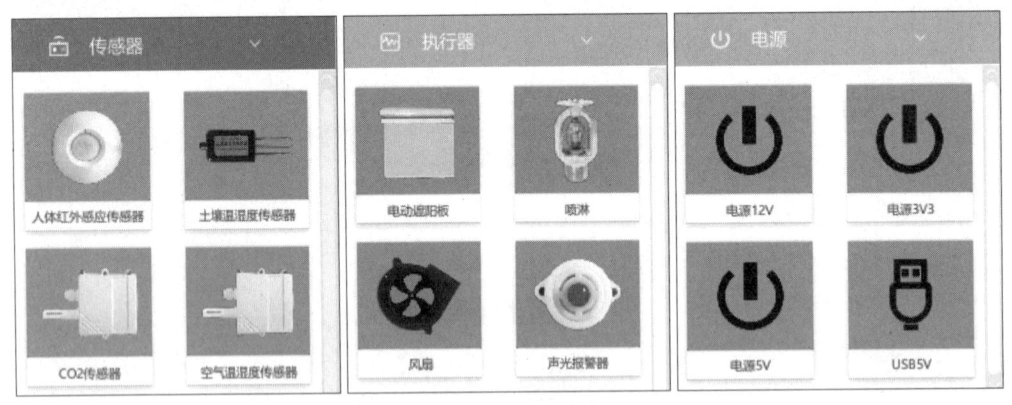

图2-70 设备展示

（7）当从设备区域拖曳一个设备到工作区后，单击这个设备可以查看其属性，并可以选择进入3D模型，切换到3D效果，如图2-71所示。

以下就分别以电源面板、传感器、执行器、节点面板、网关面板为例进行相关的说明。

（8）电源是最基本的设备配件，主要用于为各类元器件进行供电，因为软件提供了多种型号规格的电源，包括12V、5V、3.3V和USB5V，图2-72为12V电源的属性界面和数据列表，在实际使用时只需要直接拖曳到工作区域即可。

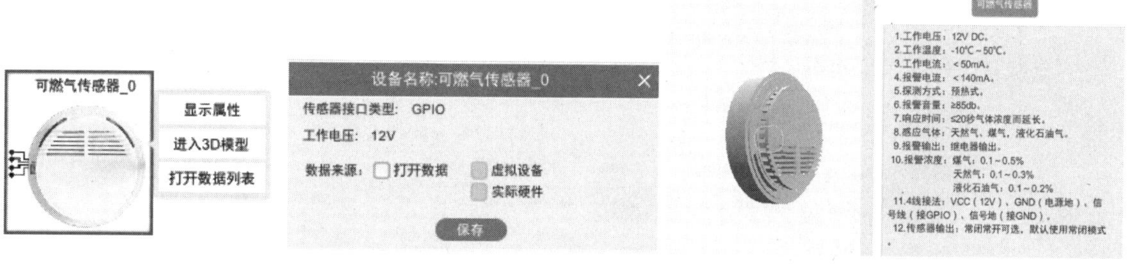

图 2-71　查看设备属性

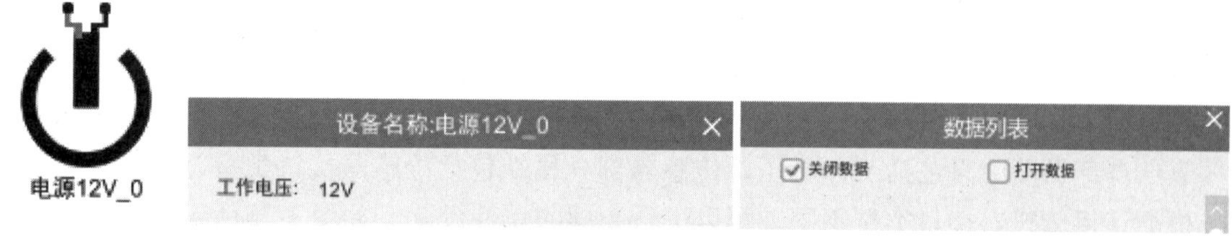

图 2-72　电源属性和数据列表

（9）在虚拟仿真系统中所有传感器的数据采集和执行器件的动作都是通过传感器与执行器来实现的，传感器的作用是采集环境数据，如采集光照数据，采集温湿度数据，这类传感器通过感知周围环境数据并上传到控制节点，在执行器则类似点灯、声光报警器、风扇、门锁等，主要通过各种命令实现相关的控制动作。不论是传感器还是执行器，如果通过设备的接口来分类可以分为 RS-485 接口、RS-323 接口和GPIO 接口三类。图 2-73 就是两款使用RS-485接口和GPIO接口的传感器。

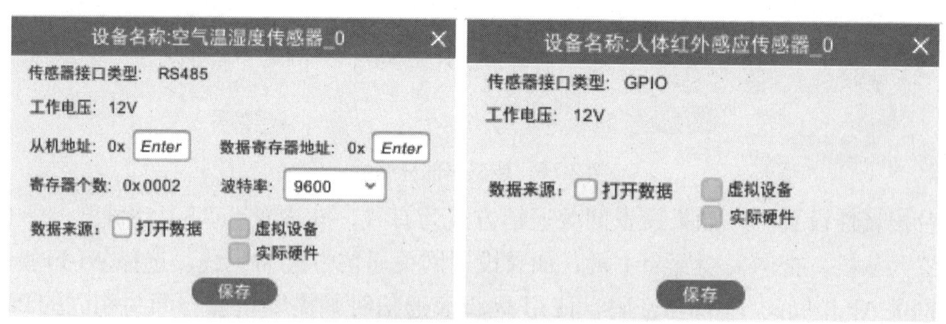

图 2-73　空气温湿度传感器和人体红外感应传感器

（10）选择了所需要的各类传感器和执行器后，就需要选择节点面板，节点是位于传感器与网关中间的一个数据采集与协议封装单元，其主要功能是将传感器采集的数据根据配置的节点属性封装成不同的数据包发送给网关。由于节点既要获取传感器数据还需要进行协议封装上传网关，因此这部分配置相对复杂。可以分为三部分配置：第一部分为节点自身属性；第二部分为传感器部分属性；第三部分为网关对接属性。选择左侧导航栏的节点，在其中选择M3 无线节点控制板B_0，拖曳到工作区域，选择显示属性，就可以看到如图 2-74 所示内容。

图2-74　节点控制板

节点自身属性中只包括工作电压，传感器部分属性包括传感器接口类型，对接传感器类型等。根据连接传感器接口类型不同，可以进行不同的属性设置，如图2-75所示。注意如果采用RS-485接口，节点一般作为主机，传感器作为从机。

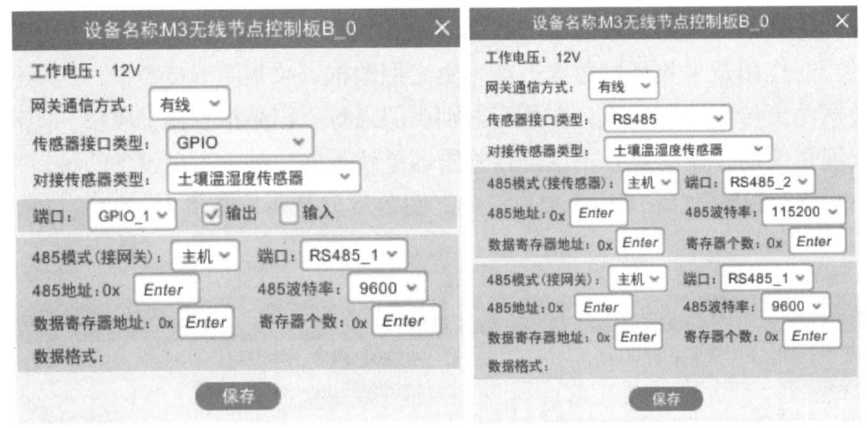

图2-75　传感器部分属性

网关对接属性设置时，如果设置网关通信方式为有线，即设置为RS-458模式，一般情况下把节点设置为从机，把网关设置为主机；如果设置网关通信方式为无线，选择Wi-Fi模式时，需要提供与网关AP相同的SSID和密码，使用ZigBee通信时则需要填写与网关相同的PanID，如图2-76所示。

（11）网关的作用是通过无线或者有线的方式来实时接收节点上报的传感器数据，并按照协议将有用的数据提取出来，发送给 Scratch 或者 Python 语言来进行数据处理。选择左侧导航栏的网关，在其中选择M4网关单元，拖曳到工作区域，单击显示属性，可以看到如图2-77所示内容，网关目前共可以支持ZigBee、BLE、IPv6、LoRa、Wi-Fi五种网络。选择不同的网络在网关实物上都会增加对应的功能模块，图2-78左侧为使用了ZigBee状态的网关，右侧为使用了Wi-Fi状态的网关。

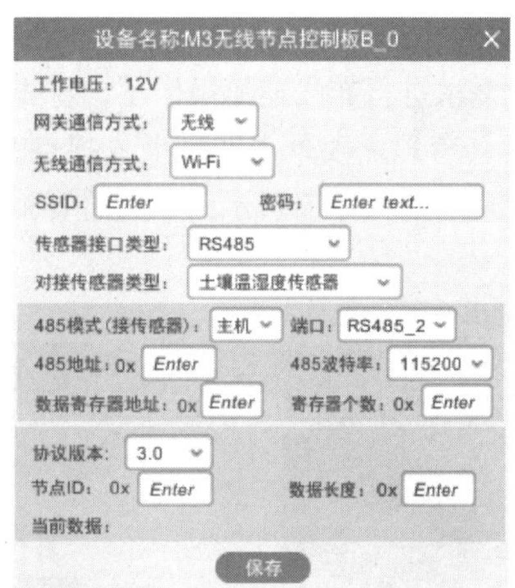

图 2-76　网关对接属性设置

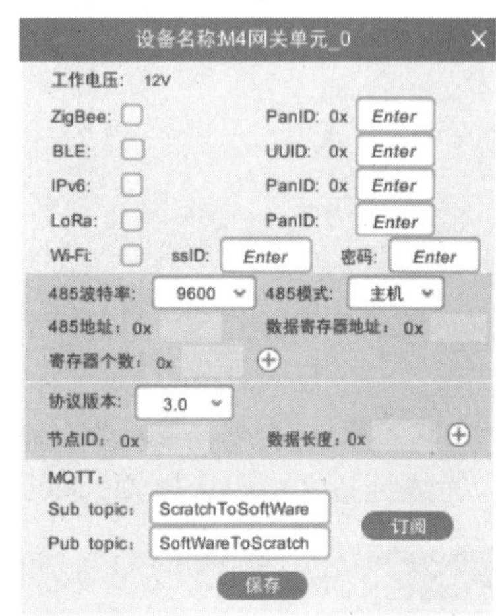

图 2-77　M4 网关属性设置

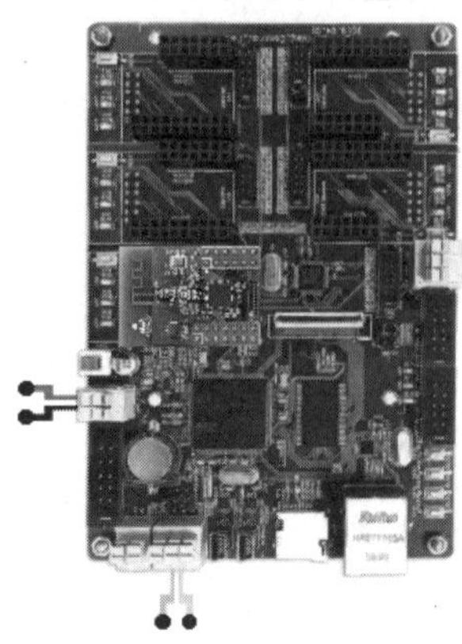

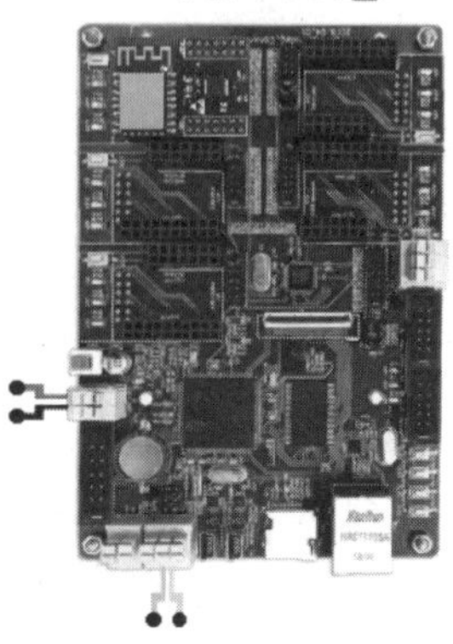

图 2-78　ZigBee 和 Wi-Fi 属性

（12）通过上述介绍，在工作区域中已经包括了网关、节点、传感器、执行器和电源，现在就可以按照需求进行布线连接操作了，首先单击起始设备的引脚，移动鼠标即可出现连接线，如果线缆需要转弯只需要单击即可生成拐点，连接末端设备时也只需要单击即可完成设备线缆连接，连接完成后如图2-79所示。如果需要删除某条连接线，只需要单击选择连接线，按【Delete】键即可。

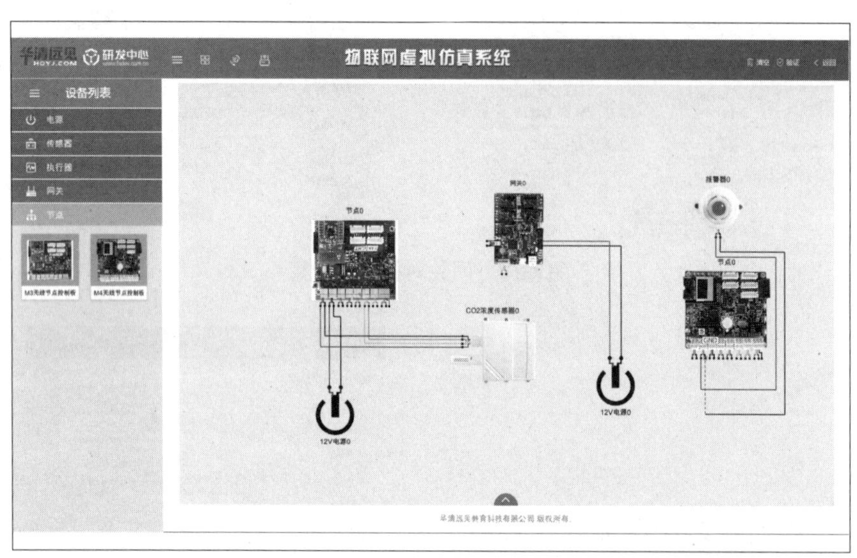

图2-79　连接线缆

（13）设备选型完成，连接线缆完成，就需要进行通信协议的配置，节点属性中可以选择有线和无线连接，无线连接又可以选择ZigBee、Bluetooth4.0、IPv6、Wi-Fi、LoRa，如图2-80所示。

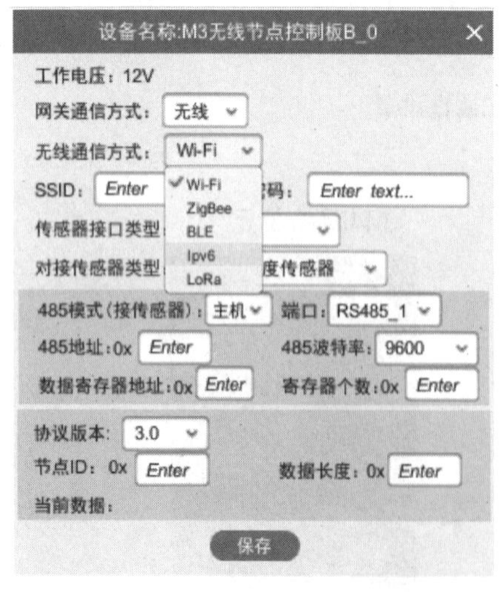

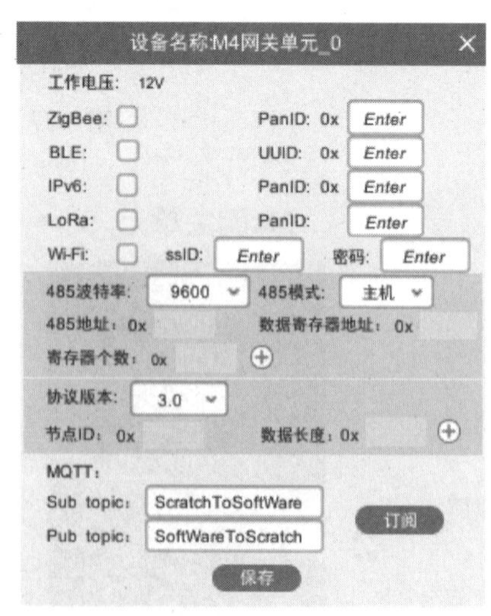

图2-80　通信协议设置

（14）完成连接和协议选择后，可以使用验证按钮进行项目校验，软件主要从连线校验和协议校验两个方面进行校验，结果如图2-81所示。

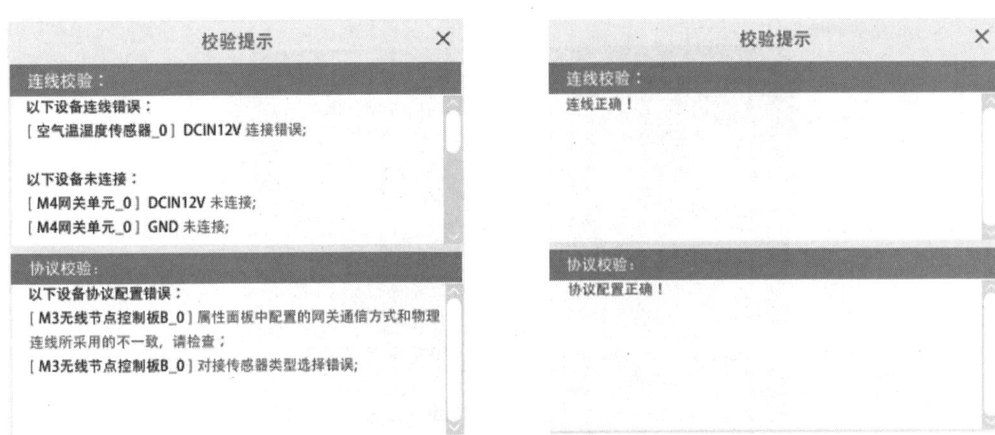

图2-81　项目校验

2.5.3　物联网温湿度报警模拟仿真实验

按照如图2-82所示设备搭建实验环境，并进行线缆连接，设备中包括一块M4网关单元，两块M3的节点控制板，一个声光报警器和一个CO2传感器，其中声光报警器采用GPIO方式跟节点进行连接，CO2传感器采用RS-485总线方式连接M3节点控制板，用户在使用节点板和网关设备时，可以通过查看3D模型的方式来具体确定连接接口，其中图2-83就是M3无线节点控制板的3D模型图。

视频

温湿度报警模拟仿真实验

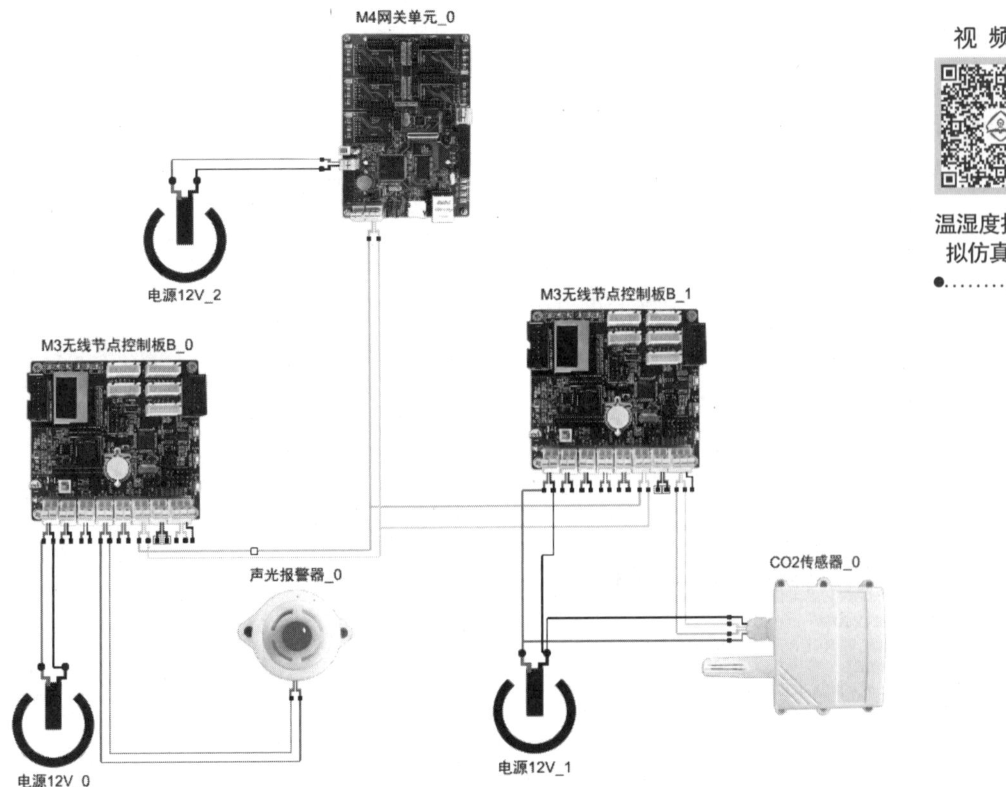

图2-82　设备连线

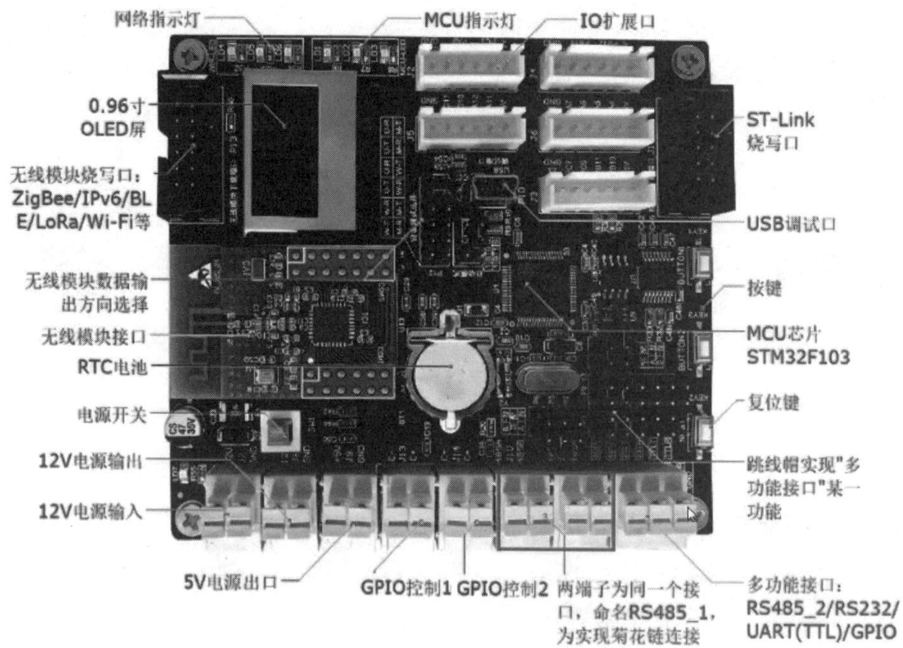

图2-83　M3节点3D模型

线缆连接完成后，可以单击“验证”按钮，来校验连线情况和协议配置情况，如图2-84所示，其中连线校验是显示连线正确的，而协议校验中就出现的报错的情况，因此后续就需要进行协议配置。

由于声光报警器使用GPIO口连接了M3无线节点，因此需要将无线节点的传感器接口类型设置为GPIO，并且设置对接传感器类型选择为声光报警器，端口选择GPIO_1，如图2-85所示。CO2传感器使用RS-485总线连接了M3无线节点，传感器类型为CO2传感器，因此也需要对M3无线节点进行配置，如图2-86所示。

传感器故障解决后，再次单击验证，仍有三个协议故障，如图2-87所示，主要涉及RS-485模式错误和从机地址错误等，现逐一进行解决。

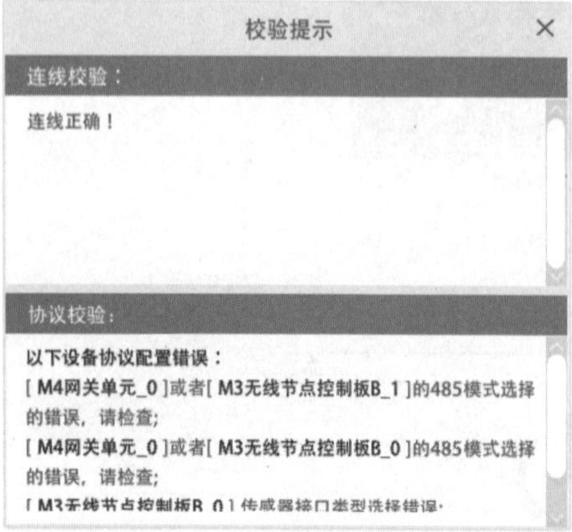

校验提示

连线校验：

连线正确！

协议校验：

以下设备协议配置错误：

[M4网关单元_0]或者[M3无线节点控制板B_1]的485模式选择的错误，请检查;

[M4网关单元_0]或者[M3无线节点控制板B_0]的485模式选择的错误，请检查;

[M3无线节点控制板B_0] 传感器接口类型选择错误;

图2-84　系统校验

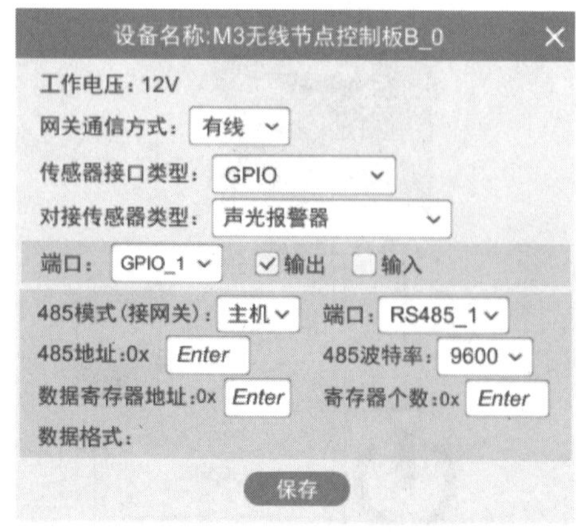

图2-85　M3节点B_0设置

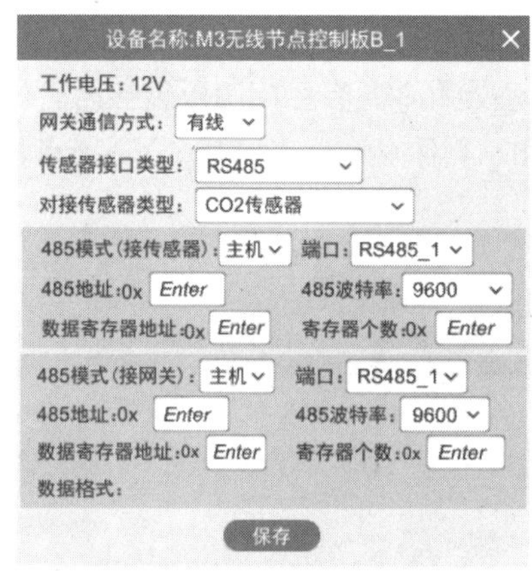

图2-86　M3节点B_1设置

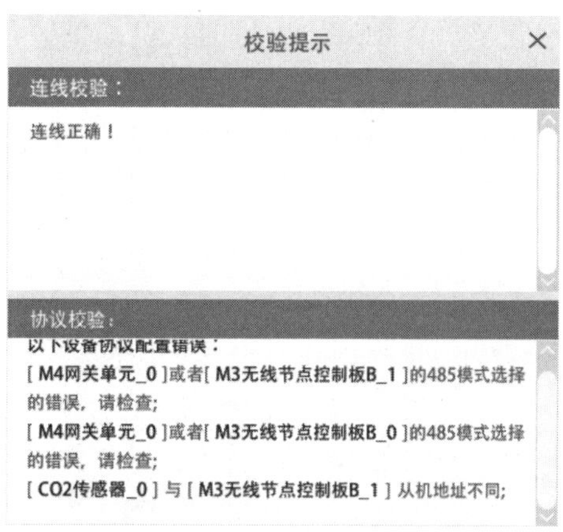

图2-87　系统校验

首先解决CO2传感器_0和M3无线节点控制板B_1从机地址不同问题，具体操作步骤如下：

（1）首先查看CO2传感器，从右侧的详细介绍中可以看到传感器从机地址为十六进制的07，寄存器起始地址为0000，读/写寄存器个数为1，如图2-88所示，需要在CO2属性对话框中进行配置，如图2-89所示。

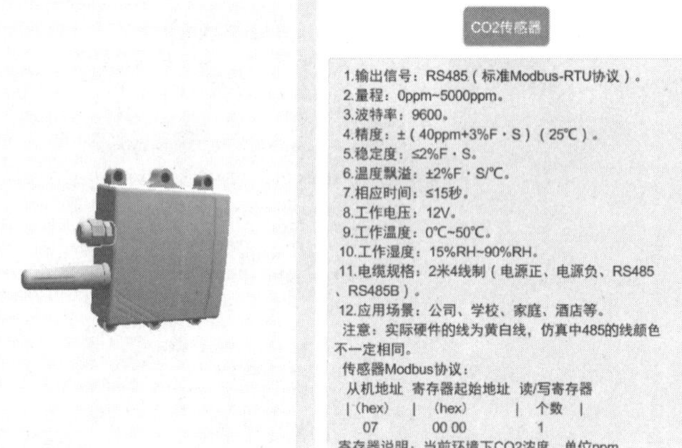

图2-88　CO2的3D模型

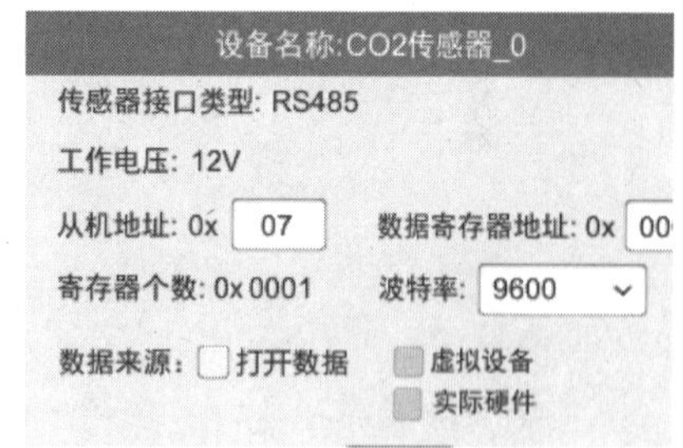

图2-89　CO2属性设置

（2）配置完传感器后，还需要对M3无线节点控制板B_1的属性进行配置，针对传感器来说，节点控制板应该属于主机，端口选择RS485_2，485地址按照CO2传感器设置为07，波特率采用默认，寄存器地址设置为0000，寄存器的个数设置为1，保存后，再次进行验证，发现上述问题已经解决，如图2-90所示。

校验后，依然存在的问题主要是M4网关单元和M3节点控制板之间的RS485模式选择错误，现统一进行修改，具体操作步骤如下：

（3）首先打开M3节点控制板，选择进入3D模型，在右侧选择连接Modbus协议介绍，软件已经规定了相关传感器的从机地址信息，在其中查找CO2传感器，从机地址为07，寄存器起始地址为0000，读/写寄存器个数为1，如图2-91所示，在此注意，在配置CO2传感器和M3节点控制板时也配置了一套RS485总线的从机地址等信息，但在此并没有重复配置，而是配置了M3节点控制板和M4网关单元，两者属于两套RS485总线，CO2传感器和M3节点控制板连接时，CO2传感器属于从机，M3节点控制板属于主机。M3节点控制板和M4网关单元连接时，M3节点控制板属于从机，M4网关单元属于主机。

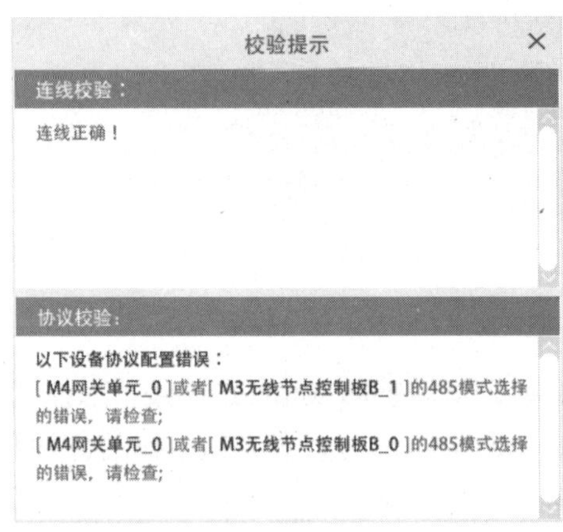

图2-90　节点板属性设置

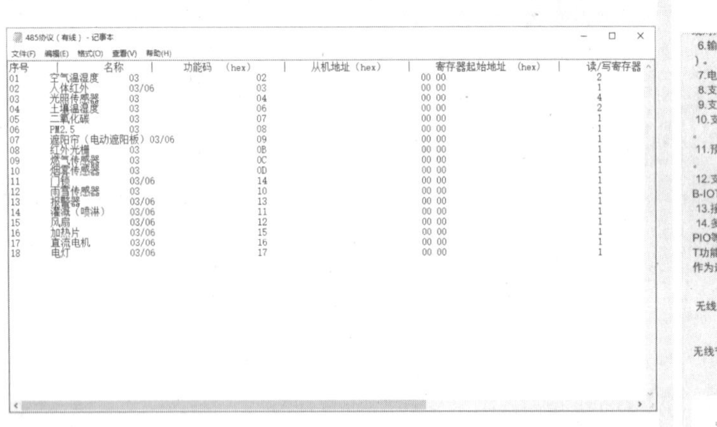

485协议（有线）- 记事本

文件(F) 编辑(E) 格式(O) 查看(V) 帮助(H)

序号	名称	功能码 (hex)	从机地址 (hex)	寄存器起始地址 (hex)	读/写寄存器
01	空气温湿度	03	02	00 00	2
02	人体红外	03/06	03	00 00	1
03	光照传感器	03	04	00 00	4
04	土壤温湿度	03	06	00 00	2
05	二氧化碳	03	07	00 00	1
06	PM2.5	03	08	00 00	1
07	遮阳帘（电动遮阳板）	03/06	09	00 00	1
08	红外光栅	03	0B	00 00	1
09	燃气传感器	03	0C	00 00	1
10	烟雾传感器	03	0D	00 00	1
11	门锁	03/06	14	00 00	1
12	雨雪传感器	03	10	00 00	1
13	报警器	03/06	13	00 00	1
14	灌溉（喷淋）	03/06	11	00 00	1
15	风扇	03/06	12	00 00	1
16	加热片	03/06	15	00 00	1
17	直流电机	03/06	16	00 00	1
18	电灯	03/06	17	00 00	1

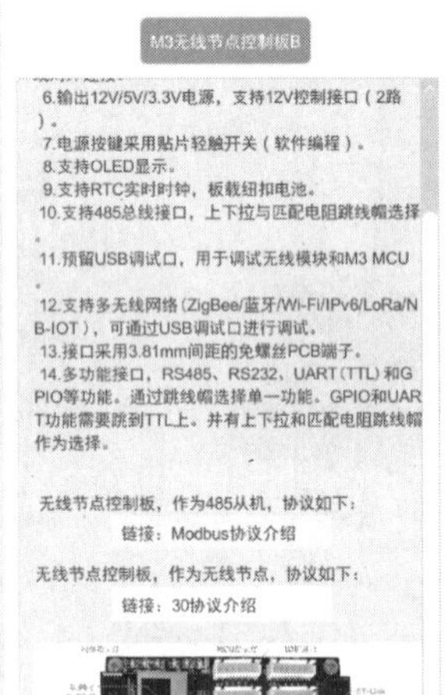

M3无线节点控制板B

6.输出12V/5V/3.3V电源，支持12V控制接口（2路）。
7.电源按键采用贴片轻触开关（软件编程）。
8.支持OLED显示。
9.支持RTC实时时钟，板载纽扣电池。
10.支持485总线接口，上下拉与匹配电阻跳线帽选择。
11.预留USB调试口，用于调试无线模块和M3 MCU。
12.支持多无线网络（ZigBee/蓝牙/Wi-Fi/IPv6/LoRa/NB-IOT），可通过USB调试口进行调试。
13.接口采用3.81mm间距的免螺丝PCB端子。
14.多功能接口，RS485、RS232、UART（TTL）和GPIO等功能。通过跳线帽选择单一功能。GPIO和UART功能需要跳到TTL上。并有上下拉和匹配电阻跳线帽作为选择。

无线节点控制板，作为485从机，协议如下：
链接：Modbus协议介绍
无线节点控制板，作为无线节点，协议如下：
链接：30协议介绍

图2-91　Modbus协议介绍

（4）完成M3节点控制板的配置后，结果如图2-92所示。

（5）配置完M3节点控制板后，还需要进行M4网关属性配置，打开属性后，选择RS485总线模式中的加号，在其中添加CO2传感器的基本信息，如图2-93所示。

（6）完成CO2传感器的相关设置后，需要对声光报警器连接的M3节点控制板和M4网关之间的连接进行设置，由于声光传感器使用的GPIO连接到M3节点控制板，无须进行多余配置，因此只需要进行M3节点控制板和M4网关之间的RS485总线的配置，通过查询M3节点控制板中Modbus协议介绍，查询到声光报警器，从机地址为13，寄存器起始地址为0000，读/写寄存器个数为1，在M3节点控制板属性界面中配置，注意M3节点板连接M4网关时应该设置为从机，如图2-94所示。

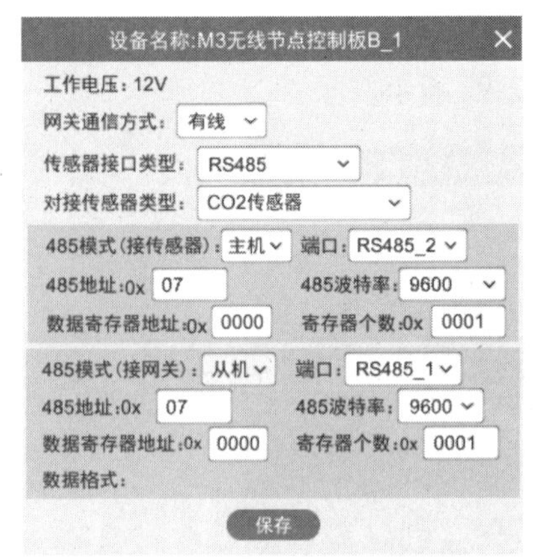

图 2-92　M3 节点控制板配置

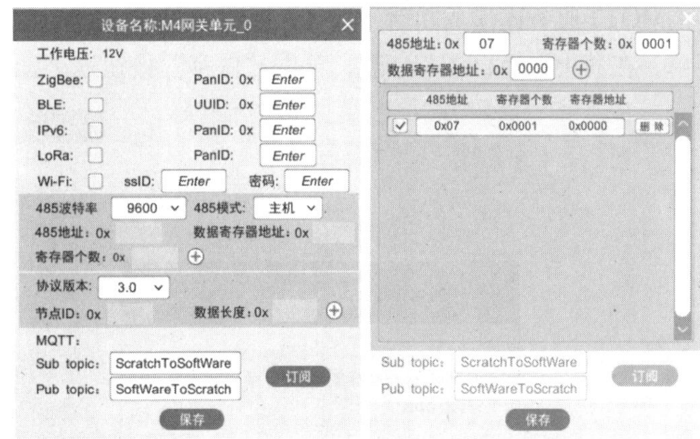

图 2-93　M4 网关配置

（7）完成了 M3 节点控制板设置后，还需要对 M4 网关进行配置，在 RS485 总线模式中添加相关信息，完成设置后，可以再次单击验证，发现所有验证均已通过，如图 2-95 所示。

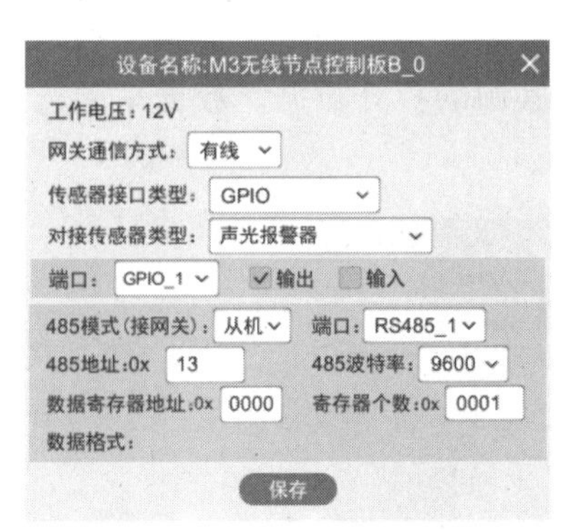

图 2-94　M3 节点控制板配置

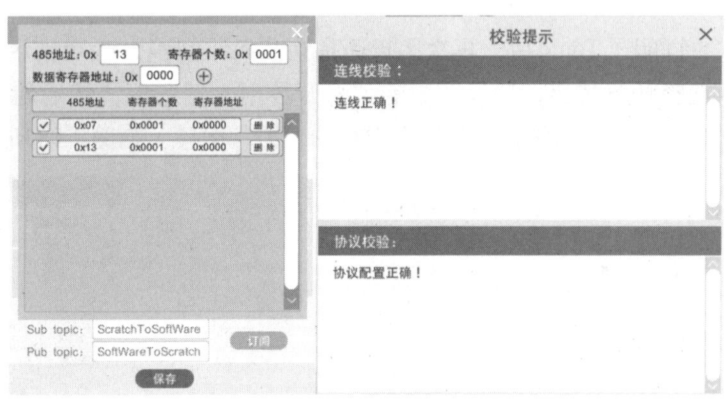

图 2-95　M4 网关配置及校验

校验完成后，就可以单击运行，此时还是会报一个错误，如图 2-96 所示，显示没有连接 MQTT 服务。解决的方法是单击“设置”按钮，选择“连接”选项，但如果 MQTT 未开启，软件会提示连接失败，请检查 MQTT 服务，用户可以前往服务中查找 mosquitto 服务，选择启动，就可以启动服务，然后再次单击设置中的连接，就会显示如图 2-96 所示结果。

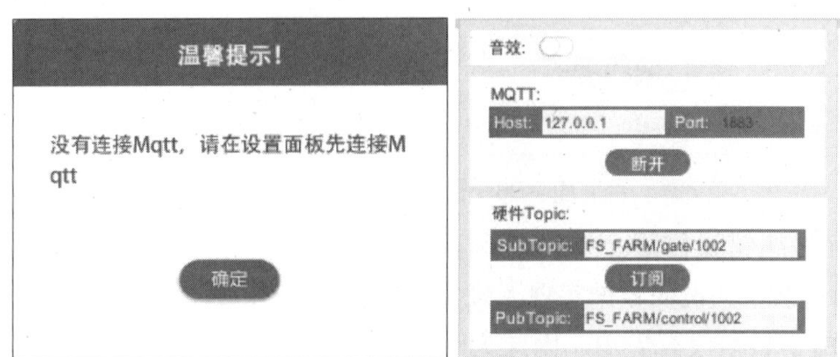

图 2-96　MQTT 连接

MQTT服务连接成功后，运行还是会显示没有订阅Scratch的Topic错误，进入M4网关的属性菜单，在其中选择订阅MQTT，单击“保存”按钮退出，如图2-97所示。

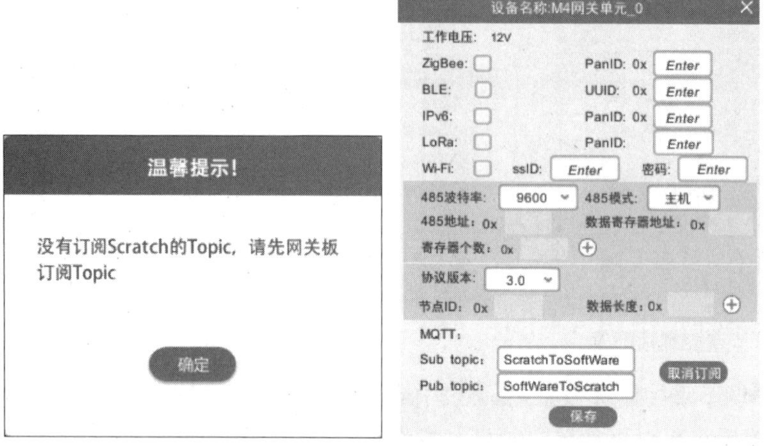

图2-97　订阅Topic

订阅了Topic后，再次运行还是存在报错问题，此次显示的是传感器没有产生数据，因此可以选择任意传感，选择其中的“打开数据”复选框，然后勾选其中的打开数据，数据来源选择“虚拟设备”，这样就可以产生虚拟的模拟数据了，如图2-98所示。

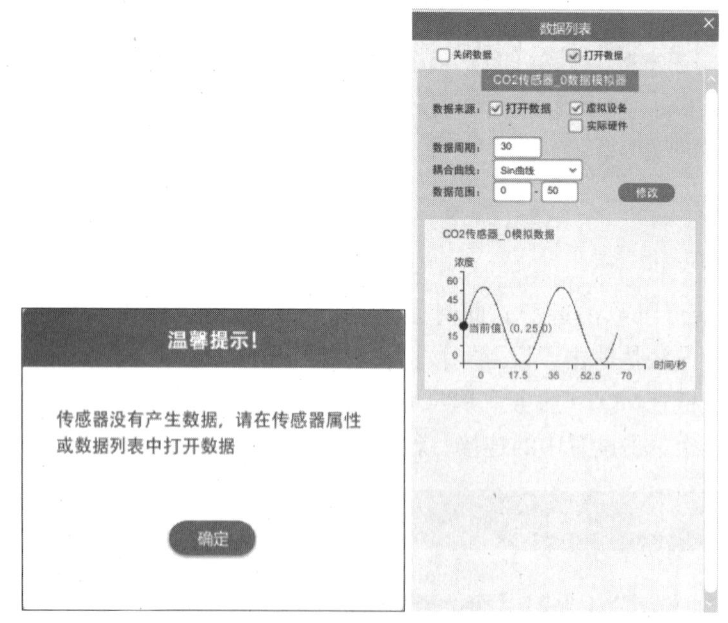

图2-98　设置虚拟数据源

完成上述所有的纠错操作后，单击“运行”按钮，就不会再报错，而是正常显示了，如图2-99所示。运行正常了，说明数据实现了采集，上传M3节点控制板，又通过M3节点控制板上传了M4网关，但由于目前没有应用，因此无法查看相关的数据内容，用户可以单击软件右下角的Scratch图形编程方式来创建一个应用。如图2-100和图2-101所示就是相关编程界面和结果图。

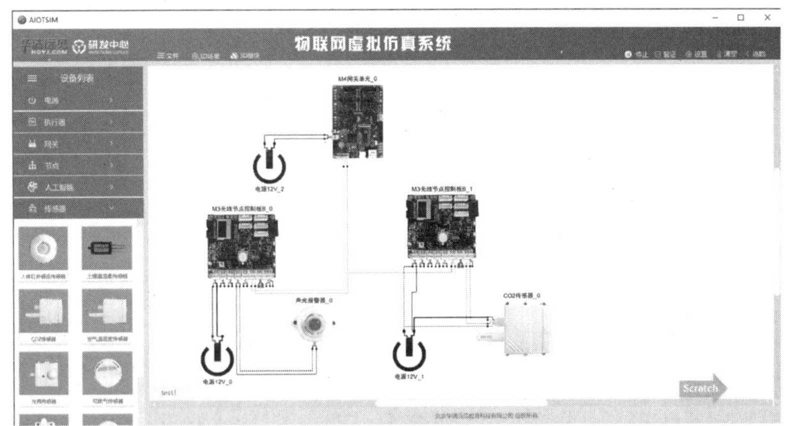

图 2-99　正常运行

图 2-100　Scratch 图形编程

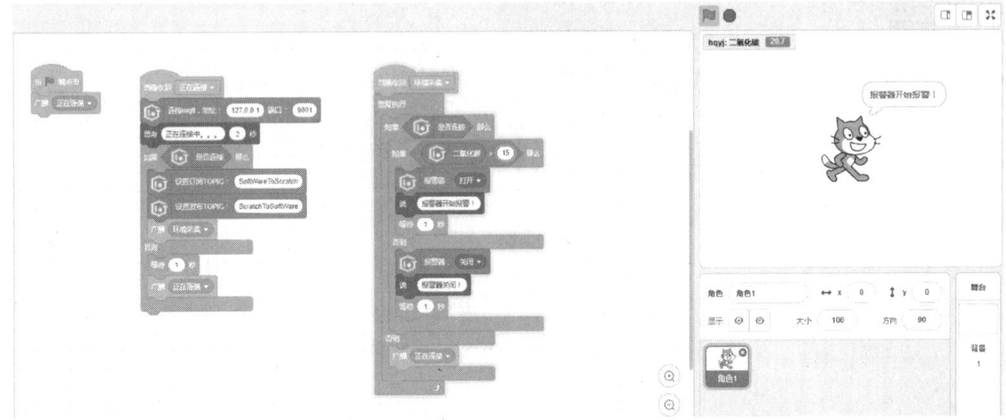

图 2-101　Scratch 结果

习　题

一、选择题

1. Cisco Packet Tracer软件中，涉及物联网的相关设备类型主要包括两个部分：其一是终端设备；其二是＿＿＿＿＿。

A. 智能城市　B. 器件　C. 电力网络　D. 执行机构

2. Cisco Packet Tracer软件中进行I/O Config设置时，在Network Adapter（网络适配器）中，选择＿＿＿＿＿可以实现无线网络连接。

A. PT-IOT-NM-1CFE　B. PT-IOT-NM-1CE

C. PT-IOT-NM-1W　D. PT-IOT-NM-3G/4G

3. Blockly功能是由Google公司在＿＿＿＿＿发布的。

A. 2011年6月　B. 2012年6月

C. 2013年6月　D. 2014年6月

4. 华清远见模拟仿真软件中，设备的接口可以分为RS-485接口、RS-323接口和＿＿＿＿＿三类。

A. M3无线节点　B. IIC接口

C. M4无线节点　D. GPIO接口

5. 华清远见模拟仿真软件中，网关目前可以支持的无线连接包括＿＿＿＿＿、BLE、IPv6、LoRa、Wi-Fi五种网络。

A. 双绞线　B. RS485　C. ZigBee　D. RS-323

二、判断题

1. Cisco Packet Tracer软件为了能使物联网的应用范围更加广阔，允许设置相应的场景模式，例如设置城际场景、主城市场景、公司办公室场景、主机房场景等。　（　）

2. Cisco Packet Tracer软件在进行程序代码编写时，目前支持的程序代码主要包括JavaScript、Python，同时也支持Visual可视化的编程方式进行相关操作。　（　）

三、简答题

1. 举例说明在Cisco Packet Tracer软件中能模拟的家用电器包括哪些。

2. 简述华清远见模拟仿真软件操作流程。

第3章 无线传感器网络概述

本章主要介绍无线传感器网络的基本概念，包括定义、来源、发展历程、特征、网络标准等，介绍了无线传感器网络与物联网之间的区别，介绍了华清远见模拟仿真软件实现的模拟无线通信技术，此外还介绍IAR Embedded Workbench编程环境的基本使用。

3.1 无线传感器网络

无线传感器网络（Wireless Sensor Network，WSN）是由部署在监测区域内的大量廉价微型传感器节点组成，以自组织和多跳的方式构成的无线网络，以协作地感知、采集、处理和传输网络覆盖地理区域内被感知对象的信息，并最终把这些信息发送给网络的所有者。

无线传感器网络的发展最初可以追溯到20世纪70年代，当时美国军方研制了一款名为热带树的传感器，这种传感器是一种只具有震动传感器和声响传感器的系统，它由飞机投放，落地后插入到泥土中，只露出伪装成树枝的无线电天线，当敌人的车辆和人员经过时，传感器就会探测到目标产生的震动和声响，并将所探测到的数据信息发送到美军的指挥中心，指挥中心接收到数据后，就立即指挥空军进行轰炸，从而炸毁敌军的人员、车辆，这一系统在当时取得了很好的战时效果。这种早期的无线传感器系统，由于当时技术水平的限制，因此传感器节点只能产生探测数据的功能，但没有计算的能力，而且传感器之间也无法实现相互之间的通信。

1978年，美国国防部高级研究计划局（Defense Advanced Research Projects Agency，DARPA），是美国国防部下属的一个行政机构，负责研发用于军事用途的高新科技，提出了分布式传感器网络计划，在卡耐基·梅隆大学成立了由多所大学组成的分布式传感器网络研究组，对分布式传感器网络中的通信和计算等问题展开研究。20世纪80年代至90年代末期间，DARPA和美国军方又设立了多项有关无线传感器网络的研究计划，研究各种无线传感器网络技术和系统。这些研究计划和研究成果对无线传感器网络技术的发展起到了很好的推动作用。1999年美国《商业周刊》杂志将无线传感器网络技术列为了21世纪最重要的21项技术之一，认为这一技术将给未来社会的进步和人们的生活带来深远的影响。2000年，美国国防部将无线传感器网络定位为5个国防尖端领域之一，并将其作为一项优先发展的研究计划。2005年，美国《今日防务》杂志认为无线传感器网络的应用和发展将引起一场划时代的军事技术革命和未来战争的变革。进入21世纪以来，无线传感器网络在国际上掀起了一场巨大的研究热潮，各大部门和机构投入了大量的研究经费，制订和赞助了一大批无线传感器网络的研究计划，在众多大学、研究机构和公司开展了相关基础理论和关键技术的研究。美国国防部和各军事部分对无线传感器网络给予了高度重视，随后工业界也开始跟进，英特尔公司、微软公司等信息工业界巨头纷纷设立或启动相应的行动计划。

我国在21世纪初开始无线传感器网络的研究工作。2001年，中国科学院在上海成立了微系统研究与发展中心，旨在整合中科院内部的微系统所、声学所、微电子所、半导体所、电子所、软件所、计算所和中科大等十余个校所，共同推进传感器网络的研究，初步建立传感器网络系统研究平台，在无线智能传感器网络通信技术、微型传感器、传感器节点和应用系统等方面取得了很大的进展。国内多所高校也掀起了无线传感器网络的研究热潮。2002年开始，国家自然科学基金委连续资助了一系列有关传感器网络的研究项目，同时还启动了面向传感器网络的分布式系统关键技术协调控制理论和传感器网络系统基础软件及数据管理关键技术研究等重大项目。2006年，发布了《国家中长期科学与技术发展规划（2006—2020年）》，信息技术所确定的3个前沿领域中，有2个与传感器网络直接相关，它们是智能感知技术和自组网技术。2007年启动了传感器网络嵌入式芯片设计等目标导向型项目，进行传感器节点系统关键技术的研究。

目前，随着无线传感器网络研究的广泛、深入开展，无线传感器网络在基础理论研究、关键技术研究和实际应用研究等方面都已经取得了显著的研究成果，大大促进了无线传感器网络应用的发展，未来无线传感器网络也将在多个领域中得到越来越广泛的应用。

3.2 无线传感器网络的特征

无线传感器网络是一种自组网类型的网络，和传统的自组网络一样，具有分布式控制、无中心和多跳传输等特点，但相对传统的自组网络，还具有一些特有的特点，具体包括：

1. 节点数量巨大

组成无线传感器网络的节点规模比传统自组网络规模大几个数量级，这是由于单个传感器节点的功能是有限的，完成一项任务需要多个节点协同工作，同时，为保证网络的正常运行，需要部署一定量的冗余节点。

2. 节点密集部署

传感器节点的传感范围依赖于传感器，需要密集部署在感知对象附近或者内部。

3. 节点易于损坏

无线传感器网络大多部署在比较恶劣的环境中，节点非常容易受到环境的影响，节点失效、损坏甚至被人为破坏都是经常会发生的。

4. 网络拓扑结构变化剧烈

传感器节点失效，大量移动节点的存在以及周围环境对无线信道的干扰，使得无线传感器网络的拓扑变化程度远远超过传统的自组网络。

5. 节点资源受限

无线传感器网络包含的节点数量巨大，在某些应用中节点完成任务之后不再回收，从整体成本考虑，就需要降低单个传感器节点的成本，这必将会造成节点的计算能力、处理能力、存储能力的下降。

6. 节点不必具有全局ID

无线传感器网络是由多个节点协助完成一项任务的，因此用户并不关心单个节点的信息。

7. 以数据为中心

无线传感器网络中节点随机部署，节点与部署的位置无关，用户进行事件查询时，只需要报告事件即可，无须报告发生事件的节点，所有的事件都以数据为中心。

3.3 无线传感器网络通信协议标准

随着无线传感器网络技术研究和开发的深入开展，无线传感器网络应用正在各种民用和军事领域中被广泛使用，无线传感器网络对于标准化的需求也是越来越迫切，一方面，不同厂商所生产的各类传感器网络产品和系统需要兼容、互通、协同工作，并与现有的各种网络和系统融合。另一方面，实现标准化有利于降低产品的成本，扩大市场的规模，更好地保护和促进无线传感器网络的发展。因此无线传感器网络的标准化问题得到了许多国家和标准化组织的高度重视。IEEE标准化委员会和一些企业公司组成的联盟纷纷开展了相关通信协议标准的研究和制定工作，并完成了一系列标准化草案和标准规范的制定，这些标准在一定程度上规范、统一了无线传感器网络的通信协议。

无线传感器网络使用的国际通信协议标准主要有IEEE802.15.4和ZigBee两种，已得到业内的认可，这两个标准规定了协议的不同子层，IEEE802.15.4定义了物理层和媒体访问控制（MAC）层规范，ZigBee则定义了网络层和应用层规范，两者结合可以支持低速率、低功耗的短距离无线通信。

IEEE802.15.4标准的物理层规定了无线信道和MAC子层之间的接口，向MAC子层提供物理层数据服务和管理服务，并实现信道频率选择、信道检测和评估、数据发送和接收等功能，同时，物理层可以与其他IEEE无线网络标准兼容，如IEEE802.11和IEEE802.15.1（蓝牙）等标准。IEEE802.15.4标准的MAC层负责处理所有对物理层的访问，其中数据服务是指能够实现MAC层数据包在物理层上的发送和接收，管理服务是指包括通信的同步，保证时隙的管理以及设备的连接和拆除等，此外MAC层还能实现基本的安全机制。

IEEE802.15.4协议标准协议栈简单灵活，并且不需要任何基础设施，适合于短距离无线通信，具有低成本、低功耗、便于安装等特点。其技术特点包括：

- 支持780 MHz、868 MHz、915 MHz和2.4 GHz这4种不同的频段。
- 支持20 kbit/s、40 kbit/s和250 kbit/s这3种不同的频段。
- 支持星状和对等形两种网络拓扑。
- 支持16位和64位两种地址格式。
- 支持CSMA/CA协议。
- 保证传输的可靠性。

ZigBee标准是ZigBee联盟制定的一种低速率、低成本、低功耗的短距离无线通信协议和技术标准。这些标准是建立在IEEE802.15.4标准基础之上的，直接采用其物理层和MAC层规范，并在此基础上规定了网络层和应用层规范，网络层能够支持星状、树状以及对等形多跳网络拓扑，主要负责实现网络拓扑的建立和维护，以及设备的查找和路由等功能，属于通常的网络层功能范畴，应用层则提供一个分布式应用开发和通信的框架，负责实现业务数据流的汇聚、设备发现、服务发现、安全与鉴权等功能，由于ZigBee技术具有低速率、低成本、低功耗等特点，目前广泛被作为无线传感器网络的网络层和应用层技术标准。关于ZigBee的相关内容后续将进行详细说明和介绍，在此不再赘述。

3.4 近距无线通信技术

目前使用较广泛的近距无线通信技术包括ZigBee、Wi-Fi、6LoWPAN、Bluetooth、LoRa、RFID等。它们都各自具有其应用上的特点，在传输速度、距离、耗电量等方面的要求不同，或着眼于功能的扩充性，或符合某些单一应用的特别要求，或建立竞争技术的差异化等。但是还没有一种技术可以完美到足以满足物联网的所有需求。以下就着重介绍相关通信技术。

3.4.1 ZigBee技术

ZigBee主要应用在短距离并且数据传输速率不高的各种电子设备之间。ZigBee联盟成立于2001年8月。2002年下半年，Invensys、Mitsubishi、Motorola以及Philips半导体公司四大巨头共同宣布加盟ZigBee联盟，以研发名为ZigBee的下一代无线通信标准。所有这些公司都参加了负责开发ZigBee物理和媒体控制层技术标准的IEEE 802.15.4工作组。2016年5月，ZigBee联盟首先正式在中国上海推出ZigBee3.0，ZigBee3.0统一采用了不同应用层协议的ZigBee设备的发现、加入和组网方式，使得ZigBee设备的组网更便捷、更统一，并推出了ZigBee3.0认证来规范各个厂商使用标准的ZigBee3.0协议，以保证基于ZigBee3.0设备的互通性。

ZigBee联盟负责制定网络层以上协议。目前，标准制订工作已完成。ZigBee协议比蓝牙、高速率个人区域网或802.11x无线局域网更简单实用。

ZigBee可以说是蓝牙的同族兄弟，它使用2.4 GHz波段，采用跳频技术。与传统蓝牙相比，ZigBee更简单、速率更慢、功率及费用也更低。它的基本速率是250 kbit/s，当降低到28 kbit/s时，传输范围可扩大到134 m，并获得更高的可靠性。另外，它可与254个节点联网，可以比蓝牙更好地支持游戏、电子设备、仪器和家庭自动化应用。

ZigBee自身的技术优势：

- 低功耗：在低耗电待机模式下，2节5号干电池可支持1个节点工作6~24个月，甚至更长。这是ZigBee的突出优势。相比较，蓝牙能工作数周、Wi-Fi可工作数小时。
- 低成本：通过大幅简化协议（不到蓝牙的1/10），降低了对通信控制器的要求，按预测分析，以8051的8位微控制器测算，全功能的主节点需要32KB代码，子功能节点少至4KB代码，而且ZigBee免协议专利费。
- 低速率：ZigBee工作在20~250 kbit/s的较低速率，分别提供250 kbit/s（2.4GHz）、40 kbit/s（915 MHz）和20 kbit/s（868 MHz）的原始数据吞吐率，满足低速率传输数据的应用需求。
- 近距离：传输范围一般介于10～100 m之间，在增加RF发射功率后，亦可增加到1～3 km。这指的是相邻节点间的距离。如果通过路由和节点间通信的接力，传输距离将更远。
- 短时延：ZigBee 的响应速度较快，一般从睡眠转入工作状态只需15 ms，节点连接进入网络只需30 ms，进一步节省了电能。相比较，蓝牙需要3～10 s、Wi-Fi需要3 s。
- 高容量：ZigBee可采片状和网状网络结构，由一个主节点管理若干子节点，最多一个主节点可管理254个子节点；同时主节点还可由上一层用星状、网络节点管理，最多可组成65 535节点的大网络。
- 高安全：ZigBee 提供了三级安全模式，包括无安全设定、使用接入控制清单（ACL）防止非法获取数据以及采用高级加密标准（AES 128）的对称密码，以灵活确定其安全属性。
- 免执照频段：采用直接序列扩频在工业科学医疗（ISM）频段，2.4 GHz（全球）、915 MHz（美国）和868 MHz（欧洲）。

ZigBee通信频段和信道：频段就是设备在工作时可以使用的一定范围的频率段，信道是在这个频段内可供选择、用于传输信息的通道。ZigBee物理层工作在868 MHz、915 MHz和2.4 GHz这3个频段上，这3个频段共分为27个信道，且分别拥有1个、10个、16个信道。我国使用2.4 GHz的频段，ZigBee程序中默认统一使用11信道。ZigBee网络可以分为3种，分别是星状网络、树状网络、网状网络。

星状（Start）网络：在星状网络中，所有的终端设备都只与PAN协调器通信。且只允许PAN协调器与终端设备通信，终端设备和终端设备不能直接通信，终端设备间的消息通信需通过PAN协调器进行转发。

树状（Cluster）网络：由一个PAN协调器和一个或多个星状网络结构组成。终端设备可以选择加入PAN协调器或者路由器。设备能与自己的父节点或子节点直接通信，但与其他设备的通信只能依靠树状节点组织路由进行。

网状（Mesh）网络：网状网络中任意两个路由器能够直接通信，且具有路由功能的节点不用沿着树来通信而可以直接把消息发送给其他的路由节点。

一组局域网内的ZigBee节点是如何相互通信的？每个ZigBee节点只要加入协调器，协调器就会自动分配一个网络地址（短地址）给新加入的ZigBee终端，此网络地址在本局域网络里具有唯一型，即每个终端节点的网络地址都不一样。协调器节点只需要指定目标网络地址，就可以把数据通过无线的方式传输给对应的网络地址的节点。

3.4.2 Wi-Fi技术

Wi-Fi（Wireless Fidelity）是一种无线通信协议（IEEE802.11b），Wi-Fi的传输速率最高可达11Mbit/s，虽然在数据安全性方面比蓝牙技术要差一些，但在无线电波的覆盖范围方面却略胜一筹，可达100 m左右。

Wi-Fi是以太网的一种无线扩展，理论上只要用户位于一个接入点四周的一定区域内，就能以最高约11Mbit/s的速率接入互联网。实际上，如果有多个用户同时通过一个点接入，带宽将被多个用户分享，Wi-Fi的连接速度会降低到只有几百kbit/s，另外，Wi-Fi的信号一般不受墙壁阻隔的影响，但在建筑物内的有效传输距离要小于户外。

最初的IEEE802.11规范是在1997年提出的，称为802.11b，主要目的是提供WLAN接入，也是目前WLAN的主要技术标准，它的工作频率是2.4 GHz，与无线电话、蓝牙等许多不需频率使用许可证的无线设备共享同一频段。随着Wi-Fi协议新版本如802.11a和802.11g的先后推出，Wi-Fi的应用越来越广泛。速度更快的802.11g使用与802.11b相同的正交频分多路复用调制技术，它也工作在2.4 GHz频段，速率达54 Mbit/s。根据最新的发展趋势判断，802.11g将有可能被大多数无线网络产品制造商选择作为产品标准。

通常连接Wi-Fi网络我们只需要知道Wi-Fi名字（SSID）和密码，就可以连接到Wi-Fi网络中。在一个局域网络，每个Wi-Fi节点都有自己的IP地址，默认无须设置，由路由自动匹配(DHCP功能)。所以，虚拟仿真中Wi-Fi连接网络，只需要知道你加入网的SSID（Wi-Fi名）和密码即可。

3.4.3 6LoWPAN技术

6LoWPAN是一种基于IPv6的低速无线个域网标准，即IPv6 over IEEE 802.15.4。将IP协议引入无线通信网络一直被认为是不现实的。迄今为止，无线网只采用专用协议，因为IP协议对内存和带宽要求较高，要降低它的运行环境要求以适应微控制器及低功率无线连接很困难。

基于IEEE 802.15.4实现IPv6通信的IETF 6LoWPAN 草案标准的发布有望改变这一局面。6LoWPAN所具有的低功率运行的潜力使它很适合应用在从手持机到仪器的设备中，而其对AES-128加密的内置支持为强健的认证和安全性打下了基础。

IEEE 802.15.4标准设计用于开发可以靠电池运行1到5年的紧凑型低功率廉价嵌入式设备(如传感器)。该标准使用工作在2.4 GHz频段的无线电收发器传送信息，使用的频带与Wi-Fi相同，但其射频发射功率大约只有Wi-Fi的1%。这限制了IEEE 802.15.4设备的传输距离，因此，多台设备必须一起工作才能在更长的距离上逐跳传送信息和绕过障碍物。

IETF 6LoWPAN工作组的任务是定义如何利用IEEE 802.15.4链路支持基于IP通信的同时，遵守开放标准以及保证与其他IP设备的互操作性。这样做将消除对多种复杂网关（每种网关对应一种本地802.15.4协议）以及专用适配器和网关专有安全与管理程序的需要。然而，利用IP并不是件容易的事情：IP的地址和包头很大，传送的数据可能过于庞大而无法容纳在很小的IEEE 802.15.4数据包中。6LoWPAN工作组面临的技术挑战是发明一种将IP包头压缩到只传送必要内容的小数据包中的方法，即“Pay as you go”式的包头压缩方法。这些方法去除IP包头中的冗余或不必要的网络级信息。IP包头在接收时从链路级802.15.4包头的相关域中得到这些网络级信息。

最简单的使用情况是一台与邻近802.15.4设备通信的802.15.4设备将非常高效率地得到处理。整个40字节IPv6包头被缩减为1个包头压缩字节(HC1)和1字节的剩余跳数。因为源和目的IP地址可以由链路级64位唯一ID(EUI-64)或802.15.4中使用的16位短地址生成。8字节用户数据报协议传输包头被压缩为4字节。

随着通信任务变得更加复杂，6LoWPAN也相应调整。为了与嵌入式网络之外的设备通信，6LoWPAN增加了更大的IP地址。当交换的数据量小到可以放到基本包中时，可以在没有开销的情况下打包传送。对于大型传输，6LoWPAN增加分段包头来跟踪信息如何被拆分到不同段中。如果单一跳802.15.4就可以将包传送到目的地，数据包可以在不增加开销的情况下传送。多跳则需要加入网状路由(mesh-routing)包头。

IETF 6LoWPAN取得的突破是得到一种非常紧凑、高效的IP实现，消除了以前造成各种专门标准和专有协议的因素。这在工业协议（BACNet、LonWorks、通用工业协议和监控与数据采集）领域具有特别的价值。这些协议最初开发是为了提供特殊的行业特有的总线和链路(从控制器区域网总线到AC电源线)上的互操作性。

6LoWPAN技术得到学术界和产业界的广泛关注，如美国加州大学伯克利分校(Berkely)、瑞典计算机科学学院(Swedish Institute of Computer Science)，以及思科Cisco、霍尼韦尔Honeywell等知名企业，并推出相应的产品。6LoWPAN协议已经在许多开源软件上实现。最著名的是Contiki、Tinyos，分别实现了6LoWPAN的完整协议栈，并得到广泛测试和应用。

6LoWPAN和ZigBee在网络拓扑结构上很相似，支持星状、树状和网状。网络层采用IPv6协议，传输层采用TCP或者UDP，应用层Socket接口。

优点就是只需一个简单的Bridge设备，6Lowpan支持与其他802.15.4设备的互通，同时也支持和其他IP网络的互通，如以太网和Wi-Fi。ZigBee网络和非ZigBee网络之间的桥接需要非常复杂的应用层网关。

3.4.4 Bluetooth技术

Bluetooth（蓝牙）无线技术采用的是一种扩展窄带信号频谱的数字编码技术，通过编码运算增加了发送比特的数量，扩大了使用的带宽。蓝牙使用跳频方式来扩展频谱。跳频扩频使得带宽上信号的功率谱密度降低，从而大大提高了系统抗电磁干扰、抗串话干扰的能力，使得蓝牙的无线数据传输更加可靠。

在频带和信道分配方面，蓝牙系统一般工作在2.4 GHz的ISM频段。起始频率为2.402 GHz，终止频率为2.480 GHz，还在低端设置了2 MHz的保护频段，高端设置了3.5 MHz的保护频段。共享一个公共信道的所有蓝牙单元形成一个微网，每个微网最多可以有8个蓝牙单元。在微网中，同一信道的各单元的时钟和跳频均保持同步。蓝牙具有以下的射频收发特性：蓝牙采用时分双工传输方案，使用一个天线利用不同的时间间隔发送和接收信号，且在发送和接收信息中通过不断改变传输方向来共用一个信道，实现全双工传输；蓝牙发射功率可分为3个级别：100 mW、2.5 mW和1 mW。一般采用的发送功率为1 mW，无线通信距离为10 m，数据传输速率达1 Mbit/s。若采用蓝牙2.0标准，发送功率为100 mW，可使蓝牙的通信距离达100 m，数据传输速率也达到10 Mbit/s。

除此之外，蓝牙标准还对收发过程的寄生辐射、射频容限、干扰和带外抑制等做了详尽的规定，以保证数据传输的安全。蓝牙无线设备实现串行通信是通过无线射频连接，利用蓝牙模块实现。蓝牙模块主要由无线收发单元、链路控制单元和链路管理及主机I/O这3个单元组成。就蓝牙射频模块来说，为了在提高收发性能的同时减小器件的体积和成本，各公司都采用了自己特有的一些技术，从而使蓝牙射频模块的结构都不尽相同。但就其基本原理来说，蓝牙射频模块一般由接收模块、发送模块和合成器这3个模块组成。其中，合成器是收发模块中最关键的部分。合成器在频道选择和接收模式时采用锁相环技术。在接收模式下，锁相环路闭合，用于提供接收模块解调信号所需稳定的本振。在发送模式下，锁相环路开路，调制信号直接加载到振荡器上对载波进行调制。此时载波频率由环路滤波器输出电压保持。通常合成器的工作频率仅为发射频率的一半，以减少与射频放大器的耦合。

2010年7月，蓝牙技术联盟（SIG）宣布正式采用以低功耗技术为代表优势的蓝牙核心规格4.0版本。这对会员而言，也标志着蓝牙技术联盟的资格认证计划现已向所有蓝牙4.0规格产品开放。

具体而言，低功耗蓝牙相比传统蓝牙主要有以下特点：

（1）低功耗蓝牙的发送以及接收任务并不是持续保持连接，在发送完成后，低功耗蓝牙会暂停发射信号，但仍保持接收，以等待下一次激活信号再次连接。

（2）低功耗蓝牙的广播信道（为保证设备间网络不互相干扰而设置）只有3个，但使用了广播信道分散以及自适应跳频等技术，避免连接不稳定的情况。

（3）低功耗蓝牙单次接收周期短，完成扫描、建立链路、发送数据、认证和结束这个过程只需3 ms。

（4）低功耗蓝牙使用的数据包长度短，可应用于实时性要求较高，但对传输速率需求不高、数据量小的产品。比如无线键盘、智能手环等。

（5）低功耗蓝牙无功率级别，一般的发送功率在+4 dBm，空旷场所可达70 m的传输距离；传统蓝牙有3个功率级别：Class1-3，分别支持100 m、10 m、1 m的传输距离。

3.4.5 LoRa技术

LoRa是semtech公司创建的低功耗局域网无线标准，低功耗一般很难覆盖远距离，远距离一般功耗高。LoRa的名字就是远距离无线电（Long Range Radio），它最大特点就是在同样的功耗条件下比其他无线方式传播的距离更远，实现了低功耗和远距离的统一，它在同样的功耗下比传统的无线射频通信距离扩大3~5倍。其特点主要是：

（1）传输距离：城镇可达2~5 km，郊区可达15 km。

（2）工作频率：ISM 频段包括433 MHz、868 MHz和915 MHz等。

（3）标准：IEEE 802.15.4g。

（4）调制方式：基于扩频技术，线性调制扩频（CSS）的一个变种，具有前向纠错（FEC）能力，semtech公司私有专利技术。

（5）容量：一个LoRa网关可以连接成百上千个LoRa节点。

（6）电池寿命：长达10年。

（7）安全：AES128加密。

（8）传输速率：几百到几十Kbit/s，速率越低，传输距离越长。

LoRa主要在全球免费频段运行（即非授权频段），包括433 MHz、868 MHz、915 MHz等。LoRa网络构架由终端节点、网关、网络服务器和应用服务器四部分组成，应用数据可双向传输。

LoRa是创建长距离通信连接的物理层或无线调制，相较于传统的FSK技术以及稳定性和安全性不足的短距离射频技术，LoRa基于CSS调制技术（Chirp Spread Spectrum）在保持低功耗的同时极大地增加了通信范围，且CSS技术已经广被军事和空间通信所采用，具有传输距离远、抗干扰性强等特点。LoRa 采用星状拓朴（TMD 组网方式），网关星状连接终端节点，但终端节点并不绑定唯一网关，相反，终端节点的上行数据可发送给多个网关（广播发送数据）。LoRa技术不需要建设大型基站（如NB-IoT），一个网关便可控制较多设备，并且布网方式较为灵活，可大幅度降低建设成本。

LoRaWAN网络主要由终端节点（End Node）、网关（GateWay）、LoRaWAN服务器和Application服务器和Customer服务器组成。应用数据可双向传输。

（1）End Node: 终端节点一般是各类传感器，进行数据采集、开关控制等。

（2）Gateway: LoRa网关，对收集到的节点数据进行封装转发。

（3）Network Server: 主要负责上下行数据包的完整性校验。

（4）Application Server: 主要负责OTAA设备的入网激活，应用数据的加解密。OTAA (Over The Air Activation) 设备，是LoRaWAN的一种空中入网方式。当node在上电的时候处于非入网状态时，需要先入网才能和服务器进行通信。

（5）Customer Server: 从Application Server中接收来自节点的数据，进行业务逻辑处理，通过Application Server提供的API接口向节点发送数据。

3.4.6 RFID技术

无线射频识别（Radio Frequency Identification，RFID）即射频识别技术，是自动识别技术的一种，通过无线射频方式进行非接触双向数据通信，利用无线射频方式对记录媒体（电子标签或射频卡）进行读写，从而达到识别目标和数据交换的目的，其被认为是21世纪最具发展潜力的信息技术之一。

无线射频识别技术通过无线电波不接触快速信息交换和存储技术，通过无线通信结合数据访问技术，然后连接数据库系统，加以实现非接触式的双向通信，从而达到了识别的目的，用于数据交换，串联起一个极其复杂的系统。在识别系统中，通过电磁波实现电子标签的读写与通信。根据通信距离，可分为近场和远场，为此读/写设备和电子标签之间的数据交换方式也对应地被分为负载调制和反向散射调制。

RFID技术的基本工作原理并不复杂，标签进入阅读器后，接收阅读器发出的射频信号，凭借感应电流所获得的能量发送出存储在芯片中的产品信息（无源标签或被动标签，Passive Tag），或者由标签主动发送某一频率的信号（有源标签或主动标签，Active Tag），阅读器读取信息并解码后，送至中央信息系统进行有关数据处理。

一套完整的RFID系统，是由阅读器与电子标签也就是所谓的应答器及应用软件系统三个部分所组成，其工作原理是阅读器（Reader）发射一特定频率的无线电波能量，用以驱动电路将内部的数据送出，此时Reader便依序接收解读数据，送给应用程序做相应的处理。

阅读器是将标签中的信息读出，或将标签所需要存储的信息写入标签的装置。根据使用的结构和技术不同，阅读器可以是读/写装置，是RFID系统信息控制和处理中心。在RFID系统工作时，由阅读器在一个区域内发送射频能量形成电磁场，区域的大小取决于发射功率。在阅读器覆盖区域内的标签被触发，发送存储在其中的数据，或根据阅读器的指令修改存储在其中的数据，并能通过接口与计算机网络进行通信。阅读器的基本构成通常包括：收发天线、频率产生器、锁相环、调制电路、微处理器、存储器、解调电路和外设接口。电子标签由收发天线、AC/DC电路、解调电路、逻辑控制电路、存储器和调制电路组成。

射频识别技术依据其标签的供电方式可分为三类，即无源RFID、有源RFID、半有源RFID。

无源RFID出现时间最早、最成熟，其应用也最为广泛。在无源RFID中，电子标签通过接受射频识别阅读器传输来的微波信号，以及通过电磁感应线圈获取能量来对自身短暂供电，从而完成此次信息交换。因为省去了供电系统，所以无源RFID产品的体积可以达到厘米量级甚至更小，而且自身结构简单，成本低，故障率低，使用寿命较长。但作为代价，无源RFID的有效识别距离通常较短，一般用于近距离的接触式识别。无源RFID主要工作在较低频段125 kHz、13.56 MHz等，其典型应用包括：公交卡、二代身份证、食堂餐卡等。

有源RFID兴起的时间不长，但已在各个领域，尤其是在高速公路电子不停车收费系统中发挥着不可或缺的作用。有源RFID通过外接电源供电，主动向射频识别阅读器发送信号，其体积相对较大。但也因此拥有了较长的传输距离与较高的传输速度。一个典型的有源RFID标签能在百米之外与射频识别阅读器建立联系，读取率可达1 700 read/sec。有源RFID主要工作在900 MHz、2.45 GHz、5.8 GHz等较高频段，且具有可以同时识别多个标签的功能。有源RFID的远距性、高效性，使得它在一些需要高性能、大范围的射频识别应用场合里必不可少。

无源RFID自身不供电，但有效识别距离太短。有源RFID识别距离足够长，但需外接电源，体积较大。而半有源RFID就是为这一矛盾而妥协的产物。半有源RFID又称低频激活触发技术。在通常情况下，半有源RFID产品处于休眠状态，仅对标签中保持数据的部分进行供电，因此耗电量较小，可维持较长时间。当标签进入射频识别阅读器识别范围后，阅读器先以125 kHz低频信号在小范围内精确激活标签使之进入工作状态，再通过2.4 GHz微波与其进行信息传递。也即是说，先利用低频信号精确定位，再利用高频信号快速传输数据。其通常应用场景为：在一个高频信号所能覆盖的大范围中，在不同位置安置多个低频阅读器用于激活半有源RFID产品。这样既完成了定位，又实现了信息的采集与传递。

3.5 无线传感器网络与物联网区别

无线传感器网络作为一种信息感知和数据采集网络系统，是物联网的重要组成部分，是物联网的神经末梢，物联网正是通过无线传感器网络来实现对物理世界的感知，获取详细、准确的环境数据或目标信息，从而实现人与物、物与物之间的通信和信息交互，并提供各种物联网的应用和服务。

无线传感器网络和物联网的最根本的区别是无线传感器网络仅立足于如何利用各种无线传感器作为节点，通过无线通信协议进行互连，解决怎样感知和获取物理世界信息的问题，而物联网不仅包括基于无线传感器网络、RFID的信息采集，还包括大量感知信息的运输、存储、提取、分析、处理以及相应的管理和控制等，在物联网中，从不同无线传感器网络获取的信息可能需要跨越多个异构通信网络才能到达其目的地，因此，无线传感器网络只是物联网的一个重要组成部分，而不是物联网的全部。具体区别主要包括以下几个方面：

1. 对象不同

无线传感器网络由大量智能传感器节点组成，可以以任何地点、任何时间、任何人、任何物的形式进行部署，无线传感器网络实现人与物、人与自然的连接和交互，是对物理世界进行感知的网络。而物联网是无线传感器网络与互联网以及现有其他通信网络设施高效融合的产物。物联网实现的是物与物、人与物、人与自然之间的对话和交互，是连接虚拟信息世界与物理世界的网络。物联网不仅具有无线传感器网络的信息感知功能，还具有海量的信息处理能力，信息的提取和检索能力等，这些功能贯穿了物联网采集、控制、传输和应用的物物相联的整个过程。

2. 架构不同

物联网从架构上可以分为三层，分别是感知层、网络层和应用层，感知层是由各类传感器以及传感器网关构成，其功能主要包括设备对自身标识（标签）、自身状态、周围环境和感知目标等相关信息的感知和控制，以及设备之间的协同感知和局部感知信息的处理。感知层通过各类信息获取和识别技术，实现对物理世界进行信息感知和获取，感知层主要是由许多异构无线传感器网络构成，通过大量同类或异类的传感器节点以及网络协同感知目标，获取立体、丰富的感知数据，通过局部区域的信息处理和融合，为物联网获取可靠的感知信息。网络层是由移动通信蜂窝网络、无线接入网、其他专用和骨干网络以及互联网等连接一起构成，主要功能是实现支持异构、安全、可靠的无缝接入。应用层是基于网络层所提供的服务，通过虚拟存储、云计算、智能决策等技术，以及分布式、自治的网络管理等，为不同行业提供多种多样的应用服务，应用层是物联网和用户的接口，它与行业需求结合，实现物联网的智能应用，完成应用层面上的基于各类物联网应用的共性支撑、服务决策、协调控制等。因此从物联网的体系架构可见，无线传感器网络只是物联网感知层的组成部分，负责为物联网完成海量信息的感知和获取。

3. 发展阶段不同

物联网和无线传感器网络的发展各有其自身定位，无线传感器网络是物联网的组成部分和初级阶段，物联网则是无线传感器网络的泛在化发展的高级阶段，而无线传感器网络和互联网、蜂窝网等其他网络的协同融合又是物联网发展的必经阶段，物联网是无线传感器网络泛在化发展与互联网融合深化的最终产物。

3.6 华清远见ZigBee模拟仿真实验

通过使用华清远见模拟仿真软件实现ZigBee无线通信协议的温湿度传感器系统的硬件搭建和模拟仿真实验，在本实验中主要使用的设备包括M4网关控制板、M3节点控制板、空气温湿度传感器、12V电源，实验设备连接图如图3-1所示。

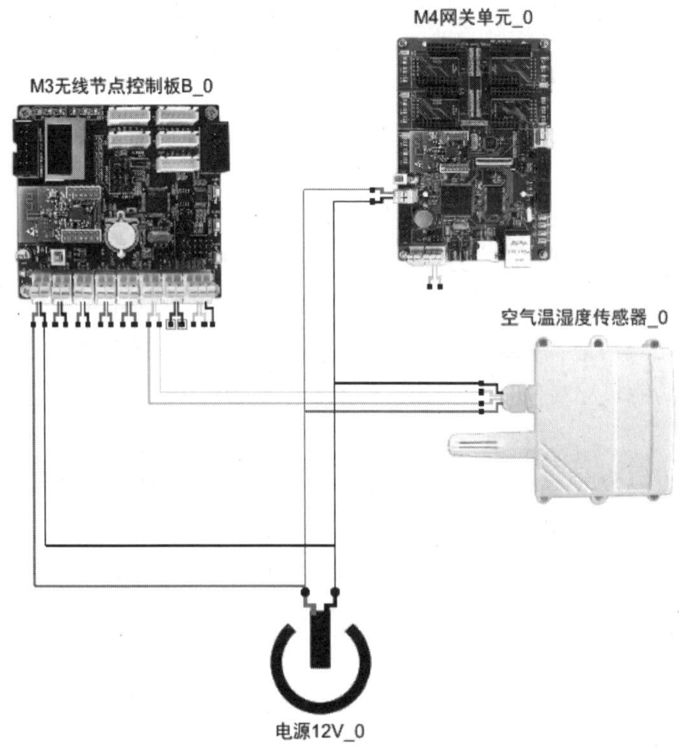

图3-1　ZigBee数据传输实验设备连接图

在进行连接时，空气温湿度传感器和M3节点控制板之间采用的是RS485总线方式，M3节点控制板和M4网关控制板之间采用的是的ZigBee协议连接，在进行配置时需要了解具体传感器在Modbus协议和无线节点30协议中的相关定义，如图3-2和图3-3所示。

序号	名称	功能码　(hex)	从机地址（hex）	寄存器起始地址　(hex)	读/写寄存器（个数）	备注
01	空气温湿度	03	02	00 00	2	第1个寄存器为温度，第2个寄存器为湿度
02	人体红外	03/06	03	00 00	1	0x30表示无人，0x31表示有人
03	光照传感器	03	04	00 00	4	光照值（2 3寄存器）倍率（4寄存器）
04	土壤温湿度	03	06	00 00	2	第1个寄存器为土壤的温度，第2个寄存器为土壤湿度
05	二氧化碳	03	07	00 00	1	当前环境下CO2浓度，单位ppm
06	PM2.5	03	08	00 00	1	粉尘浓度毫克每立方米
07	遮阳帘（电动遮阳板）	03/06	09	00 00	1	0X41打开 ，0X42停止 ，0X43关闭
08	红外光栅	03	0B	00 00	1	0x30 表示无遮挡，0x31 表示有遮挡
09	燃气传感器	03	0C	00 00	1	0x30未超标，0x31超标
10	烟雾传感器	03	0D	00 00	1	0x30 表示烟雾浓度未超标，0x31 表示烟雾浓度超标
11	门锁	03/06	14	00 00	1	0x30 表示门锁关闭，0x31 表示门锁开启
12	雨雪传感器	03	10	00 00	1	0x30 表示无雨无雪，0x31 表示有雨或有雪
13	报警器	03/06	13	00 00	1	0x30 表示关闭声光报警器，0x31 表示开启声光报警器
14	灌溉（喷淋）	03/06	11	00 00	1	0x30 表示关闭灌溉，0x31 表示开启灌溉
15	风扇	03/06	12	00 00	1	0x30 表示关闭风扇，0x31 表示开启风扇
16	加热片	03/06	15	00 00	1	0x30 表示关闭加热，0x31 表示打开加热
17	直流电机	03/06	16	00 00	1	0X41正传，0X42 停止，0X43反传
18	电灯	03/06	17	00 00	1	0x30 表示电灯开启，0x31 表示电灯关闭

图3-2　Modbus协议定义

序号	名称	节点ID (hex)	数据长度 (Byte)	备注
01	空气温湿度	0080	4	前2个字节为温度，后2个字节为湿度
02	可燃气浓度	0140	1	0x30未超标，0x31超标
03	土壤温湿度	0180	4	前两个字节为土壤的温度、后两个字节为土壤湿度
04	二氧化碳	01C0	2	当前环境下CO2浓度，单位ppm
05	PM2.5	0200	1	粉尘浓度毫克每立方米
06	红外光栅	0280	1	0x30 表示无遮挡，0x31 表示有遮挡
07	烟雾传感器	0300	1	0x30 表示烟雾浓度未超标，0x31 表示烟雾浓度超标
08	人体红外	0340	1	0x30表示无人，0x31表示有人
09	雨雪传感器	0700	1	0x30 表示无雨无雪，0x31 表示有雨或有雪
10	光照传感器	0900	8	光照值（3 Byte~6 Byte），倍率（7 Byte~8 Byte）
11	灌溉（喷淋）	4040	1	0x30 表示关闭灌溉，0x31 表示开启灌溉
12	声光报警器	4340	1	0x30 表示关闭声光报警器，0x31 表示开启声光报警器
13	电灯	4500	1	0x30 表示电灯开启，0x31 表示电灯关闭
14	门锁	47C0	1	0x30 表示门锁关闭，0x31 表示门锁开启
15	风扇	4800	1	0x30 表示关闭风扇，0x31 表示开启风扇
16	加热片	4380	1	0x30 表示关闭加热，0x31 表示打开加热
17	遮阳帘（电动遮阳板）	43C0	1	0X41 打开，0X42停止，0X43关闭
18	直流电机	4300	1	0X41正传，0X42 停止，0X43反传

图3-3　无线节点30协议

根据Modbus协议，在空气温湿度传感器中设置从机地址为02，数据寄存器地址为0000，并保存。在M3节点控制板中设置传感器接口类型为RS485；对接传感器类型为空气温湿度传感器，485模式（接传感器）设置为主机，端口设置为RS485_1，地址设置为02，寄存器地址设置为0000，寄存器个数设置为0002，如图3-4所示。

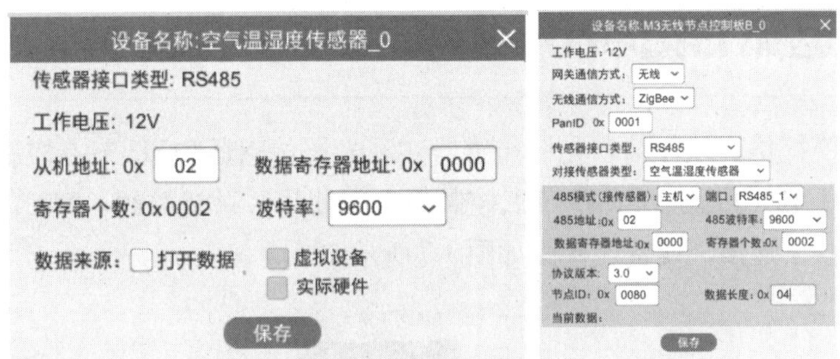

图3-4　传感器及M3节点控制板设置

传感器及M3节点控制板设置完成后，还需要对M4网关控制板进行设置，具体内容包括勾选ZigBee，在协议中添加空气温湿度传感器，如图3-5所示。

图3-5　M4网关控制板设置

所有设备完成连线，配置完协议后，就可以单击验证来检验了，结果如图3-6所示。

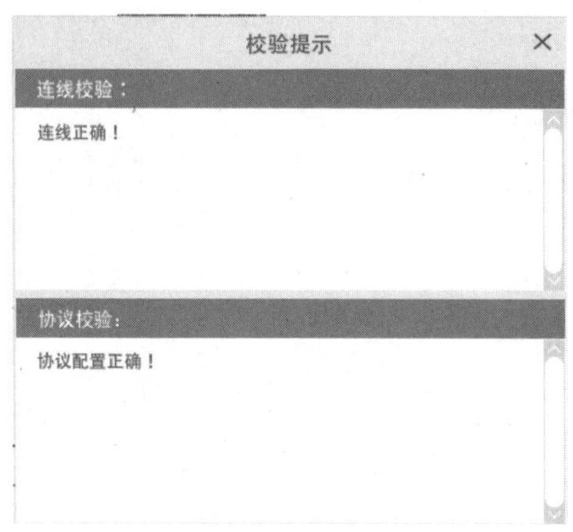

图3-6　校验通过

3.7 华清远见Bluetooth模拟仿真实验

使用华清远见模拟仿真软件结合光照传感器实现光照传感器和M3节点控制板、M4网关控制板之间的连接，其中光照传感器和M3节点控制板之间使用RS485总线，M3节点控制板和M4网关控制板之间采用蓝牙连接，设备连接图如图3-7所示。

视 频

华清远见Bluetooth模拟仿真实验

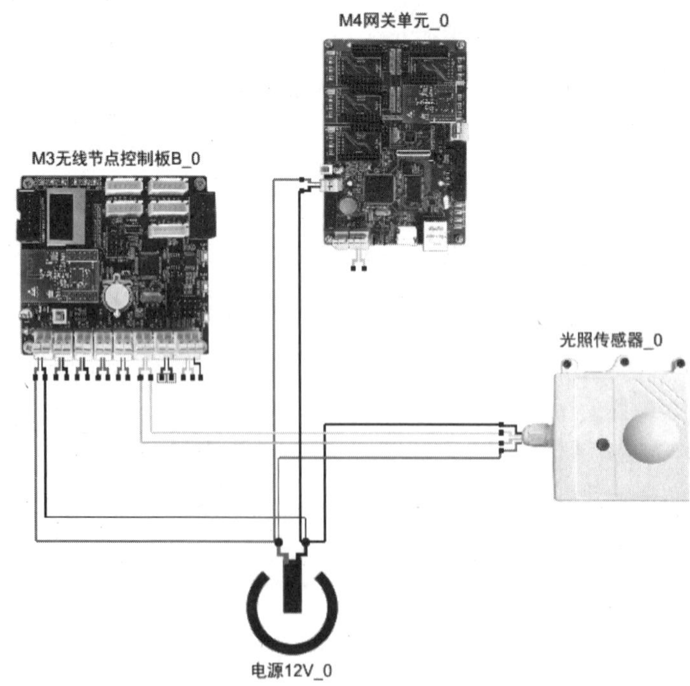

图3-7　设备连接图

连接完成后，同样首先进行传感器设置，在此设置的是光照传感器，输入从机地址、寄存器地址等内容，然后设置M3节点控制板，选择网关通信方式为无线，无线通信方式为BLE，UUID为0001，注意此UUID号在M3节点控制板和M4网关控制板中必须统一，选择传感器接口类型为RS485，对接传感器为光照传感器，输入485相关信息，以及无线协议相关信息，具体内容如图3-8所示。

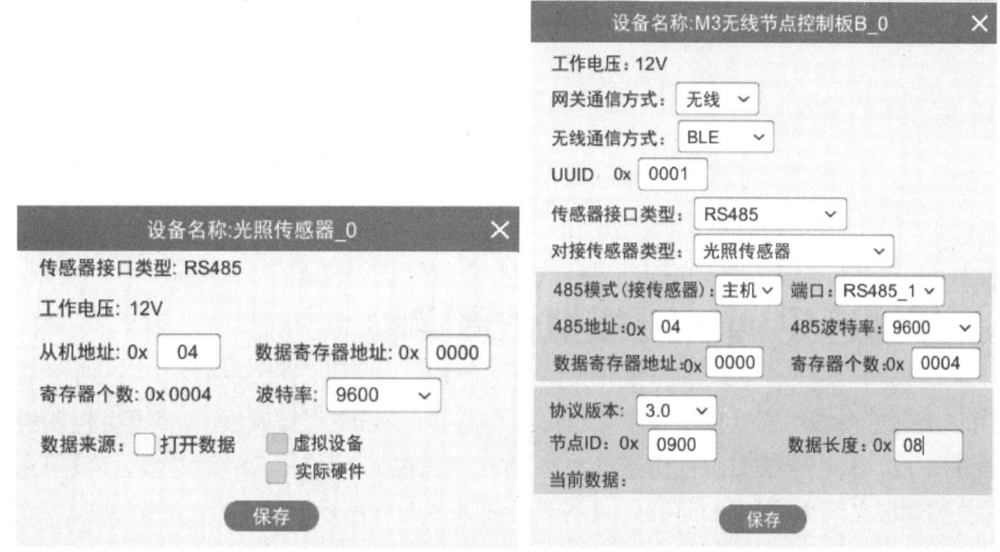

图3-8 传感器及M3节点控制板设置

设置M4网关控制板，勾选BLE，并在无线协议中添加光照传感器的相关信息，如图3-9所示。连接及协议配置完成后，就可以验证，进行校验，结果如图3-10所示。

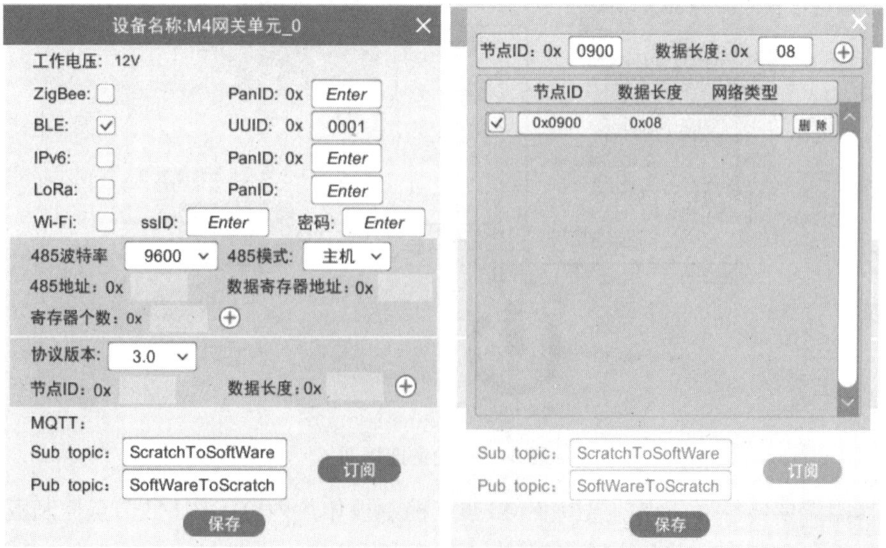

图3-9 M4网关控制器设置

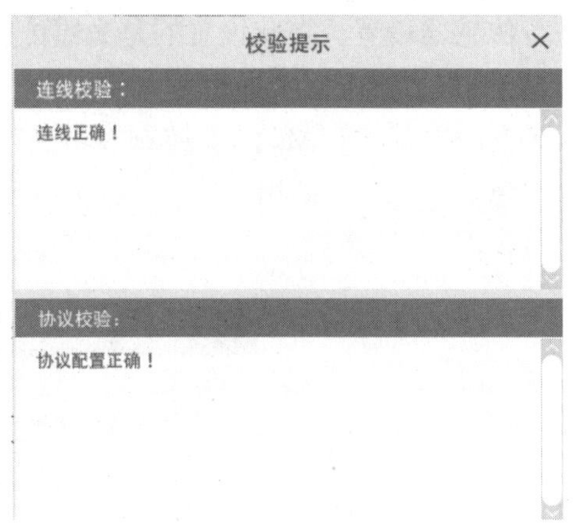

图3-10　校验完成

3.8 华清远见Wi-Fi模拟仿真实验

使用华清远见模拟仿真软件结合土壤温湿度传感器、M3节点控制板、M4网关控制板实现土壤温湿度的监控，其中土壤温湿度传感器和M3节点控制板之间使用RS485总线，M3节点控制板和M4网关控制板之间采用Wi-Fi连接，设备连接图如图3-11所示。

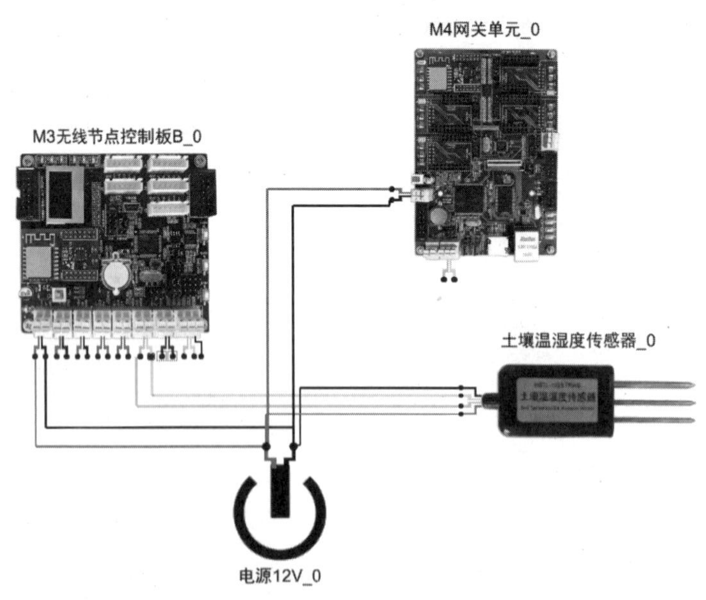

图3-11　设备连接图

设置土壤温湿度传感器节点信息以及M3节点控制板相关内容，在M3节点控制板中需要指定无线Wi-Fi的SSID和密码，并且需要将M3节点控制板和M4网关控制板之间保持一致，并且注意填写485模式下的相关信息和无线连接的相关配置，具体如图3-12所示。

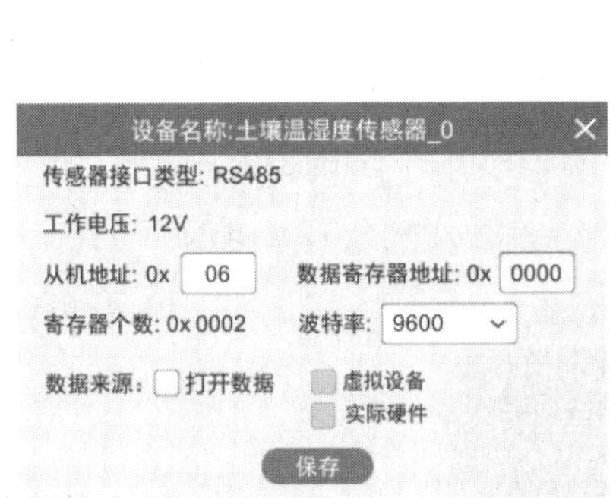

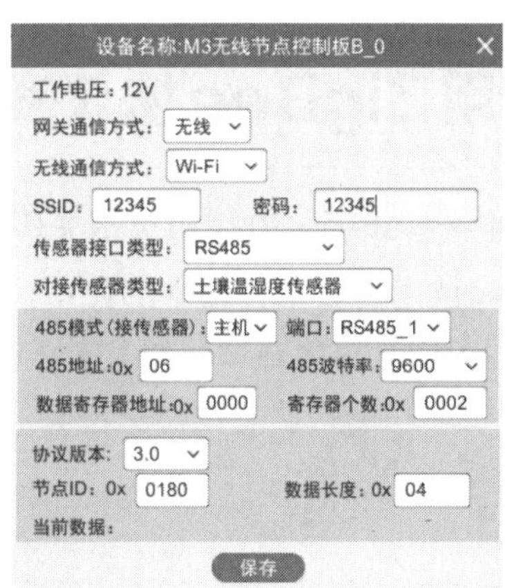

图 3-12　传感器及 M3 节点控制板的设置

传感器和 M3 节点控制板设置完成后，需要进行 M4 网关控制器的设置，包括勾选 Wi-Fi，设置 SSID 和密码，添加无线配置信息等，具体如图 3-13 所示。

所有内容均设置完成后，可以验证，进行校验，校验通过，结果如图 3-14 所示。

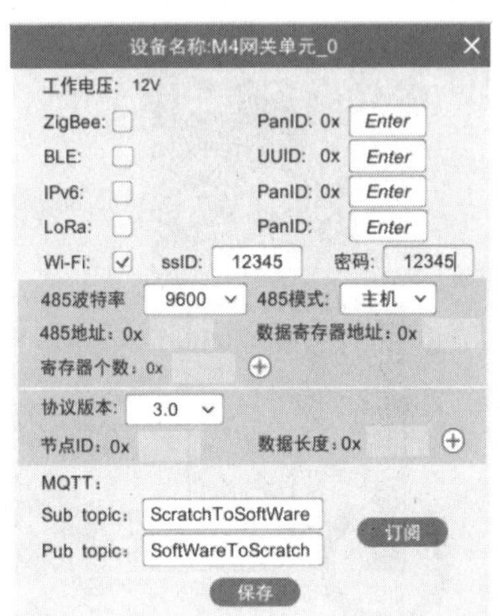

图 3-13　M4 网关控制器设置

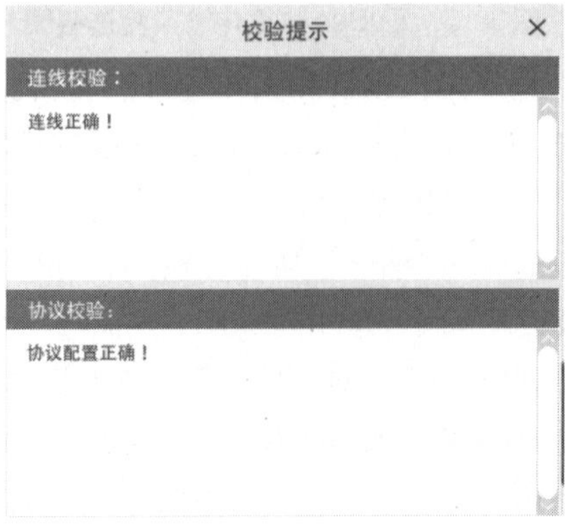

图 3-14　校验完成

3.9 使用ZigBee协议实现数据模拟上传操作

在模拟仿真软件中，可以使用各类无线传感技术实现数据的传输操作，以下就以图3-15为例，实现ZigBee技术在数据传输中的使用，在本例中采用了两块M3无线节点控制板，一块M4网关控制板，一个声光报警器和一个人体红外感应传感器，三个12V电源。

视 频

使用ZigBee协议实现数据模拟上传

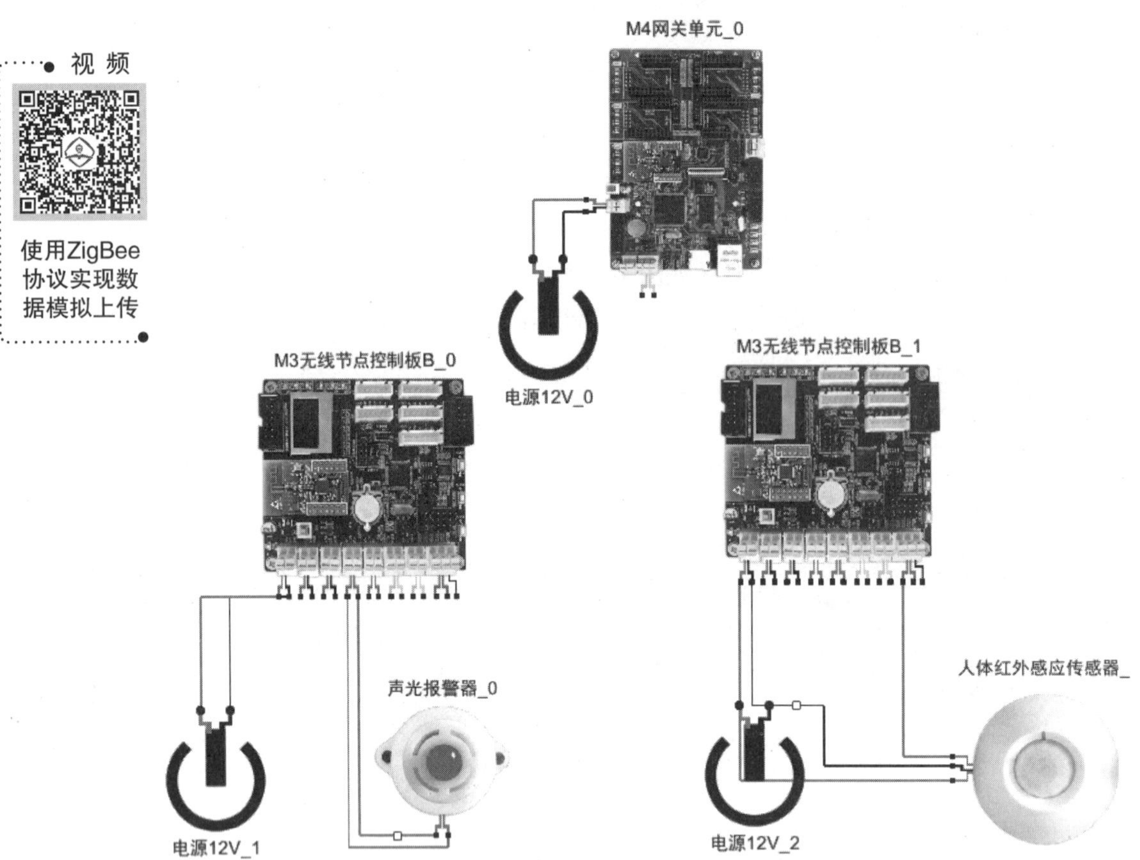

图3-15 ZigBee数据传输实验连接图

设备连接时注意两点：其一是声光报警器和人体红外感应传感器都是通过GPIO进行连接的，因此在属性中需要选择传感器接口类型为GPIO，对接传感器类型为声光报警器和人体红外感应传感器，端口选择对应的端口，在本例中声光报警器使用的是GPIO_1，人体红外感应传感器采用的是GPIO_3，M3节点控制板的GPIO编号是从左往右的，如图3-16所示；其二需要设置M4网关控制板和两块M3节点控制板，均采用无线的ZigBee方式进行数据传输通信，如图3-17所示，设置完成后会发现在M4网关控制板和两块M3节点控制板上均多出来一块ZigBee模块。注意在设置ZigBee传输时，需要指定PanID号，本例中统一采用的是0001。连线完成并选择了正确无线协议后，可以使用“验证”按钮进行校验，会出现如图3-18所示的错误，错误内容主要是节点ID和数据长度缺失，因此需要进行添加，首先选择M3节点控制板，在其中选择进入3D模型，然后选择30协议介绍，在其中查看声光报警器和人体红外感应传感器的相关信息，如图3-19所示，并按照查询到的内容在M3节点控制板中填写相关内容，注意节点ID号是可以自行定义的，只需要保持M3节点控制板和M4网关控制板中保持一致即可，填写完成后如图3-20所示。

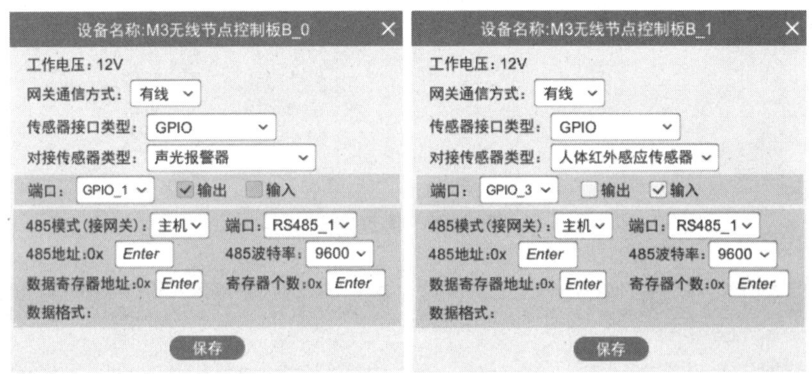

图3-16　GPIO端口设置

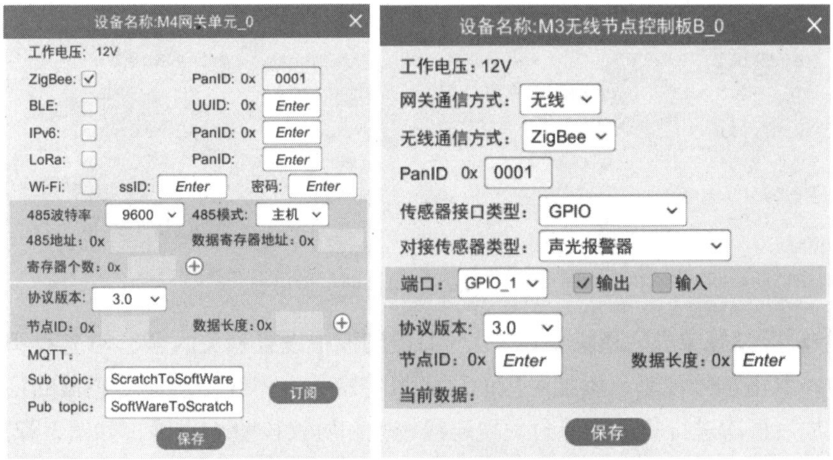

图3-17　ZigBee无线设置

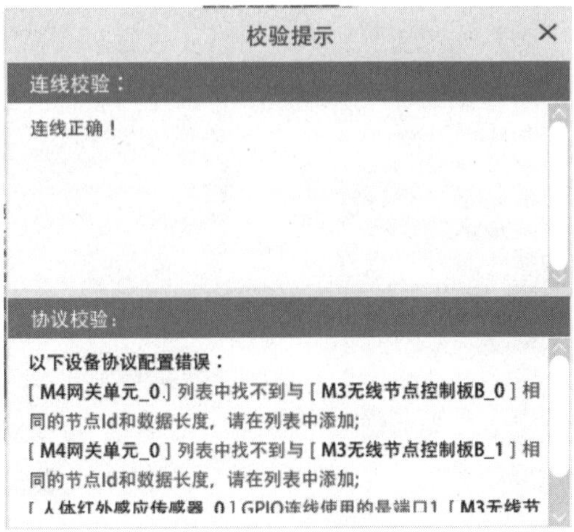

图3-18　校验错误

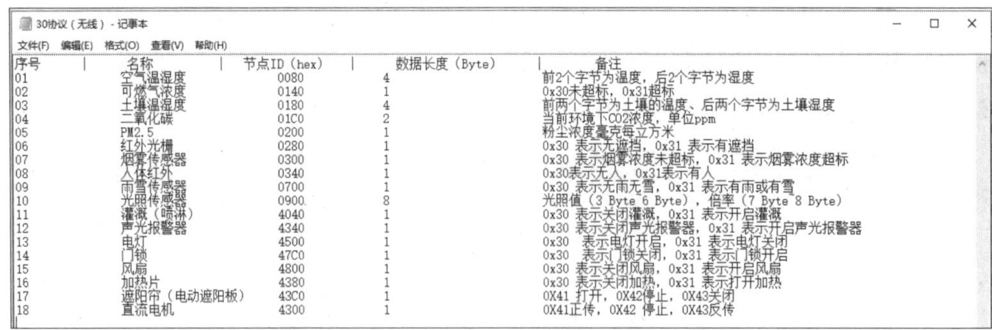
30协议（无线）- 记事本
文件(F) 编辑(E) 格式(O) 查看(V) 帮助(H)

序号	名称	节点ID（hex）	数据长度（Byte）	备注
01	空气温湿度	0080	4	前2个字节为温度，后2个字节为湿度
02	可燃气浓度	0140	1	0x30未超标，0x31超标
03	土壤温湿度	0180	4	前两个字节为土壤的温度、后两个字节为土壤湿度
04	二氧化碳	01C0	2	当前环境下CO2浓度，单位ppm
05	PM2.5	0200	1	粉尘浓度毫克每立方米
06	红外光栅	0280	1	0x30 表示无遮挡，0x31 表示有遮挡
07	烟雾传感器	0300	1	0x30 表示烟雾浓度未超标，0x31 表示烟雾浓度超标
08	人体红外	0340	1	0x30表示无人，0x31表示有人
09	雨雪传感器	0700	1	0x30 表示无雨无雪，0x31 表示有雨或有雪
10	光照传感器	0900	8	光照值（3 Byte~6 Byte），倍率（7 Byte~8 Byte）
11	灌溉（喷淋）	4040	1	0x30 表示关闭灌溉，0x31 表示开启灌溉
12	声光报警器	4340	1	0x30 表示关闭声光报警器，0x31 表示开启声光报警器
13	电灯	4500	1	0x30 表示电灯开启，0x31 表示电灯关闭
14	门锁	47C0	1	0x30 表示门锁关闭，0x31 表示门锁开启
15	风扇	4800	1	0x30 表示关闭风扇，0x31 表示开启风扇
16	加热片	4380	1	0x30 表示关闭加热，0x31 表示打开加热
17	遮阳帘（电动遮阳板）	43C0	1	0X41 打开，0X42停止，0X43关闭
18	直流电机	4300	1	0X41正传，0X42 停止，0X43反传

图3-19　协议定义

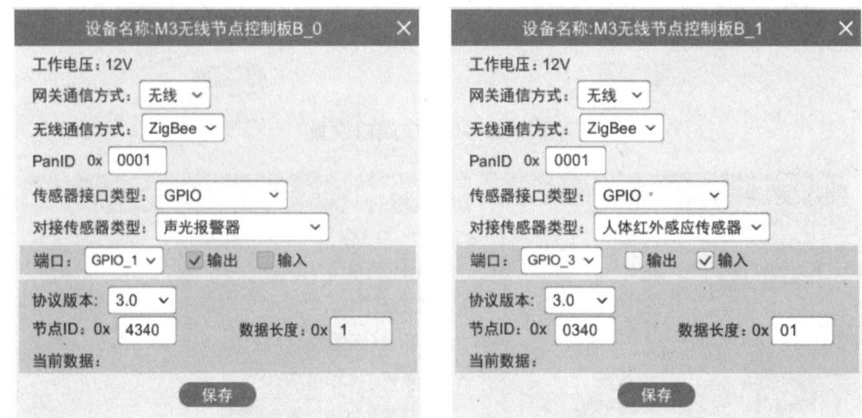

图3-20　节点ID和数据长度设置

M3节点控制板设置完成后还需要在M4网关控制板中设置相关内容，勾选ZigBee选项，然后在协议版本中，单击加号按钮，添加对应的声光报警器和人体红外感应传感器的信息，如图3-21所示，配置完成后再次进行验证，就会发现连线校验和协议校验均正确，如图3-22所示。

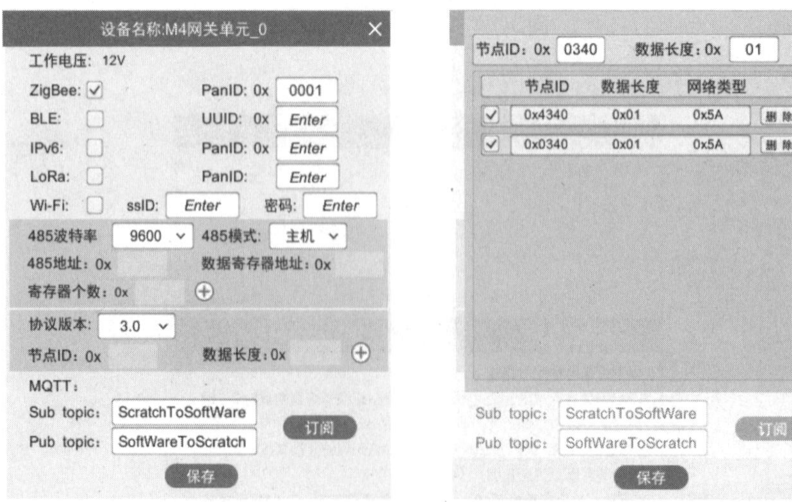

图3-21　M4网关控制板设置

选择软件右上方的“设置”按钮，连接MQTT。选择M4网关控制板的属性菜单，在其中选择订阅MQTT，如图3-23所示。选择声光报警器，打开数据列表，然后勾选“打开数据”复选框，如图3-24所示，完成上述设置后，单击软件界面右上角的“运行”按钮就可以正常运行。

图3-22　校验正确

仿真软件在进行相关数据传输时，首先使用虚拟传感器进行数据的采集，然后上传到M3节点控制板，并通过M3节点控制板上传到M4网关控制板，网关控制板通过使用MQTT服务，使用应用层软件进行相关的显示处理，以下就来介绍如何生成应用层软件，本例中使用Scratch图形界面来进行创建。

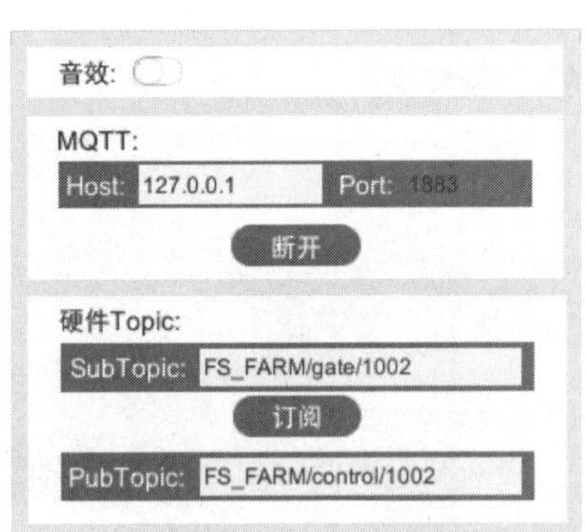

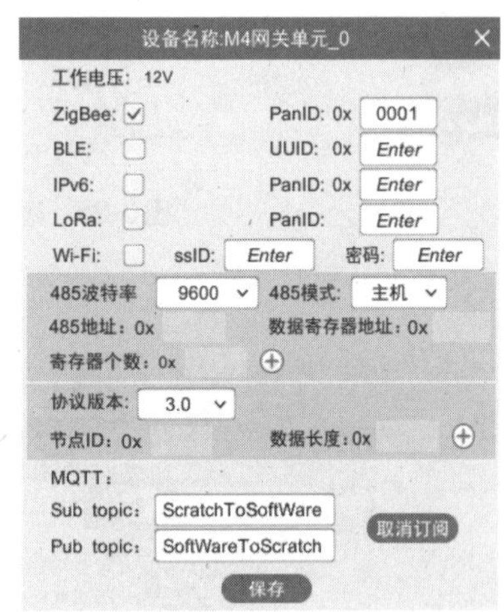

图3-23　连接MQTT并订阅

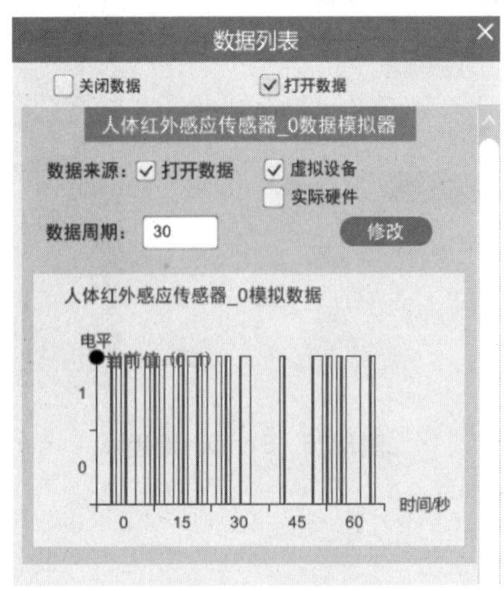

图3-24　打开数据

选择软件界面右下角的Scratch箭头按钮，进入Scratch编程界面，然后选择界面左下方的添加扩展，添加hqyj，华清远见公司出品的虚拟仿真实验模块，如图3-25所示。然后就可以按照之前的设计流程使用拖曳模块的方式创建相关的程序。Scratch流程如图3-26所示，完成后系统运行时结果如图3-27所示。

图3-25　添加虚拟仿真实验模块

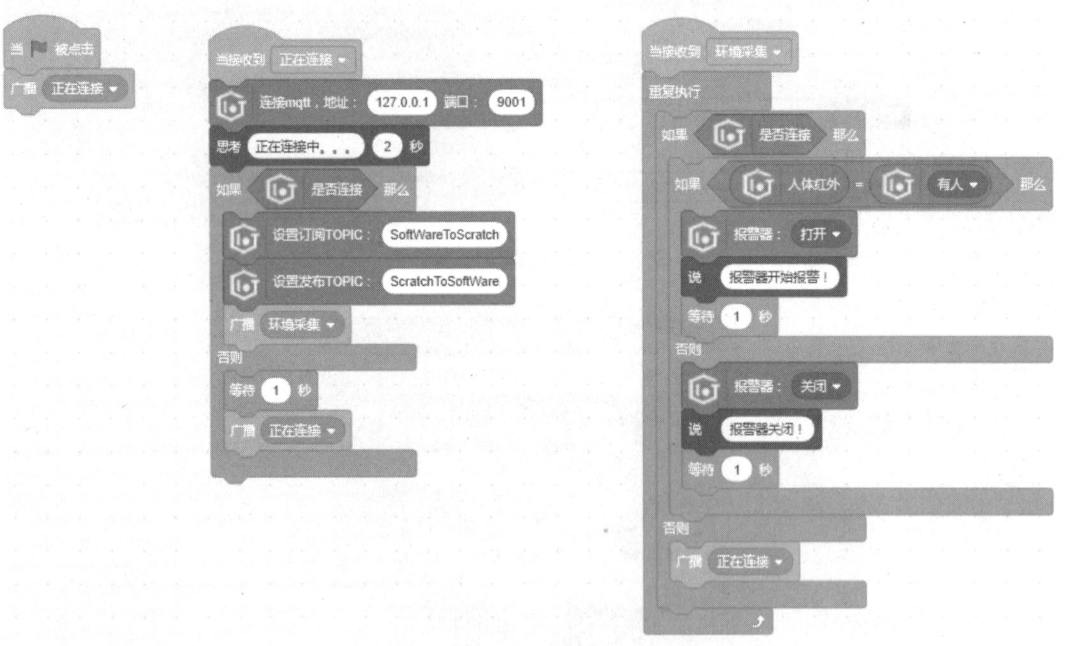

图3-26　Scratch流程

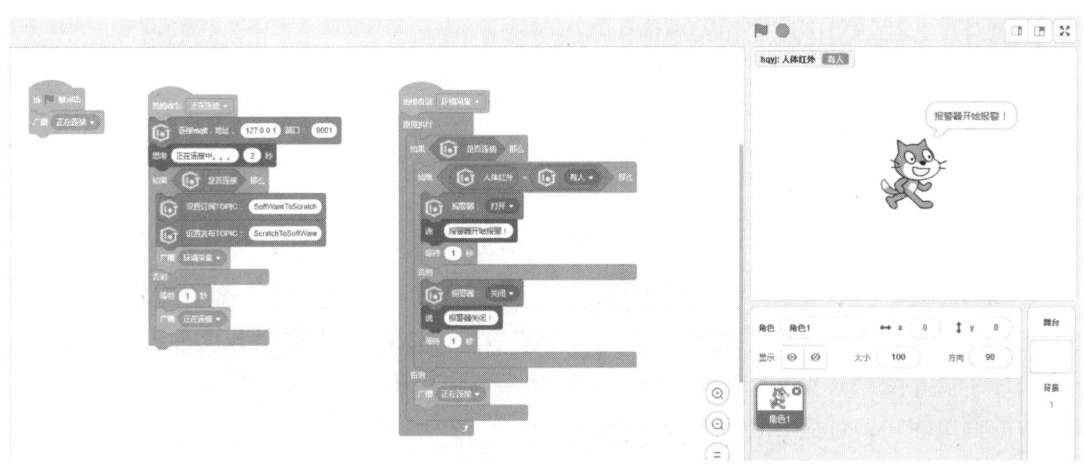

图 3-27　运行结果

3.10 IAR编程环境安装

IAR Embedded Workbench是瑞典IAR Systems公司为微处理器开发的一款集成化开发环境，支持ARM、AVR、MSP430等芯片内核平台。软件中包含一个全软件的模拟程序，用户不需要任何硬件支持就可以模拟各种ARM 内核、外部设备甚至中断的软件运行环境。用户可以前往官网下载所需要的软件版本，官网地址是https://www.iar.com/。

IAR Embedded Workbench软件针对不同的内核处理器，有不同的集成开发环境，如图3-28所示。

ARM	IAR Embedded Workbench for ARM	+
8051	IAR Embedded Workbench for 8051	+
MSP430	IAR Embedded Workbench for MSP430	+
AVR	IAR Embedded Workbench for AVR	+
AVR32	IAR Embedded Workbench for AVR32	+

图 3-28　软件开发环境

IAR Embedded Workbench是一套包括从代码编辑器、工程建立到C/C++编译器、连接器和调试器紧密结合的开发环境。用户在开发和调试工程中，仅使用这样一种开发环境界面，就可以完成多种微控制器的开发工作。

IAR Embedded Workbench 集成的编译器主要产品特征有以下几个方面：

- 高效PROMable代码。
- 完全标准C兼容。

- 内建对应芯片的程序速度和大小优化器。
- 目标特性扩充。
- 便捷的中断处理和模拟。
- 瓶颈性能分析。
- 内存模式选择。
- 工程中相对路径支持。

IAR Embedded Workbench可以完成系统的软件开发和调试，提供了一整套完整的程序编制、维护、编译、调试环境，能将汇编语言和C语言程序编译成HEX可执行输出文件。

本节中主要介绍IAR Embedded Workbench for Arm和IAR Embedded Workbench for 8051两款软件版本的简单使用，包括安装、基本配置等内容。

3.10.1 IAR Embedded Workbench for Arm基本使用

首先打开安装程序后，选择第一项，即Install IAR Embedded Workbench for Arm，单击Next按钮，如图3-29所示。

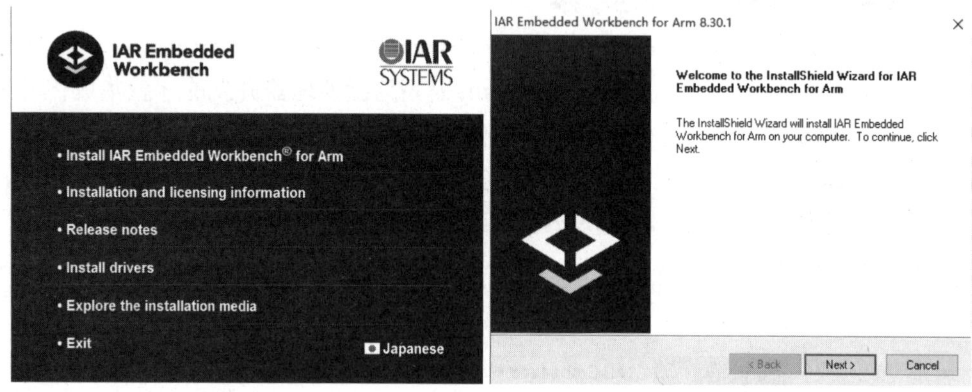

图3-29　开始安装

在出现的界面中，同意许可协议，并选择正确的安装路径后，就可以开始进行安装，如图3-30所示。

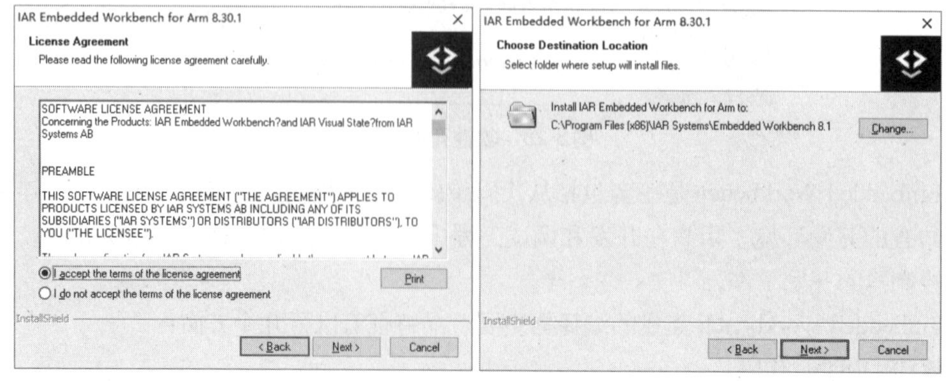

图3-30　选择安装路径

选择需要安装的USB驱动，并设置程序文件夹，如图3-31所示。

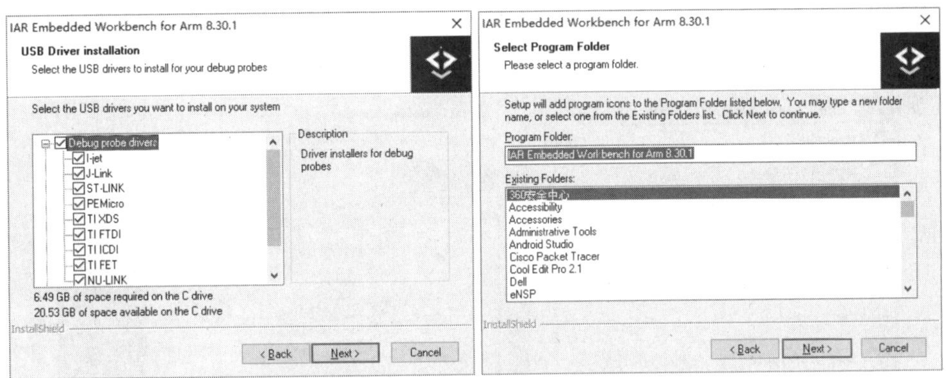

图3-31　安装USB驱动程序

开始进行安装，安装完成后如图3-32所示。

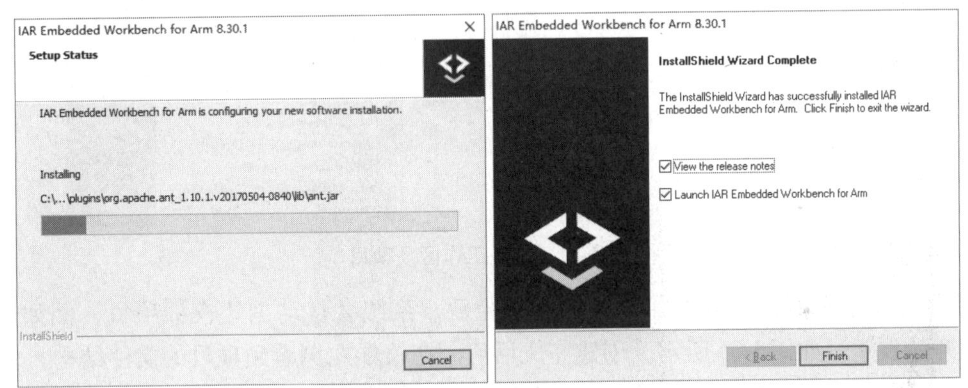

图3-32　完成安装

安装完成后，双击打开程序图标，就可以看到如图3-33所示的软件主界面。

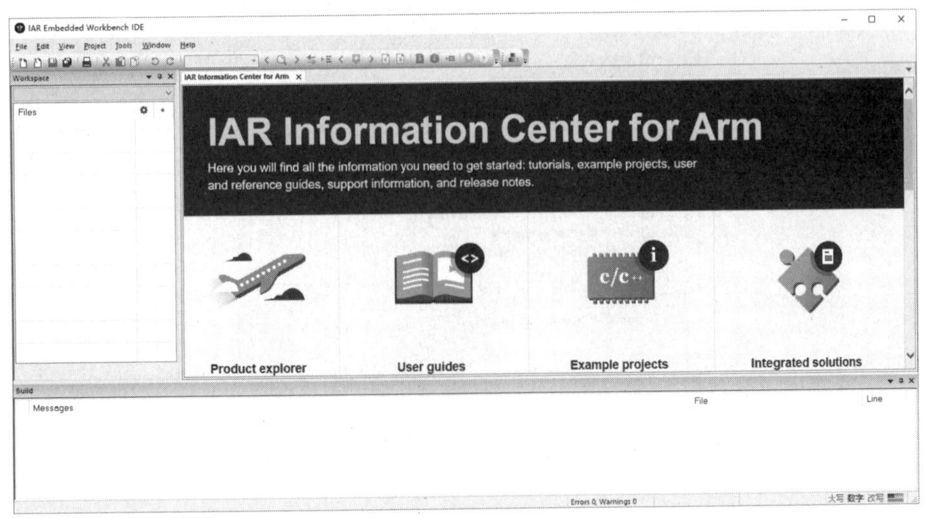

图3-33　软件主界面

打开软件后，单击File菜单，在其中选择New Workspace命令创建新的工作区，完成工作区创建后，就可以开始创建工作。选择Project菜单，并在其中选择Create New Project命令开始创建项目，如图3-34所示。注意：.ewp是工程的文件扩展名，.eww是工程的工作区域文件扩展名。

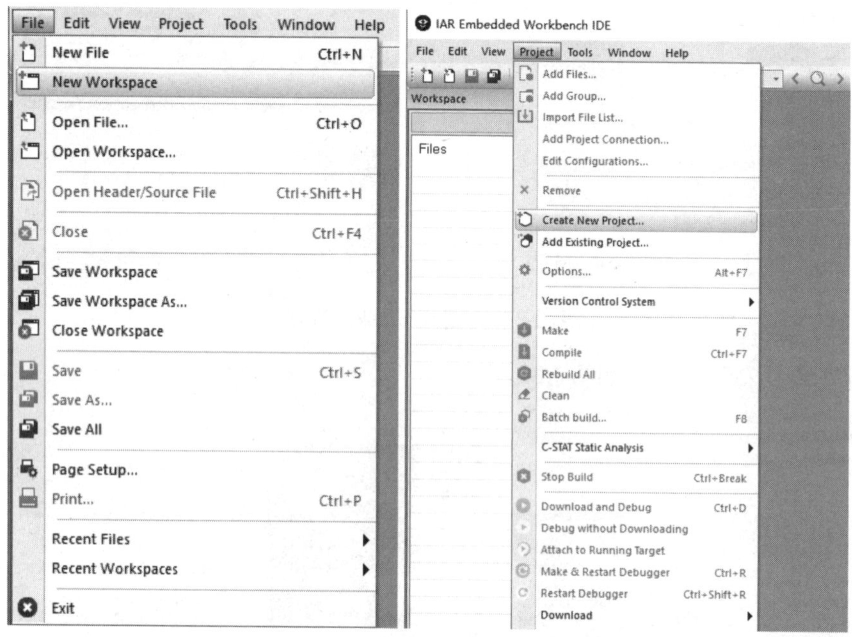

图3-34　创建工作区及项目

选择需要创建的项目模板，并设置保存路径后，系统会自动创建模板项目，例如选择asm（ARM）开始创建，如图3-35所示。创建完成后可以在软件左侧看到项目的文件结构，右侧为模板代码，用户可以在模板的基础上插入自定义代码，完成程序编写，如图3-36所示。

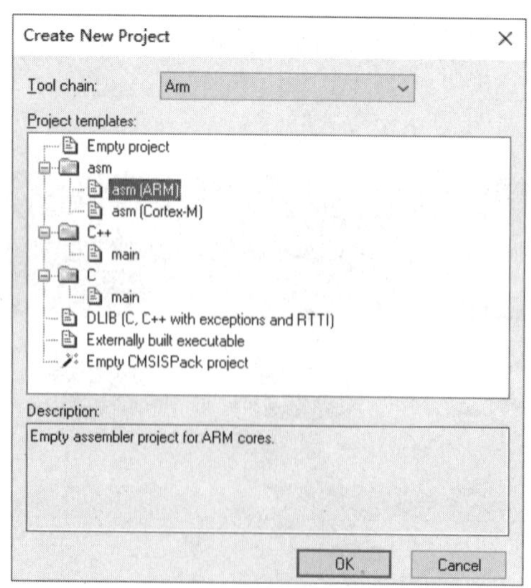

图3-35　选择模板

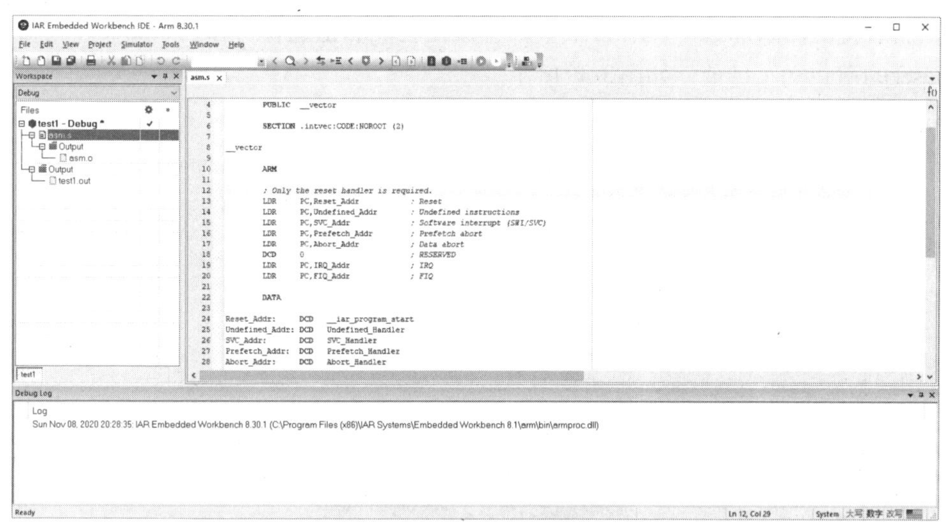

图3-36 模板文件

用户完成代码的编写后，可以通过Project菜单中的Compile命令进行程序的编译，或者直接通过工作栏中的快捷键进行编译，完成编译后会在状态栏中显示相关信息，包括错误信息和警告信息等，如图3-37所示。

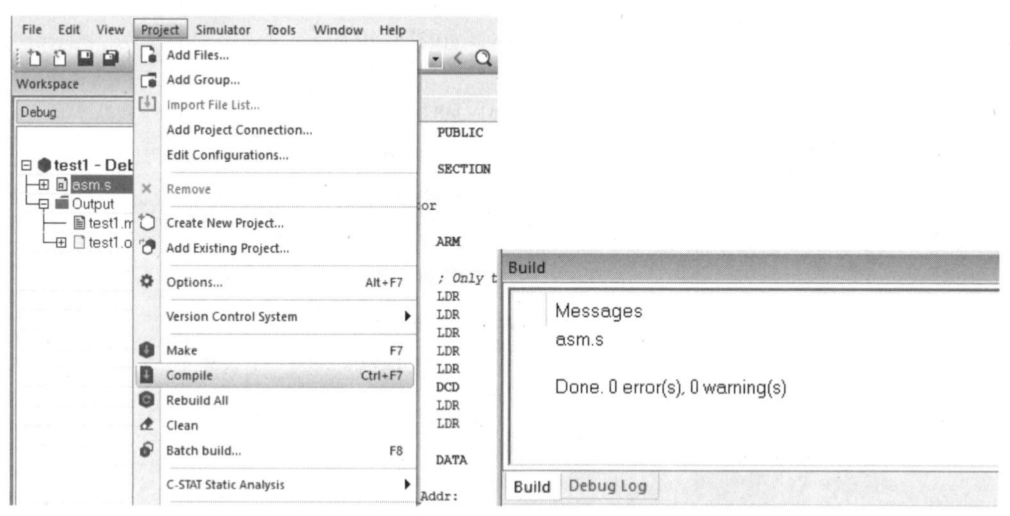

图3-37 编译

如果在创建工作的时候选择新建空项目，就需要用户自行创建程序目录、文件等内容，以下简单进行说明。首先使用工具栏上的创建文件，创建一个空文件，并使用工具栏中的"保存"按钮保存文件为main.c，如图3-38所示。新建文件完成后只是新建了一个空文件，并没有添加到工程中，首先需要在工作中建立

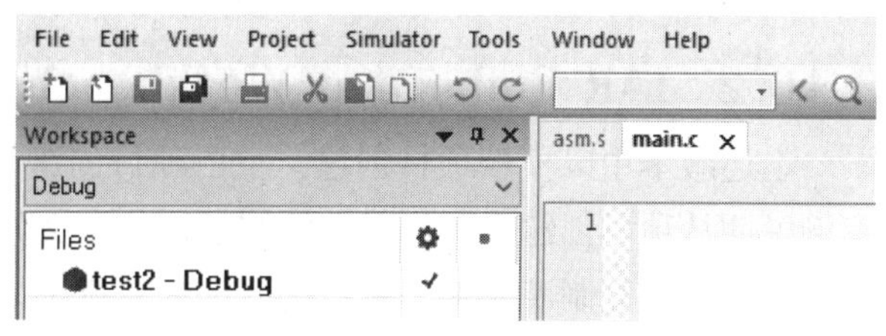

图3-38 新建文件

文件目录，然后将文件添加到对应的目录中，直接在左侧右击选择Add→Add Group命令添加一个命名为User的用户文件目录，如图3-39所示。

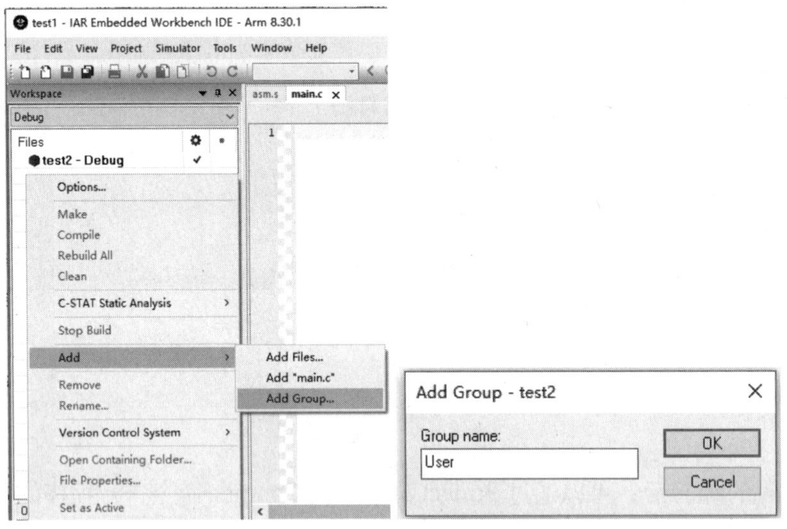

图3-39 创建文件目录

文件目录添加完成后，就可以选中该文件夹，然后右击并选择Add→Add Files命令添加文件，可以将刚才新建的main.c文件添加到该项目中，如图3-40所示。

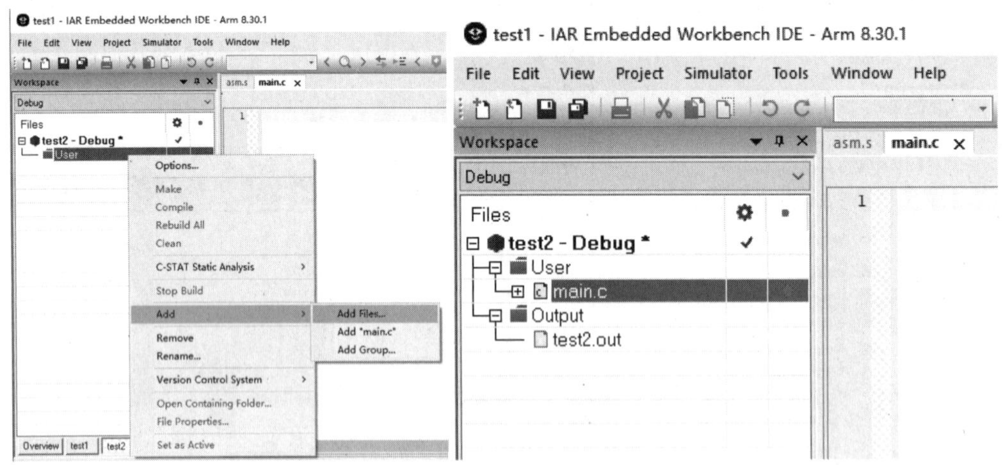

图3-40 添加文件

3.10.2 IAR Embedded Workbench for 8051基本使用

上述版本中以模板项目创建、空白项目创建为例简要介绍了软件的使用，下面以一个完整的案例说明从项目创建，到工程文件的新建，到文件的导入、头文件添加等相关流程。

（1）首先复制库文件，在C盘根目录下新建test目录，然后将CC2530_lib和sensor_drv完全复制到该文件夹下，并新建一个文件夹，名为Project，用于存放后续的工程文件。

（2）新建IAR工程，命名为test.ewp，并保存Workspace工作空间名为test.eww。

（3）在新工程中新建app、basicrf、board、common、moudle、mylib、utils目录，并且把board、common、mylib、utils文件夹中的*.c文件添加到对应的文件夹中。具体操作步骤是首先右击并选择Add→Add Group命令添加文件目录，并选中对应文件目录，右击并选择Add→Add Files命令添加文件，将对应的文件添加到对应的文件夹中，如图3-41所示。

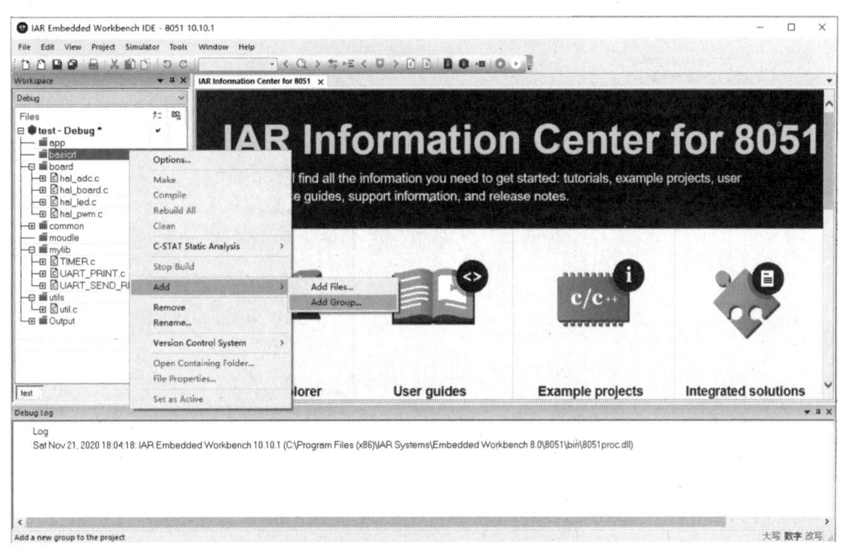

图3-41　新建工程目录

（4）新建程序文件，命名为main.c，保存到C:\test\Projec目录下，并将该文件添加到app文件夹下，如图3-42所示。

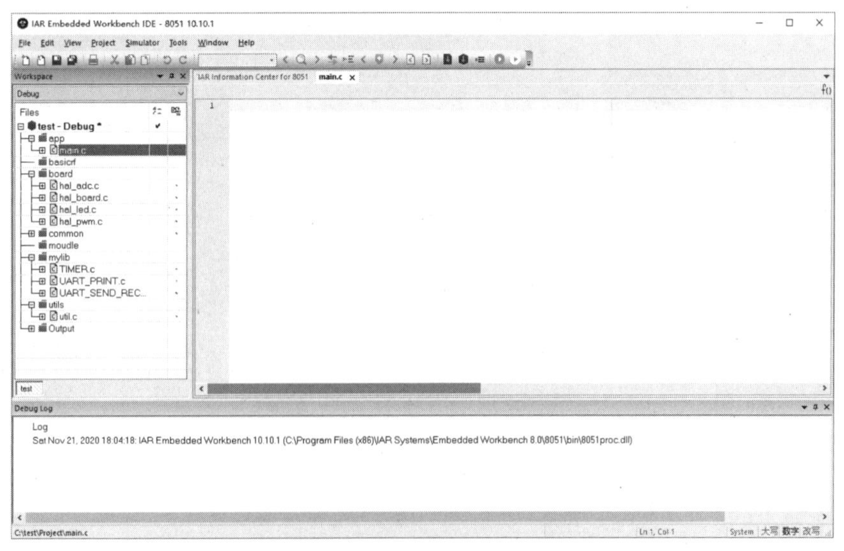

图3-42　添加文件

（5）选择Project菜单下的Options命令，在其中选择General Options选项，在Device中，选择CC2530F256选项，如图3-43所示。

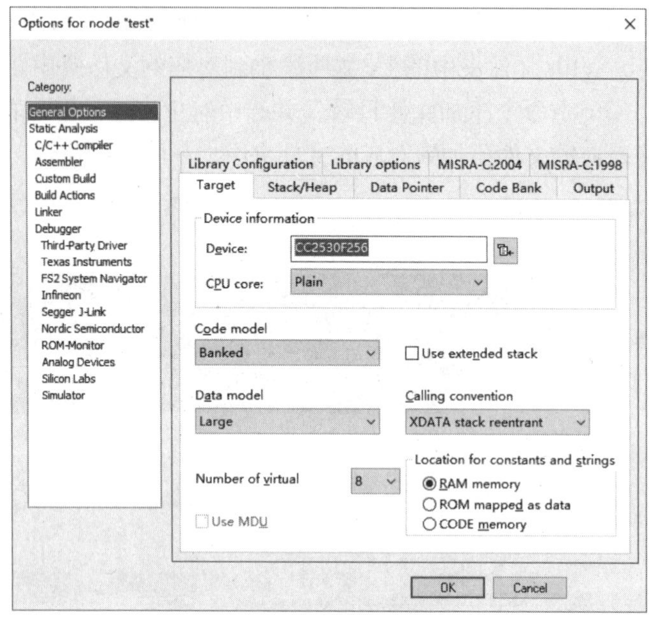

图3-43　选择CC2530F256芯片

（6）为工程添加头文件，选择Project菜单下的Options命令，在其中选择C/C++Compiler选项，然后选择Preprocessor选项，在Additional include directories（one per line）中添加头文件的路径，本例中将CC2530_lib和sensor_drv目录加入到搜索路径中，如图3-44所示。其中$PROJ_DIR$表示的当前工程文件所在的workspace的目录。

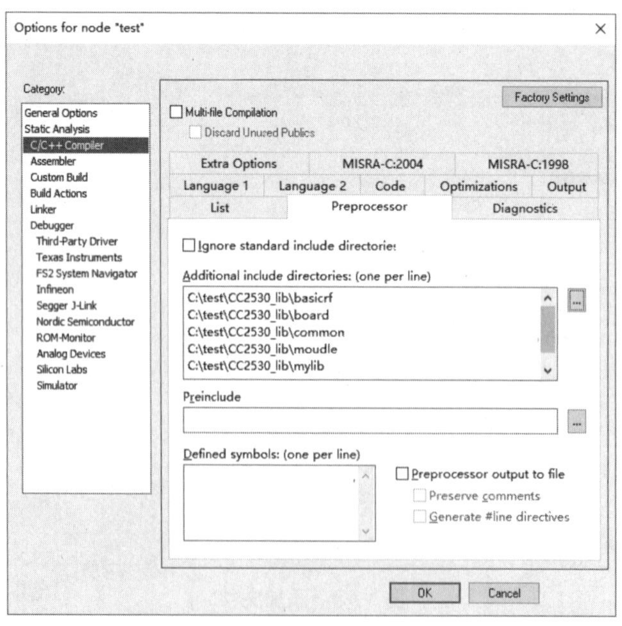

图3-44　添加头文件

（7）选择Project菜单下的Options命令，在其中选择Linker选项，选择Config选项卡，并在其中勾选Override default复选框，单击右侧的按钮可以进行配置文件的选择，如图3-45所示。需要根据使用的芯片来选择对应的配置文件，如果选择不正确，则会出现编译错误等现象。

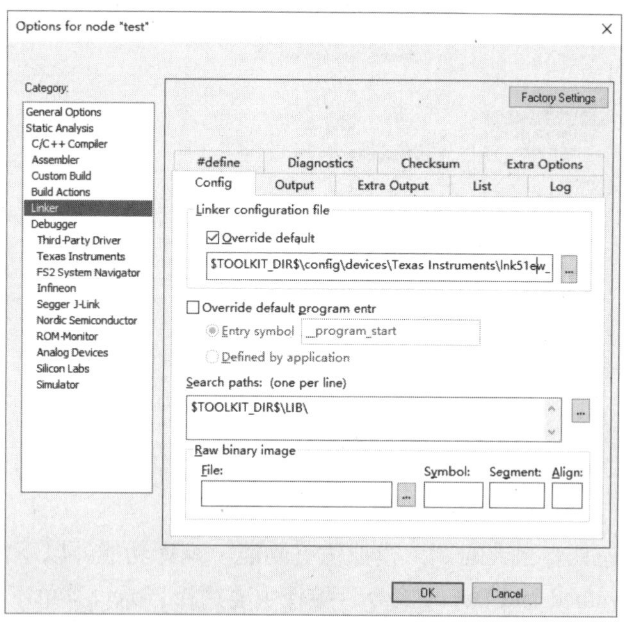

图3-45 配置文件选择

（8）在Linker选项卡中，选择Output设置输出的文件和格式，首先勾选Allow C-SPY-specific extra output file复选框，然后在Extra Output中勾选Override default，并修改文件扩展名为test.HEX，在Output format中选择intel-extended，如图3-46所示。

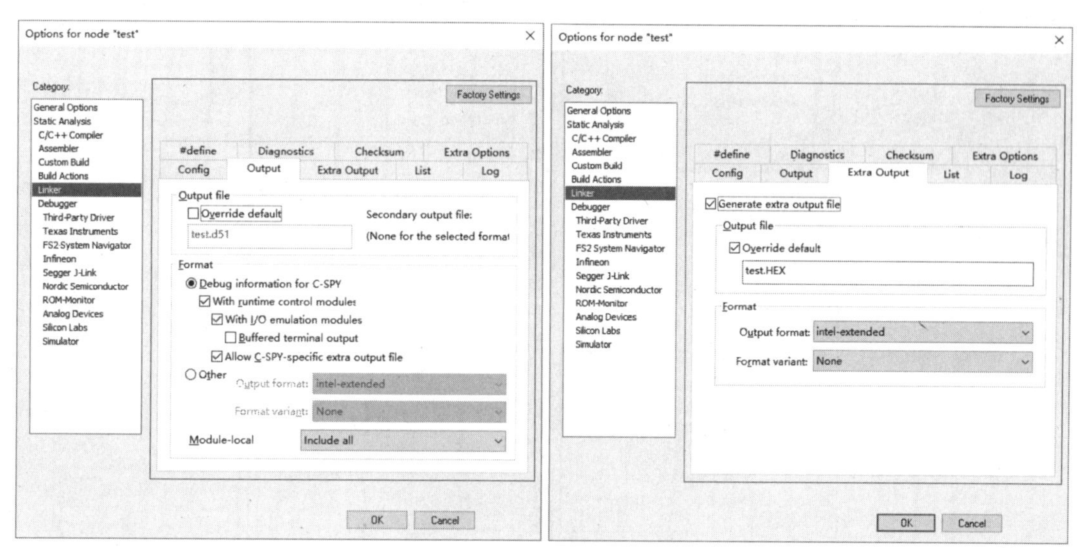

图3-46 输出文件格式设置

（9）选择Debugger选项卡，在其中选择Setup，选择Driver设置为Texas Instruments，设置输出文件的选项，如图3-47所示。

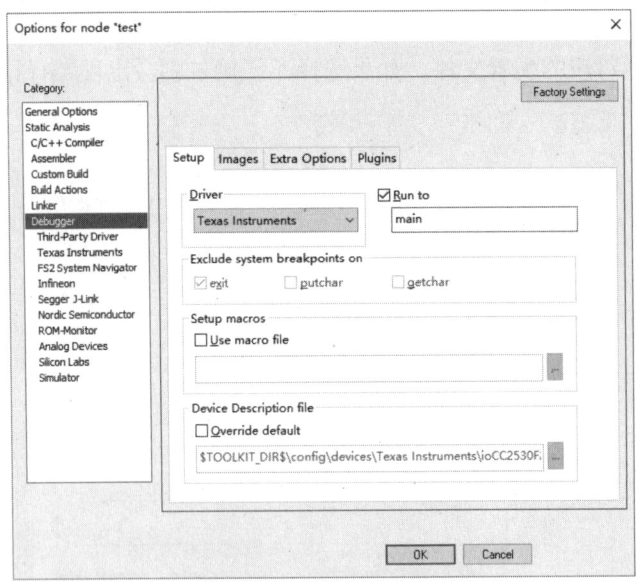

图3-47　输出文件选项

（10）此外，软件还具有强大的调试模拟仿真功能、编译功能，以下简单介绍，调试主要选择Project菜单下的Download and Debug命令，编译主要选择Project菜单下的Rebuild All命令，用户可以根据实际需求进行相关应用，如图3-48所示。程序仿真包括单步执行。

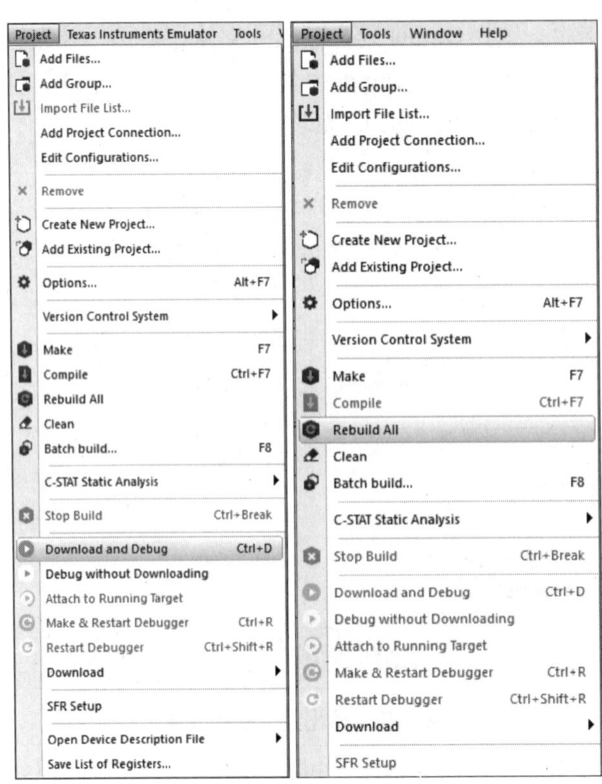

图3-48　仿真和编译功能

由于本章中只要求大体知道IAR软件的基本安装和配置，因此其他的相关使用在此就不再进行介绍。

习　题

一、选择题

1. IEEE802.15.4协议标准协议支持780 MHz、868 MHz、__________和2.4 GHz这4种不同的频段。

A. 15.4 MHz　　B. 20 MHz

C. 915 MHz　　D. 40 MHz

2. ZigBee标准是ZigBee联盟制定的一种__________的短距离无线通信协议和技术标准。

A. 高速率、高成本、高功耗　　B. 低速率、低成本、低功耗

C. 高速率、低成本、低功耗　　D. 低速率、低成本、高功耗

3. 蓝牙射频模块一般由接收模块、发送模块和__________这三个模块组成。

A. 合成器　　B. 转换器

C. 编译器　　D. 存储器

4. 射频识别技术依据其标签的供电方式可分为三类，即无源RFID，__________，半有源RFID。

A. 无线RFID　　B. 有线RFID

C. 低功耗RFID　　D. 有源RFID

二、判断题

1. ZigBee主要应用在短距离并且数据传输速率不高的各种电子设备之间。（　　）

2. ZigBee物理层工作在868 MHz、915 MHz和2.4 GHz这三个频段上，这三个频段共计分为27个信道，且分别拥有1个、10个、26个信道。（　　）

3. 6LoWPAN是一种基于IPv6的低速无线个域网标准，即IPv6 over IEEE 802.15.4。（　　）

4. LoRa是semtech公司创建的低功耗局域网无线标准，低功耗一般很难覆盖远距离，远距离一般功耗高。（　　）

三、简答题

1. 简述无线传感器网络的特点。

2. 简述无线传感器网络使用的国际通信协议标准。

3. 简述一套完整的RFID系统包括哪些部分。

4. 简述无源RFID的特点，并举例说明。

5. 无线传感器网络和物联网的区别？

第 4 章 Arduino 概述

本章主要介绍了创客文化的基本概念，开源硬件Arduino的基本情况，包括基本分类、主芯片、Arduino IDE软件、Arduino语言和程序结构、数字I/O口和模拟I/O口的基本使用等，最后介绍了图形化Arduino电路开发软件Fritzing的基本使用。

4.1 创客文化

创客一词来源于英文单词“Maker”，指的是不以盈利为目标，努力把各种创意转变为现实的人，他们是一群酷爱科技，热衷亲自实践，并且坚信自己动手可以丰衣足食。创客文化是DIY文化的延伸，DIY文化则是朋克理念和反消费主义的结合，朋克理念通常代表了反叛、反权威、个人主义和自由思维等，反消费主义是指在消费前考虑是否真的需要它，是否随意消费，创客文化则兼有两者的部分特点，它不认同随意消费，乐于在现有的资源下创造性地再利用。

支持创客文化的创客精神包括DIY精神、开源和分享精神、工匠精神，以下就分别进行说明：

1. DIY精神

创客最为重要的精神就是独立性和创造性，而不是依赖性。如果某项技术和应用，需要依靠政府或者外部资金投入才能实现，得不到支持和扶持就无法实现或者受到限制，那么创客就会考虑依靠自己的智慧、依靠众人的力量解决相关问题，创造出相关产品，实现相关的应用。目前随着互联网技术、物联网技术、5G应用的不断实现，这种普及性的支持，这种独立改变世界，创造性的能力也越来越强，很多创新只需要一台高性能的计算机，能接入互联网就能实现，在创客精神的引领下，自由的创造一定会使生产力越来越自由，越来越摆脱对专有资源或者机构的依赖性。

2. 开源和分享精神

创客大部分出生于草根阶层，要实现一种创新技术，势必要团结所有能够团结的力量，因此

在创客文化中，软件开源、硬件开源、资源共享、经验交流是非常重要的，没有这种开源精神，没有这种分享精神，是无法实现技术的突破的。创客们信奉的是唯有慷慨才能在网络中胜出的新经济规则，对于普惠大众拓展传播的基础服务，通常都是免费的，从而获得指数型增长，然后再通过个性化定制服务，来获取收入和利润。

3. 工匠精神

创客的基因是创新和创意，而不只是制造，无论是互联网创客、工业创客、思想创客、文化创客，还是其他，能够体现创客创造力价值的，是最终产品的表现。而创造力的表现是无止境的，因此创客们都需要具有精益求精的毅力，追求细节极致表现的精神，才能最大化地呈现自己的价值和成就，这就是工匠精神，创客具有的这种精神，可以为自己创造只属于自己独特的创客领域，建立独立的领域地位，并为提供高端个性定制产品打开利润之门。

在当今世界，互联网技术、物联网技术不断发展和成熟，创客所爆发出来的能量也越来越强，已经成为全球经济发展的重要推动力。

为了能更好地推广创客文化、创客技术，美国的Make杂志社每年都会开办创客嘉年华Maker Faire。Make杂志社成立于2005年，旗下的产品和服务包括创客嘉年华Maker Faire、社交网站Maker Space、创客杂志*Make Magazine*、制造工棚Maker Shed及创客营地Maker Camp。其中最被外界熟知的是创客杂志*Make Magazine*和创客嘉年华Maker Faire，创客杂志拥有约12.5万名付费用户，指引读者进行手工创造活动；而从2006年开始举办的创客嘉年华Maker Faire，将工程和艺术结合起来，成为宣扬创客文化的舞台，每年在40多个国家和地区举行200场活动，如图4-1所示就是分别在美国加利福尼亚圣马特奥市和中国深圳举行的创客嘉年华。

图4-1 创客嘉年华Maker Faire

在创客嘉年华中，参观者可以全家参与得到不一样的亲子体验，同时也有专业展品满足创客们的要求，文化人、艺术青年更可以在这里紧贴潮流趋势成为文化先锋。在展会中可以发现新科技，拓宽视野，分享艺术、手工、科学、工程、音乐等领域各种精彩的DIY作品。

展会中既会有比较流行的开源软硬件产品，如树莓派控制器、Arduino控制器，也会有专业公司出品的巨型仿生竞赛机械，如图4-2所示。在展会中还会邀请创客来介绍各自的新奇创意，分享自己的创客之路。

图4-2　创客作品

4.2 Arduino的由来

Arduino由基于简易单片机并且开放源码的计算机平台和一套为Arduino板编写程序的开发环境组成。Arduino可以更好地感应和控制现实物理世界，可以用来开发交互式的产品，如通过读取传感器和开关的信号，控制各类物理设备（如电灯、电机等）。以Arduino搭建的项目可以是单独的，也可以在运行时与计算机程序相连进行及时通信，获得信号。Arduino可以直接通过网络购买，软件Arduino IDE则可以通过网络直接免费下载使用。

在Arduino的创始团队中，Massimo Banzi之前是意大利一家高科技设计学校的老师。他的学生们经常抱怨找不到便宜好用的微控制器。2005年冬天，Massimo Banzi跟David Cuartielles讨论了这个问题。David Cuartielles是一位西班牙籍晶片工程师，当时在这所学校做访问学者。两人决定设计自己的电路板，并邀请了Massimo Banzi的学生David Mellis为电路板设计编程语言。两天以后，David Mellis就写出了程序代码。又过了三天，电路板就完工了。Massimo Banzi喜欢去一家名叫di Re Arduino的酒吧，该酒吧是以1000年前意大利国王Arduin的名字命名的。为了纪念这个地方，他将这块电路板命名为Arduino。Arduino的创始团队如图4-3所示。

图4-3　Arduino创始团队

Arduino在开发之初，就已经明确了服务对象，主要是针对老师、学生和一些业余爱好者使用，使用者不需要关心硬件单片机编程的烦琐细节，只需要注重于个人的创意，并努力实现这些创意，因此设计者将Arduino设置成了一款开源开放的公共平台，便于用户对其进行二次开发。相对于其他硬件设备，Arduino具有很多优点和特点，以下就简要进行介绍：

（1）使用低价格的微处理控制器(ATmega8或ATmega128)，整体性能价格比最优，使普通用户可以用低廉的价格获得相关项目开发能力，并且Arduino可以通过多种渠道进行采购，从而更方便用户获得。

（2）跨平台能力，Arduino开发软件Arduino IDE可以兼容多个平台的操作系统，包括Windows、Linux和Mac OS等，在不同平台上都能有效使用，并可以同Arduino硬件实时通信。

（3）简易的编程环境，Arduino IDE软件是一款非常简易的编程软件，支持中文版，并且软件中还附带了大量的示例库，方便用户随时调用。

（4）源代码开源，在网络中大量的创客会将各种新奇的创意以项目的形式进行共享，包括开放源代码、设计电路图、程序开发接口等都可以提供给初学者进行免费下载使用，用户在这些范例的支持下，只需要根据自己的需求进行修改，就可以实现具体的功能。此外，Arduino还拥有大量的社区和论坛，可以供用户进行相互之间的经验分享和学习。

（5）硬件开源优势，Arduino官方为用户提供PCB和SCH电路图，用户可以根据相关电路图进行二次开发，从而进一步简化Arduino模组，完成独立运作的微处理控制。

（6）使用简单的杜邦线就能将Arduino与各类传感器、电子元器件进行连接，从而实现对物理世界的信息采集。

（7）系统入门简单，用户可以将更多的经历用于创意和实现中，可以更快地完成自己的设想，大大节约了学习的成本，缩短了开发的周期。

正是因为Arduino具有这么多的优点，因此在目前越来越多的项目使用到了Arduino，很多开发者通过Arduino这个平台进入了硬件、物联网等领域的开发，在大学中也有了大量的Arduino应用案例，开设了大量的关于Arduino的课程。

4.3 Arduino开发板及其扩展板

Arduino的发展非常迅速，因此也拥有了大量的不同应用场景的型号，以下就对相关版本型号进行说明，从而方便用户针对自己的实验项目进行选择。此外，用户在使用的过程中还可以在Arduino上以叠加的方式安装扩展板，从而扩展相关功能，在此也一并进行说明和介绍。

4.3.1 Arduino开发板型号

1. Arduino 101和Arduino UNO（见图4-4）

图4-4　Arduino UNO和Arduino 101版本

Arduino 101/Genuino 101是一个性能出色的低功耗开发板，它基于 Intel® Curie™ 模组，价格便宜，使用简单。101不仅有着和UNO一样的特性和外设，还额外增加了 Bluetooth LE 和 6轴加速计、陀螺仪。101带有14个数字输入/输出引脚（其中4路可用作PWM输出），6个模拟输入/输出引脚，一个用作串口通信和上传程序的USB接口，一个电源座，一个带SPI和IIC脚的ICSP接口，输入/输出引脚电压为3.3 V，但也可以承受5 V的电压。

Arduino UNO是基于ATmega328P的Arduino开发板。它有14个数字输入/输出引脚（其中6个可用于PWM输出）、6个模拟输入引脚、一个16 MHz的晶体振荡器、一个USB接口、一个DC接口、一个ICSP接口、一个复位按钮。

2. Arduino Yun和Arduino Ethernet（见图4-5）

Arduino Yun 是一款基于ATmega32U4 和Atheros AR9331 的单片机控制板。Atheros AR9331 可以运行一个基于Linux 和OpenWRT 的操作系统 Linino。这款单片机板有内置Ethernet、Wi-Fi、一个USB端口、一个Micro 插槽、20个数字输入/输出引脚（其中7个可以用于PWM，12个可以用于ADC）、一个MICRO USB、一个ICSP插头、3个复位开关。Arduino Yun有别于其他Arduino，这主要体现在该版本可以与Linux 通信。这给Arduino Yun带来前所未有的网络能力。并且由于使用了Linux，用户可以自由选择需要的通信接口。Arduino Yun的其他部分跟Arduino leonardo类似，主芯片ATmega32U4自带了USB接口，所以Arduino Yun可以用作计算机的鼠标或键盘。

图4-5　Arduino YUN和Arduino Ethernet版本

Arduino Yun上的ATmega32U4芯片有32 KB的空间，其中4 KB 用于引导加载程序，2.5 KB的SRAM和1 KB的EEPROM。AR9331使用外部存储设备，包含64 MB的DDR2 RAM和16 MB的FLASH。FLASH里已经在出厂时预装了OpenWRT 的操作系统 Linino。

Arduino Ethernet是一个基于ATmega328的微控制器。它具有14个数字输入/输出引脚、6个模拟输入、一个16 MHz晶振、一个RJ45、一个供电口、一个ICSP接口和一个复位按钮。数字输入/输出引脚中10、11、12和13只能作为以太网模块接口，因此可用的引脚数量只到9，然后其中有4个可以作为PWM输出。

3. Arduino MEGA和Arduino LEONARDO（见图4-6）

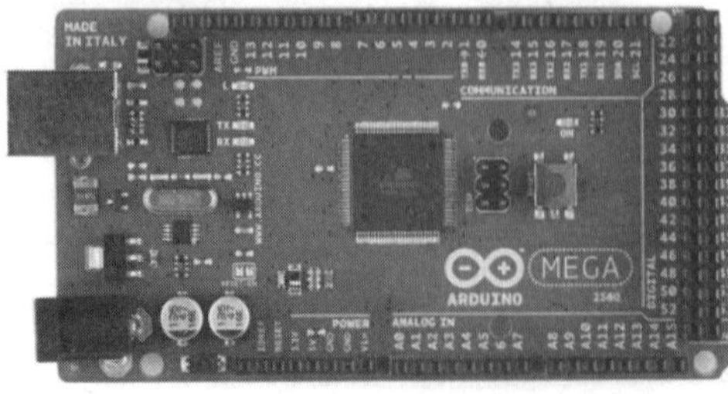

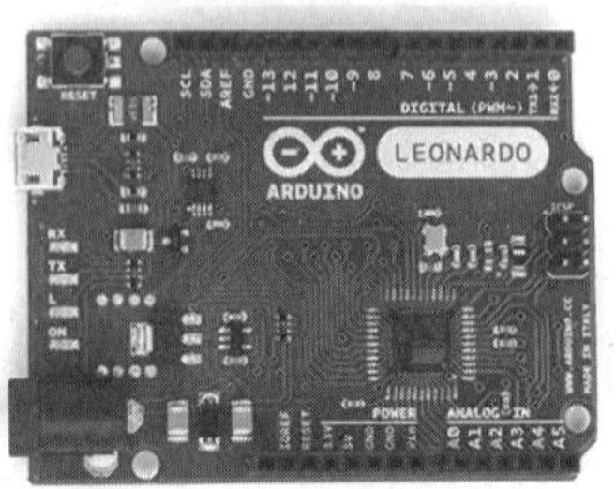

图4-6　Arduino MEGA和Arduino LEONARDO版本

Arduino MEGA是基于ATmega2560的Arduino开发板。该版本具有54个数字输入/输出引脚

（其中15个可用于PWM输出）、16个模拟输入引脚、4 UART接口、一个16 MHz的晶体振荡器、一个USB接口、一个DC接口、一个ICSP接口、一个复位按钮。Arduino MEGA比Arduino UNO提供了更多输入/输出口，且外形和功能几乎都兼容Arduino UNO。ATmega2560具有256 KB Flash存储空间，其中8 KB被用于存储引导程序，8 KB的SRAM和4 KB的EEPROM。可以使用官方提供的EEPROM库读写EEPROM空间。Arduino MEGA具备多种通信接口，可以和计算机、其他Arduino或者其他控制器通信。ATmega2560提供了4组UART TTL（5V）通信串口。Arduino MEGA上的ATmega16U2会在计算机上模拟出一个USB串口，使得ATmega2560能和计算机通信。Arduino IDE提供了串口监视器，使用它可以收发简单文本数据。Arduino MEGA上的RX\TX两个LED可以指示当前UNO的通信状态。Software Serial库可以将Arduino MEGA的部分数字引脚模拟成串口，从而进行串口通信。ATmega2560也支持I2C（TWI）和SPI通信。Arduino IDE自带的Wire库可用于驱动I2C总线，自带的SPI库可用于SPI通信。

Arduino LEONARDO是基于ATmega32u4的微控制器板，具有20个数字输入/输出引脚（其中7个可用于PWM输出，12个可用于模拟输入）、一个16 MHz的晶体振荡器、一个Micro USB接口、一个DC接口、一个ICSP接口、一个复位按钮。Arduino LEONARDO不同于之前所有的Arduino控制器，可以直接使用ATmega32u4的USB通信功能，取消了USB转UART芯片。这使得Arduino LEONARDO不仅可以作为一个虚拟的（CDC）串行/ COM端口，还可以作为鼠标或者键盘连接到计算机。ATmega32u4具有32 KB的Flash，其中4 KB被引导程序使用，拥有2.5 KB的SRAM和1 KB的EEPROM。

当Arduino LEONARDO与计算机、其他Arduino或者其他微控制器通信时，在引脚0、1上ATmega32u4提供了UART TTL（5V）的通信方式，32u4还允许通过USB在计算机上虚拟COM端口来进行虚拟串行（CDC）通信。这个芯片使用标准的USB串行驱动，可以作为一个全速USB设备。Arduino软件包含了一个串口监视器，可以与Arduino板子相互发送或者接收简单的数据。当使用USB传输数据时，板子上RX、TX LED会闪烁。Software Serial库能让任意的数字I/O口进行串行通信。ATmega32u4还支持TWI（I2C）和SPI通信。

4. Arduino ZERO和Arduino DUE（见图4-7）

图4-7　Arduino ZERO和Arduino DUE版本

Arduino ZERO控制器采用Atmel　SAMD21单片机作为控制核心，这是一个ARM Cortex-M0核心的单片机；同时板载了EDBG调试接口，整体上看，更像是采用了Arduino接口的Atmel开发板，因为目前主流的Cortex开发板都搭载有类似的调试接口；而SAMD21这个MCU的主要配置为：48 MHz，256 KB Flash，32 KB SRAM。Arduino公司的联合创始人兼CEO Massimo Banzi表示："Zero开发板的发布扩充了Arduino开发板系列，且同时具备更高的性能，有助于发挥创客群体的创造力。其灵活的功能集能够为各类设备带来无限的项目机遇，而且也是一个很好的教学工具，可用于学习开发32位应用程序。"

Arduino DUE是一款基于 Atmel SAM3X8E CPU的微控制器板，它是第一块基于 32位ARM核心的Arduino。具有54个数字输入/输出引脚，其中12个可用于PWM输出，12个模拟输入口，4路UART硬件串口，84 MHz的时钟频率，一个USB OTG接口，两路DAC（模数转换），两路TWI，一个电源插座，一个SPI接口，一个JTAG接口，一个复位按键和一个擦写按键。

5. Arduino NANO（见图4-8）

图4-8 Arduino NANO版本

Arduino NANO是Arduino USB接口的微型版本，最大的不同是没有电源插座以及USB接口是Mini-B型插座。Arduino NANO尺寸非常小而且可以直接插在面包板上使用。其处理器核心是ATmega168（Nano2.x）和ATmega328（Nano3.0），同时具有14路数字输入/输引脚，其中6路可作为PWM输出，8路模拟输入，一个16 MHz晶体振荡器，一个mini-B USB口，一个ICSP header和一个复位按钮。ATmega168/ATmega328包括了片上16 KB/32 KB Flash，其中2 KB用于引导加载程序。同时还有1 KB/2 KB SRAM和0.5 KB/1 KB EEPROM。

4.3.2 Arduino扩展板

除了上述的Arduino核心开发板外，用户还可以使用堆叠的方式，利用各种扩展板实现额外的功能。这些扩展板其实就是一些额外的电路板，电路板中包括一些特殊功能的元器件，如网络功能模块、传感器功能模块等。图4-9所示就是常见的网络扩展板。

图4-9 Arduino 网络扩展板

这类扩展板被设计成类似积木的形式，通过层层叠加的方式实现功能的扩展。目前市场上存在着大量的Arduino功能扩展板，其中有Arduino官方发布的，也有企业自行研发的，以下就简要介绍几款。

1. Arduino 原型扩展板（见图4-10）

使用原型扩展板，用户可以在其上自行焊接搭建电路，实现所需要的特定功能。这块扩展板配置了连接头以连接到Arduino主板的IO脚，电源方面主要由Arduino主板的5 V电源供电，此外也具有一些基本的开发功能，包括重置按钮、ICSP连接头，能够直接连接到Arduino主板的SPI脚位，14脚的SMD焊接位（50 mils），20脚的通孔焊接位（100 mils）。

2. Arduino 以太网扩展板（见图4-11）

Arduino以太网扩展板使用RJ45接口让Arduino连接到互联网，连线速度可以达到10/100 Mbit/s，扩展板是通过SPI接口连接到Arduino主板，扩展板使用W5100以太网控制芯片，它配置了16 KB缓存记忆体。W5100提供了TCP和UDP模式的网络堆叠，同时能够支援最多4个Socket连接。除了以太网接口，扩展板还提供了Micro-SD卡存取，同样以SPI与Arduino主板通信。扩展板配置了重置控制器，可以确保W5100芯片于启动时能够被正确重置。

图4-10 Arduino 原型扩展板

图4-11 Arduino 以太网扩展板

3. Arduino无线网络扩展板（见图4-12）

该扩展板是基于Xbee 802.15.4 模块实现无线网络传输，无线传输的有效范围是室内100英尺和室外300英尺，主要应用是串行端口和USB接口的代替、广播和网状网络。除此以外，同样配置了SD卡槽，并且同样以SPI接口存取SD卡中数据。扩展板提供了开关切换，分别是Xbee的串行通信连接到微控制器的串行通信或Arduino主板的USB转换串行的芯片。

4. Arduino GSM Shield扩展板（见图4-13）

该扩展板支持将Arduino主控板连接到互联网，能够拨打、接听语音通话和发送、接收短信。使用Quectel 的无线调制解调器M10，可以使用AT命令与控制板通信。扩展板使用数字引脚2、3与M10串行通信。M10是一款四频GSM/GPRS调制解调器，工作频率包括GSM 850 MHz，GSM 900 MHz，DCS 1800 MHz以及PCS 1900 MHz，通过GPRS连接支持TCP/UDP和HTTP协议连接。

5. Arduino Motor Shield扩展板（见图4-14）

该扩展板使用L298 电机驱动芯片，常用于制作Arduino智能小车，扩展板可以独立驱动两路直流电机，包括速度、方向和制动等。电机所消耗的电流也可以度量。这块扩展板兼容TinkerKit模块，Tinker模块集成了传感器和促动器。其工作电压在5~12 V，能够同时控制两个直流电机或一个步进电机。

图4-12 Arduino 无线网络扩展板

图4-13 Arduino GSM Shield扩展板

图4-14 Arduino Motor Shield扩展板

6. 其他扩展板

除了上述由Arduino官方提供的各类扩展板外，还有更多的企业自行研发的扩展板，其功能更加齐全，类型更加丰富，以下以上海智位机器人股份有限公司DFRobot为例，进行简单的介绍。该公司开发了大量的兼容Arduino扩展板，具体包括IO传感器扩展板、语音识别扩展板、以太网络扩展板（W5200）、TTL转RS232扩展板、6自由度惯导扩展板、步进电机驱动扩展板等，实物如图4-15所示。

(a) IO传感器扩展板

(b) 语音识别扩展板

(c) 以太网络扩展板

(d) TTL转RS232

(e) 6自由度惯导扩展板

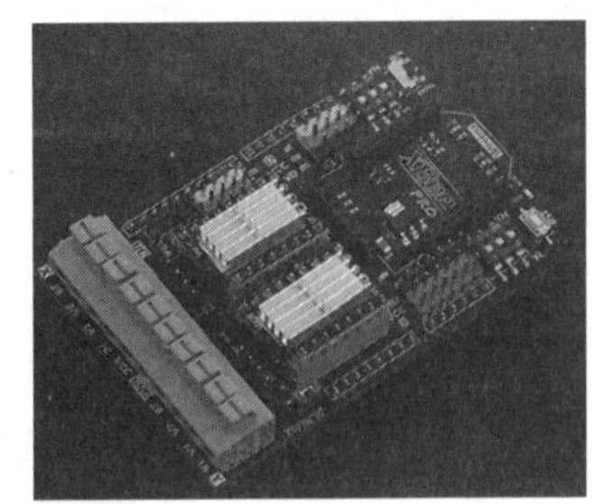

(f) 步进电机驱动扩展板

图4-15 其他扩展板

4.4 Arduino UNO基本结构及主芯片介绍

Arduino UNO是目前使用最为广泛的Arduino控制器，具有Arduino的所有功能，实物如图4-16所示。

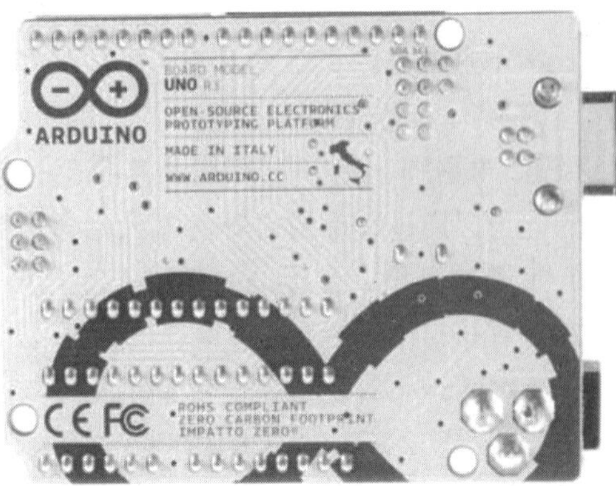

图4-16 Arduino UNO

Arduino UNO是基于ATmega328P的Arduino开发板，“Uno”在意大利语中意思是“一”。

Arduino UNO是Arduino系列的一号开发板，Arduino IDE 1.0是Arduino IDE的第一个正式版本，也是目前使用最广泛的Arduino版本。Arduino UNO硬件和Arduino IDE软件建立了一套Arduino开发标准，此后的Arduino开发板和衍生产品都是在这个标准上建立起来的。Arduino UNO的具体结构图如图4-17所示，以下就具体介绍每个部分的结构内容。

（1）电源部分：该版本共提供了三种供电方式，分别是USB模式、DC电源模式和5 V电源接口或VIN端口供电，其中USB模式要求电压是5 V，DC模式要求电压是7~12 V，VIN端口供电模式要求电压是7~12 V。在DC插头上方有一个标注着AMS1117字样的芯片，该芯片是一个三端5 V稳压器，电源口的电源通过它稳压后才能作为板子的电源输入。

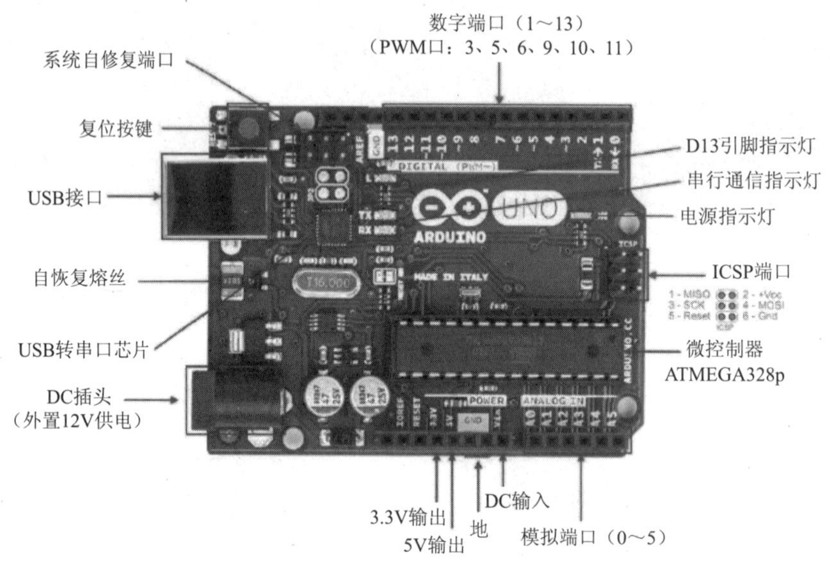

图4-17　Arduino UNO结构图

（2）指示灯部分，该版本共有4处LED指示灯，分别是电源指示灯、串口发送指示灯、串口接收指示灯和可编程控制指示灯。其中的可编程控制指示灯“L”通过特殊电路连接到Arduino UNO的第13号引脚，当13号引脚为高电平时，该LED灯就会亮起，当13号引脚为低电平时就会熄灭，因此可以通过程序或者外部输入信号控制该指示灯的亮灭。

（3）重置按钮和重置接口主要用于重启Arduino UNO，按下重置按钮后可以重启单片机，或者可以在重置接口上设置0 V来重启单片机。

（4）Arduino UNO的存储空间共分为三种，包括有FLASH、SRAM和EEPROM，其中FLASH的容量是32 KB，0.5 KB存储的是引导程序，31.5 KB作为用户存储程序的空间，SRAM的容量是2 KB，相当于计算机中的内容使用，断电或复位后该部分数据将丢失，EEPROM电可擦写的可编程只读存储器，其容量是1 KB，断电或复位后该部分数据不会丢失。

（5）Arduino UNO共包括有14个数字输入/输出端口，6个模拟输入/输出端口，其中引脚0（RX）和引脚1（TX）主要用于接收和发送串口数据，引脚2和引脚3主要用于外部中断，引脚3、5、6、9、10和11可以作为输出PWM波，A0~A5为模拟输入的6个引脚，可以用来测量连接到引脚上的电压，测量值可以通过串口显示出来。GND引脚是接地引脚。AREF引脚是模拟输入参考电压的输入端口。RESET引脚是复位引脚，接0 V低电平时可以使Arduino UNO复位。IOREF引脚是输入/输出参考，提供了微控制控制的参考电压。

Arduino UNO的主芯片采用的是由Atmel公司出品的AVR单片机，AVR单片机是在1997年研发出来的、增强型内置FLASH的RISC精简指令集高速8位单片机。AVR系列的单片机片内资源丰富，拥有更多更强大的接口，而且价格便宜，在很多场合中替代了51单片机。Arduino系列中使用到的AVR单片机型号包括ATmega328和ATmega2560，都属于Atmel的8位AVR系列的ATmega分支，其中Arduino UNO使用的是ATmega328P，该芯片主要封装了CPU、存储器、时钟系统、外围设备、看门狗定时器等，其中时钟系统由一个片内振荡器组成，其时钟频率是由外部晶振或振荡器来决定的。看门狗定时器是单片机的一个重要组成部分，其实质是一个计数器，工作时会首先给看门狗一个大数，程序运行后开始倒计数，如果程序运行正常，则会过一段时间就由CPU发出指定对看门狗计数器进行重置，也被称为是喂狗，如果看门狗减到0，就认定为程序没有正常工作，将会被强制复位。

ATmega328芯片一般采用的封装形式是塑料双列直插模式（PDIP），这种封装方式芯片是直接插在插座上的，如果出现芯片损坏的问题，用户可以直接将芯片拔下后进行更换，但在拆除芯片时要注意引脚位置，防止弯曲，造成引脚损坏。当然该款芯片还有其他多种封装方式，包括TQFP封装、SOIC封装和MLF封装，其中PDIP封装和TQFP封装实物如图4-18所示。

图4-18　ATmega328封装实物

ATmega328P共包括28个引脚，引脚是连接外界设备的通道，不同的引脚具有不同的功能，有些引脚功能单一，例如，只有VCC、GND、AREF功能，但大部分的引脚具有两个或者更多的功能，例如芯片14号引脚PB0，该引脚连接Arduino UNO的8号引脚，包含的功能有数字输入/输出引脚、系统时钟分频输出和定时器/计数器输入，还可以是中断0，因此基本每个引脚都具有复用功能。ATmega328P芯片与Arduino UNO引脚对应图如图4-19所示。

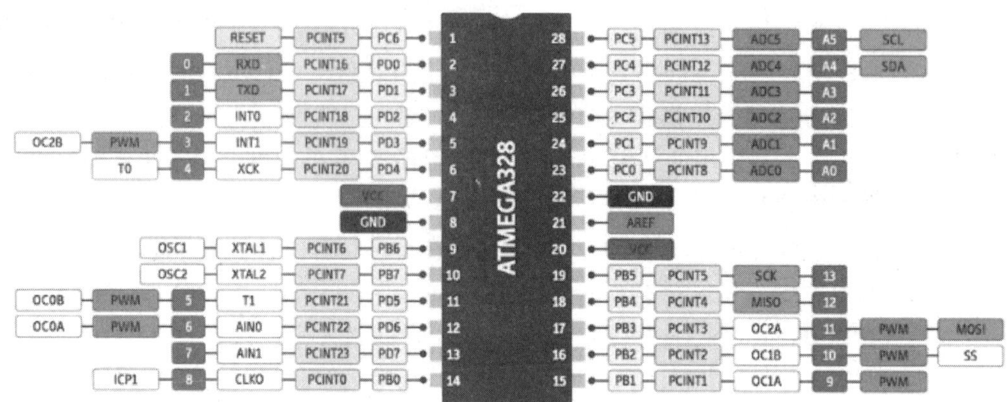

图4-19　ATmega328P芯片与Arduino UNO引脚对应图

4.5 Arduino IDE软件平台介绍

Arduino IDE是Arduino开放源代码的集成开发环境，界面非常友好，语法简单并且方便进行程序下载。Arduino IDE可以实现跨平台，可以在Windows、Macintosh OS X、Linux三大主流操作系统上运行，Arduino IDE是基于processing IDE开发。对于初学者来说，极易掌握，同时有着足够的灵活性。以下具体介绍如何进行Arduino IDE的安装和调试。

用户可以通过网上直接下载软件，网站地址是https://www.arduino.cc/en/main/software，下载的软件版本共有两种：其一是安装模式，其二是压缩包模式，目前最新的版本是1.8.12，下载界面如图4-20所示。

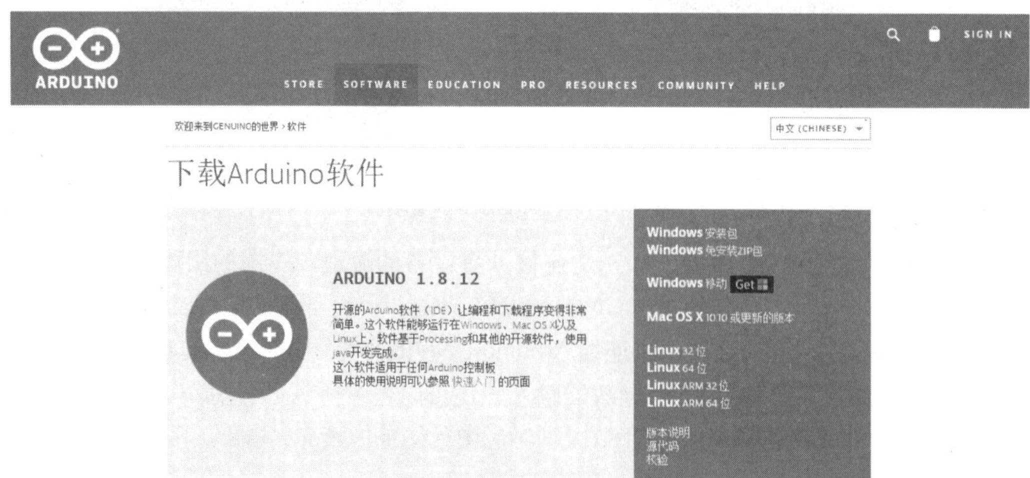

图4-20　Arduino IDE软件下载

一般建议下载安装版进行安装，因为在安装过程中安装程序可以选择是否安装所需要的驱动程序，双击打开安装文件开始安装，阅读相关安装信息后，单击I Agree按钮开始安装，选择所需要安装的内容，首次安装时建议全部选择，如图4-21所示。

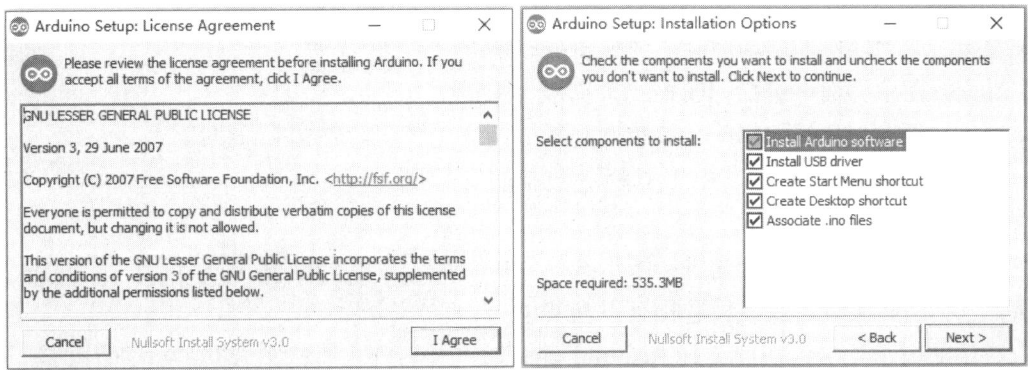

图4-21　开始安装

选择安装路径，默认路径为C:\Program Files (x86)\Arduino，单击Install按钮开始安装，如图4-22所示。

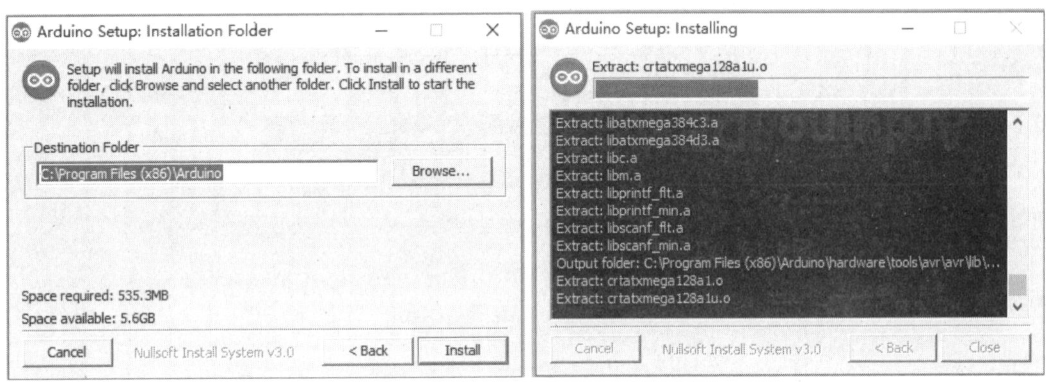

图4-22　选择安装路径安装

安装过程中会弹出对话框，询问是否需要安装驱动程序，均选择“安装”按钮，完成后，单击Close按钮，就可以完成安装，如图4-23所示，这时在桌面会出现Arduino快捷方式，单击该快捷方式就可以开始进行Arduino程序代码编写。

图4-23　安装驱动并完成安装

双击打开Arduino快捷方式后，可以看到启动界面，如图4-24所示，启动过程中会初始化软件、准备开发板，启动软件，启动后会出现如图4-25所示的主界面，在主界面中包括标题栏、菜单栏、工具栏、项目选项卡、代码编辑区、串口监视器、调试测试区和型号及串口号。其中工具栏中包括验证、上传、新建、打开、保存。

图4-24　Arduino启动界面

在进行代码编写前，建议先进行板卡选择和串口选择，选择工具菜单，开发板选项可以在其中选择对应使用的板卡类型，在此选择Arduino UNO。选择工具菜单，端口选项可以选择计算机系统识别的Arduino UNO对应的串口号，在此选择的是COM4，如图4-26所示。此外选择文件菜单中的首选项，可以进行软件的初始化设置，包括项目文件夹位置、编辑器语言、编辑器字体大小、显示行号、上传后验证代码、启动时检查更新等内容，界面如图4-27所示。

图4-25　Arduino主界面

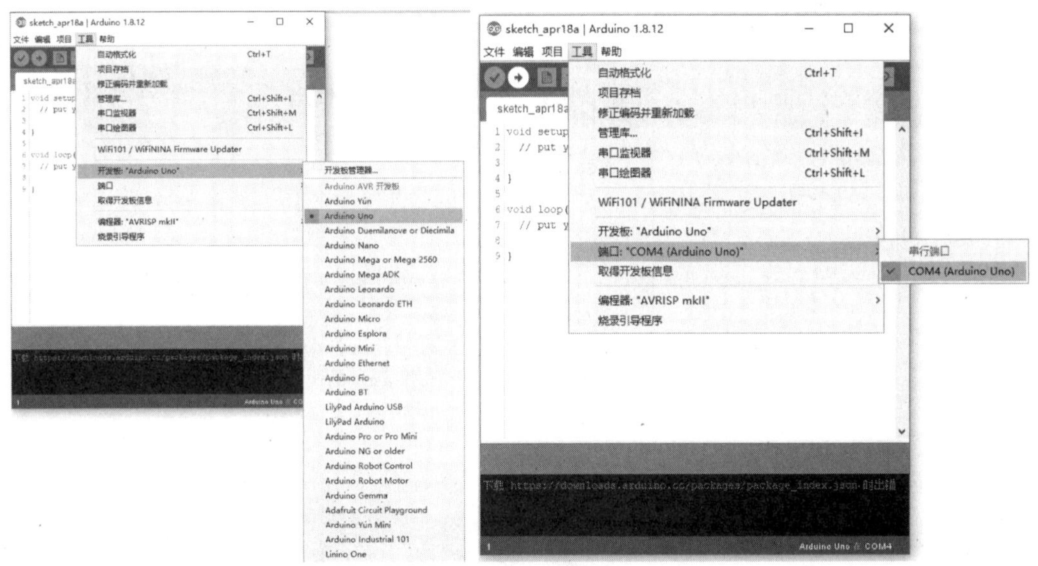

图4-26　开发板型号及端口设置

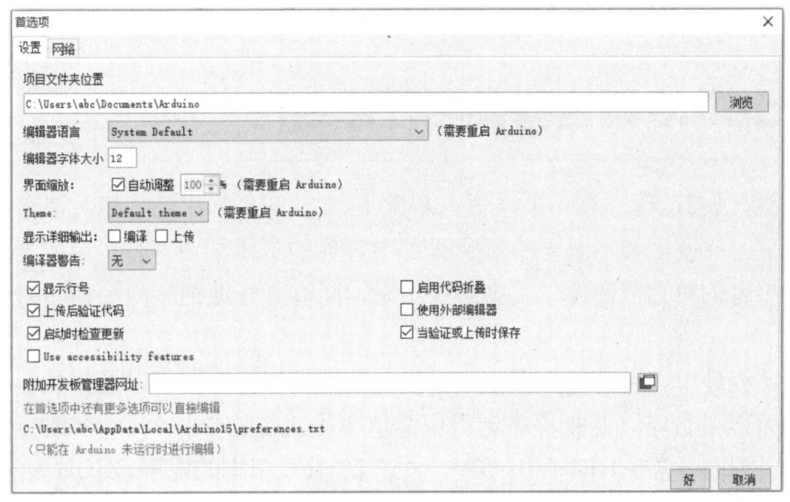

图4-27　首选项设置

Arduino IDE软件提供了大量的示例供用户使用，现在就以最简单的示例Blink为例进行第一次的程序代码编写和下载工具，具体操作步骤如下：

（1）使用USB线将Arduino UNO和计算机进行连接。

（2）选择正确的板卡类型和串口号。

（3）选择文件菜单，示例选项，在其中选择01.Basics，然后再选择Blink示例，选择后软件会自动打开示例代码。

（4）选择工具菜单中的验证选项，对代码进行再次验证，然后单击工具栏中的“上传”按钮进行代码上传，如图4-28所示，上传完成后可以发现Arduino UNO上的L指示灯出现亮灭效果。

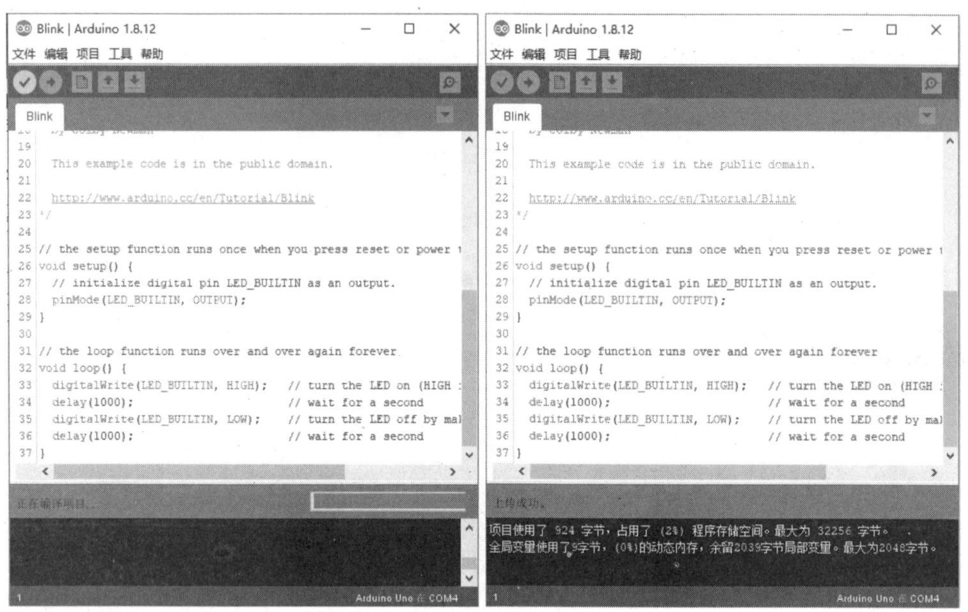

图4-28　验证及上传代码

4.6 Arduino语言基础和程序结构

Arduino的编程语言是建立在C/C++语言基础上，把AVR单片机的相关寄存器参数设置等内容进行了函数化，这样使用者不需要非常了解AVR硬件的具体细节，就可以实现对硬件单片机的使用，从而把使用者的精力从硬件学习中解脱出来，能够更好地把时间和精力用于想法和创意的形成上。

在C/C++语言程序中，所有的数据都必须指定数据类型，数据可以是常量也可以是变量。常量可以是字符也可以是数字，是指程序运行中其值不能改变的量。Arduino核心代码中自带的一些常用常量包括引脚电压常量HIGH和LOW，表述数字I/O引脚的电平，HIGH表示为高电平（1），LOW表示低电平（0）；数字引脚常量INPUT和OUTPUT，表述数字I/O引脚的方向，INPUT表示的是输入，OUTPUT表示的是输出；逻辑常量TRUE和FALSE，TRUE表示真（1），FALSE表示假（0）。

变量是指程序中可变的值。变量的作用范围又被称为作用域，变量的作用范围和该变量在哪里声明有关，大致可以分为两类，分别是全局变量和局部变量，全局变量，即在程序开头处声明，所声明的变量的作用域在整个程序范围；局部变量，即在大括号内的声明区内所声明的变量，其作用域只局限于大括号内。

一般情况下，当定义了一个变量时，就必须指定变量的类型，Arduino程序中常见的数据类型包括布尔型、字符型、整型、浮点型等。布尔型是一种逻辑值，其结果只有TRUE和FALSE。字符型变量可以用于存放字符。整型可以用两个字节（整型、无符号整型、短整型）或四个字节

（长整型、无符号长整型）表示一个存储单元。浮点型可以用来表示含有小数点的数，使用四个字节表示一个存储单元。

Arduino程序的语法中最常见的有条件判断语句（if语句、if…else语句）、循环语句（while循环、do…while循环、for循环）。其中if语句是最常见的选择结构语句，当给定的表达式为真时，就会运行其后的语句，一般包括三种基本结构形式，分别是简单分支结构、双分支结构、多分支结构。循环结构是一种反复执行某一个部分的操作语句，有两种基本的结构，分别是当循环和直到循环。其中while就是一种当循环，当满足一定的条件后，才能执行循环体中的语句，在Arduino的程序中则常用于建立无线循环，也称为死循环。do…while则是一种直到循环，它会一直循环到给定条件不成立时为止，它会先执行一次do语句后的循环体，再判断是否进行下一次循环。for循环的应用更广，不仅适用于循环次数确定的情况，也适用于循环次数不确定的情况。循环在进行的过程中，有时候需要提前结束循环，或者达到某个条件后，可以跳出本次循环，这时就需要使用循环控制语句，分别是break和continue语句，使用break语句可以终止当前的循环结构，使程序转到下一个语句；continue语句用于跳过本次循环中剩下的语句，并判断是否开始下一次循环，两个控制语句一般都会搭配if语句使用。

在上一节中，使用Blink示例实现了Arduino UNO上的L指示灯的亮灭操作，具体核心代码如图4-29所示，在示例代码中只出现了两个函数，分别是setup( )函数和loop( )函数，并没有主函数main( )，这就是Arduino程序结构和传统的C/C++的程序结构的区别，Arduino程序结构中主函数main( )的定义被隐藏在了Arduino的核心库文件中。因此Arduino程序的基本结构就是由setup( )和loop( )两个函数组成，以下就对这两个函数进行介绍：

（1）setup( )函数是在Arduino控制器复位或者通电后，就会马上执行该函数中的语句，该函数中的语句只会执行一次，通常在该函数中完成对Arduino的初始化设置，例如，I/O口状态设置或初始化串口等操作。在Blink示例中就只执行了pinMode(LED_BUILTIN, OUTPUT)这个语句，设置了I/O口的状态为输出模式。

（2）loop( )函数是一个无限循环，或称为死循环，其中的程序语句会不断重复运行，通常在该函数中就会完成程序的主要功能，如在Blink示例中就实现了对L指示灯的高低电平控制，从而达到了闪烁效果。

```
void setup() {
  pinMode(LED_BUILTIN, OUTPUT);
}
void loop() {
  digitalWrite(LED_BUILTIN, HIGH);
  delay(1000);
  digitalWrite(LED_BUILTIN, LOW);
  delay(1000);
}
```

图4-29 Blink示例代码

4.6.1 数字I/O口的基本使用

数字信号是以0、1表示的不连续的信号，也就是使用二进制形式表示的信号，在Arduino中数字信号用高低电平表示，其中高电平为数字信号1，低电平为数字信号0。以Arduino UNO为例每个带有数字编号的引脚都是数字引脚，也包括写有A编号的模拟输入引脚，使用这些引脚可以完成输入/输出数字信号的功能。涉及数字I/O口的函数包括pinMode(pin,mode)、digitalWrite(pin,value)和digitalRead(pin)，以下就做简要介绍。

（1）pinMode(pin,mode)函数是用于配置引脚模式以及设置输入/输出模式，其中的pin表示的是指定配置的引脚编号，范围是数字引脚0~13，也可以把模拟引脚（A0~A5）作为数字引脚使用，编号从14~19。mode表示制定配置模式，具体模式包括INPUT输入模式、OUTPUT输出模式和INPUT_PULLUP输入上拉模式，如在Blink示例中设置的模式就是OUTPUT输出模式。

（2）digitalWrite(pin,value)函数是用于设置引脚的输出电压为高电平或低电平，其中的pin表示的是所要设置的引脚的编号，value参数表示输出的电平为HIGH（高电平）或LOW（低电平），在使用该函数前需要首先使用pinMode(pin,mode)函数设置引脚模式。

（3）digitalRead(pin)函数在引脚设置为输入的情况下，可以获得引脚的电压情况，HIGH（高电平）或者LOW（低电平）。

数字I/O口还是以范例中的Blink为例，具体代码如图4-30所示。

```
void setup() {
  pinMode(LED_BUILTIN, OUTPUT);  //设置引脚为输出模式
}
void loop() {
  digitalWrite(LED_BUILTIN, HIGH);     //设置引脚为高电平
  delay(1000);                        //延时
  digitalWrite(LED_BUILTIN, LOW);     //设置引脚为低电平
  delay(1000);                        //延时
}
```

图4-30　数字I/O口基本使用

4.6.2　模拟I/O口的基本使用

在日常生活中接触到的大量的信号都应该是模拟信号，如说话的声音，环境的温度、湿度等，因此如何识别和获取模拟信号非常重要，模拟信号是用连续变化的物理量来表示信息的，信号随时间进行连续的变化。在Arduino中模拟I/O口的使用，编号前有“A”开头的引脚都是模拟输入引脚，都带有ADC功能（模/数转换器），可以将外部输入的模拟信号转换为芯片运算时可以识别的数据信号，从而实现读入模拟值的功能。使用AVR作为主芯片的Arduino板子输入功能有10位精度，可以将0~5 V的电压转换为0~1 023的整数形式表示。涉及模拟I/O口的函数主要包括analogRead(pin)和analogWrite(pin,value)，以下就做简要介绍。

（1）analogRead(pin)函数是模拟输入函数，用于读取引脚的模拟量电压值，每读取一次需要花100μs的时间，参数pin表示所要获取模拟量电压的引脚值，返回为int型，pin的取值范围是0~5，对应开发板上的模拟引脚A0~A5。读取的精度为10位，返回值为0~1 023。

（2）analogWrite(pin,value)函数是模拟输出函数，但是这个函数并不是真正意义上输出模拟值，而是以一种特殊的方式来达到模拟值的效果，这种方式就是PWM（Pulse Width Modulation）脉冲宽带调制，使用analogWrite(pin,value)函数时，指定引脚会通过高低电平的不断转换来输出一个周期频率大约在490 Hz的方波，通过改变高低电平在每个周期中所占的比例（占空比），而得到近似输出不同电压的效果。Arduino UNO板中以下数字引脚3、5、6、9、10、11是可以作为PWM波输出的，在此要注意作为模拟输出的并不是模拟输入引脚，凡是可以作为PWM输出的引脚在板子上都有“~”符号，如图4-31所示。模拟输出主要用于LED亮度的控制，直流电机

转速控制等，图 4-32 就是使用 analogWrite(pin,value) 函数输出 PWM 方波来实现呼吸灯效果的代码示例，打开 Arduino IDE 软件选择文件菜单，选择示例 -03.Analog—Fading，打开相关代码，使用到的引脚是 9 号引脚，在 9 号引脚上接入一个 LED 灯，然后烧录示例代码，就可以实践一个基础的呼吸灯操作。

图 4-31　模拟 I/O 口引脚

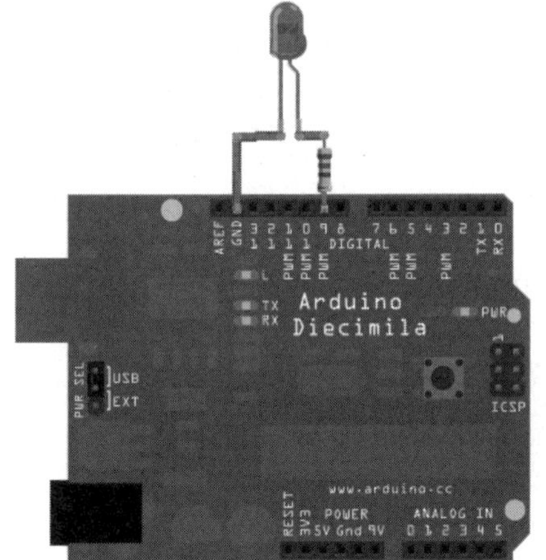


```
int ledPin = 9;
void setup()  {
}

void loop()  {
  for(int fadeValue = 0 ; fadeValue <= 255; fadeValue +=5) {
    analogWrite(ledPin, fadeValue);
    delay(30);
  }
  for(int fadeValue = 255 ; fadeValue >= 0; fadeValue -=5) {
    analogWrite(ledPin, fadeValue);
    delay(30);
  }
}
```

图 4-32　呼吸灯操作

4.7　图形化开发软件 Fritzing 介绍

Fritzing 是一款支持多国语言的电路设计软件，也是一款图形化的 Arduino 电路开发软件，软件的启动界面如图 4-33 所示，该软件共包括四种基本的视图界面，分别是面包板、原理图、PCB、Code，软件主界面如图 4-34 所示。在不同的视图界面中进行电路的设计和编辑，都会自动同步到其他视图界面中，软件可以导出用于生产制版所需要的 Greber 文件、PDF 图片和 SVG 文件，软件本身保存的文件扩展名为 .fzz。软件可以通过网站下载，网址为 https://fritzing.org/home/，并且网站中还可以参考和分享各种项目案例，如图 4-35 所示。

图 4-33　Fritzing 启动界面

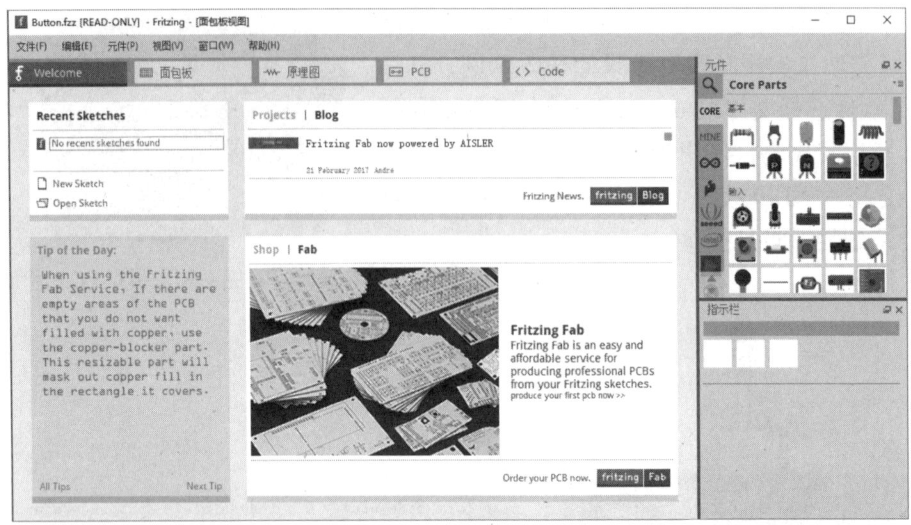

图4-34　Fritzing主界面

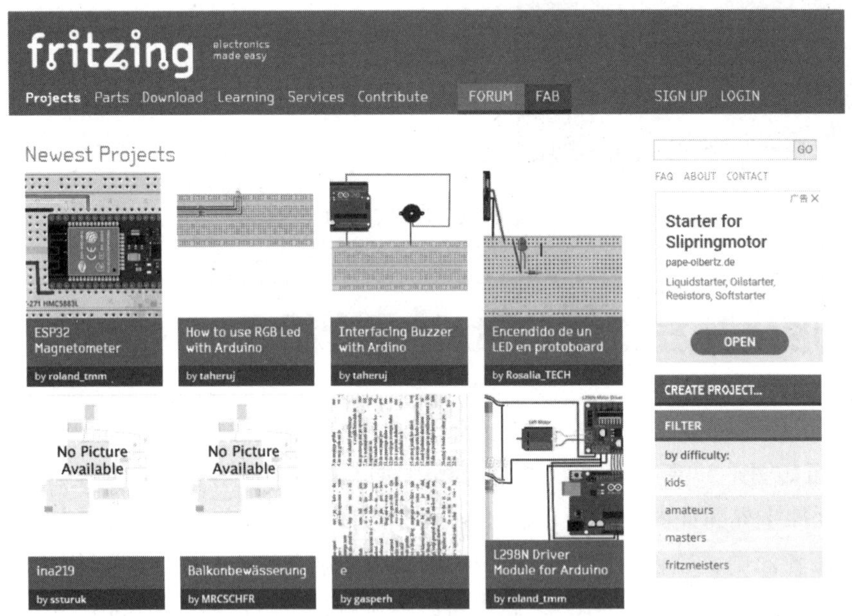

图4-35　Fritzing官网

Fritzing的使用相对比较简单，以下就以一个简单的案例，来介绍相关功能：

（1）可以选择编辑菜单的参数设置选项，对语言、颜色、鼠标滚轮属性、自动保存时间、清除设置选项等内容进行设置，如图4-36所示。

（2）选择面包板视图，在其中可以看到默认已经绘制了一块面包板。面包板是电路连接时最常见的配件之一，面包板上下各有一个区域，用红线和蓝线包围，该区域中是横向插孔连通，纵向插孔不连通，一般用于连接电源。而在面包板中间又有一个区域，是纵向插孔连通区域，纵向的5个插孔相互连通，而横向的都不连通，如图4-37所示。

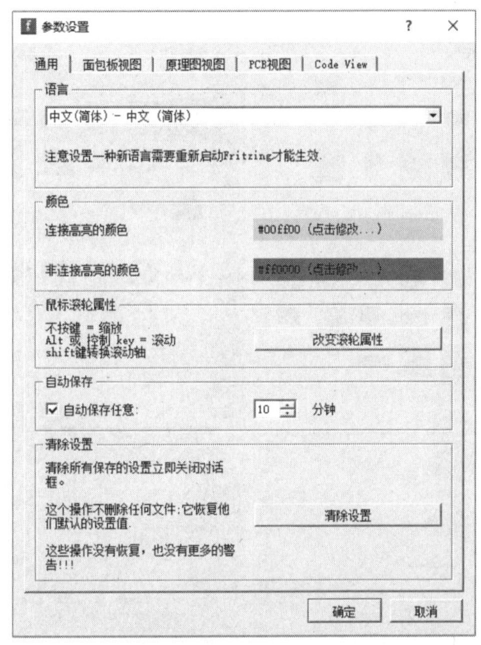

图4-36　参数设置

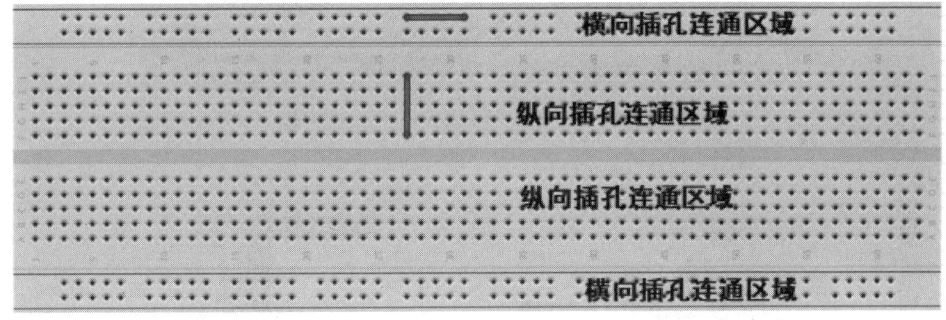

图4-37　面包板结构

（3）在软件视图的右侧分别选择元件，插入一个绿色的LED灯，以及插入一块Arduino UNO板，元件库中的LED灯默认是红色，需要修改对应的属性栏信息来进行修正，设置过程如图4-38所示，元件插入完成后，可以通过鼠标拖动对应的元件进行位置的布局，在布局过程中可以旋转元件，或为元件添加注释，并且可以通过鼠标滚轮滚动的方式，放大或者缩小相关元件，最终效果如图4-39所示。

（4）元件布局完成后，可以通过鼠标绘制连接线，在绘制连接线时，有些小技巧要注意，例如，按住【Shift】键连线时可以绘制出直线，右击连接线时可以添加拐点，选择连接线按【Delete键】可以删除连接线等，在本例中功能简单，因此只需要将LED灯直接连接到面包板上方区域中的正负极，Arduino UNO板上的13号引脚和GND引脚连接到面包板上方区域的正负极即可，实现Arduino UNO板和LED灯的连接，如图4-40所示。

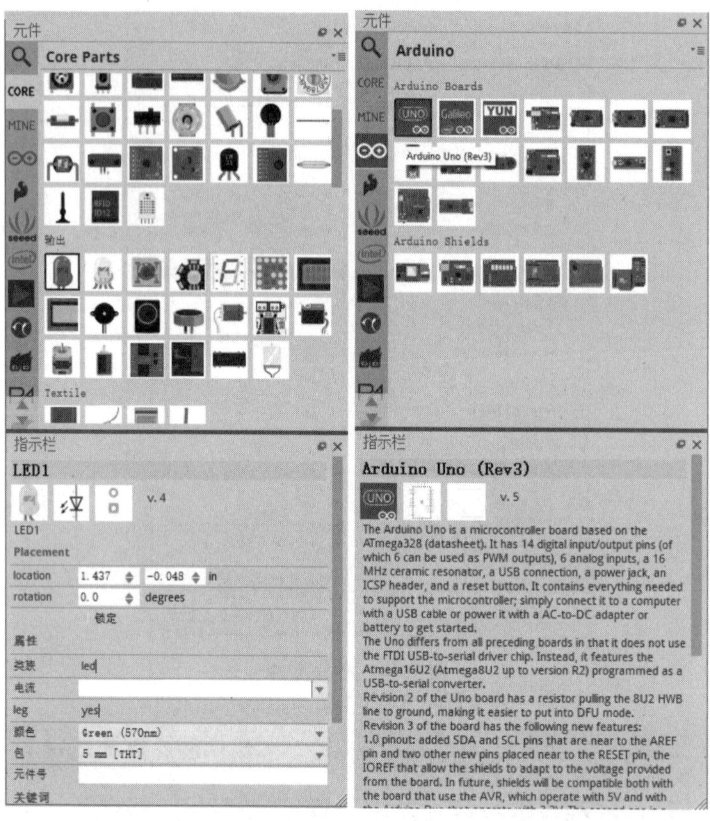

图4-38　插入LED灯及Arduino UNO板

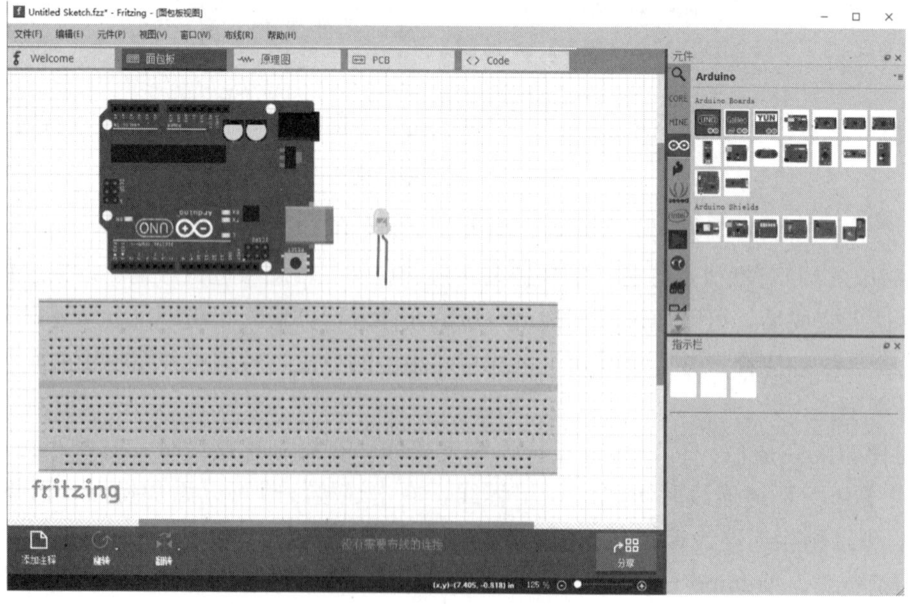

图4-39　元件布局

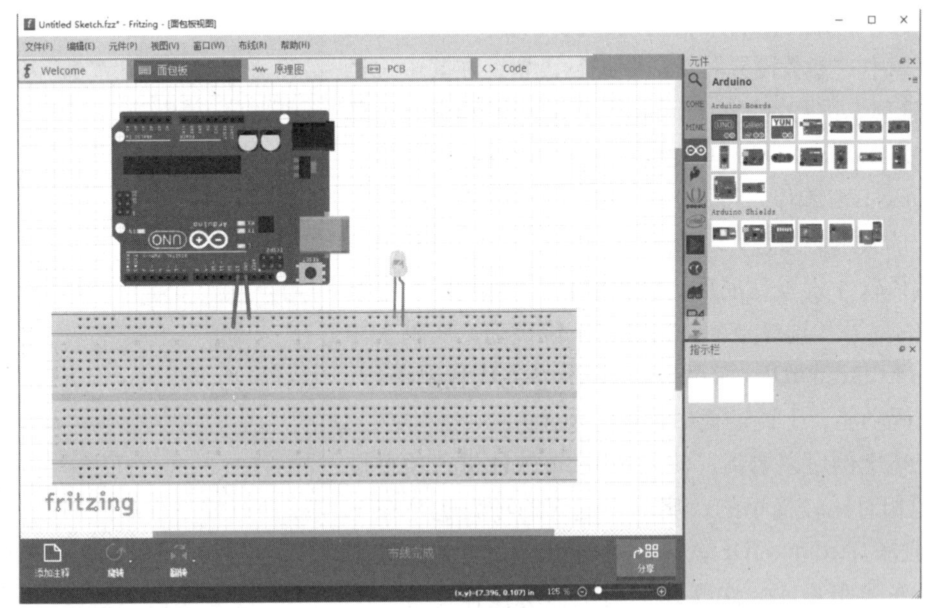

图4-40 元件布局

（5）面包板和元件连线完成后，可以切换视图到原理图和PCB板图进行设计，这两种图形在布线时均支持自动布线，可以选择软件下方的自动布线按钮进行全自动的布线操作，自动布线适合于纯数字的电路板，以及电路密度较低的电路板，如果是模拟电路和数字电路混合的电路板，或者是电路密度较大的电路板则还是应该采用手工布线的方式，才能更好地完成线缆的布线操作。由于本实验中元件就一个LED灯，因此直接采用手工布线，完成原理图和PCB图的设计，具体结果如图4-41所示。

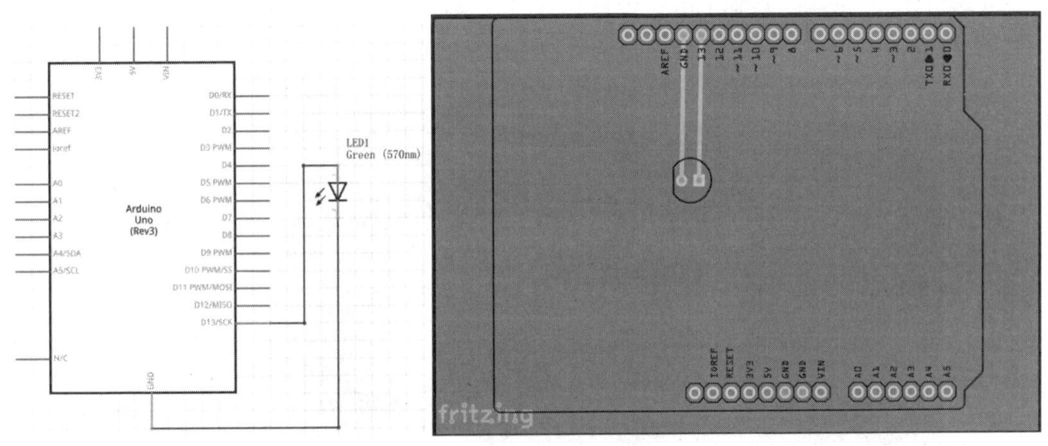

图4-41 原理图及PCB图连线

（6）完成了面包板设计、原理图设计、PCB板设计后，就可以切换到代码Code视图，开始进行代码的编写，代码编写完成后，选择文件菜单的保存选项，保存项目文件，例如，命名为test.fzz。Fritzing虽然提供了代码编辑的功能，但由于该软件没有内置的编译器，因此必须安装额外的编程软件，将编写的脚本转换成可执行文件。用户可以使用编辑菜单中“参数设置”对话框进行设置，在其中选择Code View选项卡进行设置。Fritzing软件可以兼容两种编程软件，其一是Arduino IDE，其二是Picaxe Compilers，在本例中选择Arduino IDE编程软件，指向Arduino IDE的安装路径，Arduino IDE的版本必须是1.5.2以上才支持，如图4-42所示。

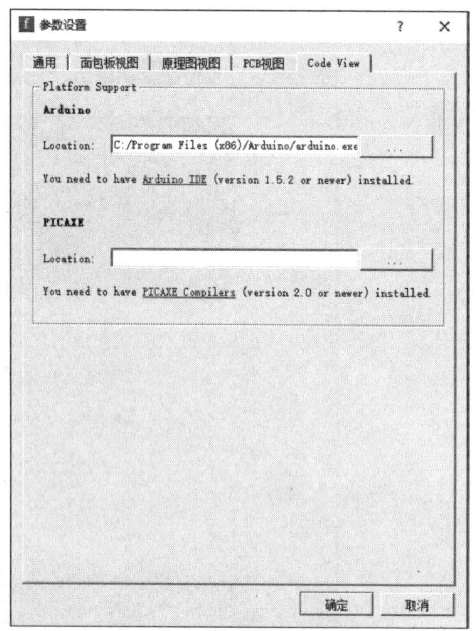

图4-42　编程软件参数设置

（7）编译软件设置完成后，就可以在Code视图下方指定Arduino的型号、端口号，开始进行上传代码，代码上传过程会调用Arduino IDE进行编译，并最终完成代码上传，实现相关代码功能，上传过程如图4-43所示。

通过上述案例可以看到，使用Fritzing软件进行项目设计开发还是相对比较简单的，案例中提到的项目也是在上一节中提到过的Arduino IDE软件中的Blink示例，通过控制13号引脚上的高低电平，实现LED灯的闪烁操作，唯一不同的是在本节项目中除了使Arduino UNO板上的L指示灯闪烁外，还外接了一个面包板及LED灯，从而实现了两个指示灯的同步闪烁，最终连接效果，如图4-44所示。那么既然Arduino IDE软件具有相关的示例库，Fritzing软件是否也存在类似的示例库呢，以下就来介绍Fritzing软件的示例库。

Fritzing软件为了方便用户使用，也为用户提供了相关示例库，选择“文件”→“打开例子”→Arduino→Digital→OUTPUT→Blink命令就可以导入软件自带的库文件，如图4-45所示，导入示例库后，软件会自动生成面包板连线图、原理图、PCB图和示例代码，如图4-46和图4-47所示，设计者可以在示例的基础上进行设计和开发，从而方便用户的使用。

图4-43　代码上传

图4-44　实物效果图

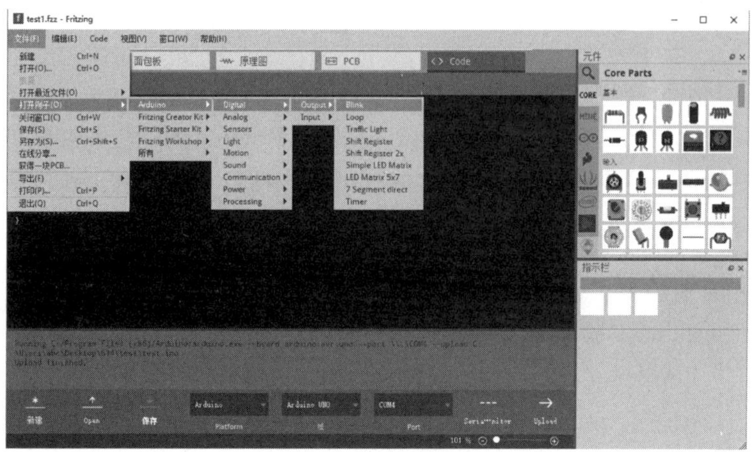

图4-45　打开示例库

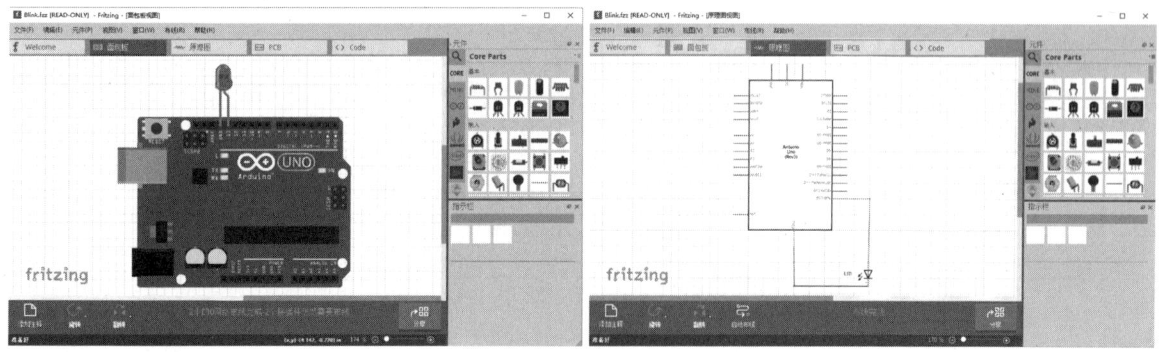

图4-46　示例的面包板和原理图

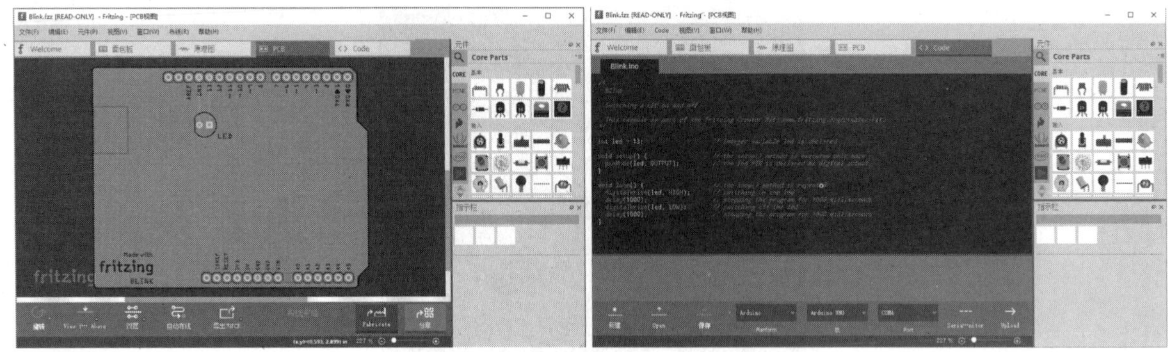

图4-47　示例的PCB图和源代码

4.8 Arduino简单应用

在本章前几节中主要介绍了创客文化、Arduino的由来、Arduino开发板的分类、Arduino UNO板、Arduino IDE软件、Arduino语言及程序结构、Fritzing图形化开发软件，在本节中就用上述讲解的内容来完成一些最简单、最基本的Arduino小项目，从而帮助读者更快、更好地熟悉Arduino这个开源平台。

4.8.1 LED灯控制实验

LED灯是各类Arduino实验项目中应用最为广泛的小配件，本节中就首先使用这个配件完成一些基础的实验。使用Arduino IDE软件的示例库，在其中选择Blink示例，可以实现对13号引脚的高低电平控制，从而控制Arduino UNO板上的L指示灯的闪烁操作，以下我们就基于这个示例，完成两个小实验，实验1是实现3个LED灯的同时闪烁操作，实验2是实现3个LED灯的流水灯操作。所需实验耗材如表4-1所示。

表4-1　实验耗材

实验设备及耗材	功能描述
Arduino UNO	实验主控板，用于控制LED灯的闪烁和流水灯操作
面包板	用于元器件连接
LED灯	用于LED指示灯闪烁，流水灯效果
杜邦线	连接线，用于连接Arduino UNO和面包板

视频

实验1：3个LED灯同时闪烁

实验1：3个LED灯的同时闪烁操作。

在Blink示例中，实现了对13号引脚对应L指示灯的闪烁操作，在本实验中要求利用面包板、LED灯和Arduino UNO板，分别控制2、3、4号引脚的高低电平变化，从而实现3个LED灯同步闪烁的操作。具体连接图和实物图如图4-48所示。

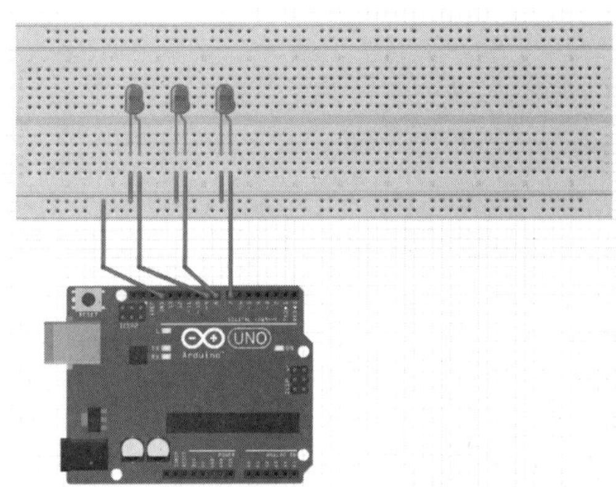

图4-48　硬件连接图及实物图

实验代码：

```
void setup() {
  pinMode(2, OUTPUT);
  pinMode(3, OUTPUT);
  pinMode(4, OUTPUT);
}
void loop() {
  digitalWrite(2, HIGH);
  digitalWrite(3, HIGH);
  digitalWrite(4, HIGH);
  delay(1000);
  digitalWrite(2, LOW);
  digitalWrite(3, LOW);
  digitalWrite(4, LOW);
  delay(1000);
}
```

此外，在Arduino的核心库中，OUTPUT被定义为1，INPUT被定义为0，HIGH被定义为1，LOW被定义为0，因此pinMode(13, OUTPUT)也可以表示pinMode(13, 1)，digitalWrite(13, HIGH)也可以表示为digitalWrite(13, 1)。

视 频

实验2：3个LED灯的流水灯操作

实验2：3个LED灯的流水灯操作。

LED流水灯是指一串LED灯按照顺序依次变换闪烁的效果，可以使用最简单的逐个控制方式，也可以使用循环结构for语句来实现操作，具体代码如下：

（1）LED逐个控制方式：

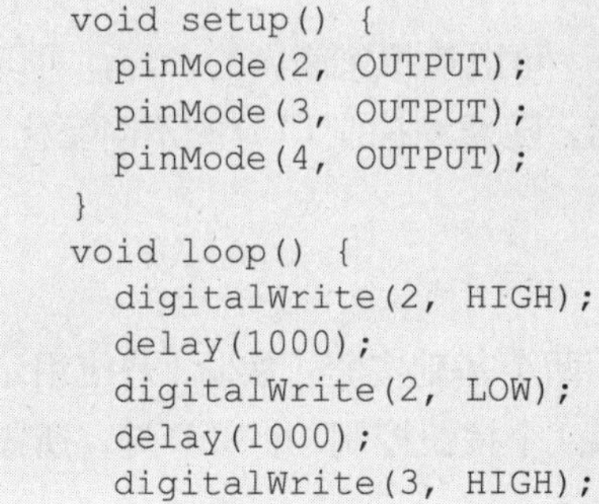

```
void setup() {
  pinMode(2, OUTPUT);
  pinMode(3, OUTPUT);
  pinMode(4, OUTPUT);
}
void loop() {
  digitalWrite(2, HIGH);
  delay(1000);
  digitalWrite(2, LOW);
  delay(1000);
  digitalWrite(3, HIGH);
```

```
  delay(1000);
  digitalWrite(3, LOW);
  delay(1000);
  digitalWrite(4, HIGH);
  delay(1000);
  digitalWrite(4, LOW);
  delay(1000);
}
```

（2）循环结构for语句控制方式1：

```
void setup() {
  for(int i=2;i<5;i++)
  pinMode(i, OUTPUT);
}
void loop() {
  for(int i=2;i<5;i++)
  {
    digitalWrite(i,HIGH);
    delay(1000);
    digitalWrite(i,LOW);
  }
}
```

（3）循环结构for语句控制方式2：

```
void setup() {
  for(int i=2;i<5;i++)
  pinMode(i, OUTPUT);
}
void loop() {
  for(int i=2;i<5;i++)
  {
    digitalWrite(i,HIGH);
    delay(1000);
    digitalWrite(i,LOW);
  }
  for(int i=5;i>2;i--)
  {
    digitalWrite(i,HIGH);
    delay(1000);
    digitalWrite(i,LOW);
  }
}
```

LED灯在后续章节中还会经常被使用到，它可以作为报警器，可以模拟家庭内的台灯，可以作为智能家居联动的终端节点等，因此读者可以根据自己的设想，随意地控制LED的不同变化，从而达到创意优先的目的，充分发挥创造性。

4.8.2 按钮控制LED灯实验

使用按钮控制LED灯是最常用的控制方法，在本节中将介绍两个基础实验：实验1是使用示例中的Button示例，实现1个按钮控制1个LED灯；实验2是实现1个按钮控制3个LED灯，所需实验耗材如表4-2所示。

表4-2　实验耗材

实验设备及耗材	功能描述
Arduino UNO	实验主控板，实现按钮控制LED灯
面包板	用于元器件连接
按钮	用于按钮控制LED灯
LED灯	实现LED灯控制
杜邦线	连接线，用于连接Arduino UNO和面包板

视 频

实验1：1个按钮控制1个LED灯

实验1：1个按钮控制1个LED灯。

使用Arduino IDE软件提供的示例库，打开“文件”→示例→02.Digital-Button命令。就可以打开按钮控制LED灯的示例，具体的连接图及实物图如图4-49所示。通过查看代码可以了解到项目设置2号引脚为按钮的控制引脚，13号引脚为LED灯的控制引脚，通过变量buttonState来读取按钮的状态，如果读取到高电平则点亮LED灯，如果是低电平则熄灭LED灯。当未按下按钮时，2号引脚检测到输入电压为低电平，当按下按钮时，会导通2号引脚和VCC，检测到高电平。

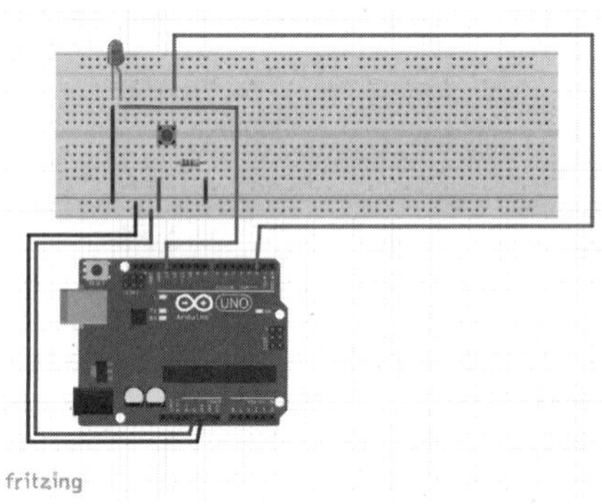

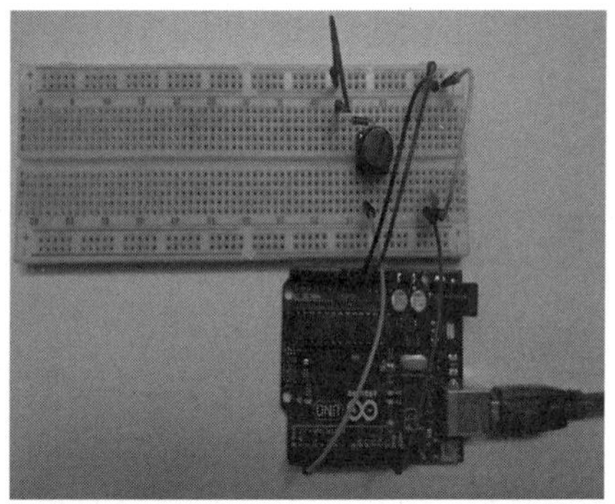

图4-49　连接图及实物图

具体示例代码如下：

```
const int buttonPin = 2;
const int ledPin = 13;
int buttonState = 0;
void setup() {
  pinMode(ledPin, OUTPUT);
  pinMode(buttonPin, INPUT);

}
void loop() {
  buttonState = digitalRead(buttonPin);
  if (buttonState == HIGH) {
    digitalWrite(ledPin, HIGH);
  } else {
    digitalWrite(ledPin, LOW);
  }
}
```

视 频

实验2：1个按钮控制3个LED灯

实验2：1个按钮控制3个LED灯。

使用1个按钮控制3个LED灯，具体连接图如图4-50所示，实物连接图如图4-51所示。通过代码解读可以看到，2、3、4号引脚是LED灯的控制引脚，5号引脚为按钮的控制引脚，在按钮控制上使用了一个ScanKey()的按钮检测函数，进入loop()函数后，首先运行按钮检测函数，在按钮的检测中包括延时去抖动操作和松手检测操作，并且使用switch…case语句进行了3个LED灯的控制。当按第1次时，第1个LED灯点亮，其余2个LED灯熄灭；按第2次时第2个LED灯点亮，第1、3个LED灯熄灭；当按第3次时，第3个LED灯点亮，第1、2个LED灯熄灭。

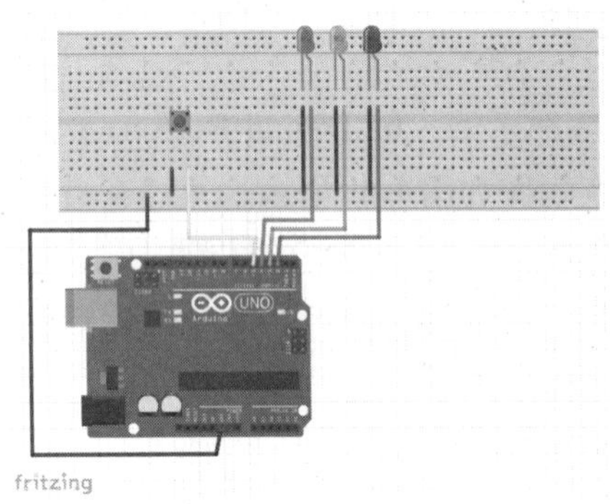

图4-50　连接图

图4-51　实物图

具体示例代码如下：

```
const int LED1 = 2;
const int LED2 = 3;
const int LED3 = 4;
const int KEY = 5;
int KEY_NUM = 0;
void setup() {
  pinMode(LED1, OUTPUT);
  pinMode(LED2, OUTPUT);
  pinMode(LED3, OUTPUT);
  pinMode(KEY, INPUT_PULLUP);
  digitalWrite(LED1,LOW);
  digitalWrite(LED2,LOW);
  digitalWrite(LED3,LOW);
}
void loop()
{
  ScanKey();
  switch(KEY_NUM)
  {
   case 1:
   digitalWrite(LED1,HIGH);
   digitalWrite(LED2,LOW);
   digitalWrite(LED3,LOW);
   break;
```

```
    case 2:
    digitalWrite(LED1,LOW);
    digitalWrite(LED2,HIGH);
    digitalWrite(LED3,LOW);
    break;

    case 3:
    digitalWrite(LED1,LOW);
    digitalWrite(LED2,LOW);
    digitalWrite(LED3,HIGH);
    break;

    default:
    break;

  }
}
void ScanKey()
{
  if(digitalRead(KEY)==LOW)
  {
    delay(20);
    if(digitalRead(KEY)==LOW)
    {
      KEY_NUM=KEY_NUM+1;
    }
    if(KEY_NUM>3)
    {KEY_NUM=1;}
    while(digitalRead(KEY)==LOW);
  }
}
```

使用Arduino UNO板和Arduino IDE软件，搭配各种配件，可以实现非常多的有趣的实验效果，本节中只介绍了两个最基本的实验内容，希望各位读者可以通过实验初步了解关于Arduino的硬件和软件的基本操作过程，在后续章节中将会介绍大量的实验内容，读者可以共同了解和学习，此外在网络上也有非常多的设计者分享了大量的项目案例，读者也可以尝试去模仿、操作、创新。Arduino作为一个共享的开源硬件平台，这就是它的魅力所在，希望大家共同学习，共同分享，积极创意吧！

习　题

一、选择题

1. 以下Arduino开发板型号中__________自带网络功能。

   A. Arduino UNO　　B. Arduino NANO

   C. Arduino Yun　　D. Arduino MEGA

2. Arduino UNO开发板共有4处LED指示灯，分别是__________、串口发送指示灯、串口接收指示灯和可编程控制指示灯。

A. 复位指示灯　　B. 电源指示灯
C. 上传指示灯　　D. 下载指示灯

3. Arduino UNO共包括有___________个数字输入/输出端口，6个模拟输入/输出端口。

A. 13　　B. 14　　C. 15　　D. 16

4. 在Blink示例中出现了两个基础函数，分别是setup( )函数和loop( )函数，其中以下说明错误的是___________。

A. setup( )函数语句会执行多次
B. setup( )函数通常完成对Arduino的初始化设置
C. loop( )函数是一个无限循环，或称为死循环
D. loop( )函数完成程序的主要功能

5. pinMode(pin,mode)函数的作用是___________。

A. 设置引脚的输出电压为高电平或低电平
B. 模拟输入函数
C. 配置引脚模式以及设置输入/输出模式
D. 模拟输出函数

二、判断题

1. 创客文化是DIY文化的延伸，DIY文化则是朋克理念和反消费主义的结合。（　　）

2. Arduino UNO是基于ATmega328P的Arduino开发板，其供电模式共有三种，分别是USB模式、DC电源模式和5 V电源接口或VIN端口供电。（　　）

3. Fritzing是一款支持多国语言的电路设计软件，也是一款图形化的Arduino电路开发软件。（　　）

4. 面包板上下各有一个区域，用红线和蓝线包围，该区域中是纵向插孔连通，横向插孔不连通，一般用于连接电源。（　　）

三、简答题

1. 简述Arduino的优点和特点。

2. 简述Fritzing的四种基本视图界面。

第5章

Arduino相关电子元件介绍

本章主要介绍了Arduino的相关电子元件，包括各类传感器，例如，温湿度传感器、光敏传感器、土壤湿度传感器、人体感应传感器等，还介绍了蜂鸣器、1602液晶屏等，能使用介绍的电子元件完成相关综合实验内容，包括室内温湿度检测实验、人体感应报警器实验、RFID读卡实验、ESP8266联网实验等，通过本章的学习，学生能更加熟练地掌握Arduino的相关实际应用。

5.1 电子元件介绍

使用Arduino进行相关项目实施时必然会使用到很多配套的电子元件，这些可以实现数据的采集、显示、报警、感知和控制等功能，通过这些电子元件可以帮助用户更好地实现各类创意，以下就对部分电子元件进行介绍。

1. 电阻

导体对电流的阻碍作用被称为该导体的电阻，电阻（Resistance，R）是一个物理量，在物理学中表示导体对电流阻碍作用的大小。导体的电阻越大，表示导体对电流的阻碍作用越大。不同的导体，电阻一般不同，电阻是导体本身的一种性质。导体的电阻通常用字母R表示，电阻的单位是欧姆，简称欧，符号为Ω，如图5-1所示。

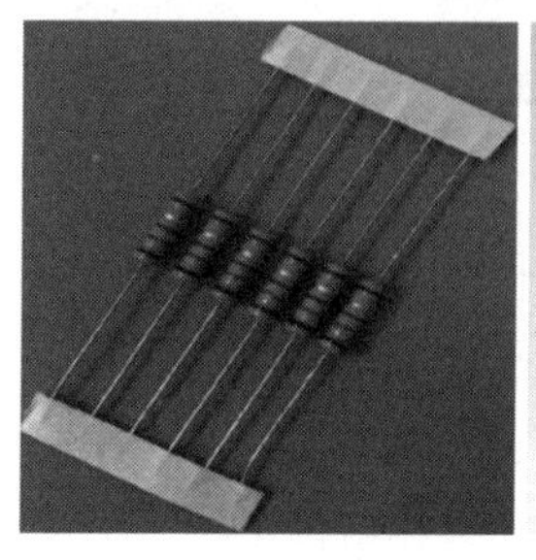
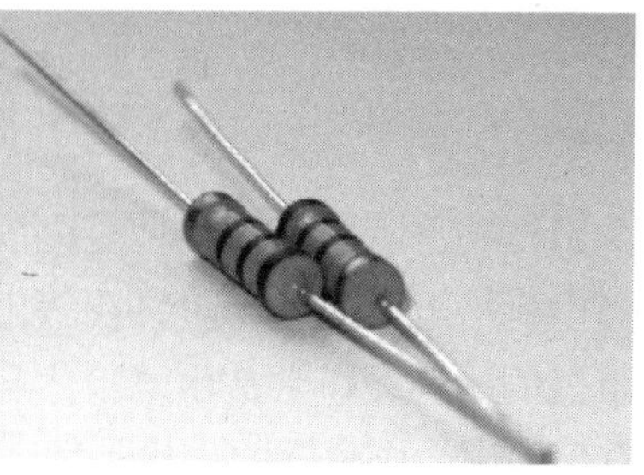

图5-1　电阻

2. 发光二极管

发光二极管是一种常用的发光器件，通过电子与空穴复合释放能量发光，它在照明领域应用广泛。发光二极管可高效地将电能转化为光能，在现代社会具有广泛的用途，如照明、平板显示、医疗器件等，如图5-2所示。

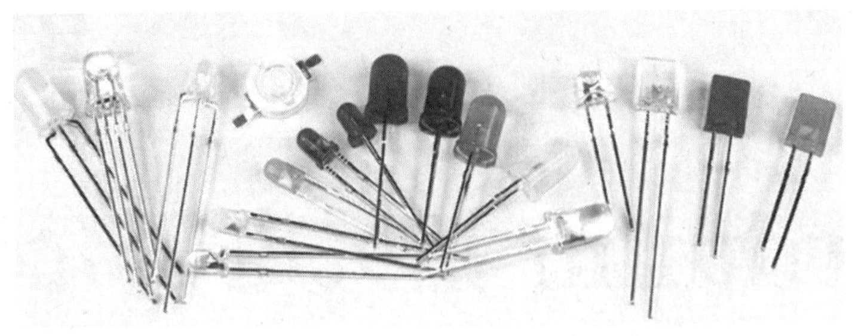

图5-2　发光二极管

发光二极管与普通二极管一样是由一个PN结组成，也具有单向导电性。当给发光二极管加上正向电压后，从P区注入到N区的空穴和由N区注入到P区的电子，在PN结附近数微米内分别与N区的电子和P区的空穴复合，产生自发辐射的荧光。不同的半导体材料中电子和空穴所处的能量状态不同。当电子和空穴复合时释放出的能量多少不同，释放出的能量越多，则发出的光的波长越短。常用的是发红光、绿光或黄光的二极管。发光二极管的反向击穿电压大于5 V。它的正向伏安特性曲线很陡，使用时必须串联限流电阻以控制通过二极管的电流。

3. 蜂鸣器

蜂鸣器是一种一体化结构的电子器件，采用直流电压供电，广泛应用于计算机、打印机、复印机、报警器、电子玩具、汽车电子设备、电话机、定时器等电子产品中作发声器件。蜂鸣器主要分为压电式蜂鸣器和电磁式蜂鸣器两种类型，也可以分为有源蜂鸣器和无源蜂鸣器，如图5-3所示。

图5-3　蜂鸣器

4. 电位器

电位器是具有三个引出端、阻值可按某种变化规律调节的电阻元件。电位器通常由电阻体和可移动的电刷组成。当电刷沿电阻体移动时，在输出端即获得与位移量成一定关系的电阻值或电压。电位器是可变电阻器的一种。通常是由电阻体与转动或滑动系统组成，靠一个动触点在电阻体上移动，获得部分电压输出。电位器的作用是调节电压和电流的大小，如图5-4所示。

图 5-4　电位器

5. 按键

按键开关主要是指轻触式按键开关，也称之为轻触开关。按键开关是一种电子开关，属于电子元器件类，使用时以满足操作力的条件向开关操作方向施压开关功能闭合接通，当撤销压力时开关即断开，其内部结构是靠金属弹片受力变化来实现通断的，如图 5-5 所示。

图 5-5　按键开关

6. 数码管

数码管是一种可以显示数字和其他信息的电子设备。玻璃管中包括一个金属丝网制成的阳极和多个阴极。大部分数码管阴极的形状为数字。管中充以低压气体，通常大部分为氖加上一些汞和/或氩。给某一个阴极充电，数码管就会发出颜色光，视管内的气体而定，一般都是橙色或绿色，如图 5-6 所示。

图 5-6　数码管

按发光二极管单元连接方式不同，可分为共阳数码管和共阴数码管。共阳数码管是指将所有发光二极管的阳极接到一起形成公共阳极（COM）的数码管，共阳数码管在应用时应将公共极 COM 接到 +5V，当某一字段发光二极管的阴极为低电平时，相应字段就点亮，当某一字段的阴极为高电平时，相应字段就不亮。共阴数码管是指将所有发光二极管的阴极接到一起形成公共阴极（COM）的数码管，共阴数码管在应用时应将公共极 COM 接到地线 GND 上，当某一字段发光二极管的阳极为高电平时，相应字段就点亮，当某一字段的阳极为低电平时，相应字段就不亮。

7. **继电器**

继电器是一种电控制器件，是当输入量的变化达到规定要求时，在电气输出电路中使被控量发生预定的阶跃变化的一种电器。它具有控制系统和被控制系统之间的互动关系。通常应用于自动化的控制电路中，它实际上是用小电流去控制大电流运作的一种“自动开关”。故在电路中起着自动调节、安全保护、转换电路等作用，如图5-7所示。

图5-7　数码管

除了上述几种简单的元器件外，在实际使用时还会使用到晶体振荡器、二极管、三极管等相关配件，在此就不再进行介绍。

5.2 各类传感器

传感器是一种检测装置，能感受到被测量的信息，并能将感受到的信息，按一定规律变换为电信号或其他所需形式的信息输出，以满足信息的传输、处理、存储、显示、记录和控制等要求。传感器的特点包括微型化、数字化、智能化、多功能化、系统化、网络化，它不仅促进了传统产业的改造和更新换代，而且还可能建立新型工业，从而成为21世纪新的经济增长点。传感器一般由敏感元件、转换元件、变换电路和辅助电源四部分组成。

传感器根据不同的特性可以进行不同的分类，以下就对部分传感器进行相关介绍，具体包括温湿度传感器、光敏传感器、火焰传感器、红外传感器、雨滴传感器、触摸传感器、土壤湿度传感器、烟雾传感器、人体感应传感器和超声波传感器等。在进行传感器介绍时为了能展示相关实验效果，首先对蜂鸣器的相关实验内容进行介绍。

1. **蜂鸣器**

蜂鸣器在实际应用中一般都会作为报警装置，例如，当温度大于设置的阈值时，蜂鸣器进行自动报警，因此首先需要实现蜂鸣器的发音操作，本实验中主要包括三个内容，其一是使用电位器、蜂鸣器和Arduino UNO板实现蜂鸣器的发音操作，即通过调整电位器使蜂鸣器发出不同的音调。其二是直接使用蜂鸣器和Arduino UNO板实现蜂鸣器的播放音乐的操作，两个实验均使用示例中的源代码。其三是使用蜂鸣器和按键实现简易电子琴操作。

实验1：电位器和蜂鸣器实现调音操作。

视 频

实验1：电位器和蜂鸣器实现调音操作

使用电位器和蜂鸣器实现调音的操作，按照表5-1和表5-2连接电位器、蜂鸣器和Arduino UNO板。

表 5-1　蜂鸣器端口连接

序号	Arduino UNO 引脚	蜂鸣器
1	9	VCC
2	GND	GND

表 5-2　电位器端口连接

序号	Arduino UNO 引脚	电位器
1	5V	1
2	A0	2
3	GND	3

连接实物图如图5-8所示。

图5-8　面包板图和实物连接图

使用示例代码，选择示例-Digital-tonePitchFollower，烧录完成后，通过调整电位器来调整蜂鸣器的音调，可以通过串口监视器来查看具体的数值变化，代码如下：

```
void setup() {
  Serial.begin(9600);
}
void loop() {
  int sensorReading = analogRead(A0);
  Serial.println(sensorReading);
  int thisPitch = map(sensorReading, 400, 1000, 120, 1500);
  tone(9, thisPitch, 10);
  delay(1);
}
```

首先通过传感器读入模拟量的值，并在串口监视器中显示具体的数据：

```
int sensorReading = analogRead(A0);
Serial.println(sensorReading);
```

视频

实验2：使用蜂鸣器播放音乐

其次将输入的模拟量转换成人耳可以听到的范围区间，使用的函数是tone()，具体格式是tone(输出引脚,输出频率,声音长度)：

```
int thisPitch = map(sensorReading, 400, 1000, 120, 1500);
tone(9, thisPitch, 10);
```

实验2：使用蜂鸣器播放音乐。

按照表5-3重新连接蜂鸣器和Arduino UNO板，并利用示例代码，选择示例-Digital-toneMelody，实现蜂鸣器播放音乐操作。

表5-3　蜂鸣器端口连接

序号	Arduino UNO 引脚	蜂鸣器
1	8	Vcc
2	GND	GND

```
#include "pitches.h"
int melody[] = {
  NOTE_C4, NOTE_G3, NOTE_G3, NOTE_A3, NOTE_G3, 0, NOTE_B3, NOTE_C4
};
int noteDurations[] = {
  4, 8, 8, 4, 4, 4, 4, 4
};
void setup() {
  for (int thisNote = 0; thisNote < 8; thisNote++) {
    int noteDuration = 1000 / noteDurations[thisNote];
    tone(8, melody[thisNote], noteDuration);
    int pauseBetweenNotes = noteDuration * 1.30;
    delay(pauseBetweenNotes);
    noTone(8);
  }
}
void loop() {
}
```

视频

实验3：使用蜂鸣器实现简易电子琴

实验3：使用蜂鸣器实现简易电子琴实验。

按照表5-4和表5-5连接蜂鸣器、按键和Arduino UNO板，编写代码并烧录，实现当按不同的按键时，蜂鸣器会播放Do、Re、Mi的音调。按键连接图和实物图如图5-9所示。

表5-4　蜂鸣器端口连接

序号	Arduino UNO 引脚	蜂鸣器
1	10	VCC
2	GND	GND

表5-5　按键端口连接

序号	Arduino UNO 引脚	按键
1	2	按键1
2	3	按键2
3	4	按键3

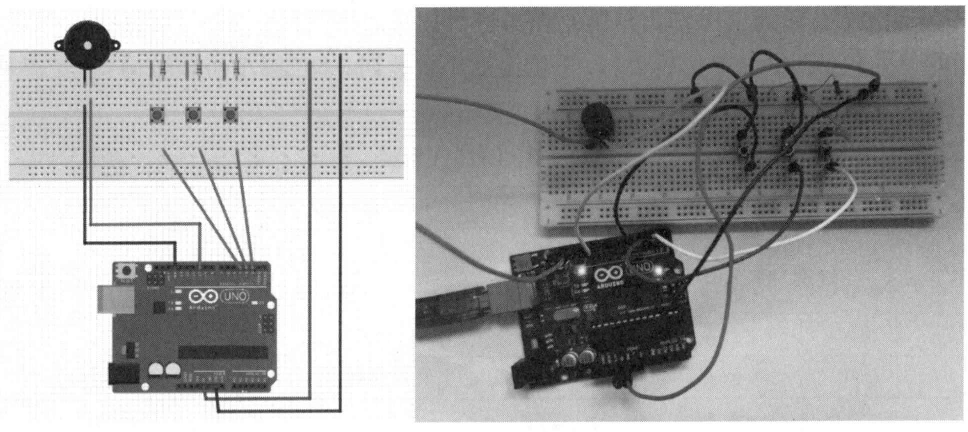

图5-9 电子琴面包板图和实物图

```
#include "pitches.h"
void setup(){
   pinMode(2,INPUT);
   pinMode(3,INPUT);
   pinMode(4,INPUT);
}
void loop()
{
  if(digitalRead(2)){
    tone(10,NOTE_C5,10);
  }
  if(digitalRead(3)){
    tone(10,NOTE_D5,10);
  }
  if(digitalRead(4)){
    tone(10,NOTE_E5,10);
  }
}
```

2. 温湿度传感器

DHT11温湿度传感器是一款含有已校准数字信号输出的温湿度复合传感器，使用专用的数字模块采集技术和温湿度传感技术，确保产品具有极高的可靠性和卓越的稳定性，包括一个电阻式感湿元件和一个NTC测温元件组成，实物如图5-10所示，引脚说明如表5-6所示。

图5-10 DHT11温湿度传感器

DHT11通过单总线的工作方式与微处理器进行数据通信，只需要一个线程，一次传送40个数据，数据格式包括8位湿度整数数据、8位湿度小数数据、8位温度整数数据、8位温度小数数据和8位奇偶校验位。

表5-6　DHT11引脚

序号	名称	说明
1	VDD	传感器供电3~5.5V
2	DATA	串行数据，单总线
3	NC	悬空
4	GND	接地

DHT11在启动阶段，将DATA引脚设置为输出状态，输出高电平，然后将DATA引脚设置为输出状态，输出低电平，持续时间需超过18 ms，检测到变化后，DHT11将从低功耗模式转换为高速模式，将DATA引脚设置为输入状态，由于上拉电阻，它变为高电平，从而完成启动信号，如图5-11所示。

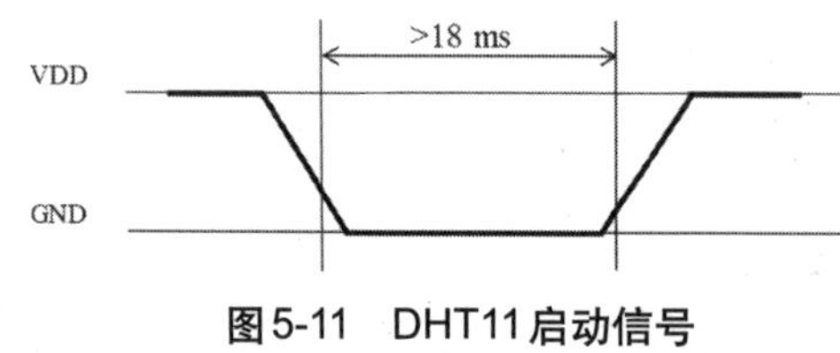

图5-11　DHT11启动信号

DHT11输出80 us低电平时作为响应信号，DHT11输出80 us高电平时，将通知微处理器准备开始接收数据，然后将会连续发送40位数据，如图5-12所示，发送的DHT11数据信号，其中0格式数据和1格式数据分别如图5-13所示，

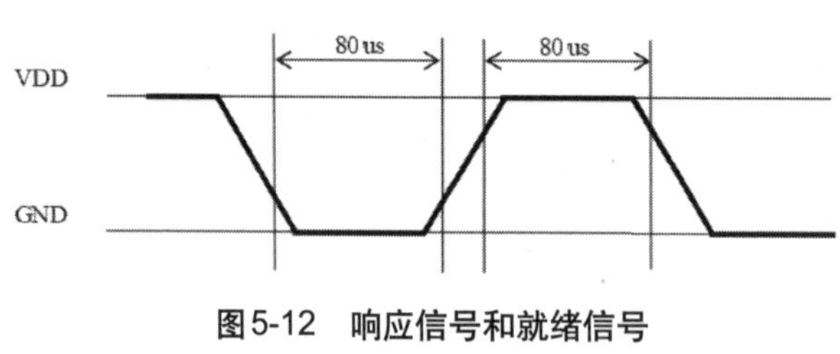

图5-12　响应信号和就绪信号

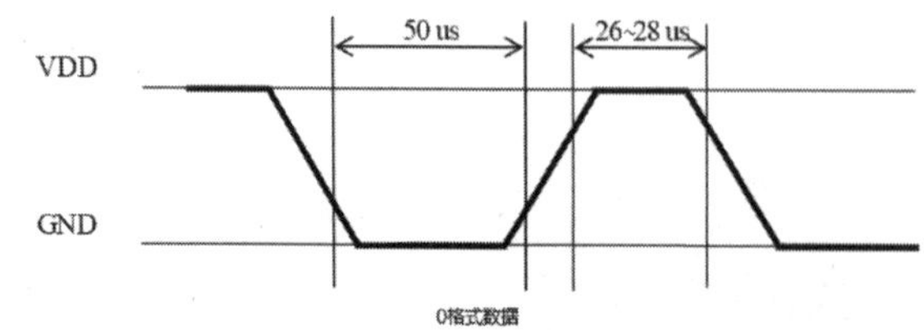

图5-13　0和1格式数据

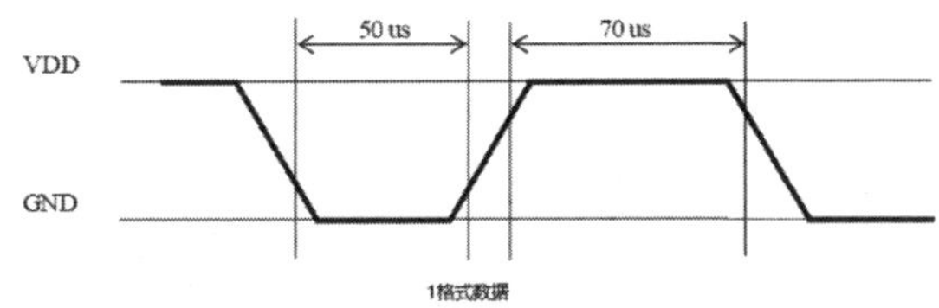

图5-13　0和1格式数据（续）

DATA引脚输出40个数据后，在连续输出低电平50 us后，将转换为输入状态，由于上拉电阻的原因，DATA引脚将变为高电平，DHT11内部会重新测试周围环境的温度和湿度，等待下一次的启动信号的数据。

在本实验中主要包括的实验有三个：其一是使用DHT11温湿度传感器和Arduino UNO板实现对室内环境温湿度的采集，并在串口监视器中显示结果；其二是附加添加蜂鸣器，当温湿度达到预设的阈值时，蜂鸣器发生报警；其三是添加1602液晶屏，将室内温湿度显示在1602液晶屏上，具体操作步骤如下：

视　频

实验1：串口监视器显示温湿度

实验1：串口监视器显示温湿度。

由于在实验中需要调研相关库文件，因此首先可以加载相关库文件，可以直接将下载的库文件复制到Arduino IDE安装目录下，例如C:\Program Files (x86)\Arduino\libraries，或者直接选择项目菜单→加载库→管理库，在其中搜索对应的库文件进行安装，如图5-14所示。库文件加载完成后，按照表5-7进行连接，实物图如图5-15所示。

图5-14　库文件加载

表5-7　DHT11引脚

序号	Arduino UNO引脚	DHT11
1	5V	VDD
2	4	DATA
3	不接	NC
4	GND	GND

输入代码，并选择正确的开发板和端口号，上传代码，完成后打开串口监视器，就可以看到

温湿度的相关信息，如图5-16所示。

图5-15　面包板图及实物图

```
#include <dht11.h>
    dht11 DHT11;
    #define DHT11PIN 4
    void setup()
    {
      Serial.begin(9600);
      Serial.println("DHT TEST PROGRAM ");
      Serial.print("LIBRARY VERSION: ");
      Serial.println(DHT11LIB_VERSION);
      Serial.println();
      Serial.println("Type,\tstatus,\tHumidity (%),\tTemperature (C)");
    }
    void loop()
    {
      Serial.print("DHT11, \t");
      int chk = DHT11.read(DHT11PIN);
      switch (chk)
      {
        case 0:  Serial.print("OK,\t"); break;
        case -1: Serial.print("Checksum error,\t"); break;
        case -2: Serial.print("Time out error,\t"); break;
        default: Serial.print("Unknown error,\t"); break;
      }
      Serial.print(DHT11.humidity,1);
      Serial.print(",\t");
      Serial.println(DHT11.temperature,1);
      delay(1000);
}
```

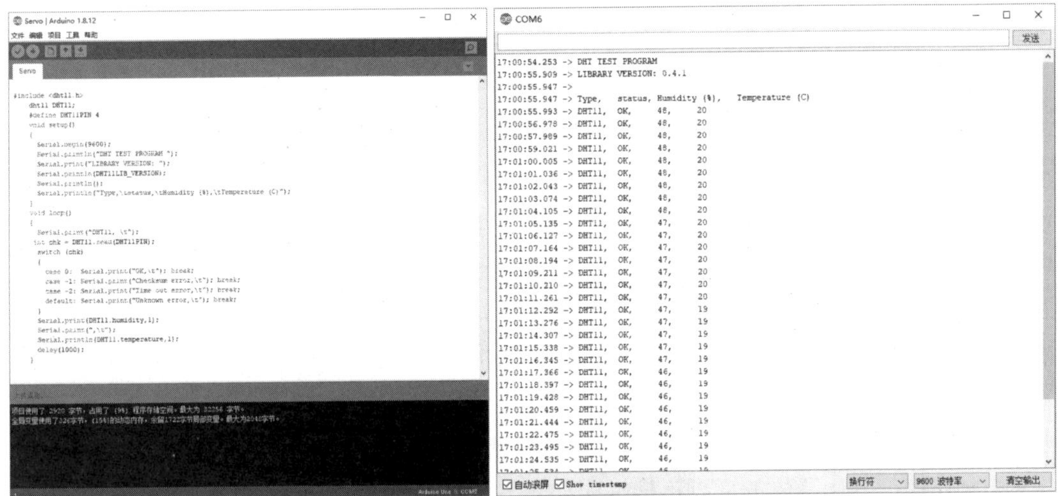

图5-16　串口监视器查看结果

实验2：温湿度报警实验。

使用蜂鸣器和DHT11实现温湿度报警实验，例如，当温度大于20度时，蜂鸣器报警，将蜂鸣器的正极接到Arduino UNO板的8号引脚，并在代码中添加判断语句，当温度大于21度时，蜂鸣器发出报警，实物图如图5-17所示。

视 频

温湿度报警实验

```
#include <dht11.h>
dht11 DHT11;
#define DHT11PIN 4
void setup()
{
  Serial.begin(9600);
  Serial.println("DHT TEST PROGRAM ");
  Serial.print("LIBRARY VERSION: ");
  Serial.println(DHT11LIB_VERSION);
  Serial.println();
  Serial.println("Type,\tstatus,\tHumidity (%),\tTemperature (C)");
}
void loop()
{
  Serial.print("DHT11, \t");
  int chk = DHT11.read(DHT11PIN);
  switch (chk)
  {
    case 0:  Serial.print("OK,\t"); break;
    case -1: Serial.print("Checksum error,\t"); break;
    case -2: Serial.print("Time out error,\t"); break;
    default: Serial.print("Unknown error,\t"); break;
  }
  Serial.print(DHT11.humidity,1);
  Serial.print(",\t");
  Serial.println(DHT11.temperature,1);
```

```
    delay(1000);
    if(DHT11.temperature>20)
    {
        tone(8, 1300, 4000);
    }
}
```

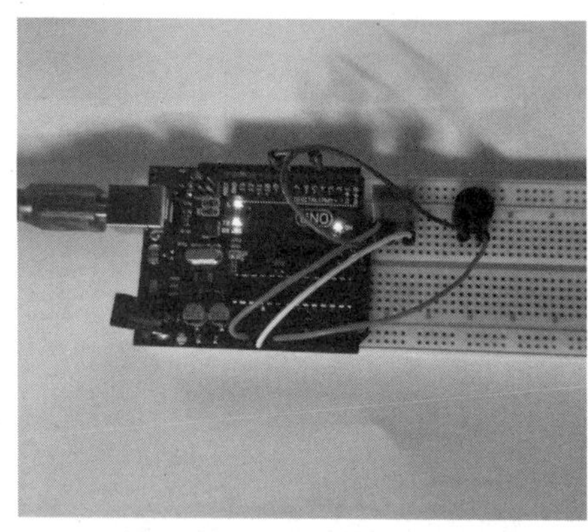

图5-17　面包板及实物图

实验3：使用1602液晶屏实现温湿度的显示。

1602液晶屏是一种工业字符型液晶，能够同时显示16×2即32个字符。如图5-18所示，1602液晶屏显示的原理是利用液晶的物理特性，通过电压对其显示区域进行控制，有电就有显示，这样即可以显示出图形。在日常使用时常见的连接方式包括直接使用16引脚连接或者使用IIC转接板4引脚连接，其中具体的引脚连接说明如表5-8和表5-9所示。

视频

实验3：使用1602液晶屏实现温湿度的显示

图5-18　1602液晶屏

表5-8　16引脚说明

序号	符号	说明	序号	符号	说明
1	VSS	电源接地	9	D2	数据接口
2	VDD	电源正极	10	D3	数据接口
3	VL	液晶显示偏压信号	11	D4	数据接口
4	RS	数据/命令选择端（H/L）	12	D5	数据接口
5	R/W	读/写选择端（H/L）	13	D6	数据接口
6	E	使能信号	14	D7	数据接口
7	D0	数据接口	15	BLA	背光源正极
8	D1	数据接口	16	BLK	背光源负极

表 5-9　IIC 引脚说明

序号	符号	说明
1	GND	电源负极
2	VCC	电源正极
3	SDA	IIC数据线
4	SCL	IIC时钟线

本实验中使用的是4个引脚的IIC转接板，具体连接如表5-10和表5-11所示，实物连接图如图5-19所示。加载IIC库文件，如图5-20所示，编写相关代码，上传到Arduino UNO板，完成后，可以在1602液晶屏上看到相应的温度和湿度值，结果如图5-21所示。

表 5-10　1602 液晶屏连接方式

序号	1602液晶屏	Arduino UNO
1	GND	GND
2	VCC	5V
3	SDA	A4
4	SCL	A5

表 5-11　DHT11 连接方式

序号	DHT11	Arduino UNO
1	GND	GND
2	VCC	5V
3	DATA	8

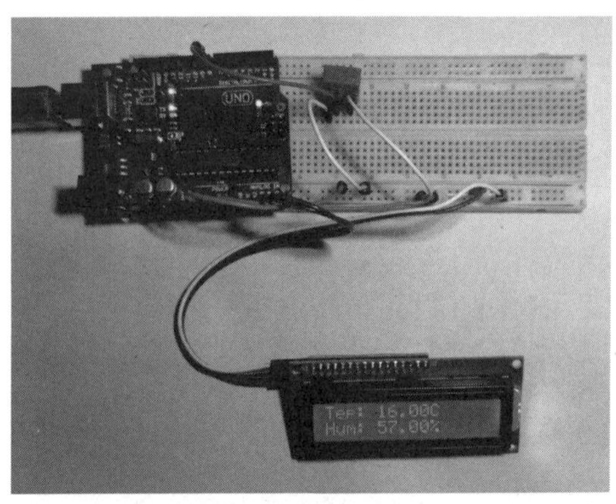

图5-19　实物连接图

```
#include <Wire.h>
#include"dht11.h"
#include "LiquidCrystal_I2C.h"
#define    DHT11PIN  8
dht11 DHT11;
```

```
LiquidCrystal_I2C lcd(0x27, 16, 2);
void setup() {
  pinMode(DHT11PIN, OUTPUT);
  lcd.init();
  lcd.backlight();
  Serial.begin(9600);
}
void loop() {
  int chk = DHT11.read(DHT11PIN);

  Serial.print(DHT11.humidity,1);
  Serial.print(",\t");
  Serial.println(DHT11.temperature,1);
  delay(1000);
    lcd.setCursor(0, 0);
  lcd.print("Tep: ");
  lcd.print((float)DHT11.temperature, 2);
  lcd.print("C");
  lcd.setCursor(0, 1);
  lcd.print("Hum: ");
  lcd.print((float)DHT11.humidity, 2);
  lcd.print("%");
  delay(200);
}
```

图5-20　加载库文件

图5-21　显示结果

3. 光敏传感器

光敏传感器是对外界光信号或光辐射有响应或转换功能的敏感装置。光敏传感器是利用光敏元件将光信号转换为电信号的传感器，它的敏感波长在可见光波长附近，包括红外线波长和紫外线波长。光传感器不只局限于对光的探测，它还可以作为探测元件组成其他传感器，对许多非电量进行检测，只要将这些非电量转换为光信号的变化即可，最简单的光敏传感器是光敏电阻，当光子冲击接合处就会产生电流，如图5-22所示。

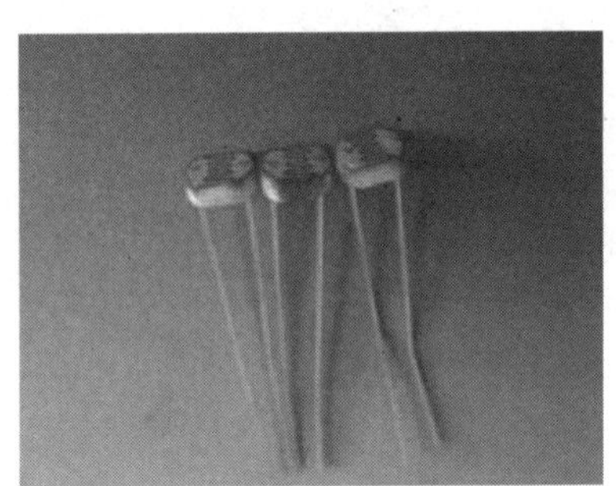

图5-22　光敏传感器

光敏电阻的使用非常简单，只需要将其作为一个电阻接入到电路中，然后使用analogRead()函数读取电压即可，由于光敏电阻的阻值一般较大，直接接入电路后观察到的电压变化并不明显，因此将光敏电阻和一个普通电阻串联，例如10 K电阻，根据串联分压的方法读取光敏电阻的电压，并在串口监视器中显示，设置光敏电阻的阈值，当大于某个数值时自动打开LED灯，其中光敏电阻输出端接入AO模拟I/O口，LED灯的正极接入2号引脚，具体连接图和实物如图5-23所示。用户可以通过串口监视器查看通过光敏电阻读取到的模拟值，来进行设置从而打开或者关闭LED灯，本实验中设置的是当模拟值大于900时打开LED灯，否则关闭LED灯。

代码如下：

```
int LED1=2;
void setup()
{
  Serial.begin(9600);
  pinMode(LED1, OUTPUT);
}
void loop()
{
  int sensorValue=analogRead(A0);
  Serial.println(sensorValue);
  if(sensorValue>900)
  {
    digitalWrite(LED1,HIGH);
  }
  else
  {
    digitalWrite(LED1,LOW);
  }
  delay(1000);
}
```

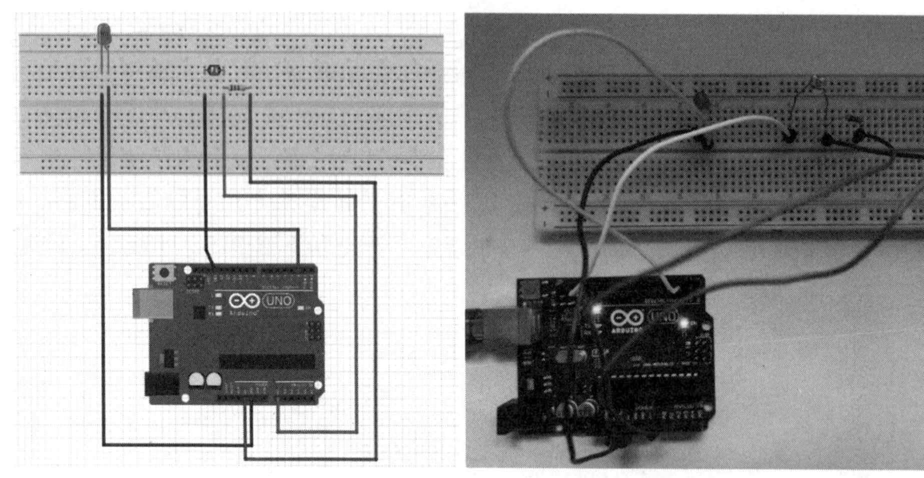

图5-23　线缆连接图和实物图

4. 土壤湿度传感器

土壤湿度传感器主要由两根铜条探针组成，将两根探针插入土壤中，就可以检测土壤中的水分含量，土壤潮湿，导电性好，电阻就低；土壤干燥，导电性差，电阻就高，如图5-24所示。一般在连接Arduino UNO板时需要附加使用一块转接板，将土壤湿度传感器采集到的数据转发给Arduino UNO板，转接板引脚说明如表5-12所示。

视频

土壤湿度传感器

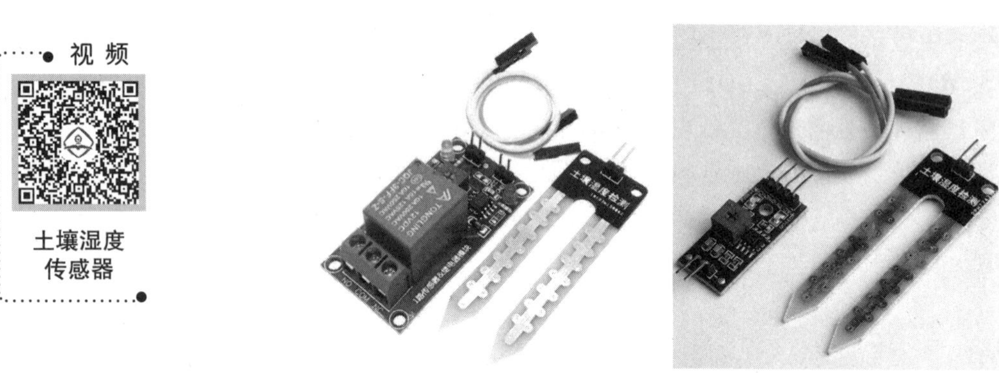

图5-24　土壤湿度传感器

表5-12　土壤湿度转接板引脚说明

序号	转接板	Arduino UNO
1	VCC	5V
2	GND	GND
3	DO	悬空
4	AO	A0

本实验中主要完成的工作是首先使用土壤传感器进行湿度数据的采集，通过转接板将数据上传到Arduino UNO中，并在1602液晶屏上进行显示，因此1602液晶屏需要按照表5-10进行连接。

编写程序代码，并通过串口调试器和1602液晶屏查看结果，整体实物连接图如图5-25所示。

代码如下：

```
#include <Wire.h>
#include "LiquidCrystal_I2C.h"
int analogPin=A0;
float i=0;
float j=0;
LiquidCrystal_I2C lcd(0x27, 16, 2);
void setup()
{
  lcd.init();
  lcd.backlight();
  pinMode(analogPin, INPUT);
  Serial.begin(9600);
}
void loop() {
  float data=analogRead(analogPin);
  Serial.println(data);
  i=data/1023;
  j=(1-i)*100;
  lcd.setCursor(0, 0);
  lcd.print("The hum is: ");
  lcd.setCursor(0, 1);
  lcd.print((float)j, 2);
  lcd.print("%");
  delay(200);
}
```

图5-25　实物连接图

5. 人体感应传感器

人体感应传感器是一种对人体辐射出的红外线敏感的传感器，当无人在其检测范围内运动时，模块保持输出低电平；当有人在其检测范围内，模块输出一个高电平脉冲信号。可以通过电位器来调节其检测范围和高电平脉冲的持续时间。本实验中使用的是HC-SR501人体感应传感器，是基于红外线技术的自动控制模块，采用德国原装进口LHI778探头设计，灵敏度高，可靠性强，超低电压工作模式，广泛应用于各类自动感应电器设备，如图5-26所示。

视 频

人体感应传感器

图5-26 人体感应传感器

HC-SR501具有两个电位器，分别用于调整时间延迟和感应距离，时间延迟调节主要指当检测到移动后，维持高电平输出的时间长短，可以调节的范围是5~300 s，感应距离调节主要指用于调节检测的范围，可调整的范围为3~7 m。传感器共包括三个引脚，分别连接VCC、DATA、GND，其中数据输出引脚DATA，当没有检测到移动时输出低电平，当检测到移动时输出高电平。在本实验中通过人体感应传感器和发光二极管，当检测到人体接近移动时自动打开发光二极管，当没有检测到人体接近移动时则自动关闭。引脚连接如表5-13所示，代码如下，实物连接图如图5-27所示。

表5-13 引脚说明

序号	人体感应传感器	Arduino UNO
1	VCC	5V
2	DATA	3
3	GND	GND

代码如下：

```
int PIRpin=2;
int RELAYpin=3;
int pirValue;
void setup(){
Serial.begin(9600);
pinMode(PIRpin,INPUT);
pinMode(RELAYpin,OUTPUT);
digitalWrite(RELAYpin,LOW);
}
void loop(){
  pirValue = digitalRead(PIRpin);
  Serial.println(pirValue);
  digitalWrite(RELAYpin, pirValue);
  delay(1000);
}
```

图5-27　实物连接图

6. 雨滴传感器

视 频

雨滴传感器

雨滴传感器是一种传感装置，主要用于检测是否下雨及雨量的大小，并广泛应用于汽车自动刮水系统、智能灯光系统和智能天窗系统等。雨滴传感器的种类一般有三种：其一是根据雨滴冲击能量的变化进行检测；其二是利用静电电容量变化进行检测；其三利用光亮变化进行检测。如图5-28所示就是一款雨滴传感器，该传感器搭配转换板使用，在转换板上搭配一个电位器，用于调节灵敏度，其工作电压在3.3~5V之间，输出模式可以是数字值输出也可以是模拟值输出，使用LM393双电压比较器，当传感器连接到5V电源时，电源指示灯亮，感应板上没有水滴，DO输出处于高电平，开关指示灯熄灭。当滴下水滴时，DO输出处于低电平，开关指示灯将亮起。AO模拟输出可以连接到微控制器上的AD接口，以检测上面雨滴的大小。DO数字输出也可以连接微控制器，以检测是否有雨。

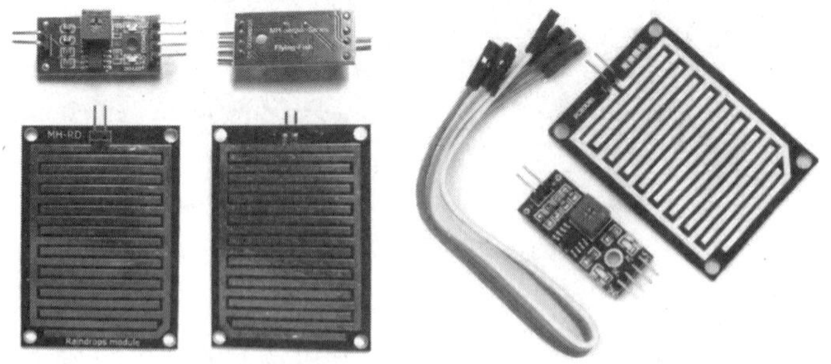

图5-28　雨滴传感器

本实验中使用雨滴传感器进行下雨的感知，并使用1602液晶屏进行实施显示，1602液晶屏还是按照表5-10进行连接，雨滴传感器的引脚连接如表5-14所示。实物连接图如图5-29所示。

表5-14　引脚说明

序号	雨滴传感器	Arduino UNO
1	VCC	5V
2	GND	GND
3	AO	A0

代码如下：

```
#include <Wire.h>
#include "LiquidCrystal_I2C.h"
  int analogPin=A0;
  int j=0;
  LiquidCrystal_I2C lcd(0x27, 16, 2);
void setup()
{
  lcd.init();
  lcd.backlight();
  pinMode(analogPin, INPUT);
  Serial.begin(9600);
}
void loop() {
  int data= analogRead(analogPin);
  j=1023-data;
  lcd.setCursor(0, 0);
  lcd.print("The result is: ");
  lcd.setCursor(0, 1);
  lcd.print((float)j, 2);
  lcd.print("mm");
  delay(200);
}
```

图5-29　实物连接图

7. 火焰传感器

火焰传感器利用红外线对火焰非常敏感的特点，使用特制的红外线接收管来检测火焰，然后把火焰的亮度转化为高低变化的电平信号，输入到中央处理器中，中央处理器根据信号的变化做出相应的程序处理，如图5-30所示。

视频

火焰传感器

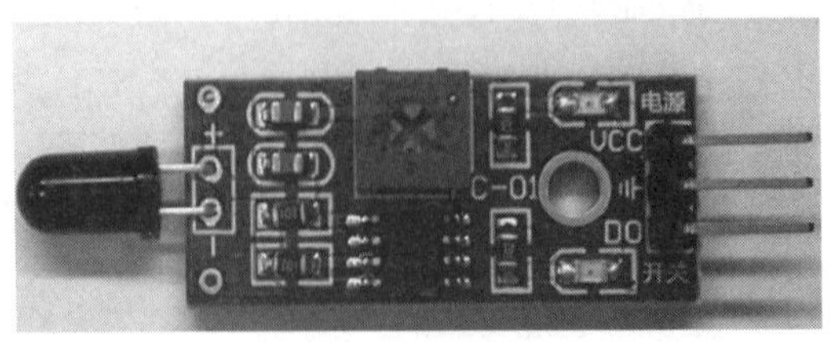

图5-30　火焰传感器

本实验中主要使用发光二极管、火焰传感器实现一个简易的火警报警器，即当发现火警发生时，发光二极管点亮报警，火焰传感器的引脚连接如表5-15所示，发光二极管正极接9号引脚，负极接GND。

表 5-15　引脚说明

序号	火焰传感器	Arduino UNO
1	VCC	5V
2	GND	GND
3	DO	7

代码如下，实物连接图如图5-31所示。

```
int fire = A0 ;
int LED=9;
int val = 0;
int count = 0 ;
void setup()
  {
    pinMode(LED,OUTPUT);
    pinMode(fire,INPUT);
    Serial.begin(9600);
  }
void loop()
  {
    val = digitalRead(fire);
    Serial.println(val);
    if( val==0) {
    count++ ;
    } else {
    count = 0 ;
  }
    if( count >= 5 ) {
      digitalWrite(LED, HIGH );
    } else {
      digitalWrite(LED, LOW );
    }
      delay(1000);
  }
```

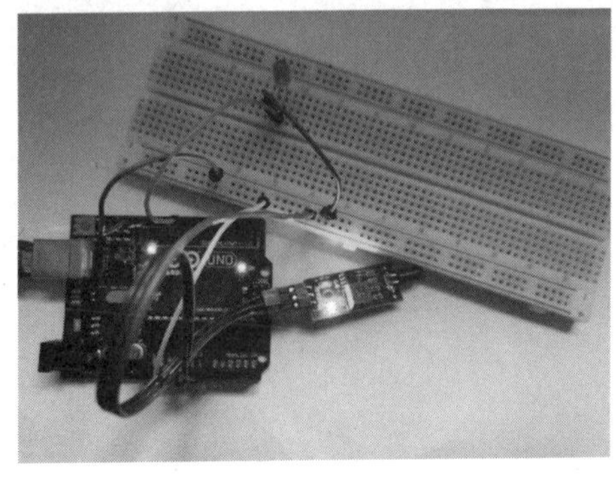

图5-31　实物连接图

8. 气体传感器

MQ-2 气体传感器可以检测多种可燃性气体，电路简单，应用成本较低，使用的气敏材料是在清洁空气中电导率较低的二氧化锡(SnO_2)，当环境中存在可燃气体时，传感器的电导率随空气中可燃气体浓度的增加而增大。该型号的传感器可以对可燃气、烟雾等气体灵敏度高，如图5-32所示。

视 频

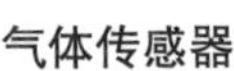

图5-32 烟雾传感器

本实验中主要使用MQ-2 气体传感器、蜂鸣器和Arduino UNO板实现有害气体报警操作，蜂鸣器两个引脚正极接8号引脚，负极接GND，MQ-2 气体传感器的引脚说明如表5-16所示，实物连接图如图5-33所示。

表5-16 引脚说明

序号	MQ-2 气体传感器	Arduino UNO
1	VCC	5V
2	GND	GND
3	DO	9
4	AO	悬空

图5-33 实物连接图

代码如下：

```
int Sensor=9;
int val=0;
  void setup()
```

```
  {
    pinMode(Sensor,INPUT);
  }
void loop()
  {
    val=digitalRead(Sensor);
    if(val==0)
  {
    tone(8, 1300, 4000);
    delay(3000);
  }
  }
```

9. 震动传感器

震动传感器主要用于震动触发作用，比如防盗报警，可以分为常开型震动传感器和常闭型震动传感器，如图5-34所示是SW-420常闭型震动传感器。

图5-34　震动传感器

该型号的震动传感器，其内部结构如图5-35所示。当没有感应到震动时，震动轴呈现静止状态，导针A和导针B两端则为接通状态，输出端输出低电平，绿色指示灯点亮。当有震动时，震动轴会运行，导针A和导针B之间会有瞬间的断开，实现震动触发的作用，输出端输出高电平，绿色指示灯不亮。

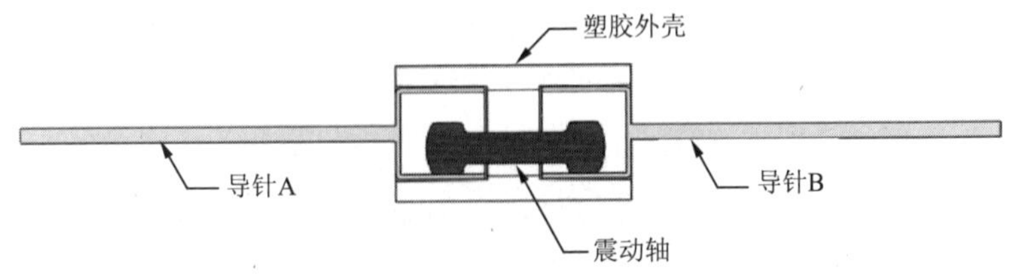

图5-35　SW-420 常闭型震动传感器内部结构

按照表5-17所示连接震动传感器和Arduino UNO板，并在2号引脚接入发光二极管，输入代码，实现相关功能，实物连接图如图5-36所示。

表 5-17　引脚说明

序号	震动传感器	Arduino UNO
1	VCC	5V
2	GND	GND
3	DO	2

代码如下：

```
int LED1=2;
int vibPin = 3;
void setup(){
   pinMode(vibPin,INPUT);
   pinMode(LED1, OUTPUT);
   Serial.begin(9600);
}
void loop() {
  int vibValue =digitalRead(vibPin);
  digitalWrite(LED1, vibValue);
  Serial.print("vibValue =");
  Serial.println(vibValue);
  delay(200);
}
```

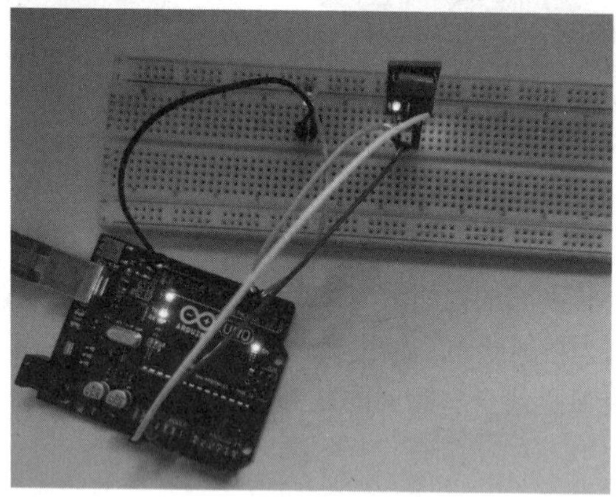

图 5-36　实物连接图

视频

触摸开关模块

10. 触摸开关模块

触摸开关模块是基于触摸检测IC的电容式点动型触摸开关模块，如图5-37所示，常态下，模块输出低电平，属于低功耗模式；当手指触碰相应区域时，模块就会输出高电平，切换为快速模式。当持续12 s没有触碰接触时，模式又会切换为低功耗模式。模块共包括三个引脚，分别是SIG（信号引脚）、VCC（电源正极）、GND（电源接地），引脚连接说明如表5-18所示，实物连接图如图5-38所示，本实验中实现的功能是当触摸开关被触碰时，打开一次发光二极管，发光二极管接2号引脚。

图 5-37　触摸开关模块

表 5-18　引脚说明

序号	触摸开关模块	Arduino UNO
1	SIG	3
2	VCC	5V
3	GND	GND

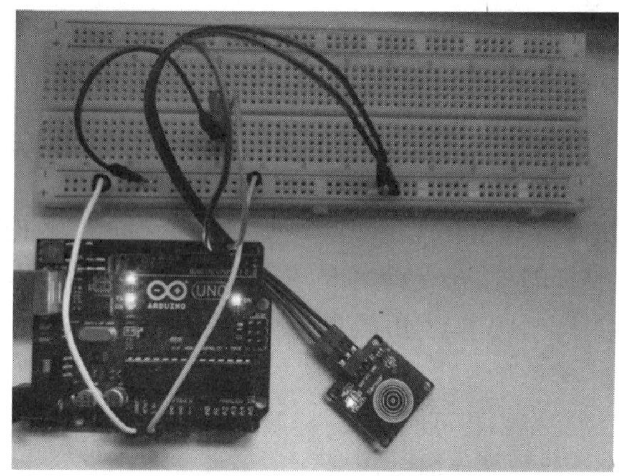

图 5-38　实物连接图

代码如下：

```
int Led=2;
int Sensor=3
int val=0;
 void setup()
   {
     pinMode(Led,OUTPUT);
     pinMode(Sensor,INPUT);
     Serial.begin(9600);
   }
void loop()
   {
     val=digitalRead(Sensor);
     Serial.println(val);
     if(val==1)
```

```
    {
      digitalWrite(Led,1);
    }
    else
    {
      digitalWrite(Led,0);
    }
}
```

5.3 综合应用案例

上述章节介绍了部分电子元器件和传感器，以下就结合相关设备实现一些综合应用，具体内容包括RFID读卡实验、自动灌溉、蓝牙模块应用和ESP8266联网实验，通过这些综合型的实验为后续物联网应用场景搭建创建条件。

5.3.1 RFID读卡实验

视频

RFID读卡实验

1. 实验目的

(1) 了解RFID技术的实际应用场景。

(2) 掌握RFID技术的相关知识点。

2. 实验原理

RFID 技术利用无线射频方式在阅读器和射频卡之间进行非接触双向数据传输，以达到目标识别和数据交换的目的。最基本的 RFID 系统由三部分组成：

(1) 标签(Tag，即射频卡)：由耦合元件及芯片组成，标签含有内置天线，用于和射频天线间进行通信。

(2) 阅读器：读取(在读写卡中还可以写入)标签信息的设备。

(3) 天线：在标签和读取器间传递射频信号。

标签将接收阅读器在进入磁场时发送的RF信号，然后将获得的能量中存储的芯片（无源标签）中的信息发送出感应电流，或者有源标签发送一个特定的频率，由阅读器读取和解码信息，并发送给中央信息系统处理。

根据结构和技术，阅读器可以是读取或读/写设备，它是RFID系统信息的控制和处理中心。阅读器通常由耦合模块、收发模块、控制模块和接口单元组成。通常，半双工通信模式用于在阅读器和应答器之间交换信息，并且阅读器通过耦合提供无源应答器的能量和定时。

3. 实验内容

本实验中主要使用RFID-RC522模块，当读取到正确的标签时，发光二极管点亮，当读取到错误的标签时发光二极管熄灭。RFID-RC522 模块如图5-39所示。引脚说明如表5-19所示，代码编写过程中需要添加相关库文件，可以选择项目→加载库→管理库，在其中搜索MFRC522，并选择安装，如图5-40所示，具体实物连接图如图5-41所示。注意在首次读取标签后，可以通过串口监视器查看当前标签的ID号，然后将ID号写入Arduino UNO中，重新上传代码，从而实现实验目的，默认代码中的标签ID号是BD 31 15 2B，实验结果如图5-42所示。

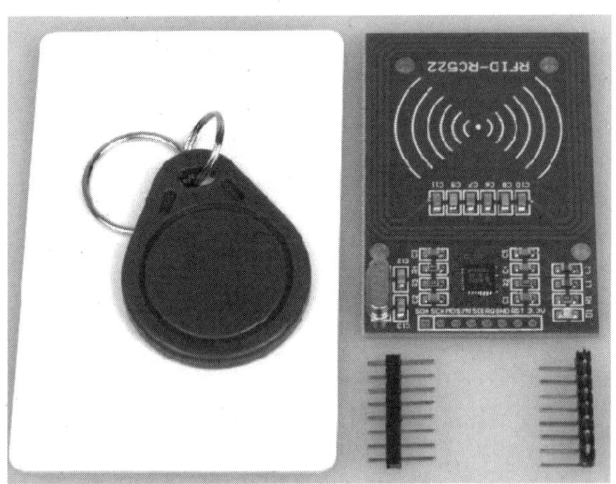

图5-39 RFID-RC522 模块

表5-19 引脚说明

序号	RFID-RC522	Arduino UNO
1	SDA	D10
2	SCK	D13
3	MOSI	D11
4	MISO	D12
5	IRQ	悬空
6	GND	GND
7	RST	D9
8	3.3V	3.3V

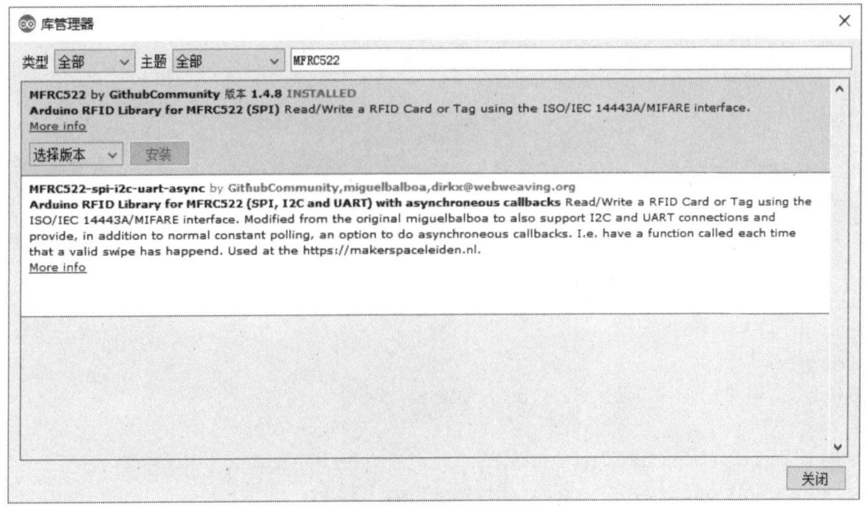

图5-40 添加库文件

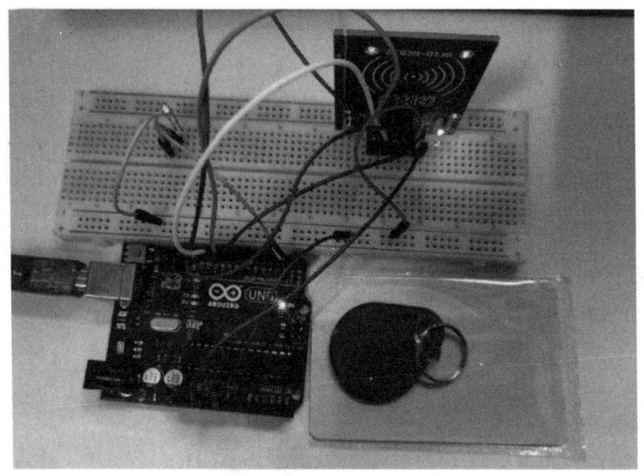

图5-41　实物连接图

代码如下：

```
#include <SPI.h>
#include <MFRC522.h>
#define SS_PIN 10
#define RST_PIN 9
MFRC522 mfrc522(SS_PIN, RST_PIN);
int LED1=2;
void setup()
{
  Serial.begin(9600);
  SPI.begin();
  mfrc522.PCD_Init();
  Serial.println("Approximate your card to the reader...");
  Serial.println();

}
void loop()
{
  if ( ! mfrc522.PICC_IsNewCardPresent())
  {
    return;
  }
  if ( ! mfrc522.PICC_ReadCardSerial())
  {
    return;
  }
  Serial.print("UID tag :");
  String content= "";
  byte letter;
  for (byte i = 0; i < mfrc522.uid.size; i++)
  {
     Serial.print(mfrc522.uid.uidByte[i] < 0x10 ? " 0" : " ");
     Serial.print(mfrc522.uid.uidByte[i], HEX);
     content.concat(String(mfrc522.uid.uidByte[i] < 0x10 ? " 0" : " "));
```

```
      content.concat(String(mfrc522.uid.uidByte[i], HEX));
   }
   Serial.println();
   Serial.print("Message : ");
   content.toUpperCase();
   if (content.substring(1) == "BD 31 15 2B")
   {
     Serial.println("Authorized access");
       digitalWrite(LED1,HIGH);
     Serial.println();
     delay(3000);
   }

  else    {
     Serial.println(" Access denied");
       digitalWrite(LED1,LOW);
     delay(3000);
   }
 }
```

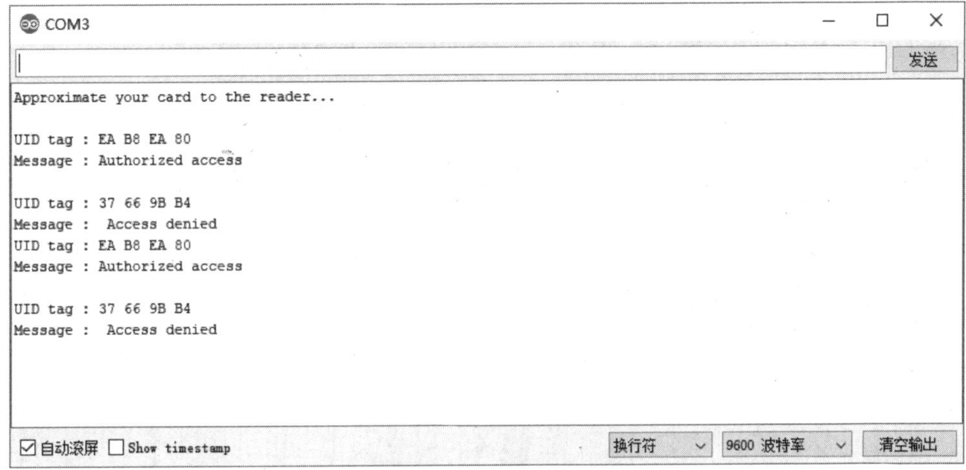

图 5-42　实验结果

5.3.2　自动灌溉

1. 实验目的

（1）掌握土壤湿度传感器的基本使用。

（2）掌握继电器模块的基本使用。

（3）实现简单的场景模拟，实现自动浇花操作。

2. 实验原理

土壤湿度传感器主要由两根铜条探针组成，可以测试土壤的湿度，并可以按照实际场景设置湿度阈值，当达到阈值时则可促发继电器，打开水泵开始进行灌溉操作。

3. 实验内容

本实验主要使用土壤湿度传感器、继电器、水泵、1602液晶屏，当土壤湿度传感器达到预设阈值时，开启水泵。其中1602液晶屏引脚如表5-10所示，土壤湿度传感器引脚如表5-12所示，继电器引脚说明如表5-20所示，实物连接图如图5-43所示。

表5-20 引脚说明

序号	继电器模块	Arduino UNO
1	VCC	5V
2	GND	GND
3	S	7

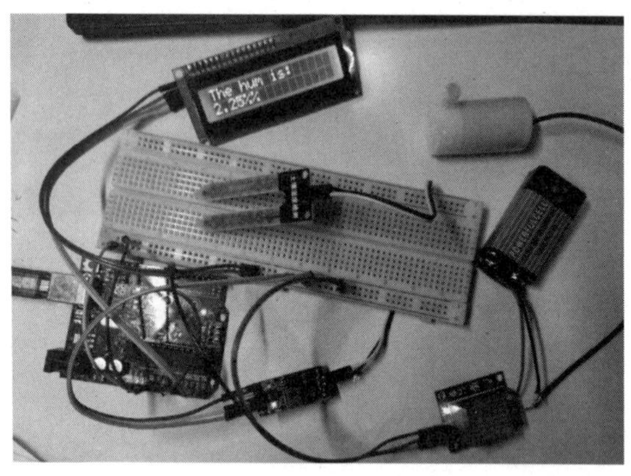

图5-43 实物连接图

代码如下：

```
#include <Wire.h>
#include "LCD.h"
#include "LiquidCrystal_I2C.h"
int analogPin=A0;
int WaterPump=7;
float i=0;
float j=0;
LiquidCrystal_I2C lcd(0x27,2,1,0,4,5,6,7);
backpack
  void setup()
    {
      lcd.begin (16,2);
      lcd.setBacklightPin(3,POSITIVE);
      lcd.setBacklight(HIGH);
      pinMode(analogPin,INPUT);
      pinMode(WaterPump,OUTPUT);
      digitalWrite(WaterPump,LOW);
      Serial.begin(9600);
    }
void loop() {
      float data=analogRead(analogPin);
      Serial.println(data);
      i=data/1023;
```

```
        j=(1-i)*100;
        lcd.setCursor(0, 0);
        lcd.print("The humidity is: ");
        lcd.setCursor(0, 1);
        lcd.print((float)j, 2);
        lcd.print("%");
        delay(200);
        if(data>800)
          {
            digitalWrite(WaterPump,HIGH);
          }
            else
          {
            digitalWrite(WaterPump,LOW);
          }
        }
```

5.3.3　蓝牙模块应用

视 频

蓝牙模块应用

1. 实验目的

(1) 掌握蓝牙通信的基本原理。

(2) 掌握JDY-16高速透传蓝牙模块的基本使用。

(3) 掌握蓝牙模块的通信测试方法。

2. 实验原理

蓝牙模块主要用于短距离无线通信，按照功能不同，可分为蓝牙数据模块和蓝牙语音模块，蓝牙模块是集成了蓝牙芯片，用于无线网络通信，大致可分为三大数据传输模块、蓝牙音频模块、蓝牙音频+数据二合一模块等。蓝牙支持点对点通信，或者多点通信，能以无线的方式将家庭或办公场所的各类数据和语音设备连接成网络，形成分布式网络，实现连接设备方便快捷的通信。

3. 实验内容

本实验中主要使用的是JDY-16高速透传蓝牙模块，实物如图5-44所示。该型号蓝牙模块是基于蓝牙4.2协议标准，工作频段为2.4 GHz范围，调制方式为GFSK，最大发射距离 60 m，采用进口原装芯片设计，支持用户通过 AT 命令修改设备名、服务 UUID、发射功率、配对密码等指令，方便快捷使用灵活。

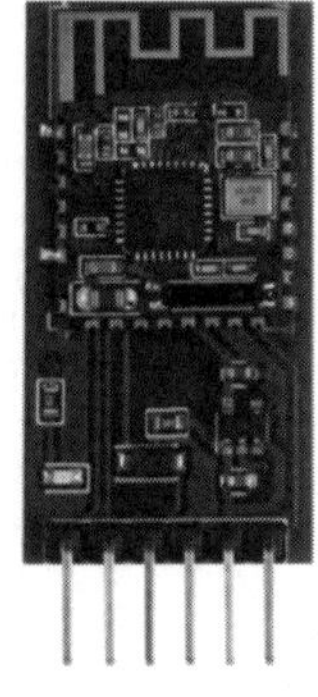

图5-44　JDY-16蓝牙模块

本实验的内容主要是通过对蓝牙模块的调试，实现连接测试，引脚连接如表5-21所示。实物连接图如图5-45所示。

表5-21　引脚说明

序号	JDY-16蓝牙模块	Arduino UNO
1	VCC	5V
2	GND	GND
3	TXD	3
4	RXD	2

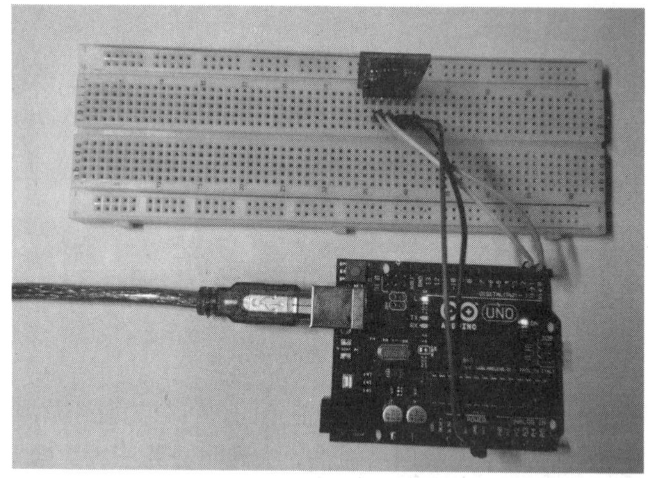

图5-45　实物连接图

代码如下：

```
#include <SoftwareSerial.h>
#define Software_TX 2
#define Software_RX 3
byte read_data, test999_data;
SoftwareSerial test999(Software_RX, Software_TX);//
void setup()
 {
     Serial.begin(9600);
     test999.begin(9600);
     Serial.println("Test");
 }
void loop()
 {
     if (test999.available()) {
        test999_data = test999.read();
        delay(2);
        Serial.write(test999_data);
     }
     if (Serial.available() > 0)
     {
        read_data = Serial.read();
```

```
        delay(2);
        test999.write(read_data);
    }
}
```

用户输入代码，选择正确的端口号后，还需要重新选择编译器，选择“工具”菜单编程器，并在其中选择ArduinoISP，如图5-46所示，然后选择上传，完成后，蓝牙模块的蓝色指示灯将会不断的闪烁。

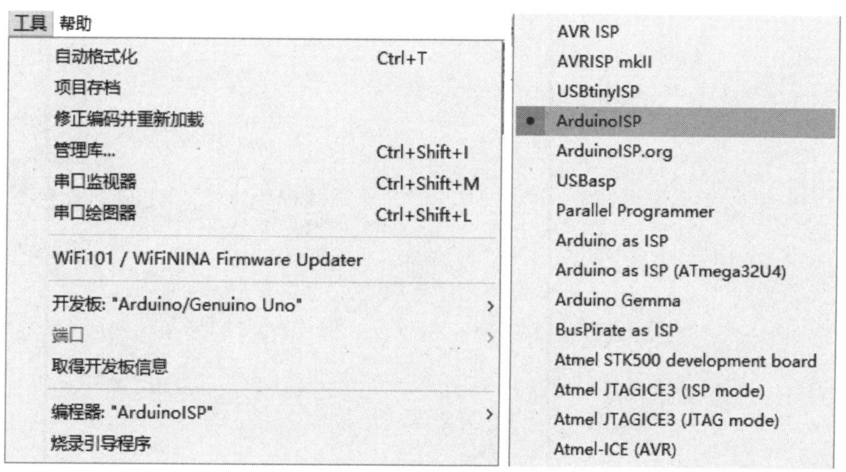

图5-46　选择编程器

为了能测试蓝牙模块的连通情况，可以在手机端安装测试工具，安装完成后会在手机首页生成一个图标，如图5-47所示，打开该测试工具后，需要首先选择对应设备，由于本实验中使用的是JDY-16高速透传蓝牙模块，因此在设备列表中选择JDY-16选项，连接成功后选择SK Service选项，如图5-48所示。

图5-47　测试工具

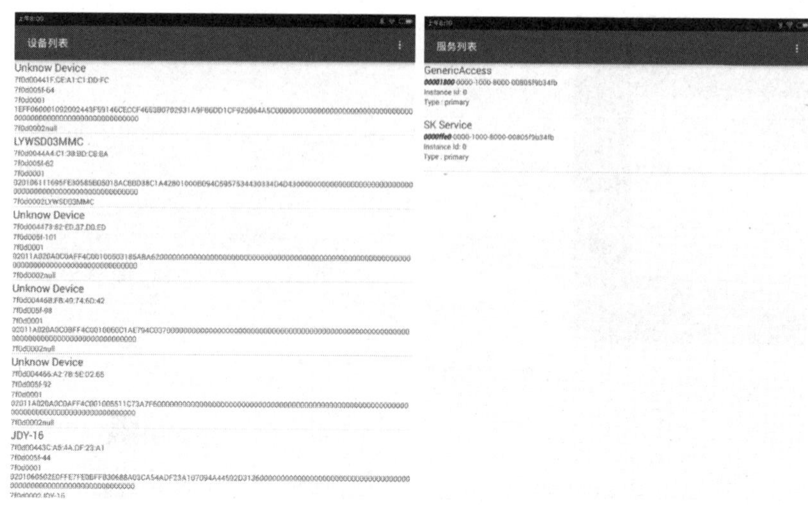

图5-48　选择设备

设备选择完成后，可以在特性列表中选择SK_KEYPRESSED选项进行特性操作，如图5-49所示，同步打开Arduino IDE软件的串口监视器。

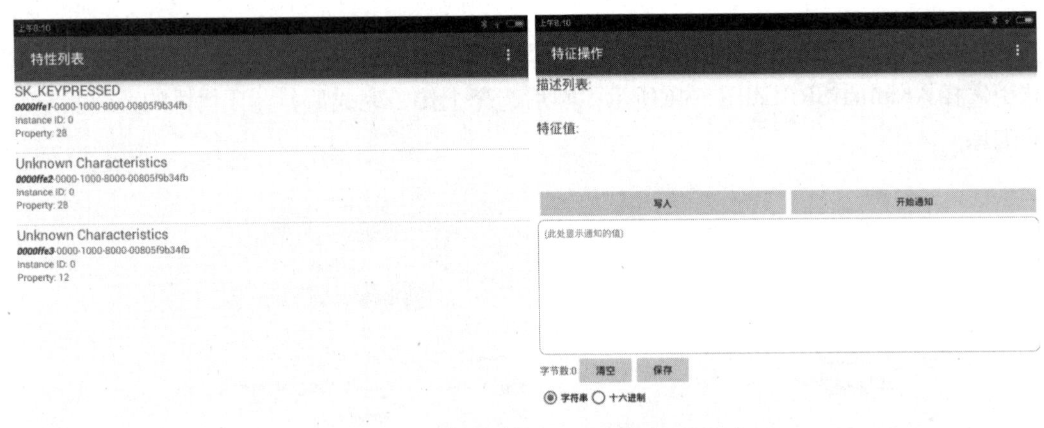

图5-49　选择特性列表

特性操作可以选择写入，选择字符串，输入相关内容，例如在本实验中输入gench，单击“发送”按钮，并同步查看窗口监视器中是否有对应的内容被接收，如果能顺利接收，则说明蓝牙连通正常，实验结果如图5-50所示。同样也可以在串口监视器上输入内容，单击“发送”按钮，查看BLE测试工具中是否接收到相关数据。

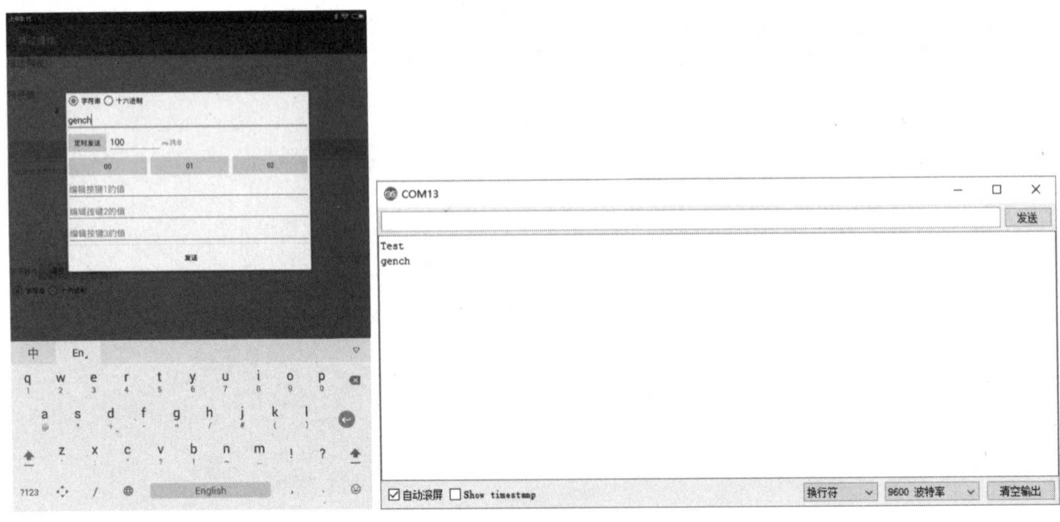

图5-50　连通测试

5.3.4　ESP8266联网应用

视 频

ESP8266联网应用

1. 实验目的

（1）掌握ESP8266模块的基本配置。

（2）掌握点灯科技第三方软件的基本使用。

2. 实验原理

ESP8266模块是一款超低功耗的UART-WiFi透传模块，其工作温度范围大，能够保持稳定的性能，能适应各种操作环境，拥有业内极富竞争力的封装尺寸和超低能耗技术，专为移动设备和物联网应用设计，可将用户的物理设备连接到 Wi-Fi 无线网络上，进行互联网或局域网通信，实现联网功能，如图5-51所示。

图5-51　ESP8266模块

3. 实验内容：ESP8266烧写器安装

（1）首先安装驱动程序，双击打开驱动程序进行安装，然后选择“安装”按钮，完成后会显示驱动安装成功，如图5-52所示。

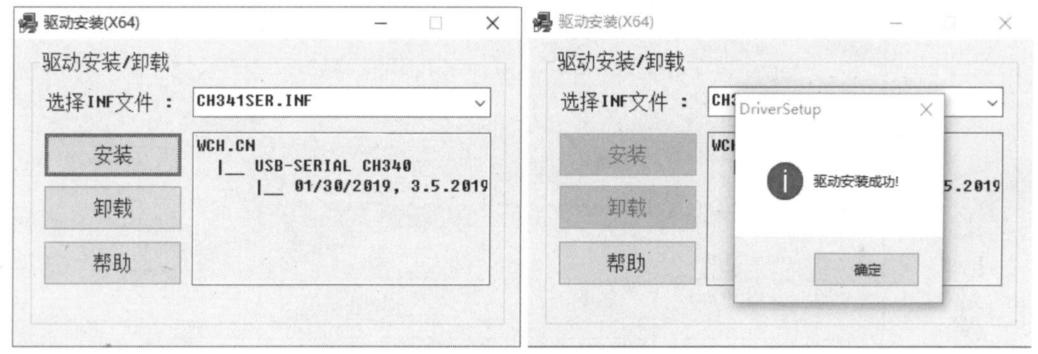

图5-52　安装驱动程序

（2）驱动安装完成后，可以将ESP8266芯片连接到烧写器上，并插入到计算机的USB口中，此时会在设备管理器中查看到一个新的设备USB-SERIAL CH340（COM5），其中的端口号会根据实际的情况发生变化，此处显示的是COM5，如图5-53所示。

（3）打开Arduino IDE软件，加载ESP8266开发板的SDK，首先选择文件菜单，首选项，在其中选择附加开发板管理器网址，将对应的网址粘贴进去，单击后退出，具体网址是https://arduino.esp8266.com/stable/package_esp8266com_index.json，如图5-54所示。

（4）选择“工具”→“开发板”→“开发板管理器”，弹出“开发板管理器”对话框在其中搜索8266，就可以安装对应的SDK，建议安装的版本采用2.6.3，单击“安装”按钮开始，如图5-55所示。

（5）安装完成后，可以选择“工具”→“开发板”命令，在其中找到对应的Generic ESP8266 Module选项，切换完成后，再次打开“工具”菜单，可以对ESP8266进行相关的设置，包括波特率、端口、模式、Flash大小等，如图5-56所示。

图5-53 安装烧写器

图5-54 附加开发板管理器网址

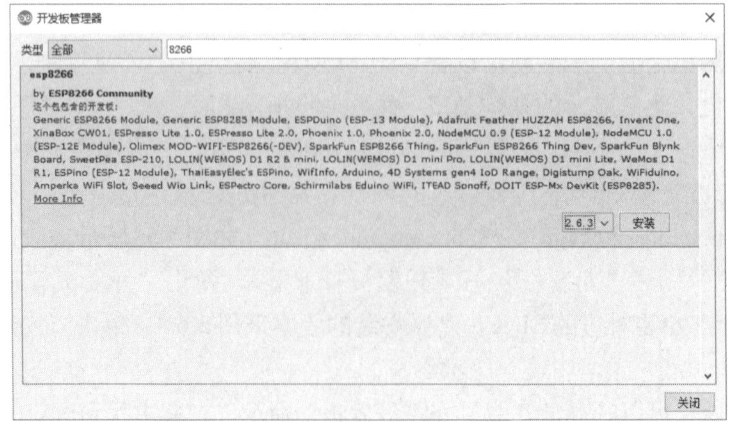

图5-55 安装SDK

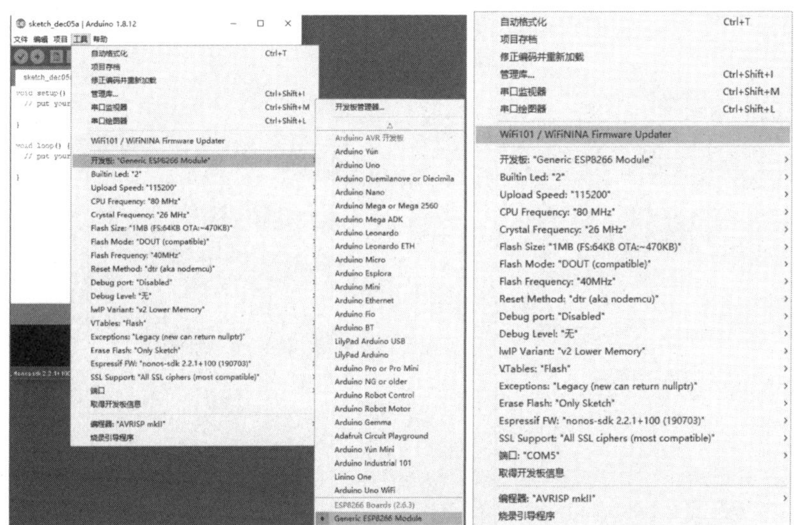

图5-56　选择对应开发板

（6）配置完成后，可以进行首次的烧录测试，输入如下代码，并单击“上传”按钮，完成后可以打开串口调试器查看相关结果，如果反馈消息正确，则说明ESP8266开发板环境已经测试连接正确，如图5-57所示。

```
void setup() {
  Serial.begin(115200);
}
void loop() {
  Serial.println("www.gench.edu.cn");
  delay(1000);
}
```

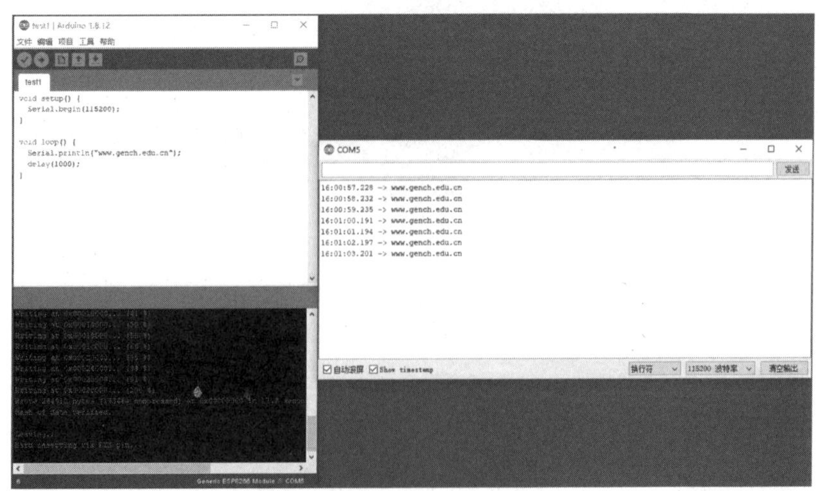

图5-57　烧录测试

（7）首次测试通过后，可以选择“文件”→“示例”→ESP8266WiFi→WiFiClient选项，如图5-58所示。打开示例文件后，保存项目文件，并修改示例中WiFi的SSID（#define STASSID "your-ssid"）和连接密码（#define STAPSK "your-password"），然后根据实际需求，删减代码，再次烧录到ESP8266开发板，如果代码连接正确则可以在串口调试器中查看到对应的网络连接情况，如图5-59所示。

具体保留代码如下：

```
#include <ESP8266WiFi.h>
#ifndef STASSID
#define STASSID "test"
#define STAPSK  "123456"
#endif
const char* ssid     = STASSID;
const char* password = STAPSK;

void setup() {
  Serial.begin(115200);
  Serial.println();
  Serial.println();
  Serial.print("Connecting to ");
  Serial.println(ssid);
  WiFi.mode(WIFI_STA);
  WiFi.begin(ssid, password);
  while (WiFi.status() != WL_CONNECTED) {
    delay(500);
    Serial.print(".");
  }
  Serial.println("");
  Serial.println("WiFi connected");
  Serial.println("IP address: ");
  Serial.println(WiFi.localIP());
}
void loop() {
  Serial.println("Connection test");
  delay(2000);
}
```

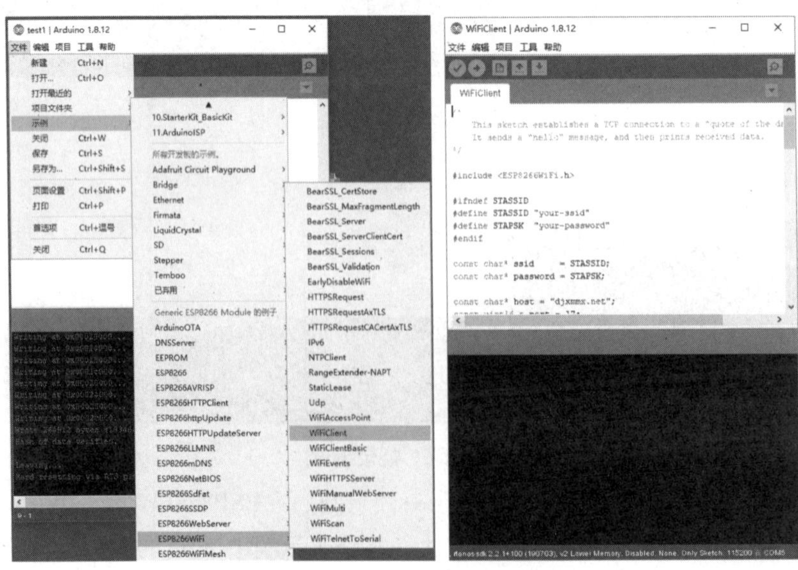

图5-58　打开WiFiClient示例

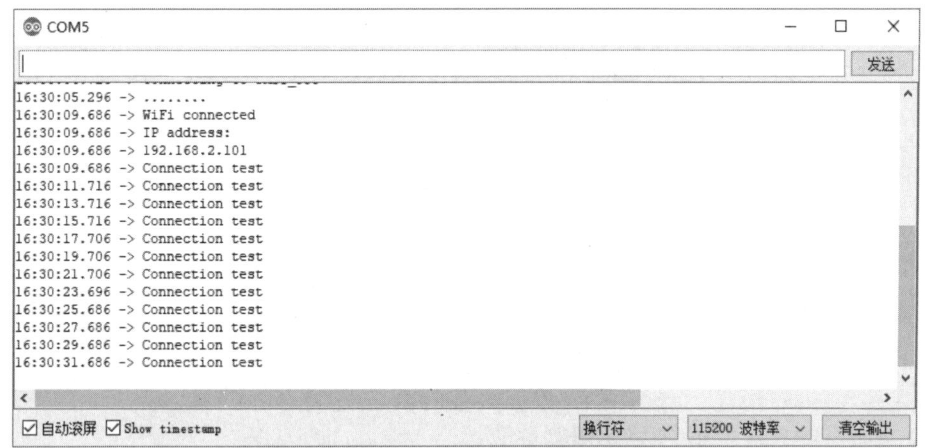

图5-59 Wi-Fi连接成功

（8）连通测试通过后，就可以进一步进行相关操作，首先对ESP8266模块上的发光二极管进行控制，只需要在setup()函数中添加引脚定义语句pinMode(LED_BUILTIN,OUTPUT);，并在loop()函数中添加以下语句，重新烧录后即可实现模块上发光二极管的闪烁，闪烁的频率可以通过延迟函数delay()来进行控制。

```
void loop() {
  digitalWrite(LED_BUILTIN,!digitalRead(LED_BUILTIN));
  delay(1000);
}
```

（9）完成了发光二极管的简单控制后，就可以尝试通过继电器模块控制电机的简单运动了，本实验中使用的继电器如图5-60所示，具体操作步骤包括两个部分：其一是首先编写程序代码，在setup()函数中添加引脚定义语句，在loop()函数中添加控制语句，并烧录到ESP8266模块中；其二是按照表5-22，将继电器、ESP8266模块和电机进行连接，其中电机的正极与继电器的NO或NC任意一个引脚连接，电机的负极与供电板的GND连接，连接实物图如图5-61所示，开启供电板电源后，就可以看到ESP8266模块上的发光二极管每隔3s闪烁一次，电机连接的风扇也是每隔3 s运转一次。

代码如下：

```
#include <ESP8266WiFi.h>
#ifndef STASSID
#define STASSID "test"
#define STAPSK  "123456"
#endif
const char* ssid     = STASSID;
const char* password = STAPSK;
void setup() {
  Serial.begin(115200);
  pinMode(LED_BUILTIN,OUTPUT);
  pinMode(0,OUTPUT);
  Serial.println();
  Serial.println();
  Serial.print("Connecting to ");
```

```
    Serial.println(ssid);
    WiFi.mode(WIFI_STA);
    WiFi.begin(ssid, password);
    while (WiFi.status() != WL_CONNECTED) {
      delay(500);
      Serial.print(".");
    }
    Serial.println("");
    Serial.println("WiFi connected");
    Serial.println("IP address: ");
    Serial.println(WiFi.localIP());
  }
  void loop() {
    digitalWrite(LED_BUILTIN,!digitalRead(LED_BUILTIN));
    digitalWrite(0,!digitalRead(0));
    delay(3000);
  }
```

图5-60　继电器模块

表5-22　引脚说明

序号	继电器	供电板
1	VCC	5V
2	GND	GND
3	COM	3.3V
4	NO或NC	电机正极

图5-61　实物连接图

（10）到目前为止，实验已经实现了定时开关的简单功能，即每隔 3 s 自动打开一次开关，以下可以将定时开关接入网络从而实现物联网的简单应用，本实验中是使用第三方托管商的方式实现相关功能，采用的是点灯科技平台，平台官网是 https://www.diandeng.tech/home，如图 5-62 所示，点灯科技提供了一套跨硬件、跨平台的物联网解决方案，提供 APP 端、设备端、服务器端支持，使用公有云服务进行数据传输存储。可用于智能家居、数据监测等领域，可以帮助用户更好更快地搭建物联网项目，在其官网中也提供了大量的实际操作案例，可以提供给开发者使用。

图 5-62　点灯科技

（11）在点灯科技的官网中查找开发文档，并在其中找到 esp8266-WiFi 接入，本实验就是按照文档中的具体流程来实现相关功能的，如图 5-63 所示。

图 5-63　说明文档

（12）首先需要下载点灯科技的手机端 APP，可以通过应用商店中查找 blinker，下载并安装，完成后可以看到如图 5-64 所示界面。

（13）下载并安装blinker Arduino库，解压缩下载的文件，并保存在（我的电脑→文档→Arduino→libraries）。

（14）打开点灯科技手机端APP，开始添加设备，在右上角点击＋号，选择“独立设备”→“WiFi接入”按钮，如图5-65所示，选择通信服务商为点灯科技，这时系统会提供一个Secret Key，需要用户将这个密钥复制到源程序中，用于连接。

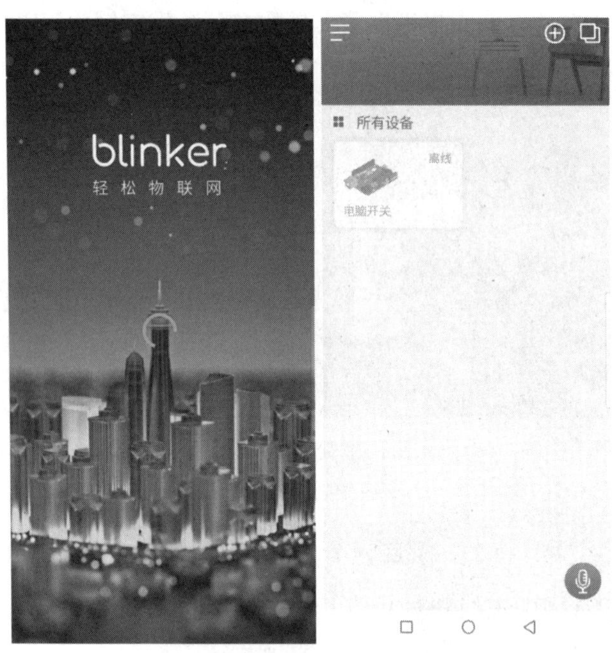

图5-64　点灯科技手机端APP

图5-65　添加设备

（15）打开文件菜单，选择示例选项，在其中选择第三方库示例，并按照以下路径选择 Blinker-Blinker_Hello-Hello_WiFi，打开示例代码，并根据实际的 Secret Key、无线网络进行修改，此外由于实验中需要控制继电器，因此还需要添加部分的代码，包括在 setup() 中添加引脚定义语句 pinMode(0, OUTPUT);，设置初始化引脚为高电平 digitalWrite(0, HIGH);，在回调函数 button1_callback() 中添加语句 digitalWrite(0, !digitalRead(0));，完成后将 ESP8266 模块与烧写器连接，接入计算机 USB 口，开始进行编译上传，完成后可以打开串口监视器查看相关反馈信息，如图 5-66 所示。

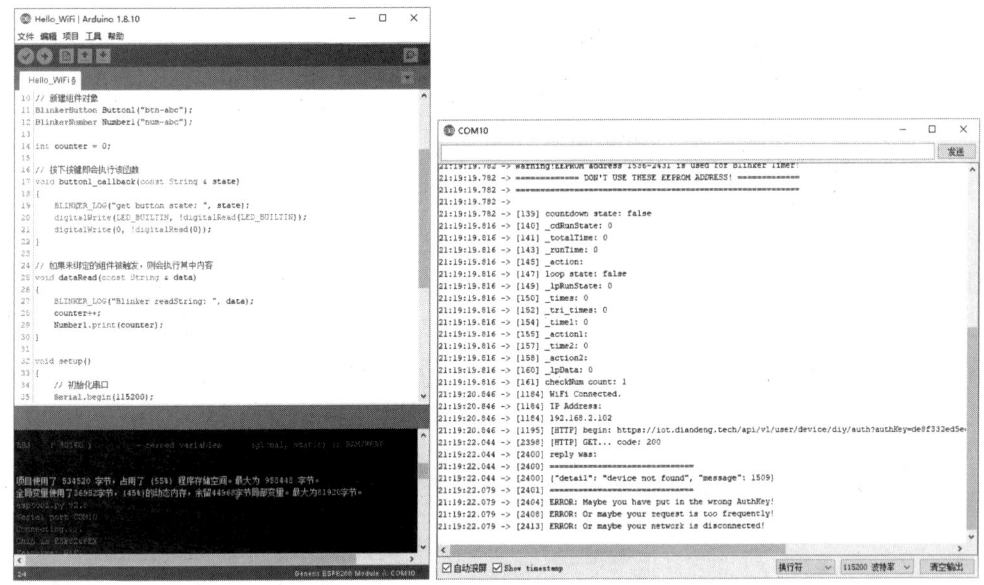

图 5-66　上传代码并查看

代码如下：

```
#define BLINKER_WIFI
#include <Blinker.h>
char auth[] = "de8f332ed5ee";
char ssid[] = "test";
char pswd[] = "123456";
BlinkerButton Button1("btn-abc");
BlinkerNumber Number1("num-abc");
int counter = 0;
void button1_callback(const String & state)
{
    BLINKER_LOG("get button state: ", state);
    digitalWrite(LED_BUILTIN, !digitalRead(LED_BUILTIN));
    digitalWrite(0, !digitalRead(0));
}
void dataRead(const String & data)
{
    BLINKER_LOG("Blinker readString: ", data);
    counter++;
    Number1.print(counter);
```

```
}
void setup()
{
    Serial.begin(115200);
    BLINKER_DEBUG.stream(Serial);
    BLINKER_DEBUG.debugAll();

    pinMode(LED_BUILTIN, OUTPUT);
    digitalWrite(LED_BUILTIN, HIGH);
    pinMode(0, OUTPUT);
    digitalWrite(0, HIGH);
    Blinker.begin(auth, ssid, pswd);
    Blinker.attachData(dataRead);
    Button1.attach(button1_callback);
}
void loop() {
    Blinker.run();
}
```

（16）打开点灯科技手机端APP，选择新建的设备，在右上角选择编辑，开始添加组件，分别在屏幕下方选择添加按键和调试两个组件，并分别单击组件进行样式设置，在按键组件中需要注意将数据键名与源程序代码中设置一致，即统一设置为btn-abc，调试样式选择显示收发数据，全部设置完成后可以选择屏幕右上角的“保存”按钮退出，并再次选择屏幕右上角的小锁保存退出，如图5-67所示，此时设备就处于在线状态了，相关的数据也有所反馈了。

图5-67　组件样式设置

（17）此时可以单击一次开关，查看烧写器连接的ESP8266模块上的发光二极管是否能被控制，并且可以查看调试信息中是否有反馈信息，如图5-68所示。如果反馈信息正常就可以将ESP8266模块从烧写器上拔下后，插入到继电器模块中，进行实际的测试了，通过测试可以验证，通过点灯科技的手机端APP结合ESP8266模块可以实现对继电器的控制，从而实现物联网智能开关的简单应用，具体实物连接测试如图 5-69 所示。

图 5-68　单击按键

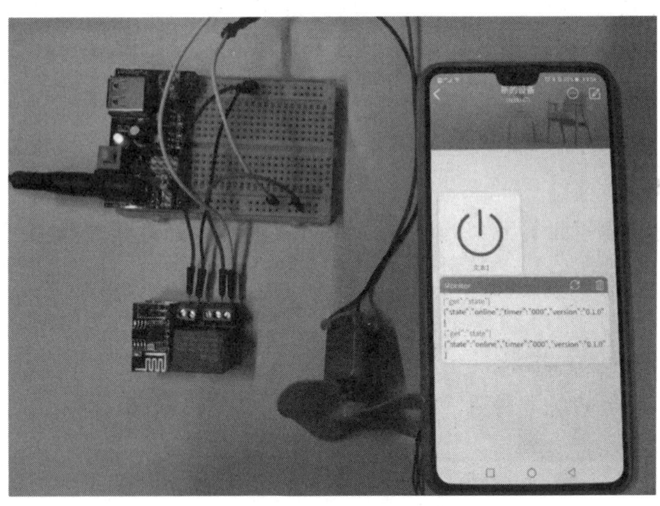

图 5-69　实物测试

习　　题

一、选择题

1. DHT11 温湿度传感器一般包括四个引脚，以下哪个处于悬空状态____________。

A. NC　　　B. DATA　　　C. GND　　　D. VDD

2. 1602液晶屏是一种工业字符型液晶，能够同时显示＿＿＿＿＿个字符。

A. 16　　B. 32　　C. 64　　D. 128

3. HC-SR501人体感应传感器具有两个电位器，分别调整的是＿＿＿＿＿和感应距离。

A. 状态延迟　　B. 体温延迟　　C. 时间延迟　　D. 感应方向

4. 当环境中存在可燃气体时，MQ-2 气体传感器的电导率随空气中可燃气体浓度的增加而＿＿＿＿＿。

A. 增大　　B. 减小　　C. 升温　　D. 降温

5. SW-420常闭型震动传感器，当没有感应到震动时，震动轴呈现静止状态，输出端输出＿＿＿＿＿。

A. 高电平　　B. 低电平　　C. 光信号　　D. 模拟信号

二、判断题

1. DHT11温湿度传感器是一款含有已校准数字信号输出的温湿度复合传感器，使用专用的数字模块采集技术和温湿度传感技术。（　　）

2. 光敏传感器是对外界光信号或光辐射有响应或转换功能的敏感装置。（　　）

3. 雨滴传感器的种类一般有三种，其一是根据雨滴冲击能量的变化进行检测，其二是利用静电电容量变化进行检测，其三利用光亮变化进行检测。（　　）

4. 火焰传感器利用红外线对火焰非常敏感的特点，使用特制的红外线接收管来检测火焰，然后把火焰的亮度转化为高低变化的电平信号，输入到中央处理器中，中央处理器根据信号的变化做出相应的程序处理。（　　）

5. RFID 技术利用无线射频方式在阅读器和射频卡之间进行非接触单向数据传输，以达到目标识别和数据交换的目的。（　　）

6. 蓝牙模块主要用于短距离无线通信，按照功能不同可分为蓝牙数据模块和蓝牙语音模块。（　　）

三、简答题

1. 简述RFID系统的基本组成。

2. 简述ESP8266模块的基本特点。

第 6 章

物联网云平台介绍

本章主要介绍了物联网各类云平台的基本情况，包括物联网云平台的三种服务模式、目前物联网云平台的四类基本案例，章节中还以阿里云为案例，介绍了平台的注册、产品的添加、设备的添加，并以 MQTT.fx 软件为客户端实现了数据的模拟上云操作，为后续真实设备上云操作提供了理论依据。

6.1 物联网云平台

目前物联网平台作为整个物联网解决方案的核心，已经越来越多地被实际应用，从广义的定义来讲，物联网平台指的是一组工具和服务，使开发人员能够开发和运行应用程序，物联网平台是中间件层，负责从传感器和终端设备中获取数据并生成有意义的结果和操作，通常提供设备的SDK或API，开发人员可以通过平台连接任何硬件平台并使用基于云的服务。

由于物联网平台的重要性和复杂性，全球已经涌现出数百个物联网PaaS（平台即服务）供应商，各类传统的IT企业、通信运营商、通信设备商、互联网企业、工业方案提供商、新型创业公司等都在涌入这个市场，物联网平台IaaS、PaaS、SaaS三种云计算服务模型，逐步完善了其功能体系，以下首先介绍上述三种模式。

基于基础设施即服务（Infrastructure as a Service，IaaS）把计算基础（服务器、网络技术、存储和数据中心空间）作为一项服务提供给客户，包括提供操作系统和虚拟化技术来管理资源，消费者通过Internet可以从完善的计算机基础设施获得服务。

平台即服务（Platform as a Service，PaaS）是指软件研发的平台作为一种服务，供应商提供超过基础设施的服务，一个作为软件开发和运行环境的整套解决方案，即以SaaS的模式提交给用户，因此PaaS也是SaaS模式的一种应用，但PaaS的出现又可以加快SaaS的发展，尤其是加快

SaaS应用的开发速度。

软件即服务（Software as a Service，SaaS）是一种交付模式，其中应用作为一项服务托管，通过Internet提供给用户，帮助客户更好地管理它们的IT项目和服务，确保它们IT应用的质量和性能，监控它们的在线业务。

目前物联网平台大体可以分为四类，分别是通信领域、互联网领域、软件系统服务领域、垂直领域。通信领域包括以移动、联通、华为、中兴等为代表的电信运营商和电信设备商；互联网领域包括阿里、腾讯、百度、小米等；软件系统服务领域包括IBM、微软等；垂直领域主要分为两个部分，包括以西门子、三一重工、GE等为代表的工业类企业，以基本立子、普奥云、机智云、涂鸦智能等为代表的创业企业。以下就对部分的物联网平台进行简要的介绍和说明

6.1.1　中国移动OneNET平台

OneNET是中国移动物联网有限公司基于开放、共赢的理念，面向公共服务自主研发的开发云平台，为各种跨平台物联网应用、行业解决方案提供简便的云端接入、海量存储、计算和大数据可视化服务，从而降低物联网企业和个人（创客）的研发、运营和运维成本，使物联网企业和个人（创客）更加专注于应用，共建以OneNET设备云为中心的物联网生态环境。

OneNET平台提供设备全生命周期管理相关工具，帮助个人、企业快速实现大规模设备的云端管理。开放第三方接口，加速个性化应用系统构建；同时，可以定制化地生成手机端APP，为用户提供云、管、端整体解决方案。平台的网址是open.iot.10086.cn，具体界面如图6-1所示。

2017年11月25日，中国移动发布自主研发的全球最大规模的物联网连接管理平台CCMP 3.0版本。该平台由中国移动历时5年自主研发、逐步演进而来的新一代物联网连接管理平台。全新的CCMP3.0主要提供5个方面的能力，包括业务运营能力、应用集成能力、国际业务拓展能力、NB-IOT能力和安全防护能力。其中，业务运营、应用集成和安全防护三个能力在2.0版本的基础上进行了完全的内核更新演变，成全新业务能力；国际业务和NB-IoT两大能力是新上线的两大能力，这两大能力为企业客户拓展跨国业务以及更丰富的物联网业务场景提供了新的可能。

图6-1　OneNET平台

6.1.2 中国联通物联网平台2.0

中国联通物联网平台2.0是自中国联通2015年首次发布物联网连接管理平台的升级，是一个基于云的先进平台，提供新一代连接管理功能，可支持启动、管理并迅速扩展联网设备业务或企业部署。主要基于Control Center 7.0这一全新的物联网平台，面向客户提供六大能力SIM卡服务；自动化规则设置；API集成；设备实施诊断；账单及报表查询；企业账户管理。并在原有的平台基础上，新增全方位安全防护、业务洞察能力、协作应用集成、低功耗广域网络支持以及增值业务运营等七大功能，支持企业用户多样化商业模式的同时满足其多种运营需求，平台网址是www.m2m10010.com。

中国联通物联网有限责任公司系中国联合网络通信有限公司的全资子公司，注册资本10亿元人民币，作为中国联通物联网非连接业务（应用、部件等）的运营主体和中国联通物联网业务对外合资合作的统一平台。

物联网公司前身为2014年9月成立的中国联通物联网运营支撑中心，后于2016年2月更名为物联网业务部。2018年3月，正式挂牌成立联通物联网有限责任公司。公司围绕“物联网平台+”生态战略，打造以物联网平台为核心的业务体系，构建一个覆盖物联网产业链“云管端芯”的生态系统，致力于成为全球领先的物联网服务提供商。物联网平台主要包括连接管理和应用使能。在应用使能方面，中国联通聚合各种共性能力，已经建成并上线了聚合各种共性能力的IoT能力开放网关，围绕设备管理、安全管理、数据管理和运营管理，对外提供标准化、集中化和开放化的服务，以松耦合方式支持合作伙伴快速开发各类应用。公司整体发展历程如图6-2所示。

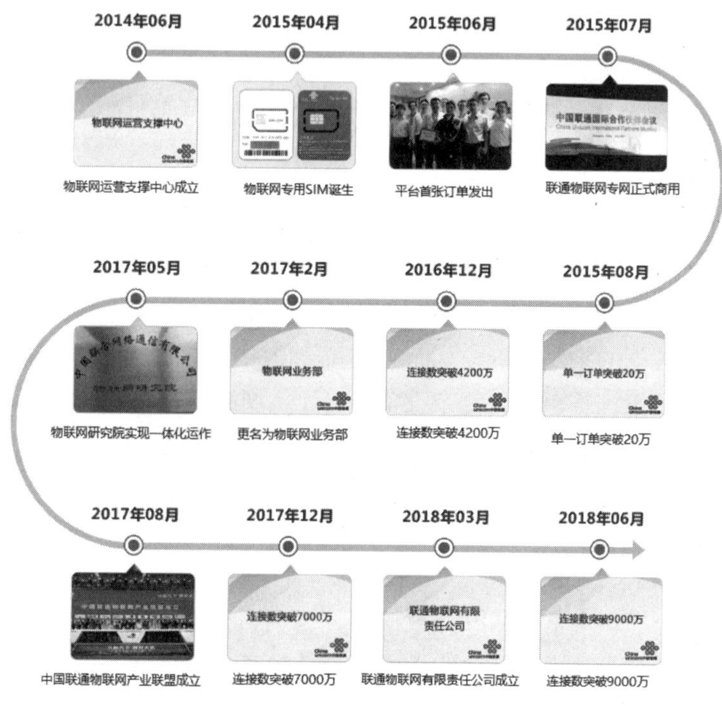

图6-2 中国联通物联网平台

6.1.3 华为OceanConnect物联网平台

华为OceanConnect物联网平台是面向运营商和企业/行业领域的统一开放云平台，提供开放的三层架构，提供开放的连接管理平台、ICT融合的设备管理平台和灵活的应用使能平台。OceanConnect是华为云核心网推出的以IoT联接管理平台为核心的IoT生态圈。基于物联网、云计算、大数据等核心技术，构建统一开放的IoT联接管理平台，通过开放API和IoT Agent实现与上下游产品能力的无缝连接，从而给客户提供端到端的高价值行业应用，比如OceanConnect智慧家庭、OceanConnect车联网、OceanConnect智能抄表等。

OceanConnect提供众多行业生态API供开发者灵活使用，包括数据模型、设备管理、用户管理、规则处理等，覆盖了多种行业生态。基于OSGi（开放服务网关协议，Open Service Gateway Initiative）框架的Agent，支持边缘计算功能，同时支持家庭网关、工业网关以及网关下的设备平台，另外推出系列化Agent Lite、Agent IPC、Agent TIny（可部署在LiteOS之上）等，扩展了更多种协议的设备接入可能，比如Onvif摄像头、Modbus设备、OPC-UA设备等，平台的网页地址是developer.huawei.com/ict/cn/site-oceanconnect，具体界面如图6-3所示。

图6-3　华为Ocean Connect物联网平台

IoT联接管理平台包括数据管理、设备管理和运营管理，实现统一安全的网络接入、各种终端的灵活适配、海量数据的采集分析，从而实现新价值的创造。IoT联接管理平台不仅通过Agent简化各类终端厂家的开发，屏蔽各种复杂设备接口，实现终端设备的快速接入；同时面向各行业提供强大的开放能力，支撑各行业伙伴快速实现各种物联网业务应用，满足各行业客户的个性化业务需求。

OceanConnect的特点包括：

1. 平台开放

IoT联接管理平台提供丰富的API开放接口，包括通信能力API、网络能力API、用户数据API等。同时还提供终端管理平台开放的能力，为最终客户提供接入入口以及操作入口。平台还向下开放SDK，开发者只需要对网元化的SDK进行简单的拖拽，即可实现相应的业务逻辑。

2. 弹性伸缩

IoT联接管理平台的弹性伸缩主要包括灵活部署的云化平台、平台聚合垂直行业能力、开放性和兼容性、业务模块化/灵活组合。

3. 云部署

IoT联接管理平台基于云化的架构设计，能够轻松部署在云平台上。通过对平台进行分片，可以灵活对接不同的业务需求。

4. 电信级

基于华为核心网的电信级安全设计规格和ITU-T X.805电信安全框架，通过多级容灾机制、数据加密、系统加固、权限管理和全球服务保障等，全方位保障业务平稳运行，降低运维成本。

5. 接入无关

IoT联接管理平台采用多层ID管理和鉴权机制，能够有效地管理开发者/应用/设备/用户的ID。通过合理的数据库，负载均衡模块以及数据管理模块的协同运作，可以实现海量化、多样化的设备接入，同时支持无线、有线、企业级接入、支持SIM卡终端和非SIM卡终端接入、支持各种主流IoT网关接入。

6.1.4 中兴ThingxCloud兴云

2017年12月12日，中兴通讯于上海召开2017物联网产业峰会，发布新一代物联网平台ThingxCloud兴云。ThingxCloud兴云作为专为使能而生的IoT PaaS平台，上承应用、下联设备、内生数据、赋能物联网、助力生态圈，开启了物联网共建、共享、共赢新模式。基于大数据、AI、安全基础能力，实现了物联网的设备管理、连接管理以及应用使能管理，适配各种通信协议，屏蔽网络技术差异，使底层网络对上层应用透明，为物联网行业提供终端连接、应用创新、数据共享、运营支撑、集成服务等能力。

通过SDK（Software Development Kit）/API（Application Programming Interface）规范并简化海量终端的接入，对上层物联网应用开放公共基础能力；消除了物联网应用以往相互独立、各自单独部署、烟囱式的建设模式，使各种物联网应用在架构上得到极大的优化，并降低了开发难度，节省了运营成本；帮助合作伙伴专注于开发用户所需应用，如资产跟踪、远程安全、车联网、远程医疗和健康管理、车队管理、农业及工厂自动化、智能资源管理、智慧家庭和智慧楼宇等。

中兴通讯通过ThingxCloud兴云生态运营门户，简单、友好、易用的物联网开发工具，丰富的技术资料等，支撑GIA（Global Iot Alliance）联盟中的各方合作伙伴，贡献自己的力量，完成共建、共享、共赢，开创物联网新时代。

6.1.5 阿里云物联网平台

阿里云是阿里巴巴集团旗下的云计算品牌，是全球卓越的云计算技术和服务提供商，创立于2009年，目前在杭州、北京、硅谷等地设立有研发中心和运营机构，致力于以在线公共服务的方式，提供安全、可靠的计算和数据处理能力，让计算和人工智能成为普惠科技。阿里云服务于制造、金融、政务、交通、医疗、电信、能源等众多领域的领军企业，包括中国联通、12306、中石化、中石油、飞利浦、华大基因等大型企业客户，以及微博、知乎等明星互联网公司。平台的网址是https://www.aliyun.com/，具体界面如图6-4所示。

2017年10月12日，阿里云在2017杭州•云栖大会上宣布正式发布Link物联网平台。该平台战略投入物联网云端一体化使能平台、物联网市场、ICA全球标准联盟等三大基础设施，推动生活、工业、城市三大领域的智联网。在未来5年内，将持续投入，实现服务100万开发者、沉淀100万物联网应用解决方案、链接100亿物联网设备，撬动全球物联网产业实现万亿市场规模目标。

平台提供生活物联网平台、城市物联网平台、AliOS things、物联网语音服务、物联网套件、ID²设备身份认证平台、TEE安全套件、嵌入式系统安全套件等多种产品服务。平台的网址是iot.aliyun.com，具体界面如图6-5所示。

图6-4　阿里云平台

图6-5　阿里云物联网平台

6.1.6 腾讯的QQ物联

2014年10月，“QQ物联智能硬件开放平台”发布，将QQ账号体系及关系链、QQ消息通道能力等核心能力，提供给可穿戴设备、智能家居、智能车载、传统硬件等领域合作伙伴，实现用户与设备及设备与设备之间的互联互通互动，充分利用和发挥腾讯QQ的亿万手机客户端及云服务的优势，更大范围帮助传统行业实现互联网化。主要优势是创新产品能力、降低研发成本、扩大社交影响。平台网址是iot.open.qq.com，具体界面如图6-6所示。

QQ物联致力于帮助传统硬件快速转型为智能硬件，帮助合作伙伴降低云端、APP端等研发成本，提升用户黏性并通过开放腾讯的丰富网络服务基于硬件更多想象空间。平台的基本功能如图6-7所示。

图6-6 QQ物联智能硬件开放平台

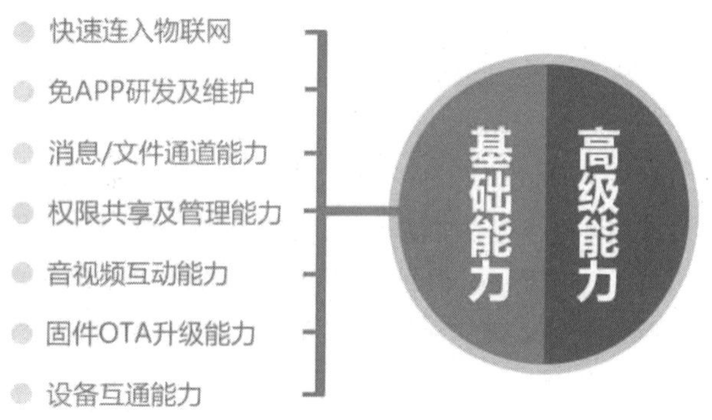

图6-7 QQ物联智能功能

1. 快速连入物联网

QQ物联为设备提供快速、安全、稳定的接入物联网的一体化解决方案，让硬件设备开发者更加聚焦在硬件设计与功能创新本身。

2. 免APP研发及维护

硬件设备开发者无须再投入资源设计、研发、维护和推广设备的APP。QQ物联针对不同需求的硬件开发者，提供适合的解决方案，帮助开发者在最短的时间内完成用户操控端的搭建。

3. 消息/文件通道能力

硬件设备成为用户的QQ好友后，可以与用户进行双向的沟通互动。QQ物联提供稳定的消息/文件通道、用户的触达能力及操作界面，硬件开发者只需要聚焦在创新硬件的互动特性上。

4. 权限共享及管理能力

QQ物联提供最方便快捷的方式，让用户的亲友可以一起使用设备、一起玩。同时，通过QQ好友关系链，帮助硬件开发者，快速获取更多活跃用户及潜在消费者。

5. 音视频互动能力

QQ物联将腾讯积累优化多年的核心音视频能力开放给硬件设备，让具备音视频采集及播放的设备，能够通过音视频通道，扩展出设备与用户沟通互动的新玩法。

6. 设备互联互通能力

接入QQ物联的设备，遵循标准的协议，可以实现不同品牌间设备的互联互通。用户可以自定义组建自己所拥有设备的联通玩法，硬件开发者可以通过设备互联的能力，扩展硬件的玩法、提升设备的使用价值。

7. 固件OTA升级能力

帮助硬件设备快速更新迭代，扩展功能。QQ物联提供固件版本管理、固件推送通道、用户触达等一体化能力。

6.1.7 百度智能云平台

百度智能云于2015年正式对外开放运营，是基于百度多年技术沉淀打造的智能云计算品牌，致力于为客户提供全球领先的人工智能、大数据和云计算服务。凭借先进的技术和丰富的解决方案，全面赋能各行业，加速产业智能化。

百度智能云为金融、城市、医疗、客服与营销、能源、制造、电信、文娱、交通等众多领域领军企业提供服务，包括中国联通、国家电网、南方电网、浦发银行、成都高新减灾研究所、央视网、携程、四川航空等诸多客户。2019年4月，百度云品牌全面升级为“百度智能云”。2020年3月，Canalys发布的2019年第四季度中国基础云服务市场报告显示，百度智能云在中国市场排名前三。2020年5月18日，在ABC SUMMIT 2020百度夏季云智峰会上，百度CTO王海峰发布百度智能云全新战略。全新升级的百度智能云，融合云计算、百度大脑、大数据等百度核心技术，正在把人工智能输送到千行万业。

百度智能云建立具有四大优势：一是基于百度云提供从网络到中间件，从计算到存储，从大数据到人工智能的全栈服务；二是遍布国内的自研数据中心，丰富的资源（节点/IDC），T级带宽接入，提供高扩展性，支撑海量设备快速接入；三是支持Modbus、BACnet等各种协议解析与转换；四是基于国内最大的服务器集群提供最具优势的大数据分析能力，快速发现数据的价值。平台网址是cloud.baidu.com/solution/iot/index.html，具体界面如图6-8所示。

图6-8　百度智能云

6.1.8　小米IoT开发者平台

小米IoT开发者平台是小米面向IoT领域的开放平台，主要服务智能家居设备、智能家电设备、智能可穿戴设备、智能出行设备等消费类智能硬件（家庭使用）及其开发者。小米IoT开发者平台不仅提供联网模组、云平台、APP远程控制、数据云端存储、OTA、用户账号等软硬件服务，更有开放设备互联互通、小米用户群体、小米AI控制、小米众筹／有品商城等小米特色资源，帮助开发者打造真智能、可互通、受众广、活跃度高的智能产品。平台网址是iot.mi.com/index.html，页面如图6-9所示。

图6-9　小米IoT开发者平台

6.1.9　IBM Watson物联网平台

IBM Watson物联网平台架构在基于Cloud Foundry 开源项目的Blumix云产品之上，通过它，企业安全、轻松地将包括芯片、智能设备在内的各种设备连接到应用及行业解决方案，确保为企业提供创新与转型所需的新洞察力。IBM Watson物联网平台提供四大物联网解决方案：分析、连接、信息管理、风险管理。

分析：从海量物联网数据中获得洞察，作出智慧决策，优化运营。应用实时分析，监视当前状况，作出相应的响应。对结构化和非结构化数据进行认知型分析，了解状况，通过各种选项进行推理，并随着情况的不断变化进行学习。

连接：将各种设备（小到芯片，大到智能家电）轻松连接到应用和行业解决方案。执行设备管理功能，通过基于云的服务实现扩展，然后利用丰富的分析功能，获取洞察并实现组织转型。

信息管理：智能地转换和存储物联网数据。从各种数据源和平台获取数据，然后使用丰富的分析功能提取重要价值。

风险管理：使用丰富的仪表板功能和高级警报功能管控风险，实现对整个物联网场景的风险洞察。通过单个控制台，根据通知采取行动，发现企业环境中任何位置发生的事件。

6.1.10 微软Azure IoT

Azure IoT是一个综合性云服务平台，开发人员和 IT 专业人士可通过全球数据中心网络使用该平台来生成、部署和管理应用程序。集成工具、DevOps和Marketplace支持高效生成任何内容。其中IoT套件架构在Azure之上，可帮助客户加速物联网解决方案的开发。

迅速连接，高效扩展：使用适用于多个平台（包括 Linux、Windows 和实时操作系统）的设备 SDK 添加新设备并连接现有设备。无论你的项目大小，都可从少数几个传感器轻松扩展至数百万台同步连接的设备，并依赖 Azure 的全球可用性。

分析并处理数据：从设备和传感器收集以前未使用的数据，并使用内置功能显示并处理该数据。以灵活、可扩展的高性能方法使用基于 SQL 的语法来设置实时分析，而无须管理复杂的基础结构和软件。使用大型算法库来扩展预测分析解决方案。将 R 和 Python 语言中的代码直接集成到你的工作区中，从而扩展实时分析和机器学习解决方案。

集成并转换业务：Azure IoT 可与第三方应用程序（包括Sales force、SAP、Oracle Database 和 Microsoft Dynamics）轻松集成，轻松访问数据并使分散的系统保持最新。只需极少的开发工作即可通过移动推送通知引擎将数百万消息发送给异构设备。生成与 Microsoft 和第三方 Web API 相集成的移动和 Web 应用程序，并使用 OAuth2.0 生成自己的安全 WebAPI。

设备身份验证：为每个连接的设备设置标识和凭据，并帮助保持云到设备和设备到云消息的保密性。并且，选择性地撤销特定设备的访问权限以保持系统的完整性。

6.1.11 西门子MindSphere

西门子开放式云平台MindSphere，是功能强大的IoT操作系统的核心，具有数据分析功能和连通功能、各种开发工具以及各种应用软件和服务。有助于评估和利用客户数据，帮助客户获得突破性洞察力。帮助客户提高资产性能，优化资产，最大限度保证正常运行时间。

MindSphere是基于Cloud Foundry™（Cloud Foundry由全球的企业和供应商采用开放源码政策联合开发的开源PaaS平台）而构建的一种工业标准的云应用平台。MindSphere应用可以运行在客户偏爱的云基础设施上，包括Amazon Web Services、Microsoft Azure、SAP Cloud 平台和 Atos Canopy等；并可以部署在由其他第三方服务提供商维护的公有云上；甚至也可以部署在专为某个企业构建的私有云上。客户可以根据自己在成本、控制、可组态性、可伸缩性、位置与安全等方面的需求选择最佳的云部署方案。平台网址是 www.siemens.com/cn/zh/home/products/software/mindsphere.html，具体界面如图 6-10 所示。

图 6-10　西门子开放式云平台 MindSphere

6.1.12　海尔 U+ 智慧生活平台

海尔 U+ 智慧生活平台（简称 U+ 平台），是海尔旗下全球首个智慧家庭领域全开放、全兼容、全交互的智慧生活平台。该平台以 U+ 物联平台、U+ 大数据平台、U+ 交互平台、U+ 生态平台为基础，以引领物联网时代智慧家庭为目标，以用户社群为中心，通过自然的人机交互和分布式场景网器，搭建 U+ 智慧生活平台的物联云和云脑，为行业提供物联网时代智慧家庭全场景生态解决方案，实现智能全场景，共赢新生态；为用户提供厨房美食、卫浴洗护、起居、安防、娱乐等最佳家庭生态体验。平台网址是 www.haieruplus.com，具体界面如图 6-11 所示。

图 6-11　海尔 U+ 智慧生活平台

6.1.13 涂鸦智能平台

涂鸦智能是一个全球云开发平台、AI+IoT开发者平台，连接消费者、制造品牌、OEM厂商和连锁零售商的智能化需求，为开发者提供一站式人工智能物联网的PaaS级解决方案。并且涵盖了硬件开发工具、全球云、智慧商业平台开发三方面，提供从技术到营销渠道的全面生态赋能，打造世界领先的IoT OS。

截至2019年10月底，涂鸦智能已经服务全球超18万家平台客户，其中欧美非地区占比超五成以上，日语音AI交互超4000万次，创造完全中立的“AI+IoT”产品赋能模式。Powered by Tuya赋能超9万款产品，赋能产品种数达到500种，产品和服务覆盖超过220个国家和地区。平台网址是https://www.tuya.com/cn，页面如图6-12所示。

图6-12 涂鸦智能平台

6.2 阿里云物联网平台注册

上述介绍了大量的物联网应用平台，以下就以阿里云物联网平台为例，进行平台注册、产品新建、设备添加等内容的介绍，从而帮助使用者从最初的注册开始，到成功将产品设备添加到云平台，实现设备的上云操作。

6.2.1 注册阿里云平台

阿里云平台为用户提供了大量的云计算的应用，具体包括云计算基础、数据库、安全、大数据、人工智能、物联网、开发与运维、企业应用和行业引擎等，如图6-13所示。用户可以根据自己的实际需求选择对应的产品。在物联网平台方面阿里云提供了企业物联网平台和生活物联网平台（飞燕），两者均为阿里云提供了IoT提供的云服务平台，两个平台各有优势，其中企业物联网平台提供原子化的设备接入能力，适用于云开发能力较强的用户，可以在各个行业领域使用。生活物联网平台提供了设备接入能力、移动端的SDK以及免开发的公版App和界面，更适用于消费级的智能设备开发者，开发门槛较低，可以快速实现消费级设备的智能化，如智能家电、穿戴、家装领域等。阿里云飞燕平台是智能单品开发平台，适用于单品的快速接入以及运营。使用同一个阿里云账号登录的用户，在生活物联网平台创建的所有产品和设备，将自动同步到物联网平台中。而在物联网平台中创建的产品，也可以通过手动切换收费模式，将产品转移到生活物联网平台中。阿里云物联网平台为设备提供安全可靠的连接通信能力，向下连接海量设备，支撑设备数据采集上云；向上提供云端API，服务端通过调用云端API将指令下发至设备端，实现远程控制，以下就开始进行相关内容介绍。

搜索云产品

云计算基础
数据库
安全
大数据
人工智能
物联网
开发与运维
企业应用

设备服务
AliOS Things（物操作系统）
设备身份认证
物联网云服务
企业物联网平台
物联网应用开发
物联网数据分析 NEW
边缘计算
边缘计算服务
视频边缘智能服务 NEW

网络服务
物联网络管理
物联网无线连接服务
LoRaWAN组网服务
物联网安全
物联网安全运营中心
物联网可信执行环境
物联网固件安全检测
物联网区块链可信应用系统

生态
物联网市场
ICA物联网标准联盟
相关云服务
智联车管理云平台
物联网云资源套餐
行业平台
生活物联网平台（飞燕）
城市物联网平台

行业场景解决方案
全域停车
全域旅游
非现场执法
社区治理
智慧消防
玩具行业数字工厂
家电行业数字工厂
数字农业
智慧建筑
智能长租
AIoT教育实训

图6-13　阿里云产品线

在进行平台注册前，首先介绍物联网平台的基本情况，物联网平台能提供设备接入、设备管理、安全监控、规则引擎等功能，为各类IoT场景和行业开发者赋能。具体功能如图6-14所示。

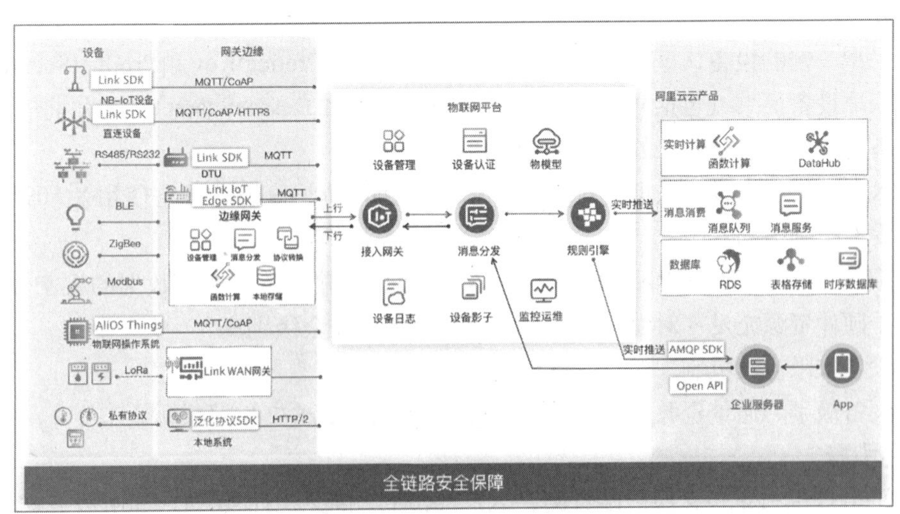

图6-14　阿里云平台提供服务

1. 设备接入功能

- 物联网平台支持海量设备连接上云，设备与云端通过IoT Hub进行稳定可靠地双向通信。
- 提供设备端SDK、驱动、软件包等帮助不同设备、网关轻松接入阿里云。

- 提供蜂窝（2G/3G/4G/5G）、NB-IoT、LoRaWAN、Wi-Fi等不同网络设备接入方案，解决企业异构网络设备接入管理痛点。
- 提供MQTT、CoAP、HTTP/S等多种协议的设备端SDK，既满足长连接的实时性需求，也满足短连接的低功耗需求。
- 开源多种平台设备端代码，提供跨平台移植指导，赋能企业基于多种平台做设备接入。

2. 设备管理

物联网平台提供完整的设备生命周期管理功能，支持设备注册、功能定义、数据解析、在线调试、远程配置、固件升级、远程维护、实时监控、分组管理、设备删除等功能。

- 提供设备物模型，简化应用开发。
- 提供设备上下线变更通知服务，方便实时获取设备状态。
- 提供数据存储能力，方便用户海量设备数据的存储及实时访问。
- 支持OTA升级，赋能设备远程升级。
- 提供设备影子缓存机制，将设备与应用解耦，解决不稳定无线网络下的通信不可靠痛点。

3. 安全能力

物联网平台提供多重防护，有效保障设备和云端数据的安全，主要包括身份认证和通信安全认证。

- 提供芯片级安全存储方案（ID^2）及设备密钥安全管理机制，防止设备密钥被破解。安全级别很高。
- 提供一机一密的设备认证机制，降低设备被攻破的安全风险。适合有能力批量预分配设备证书（ProductKey、DeviceName和DeviceSecret），将设备证书信息烧入到每个设备的芯片，安全级别高。
- 提供一型一密的设备认证机制。设备预烧产品证书（ProductKey和ProductSecret），认证时动态获取设备证书（包括ProductKey、DeviceName和DeviceSecret）。适合批量生产时无法将设备证书烧入每个设备的情况，安全级别普通。
- 提供X.509证书的设备认证机制，支持基于MQTT协议直连的设备使用X.509证书进行认证，安全级别很高。
- 支持TLS（MQTT\HTTP）、DTLS（CoAP）数据传输通道，保证数据的机密性和完整性，适用于硬件资源充足、对功耗不是很敏感的设备，安全级别高。
- 支持设备权限管理机制，保障设备与云端安全通信。
- 支持设备级别的通信资源（Topic等）隔离，防止设备越权等问题。

4. 规则引擎

物联网平台规则引擎包含服务端订阅、云产品流转功能和场景联动，其中服务端订阅是指订阅某产品下所有设备的某个或多个类型消息，服务端可以通过AMQP客户端或消息服务（MNS）客户端获取订阅的消息。云产品流转是指物联网平台根据用户配置的数据流转规则，将指定Topic消息的指定字段流转到目的地，进行存储和计算处理。场景联动是配置简单规则，可将设备数据无缝流转至其他设备，实现设备联动。

- 将数据转发到另一个设备的Topic中，实现设备与设备之间的通信。
- 如果购买了实例，将数据转发到实例内的时序数据存储，实现设备时序数据的高效写入。
- 将数据转发到AMQP服务端订阅消费组，您的服务端通过AMQP客户端监听消费组获取消息。
- 将数据转发到消息服务（MNS）和消息队列（RocketMQ）中，保障应用消费设备数据的稳定可靠性。
- 将数据转发到表格存储（Table Store），提供设备数据采集＋结构化存储的联合方案。
- 将数据转发到云数据库（RDS）中，提供设备数据采集＋关系型数据库存储的联合方案。
- 将数据转发到DataHub中，提供设备数据采集＋大数据计算的联合方案。
- 将数据转发到时序时空数据库（TSDB），提供设备数据采集＋时序数据存储的联合方案。
- 将数据转发到函数计算中，提供设备数据采集加事件计算的联合方案。

注册过程如下：

（1）首先输入阿里云官网地址https://www.aliyun.com/，单击屏幕最上方的“免费注册”按钮，注册的方法共有两个：一种是使用支付宝账户快捷注册；其二是使用账户密码注册。在此使用账户密码注册的方法，注册时需要提供手机短信验证，如图6-15所示。

图6-15 账户注册

（2）注册完成后，需要绑定邮箱，并完成实名认证，从而更好地使用阿里云平台的相关功能，如图6-16所示。

实名认证首先要求用户选择认证类型，包括个人实名认证、企业/政府实名认证和个体工商户实名认证，本案例中选择个人实名认证，认证的方式又包括个人支付宝授权认证和个人扫脸认证，推荐使用个人支付宝授权认证，可以及时开通，不用等待，如图6-17所示。

（3）注册完成后就可以查看个人主界面，用户就可以按照实际需要添加相关产品和设备了，如图6-18所示。

图6-16　绑定邮箱

图6-17　实名认证

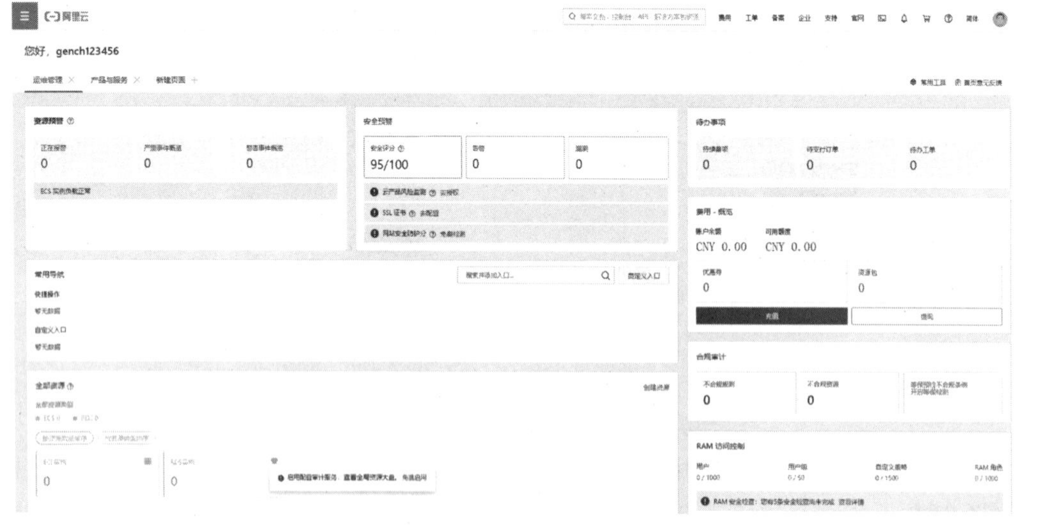

图6-18　个人主界面

6.2.2　阿里云添加产品设备

完成阿里云账号注册后，在个人主界面中，选择产品与服务，并搜索物联网平台，选择添加快捷操作，然后单击物联网平台，首先需要开通物联网平台，开通后可以切换到物联网平台的管理控制台，如图6-19所示。

视频
阿里云添加产品设备

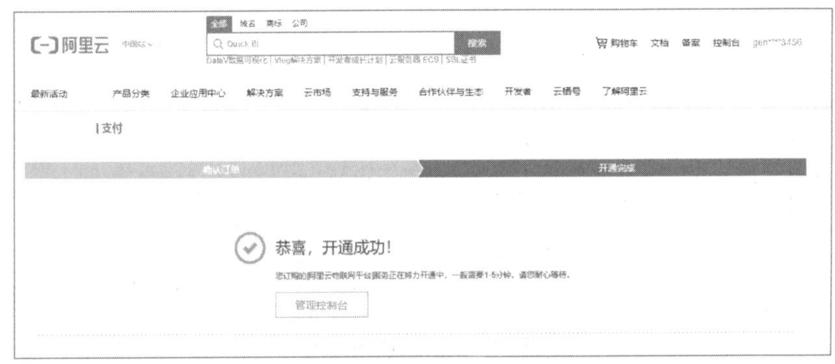

图6-19　开通物联网平台

切换到管理控制台后，就可以添加产品设备了，具体操作如下：

（1）在物联网平台的控制台左侧，单击导航栏，在其中选择“设备管理”→“产品”选项，单击“创建产品”按钮，开始进行产品的创建，如图6-20所示。创建产品时要求输入产品名称、所属品类、节点类型、连网方式、数据格式、认证方式等，其中所属品类是指产品的模板，阿里云已经为标准品类预定义了功能模板，包括智能城市、智能生活、智能工业、边缘计算、智能模板等，用户可以根据实际需求选择模板，也可以直接选择自定义品类，自定义物模型。节点类型可以选择直连设备、网关子设备和网关设备。连网方式可以选择Wi-Fi、蜂窝、以太网、LoRaWAN等。数据格式可以选择ICA标准数据格式和透传/自定义。认证方式可以选择设备密钥、ID2、X.509证书，默认使用设备密钥，如图6-21所示。

图6-20　创建产品

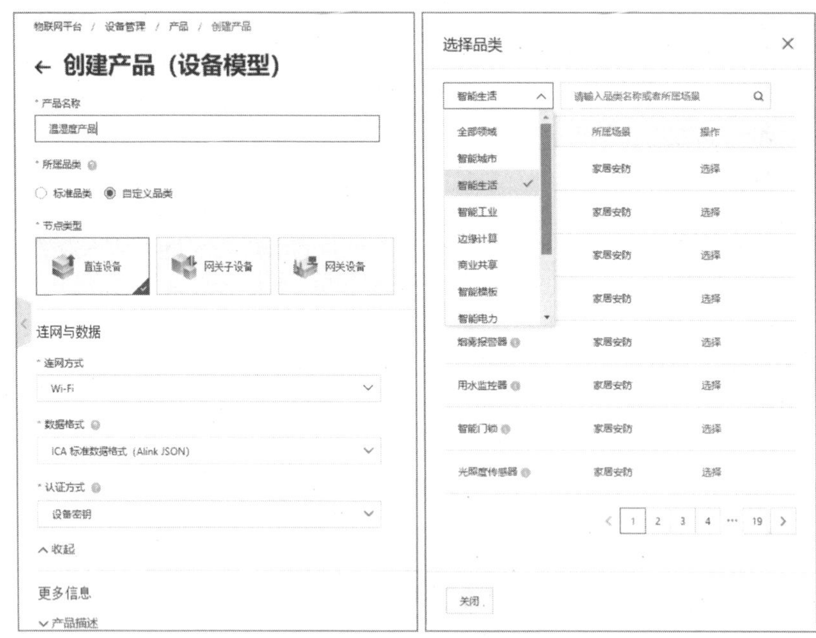

图6-21　产品参数设置

（2）产品创建完成后，可以添加设备和为产品定义物模型，首先选择前往定义物模型，设置属性、服务和事件，如图6-22所示。选择编辑草稿开始进行，添加自定义功能，按照如图6-23所示，设置温度属性参数和湿度的属性参数，完成后单击“确定”按钮，并确定发布后才能真正建立产品的模型属性。

（3）自定义功能设置完成后，就可以添加设备，设备添加可以包括单个设备添加、批量设备添加和LoRa设备添加，选择左侧的导航栏，选择“设备管理”→“设备”选项，单击“添加设备”按钮，完成后可以进行设备参数设置，设置完成后可以查看设备信息，或烧入SDK至设备，如图6-24所示。

图6-22　定义物模型

图 6-23　添加自定义功能

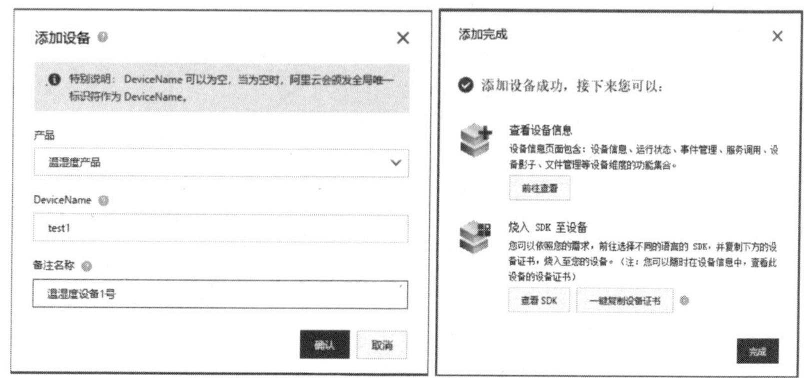

图 6-24　设备属性设置

（4）设备创建完成后，阿里云平台会自动生成设备的三元组，即设备证书的主要内容，设备的证书内容应该包括有ProductKey、DeviceName和DeviceSecret，用户可以查看，并使用一键复制功能进行复制，三元组是设备与阿里云平台进行数据传输的重要凭证，因此务必妥善保管，如图6-25所示。

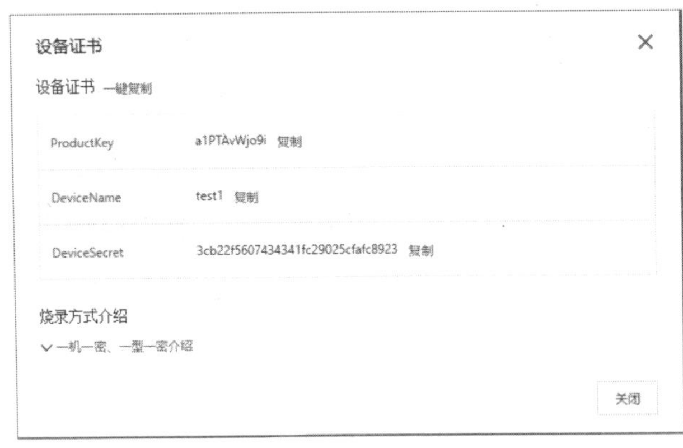

图6-25　设备三元组

在阿里云物联网平台上完成账户的注册，并添加了产品和设备后，获得了设备的三元组，后续就可以尝试将实体设备接入云平台了。

6.3 MQTT软件的基本使用

为了能验证阿里云设备的连通性，可以使用MQTT.fx软件来进行测试，MQTT.fx是一款基于Eclipse Paho、使用Java语言编写的MQTT客户端工具，支持通过Topic订阅和发布消息。在进行测试前，首先介绍MQTT协议，MQTT（Message Queuing Telemetry Transport，消息队列遥测传输协议），是一个客户端服务端架构的发布订阅模式的消息传输协议。协议的设计思路是轻巧、开放、简单、规范，因此易于实现，这些特点使它适用范围非常广泛。在很多情况下，包括受限的环境中，如机器与机器（M2M）通信和物联网（IoT）通信。协议在通过卫星链路通信、拨号的医疗设备、智能家居及一些小型化设备中已广泛使用，如图6-26所示。

视频

MQTT软件的基本使用

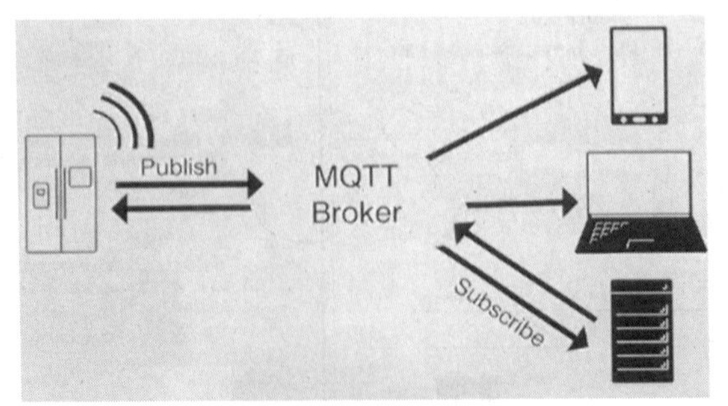

图6-26　MQTT协议

实现MQTT协议需要客户端和服务器端通信完成，在通信过程中，MQTT协议中有三种身份，包括发布者（Publish）、代理（Broker）和订阅者（Subscibe），其中消息的发布者和订阅者都是客

户端，消息代理是服务器，消息发布者可以同时是订阅者。三者的关联性如图 6-27 所示。

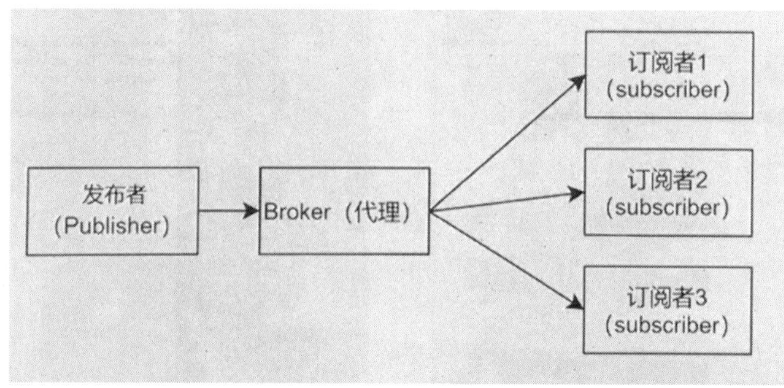

图 6-27　MQTT 的三种身份

MQTT 传输的消息分为主题（Topic）和负载（Payload）两部分：主题（Topic）可以理解为消息的类型，订阅者（Subscibe）订阅后，就会收到该主题的消息内容；负载（Payload）可以理解为消息的内容，是指订阅者具体要使用的内容。

MQTT 传输的服务质量有三种情况，具体如下：

- "最多一次的传输"，消息发布完全依赖底层 TCP/IP 网络。会发生消息丢失或重复。这一级别可用于如下情况，环境传感器数据，丢失一次读记录无所谓，因为不久后还会有第二次发送。
- "至少一次的传输"，确保消息到达，但消息重复可能会发生。
- "只有一次的传输"，确保消息到达一次。这一级别可用于如下情况，在计费系统中，消息重复或丢失会导致不正确的结果。

以下就以 MQTT.fx 为例，介绍使用第三方软件以 MQTT 协议接入阿里云物联网平台。

（1）首先可以通过 MQTT.fx 官网下载相关软件，官网地址是 https://mqttfx.jensd.de/。

（2）运行安装程序后，选择安装路径，如图 6-28 所示，完成安装后单击 Finish 按钮完成安装，如图 6-29 所示。

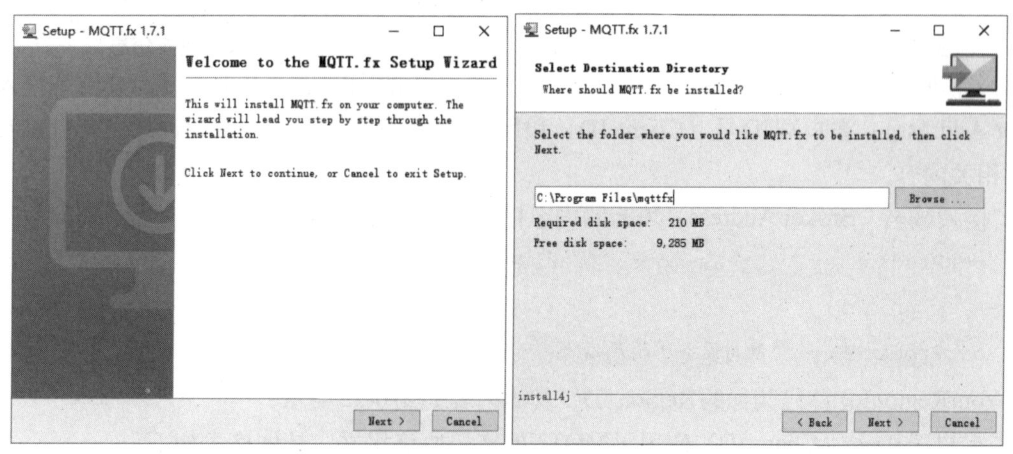

图 6-28　选择安装路径

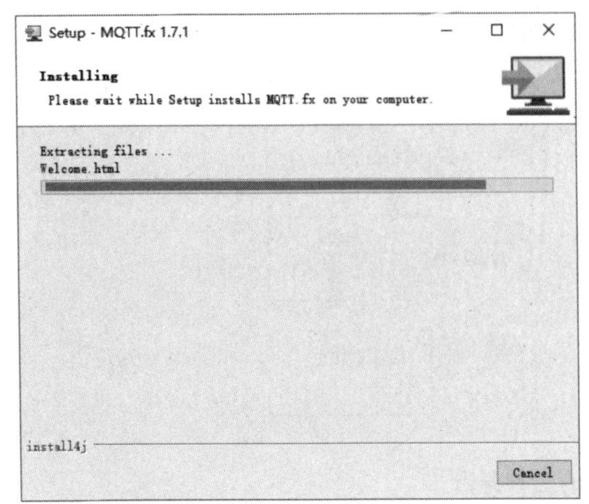

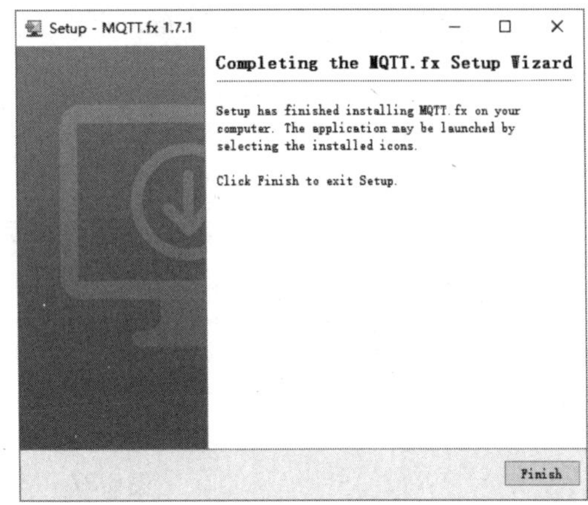

图6-29　完成安装

（3）安装完成后，可以直接打开MQTT.fx软件，单击设置图标，如图6-30所示。开始设置基本信息，包括配置文件名称（Profile Name）、配置文件类型（Profile Type）、MQTT代理配置文件设置（MQTT Broker Profile Settings），Profile Name的内容可以自定义任意名称，如本例中为iot test、Profile Type设置为MQTT Broker，如图6-31所示。

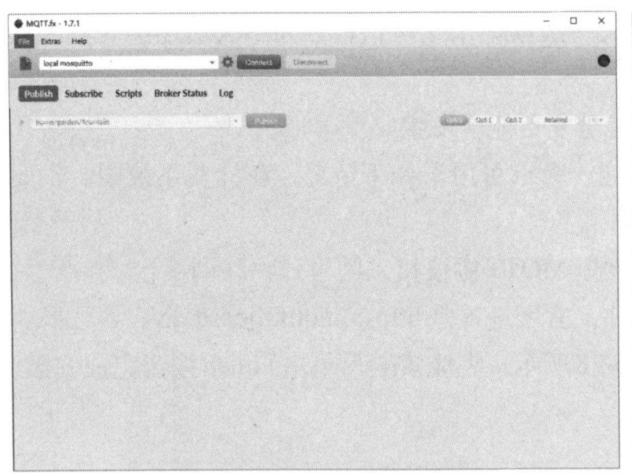

图6-30　MQTT.fx软件主界面

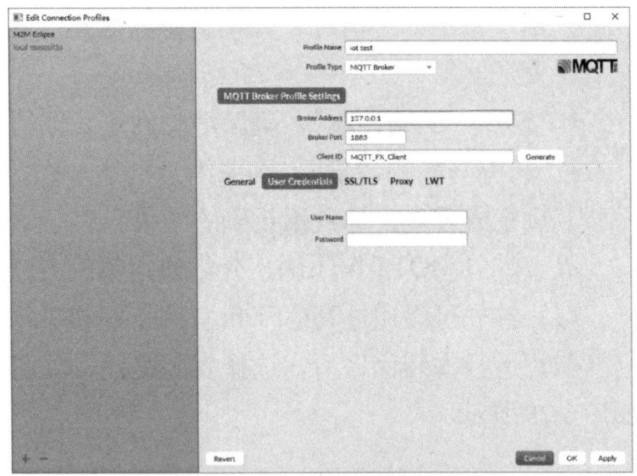

图6-31　设置基本信息

（4）在进行MQTT代理配置文件设置时，有三个位置的内容设置至关重要，分别是接入域名（Broker Address）、客户端ID号（Client ID）和用户凭据（User Credentials），以下就分别具体说明以下相关内容。

- "接入域名（Broker Address）填写的内容格式是：

```
${YourProductKey}.iot-as-mqtt.${YourRegionId}.aliyuncs.com
```

其中

```
${YourProductKey}替换为设备所属产品的ProductKey
```

${YourRegionId}替代为你的Region ID，具体内容如图6-32所示。

- "客户端ID号（Client ID）使用了MQTT的底层协议报文，具体格式如下：

```
${clientId}|securemode=3,signmethod=hmacsha1|
```

其中 ${clientId} 为设备的 ID 信息。可取任意值，长度在 64 字符以内，建议使用设备的 MAC 地址或 SN 码。securemode 为安全模式，TCP 直连模式设置为 securemode=3，TLS 直连为 securemode=2。signmethod 为算法类型，支持 hmacmd5 和 hmacsha1。

例如，在此直接使用 12345|securemode=3,signmethod=hmacsha1|。

中国内地

地域名称	所在城市	Region ID	可用区数量
华北 1	青岛	cn-qingdao	2
华北 2	北京	cn-beijing	8
华北 3	张家口	cn-zhangjiakou	3
华北 5	呼和浩特	cn-huhehaote	2
华北 6	乌兰察布	cn-wulanchabu	2
华东 1	杭州	cn-hangzhou	8
华东 2	上海	cn-shanghai	7
华南 1	深圳	cn-shenzhen	5
华南 2	河源	cn-heyuan	2
西南 1	成都	cn-chengdu	2

图 6-32　Region ID

- "在用户凭据（User Credentials）中还需要设置用户名（User Name）和密码（Password），其中用户名（User Name）、设备名 DeviceName、符号（&）和产品 ProductKey 组成，具体格式是：

```
${YourDeviceName}&${YourProductKey}
```

密码是由参数值拼接加密而成，具体需要使用工具软件实现操作，如图 6-33 所示。

填入设备信息：

productKey:
deviceName:
deviceSecret:
timestamp:
clientId:
method: hmacsha1

点击这里：Generate

签名结果：

password:

图 6-33　密码计算工具

productKey：设备所属产品 Key。

deviceName：设备名称。

deviceSecret：设备密钥。

timestamp：时间戳（可选）。

clientId：设备的 ID 信息，与 Client ID 中 ${clientId} 一致。

method：选择签名算法类型，与Client ID中signmethod确定的加密方法一致。

（5）完成上述配置文件内容解释后，现以上节中新建的设备为例，进行相关内容的填写。

上节中申请的温湿度产品，其三元组分别是：

```
"ProductKey": "a1PTAvWjo9i",
"DeviceName": "test1",
"DeviceSecret": "3cb22f5607434341fc29025cfafc8923"
```

基于三元组，分别来确认配置文件内容。

（6）接入域名（Broker Address）

格式：`${YourProductKey}.iot-as-mqtt.${YourRegionId}.aliyuncs.com`

实际内容：`a1PTAvWjo9i.iot-as-mqtt.cn-shanghai.aliyuncs.com`

（7）客户端ID号（Client ID）

格式：`${clientId}|securemode=3,signmethod=hmacsha1|`

实际内容：`12345|securemode=3,signmethod=hmacsha1|`

（8）用户名（User Name）

格式：`${YourDeviceName}&${YourProductKey}`

实际内容：`test1&a1PTAvWjo9i`

（9）密码（Password）使用工具软件填写相关内容，如图6-34所示，最终得到结果是：

```
0DEA8383DFD7342CCA2209A22F7C519DC8EF8799
```

填入设备信息:

productKey: a1PTAvWjo9i
deviceName: test1
deviceSecret: 3cb22f5607434341fc29025cfafc8923
timestamp:
clientId: 12345
method: hmacsha1

点击这里: Generate

签名结果:

password:
0DEA8383DFD7342CCA2209A22F7C519DC8EF8799

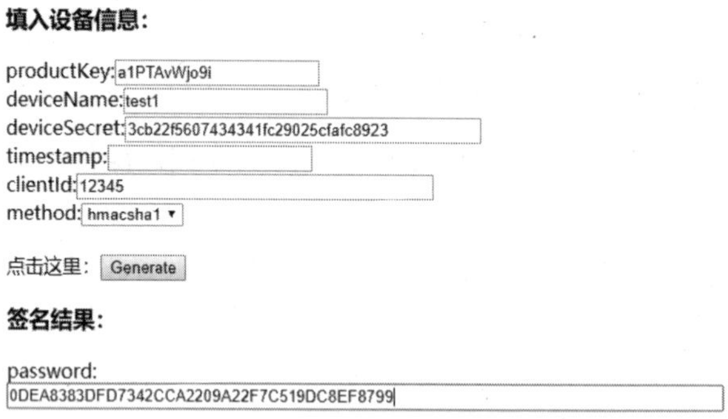

图6-34　密码计算结果

（10）完成上述配置内容的计算后，即可填入MQTT.fx软件中，如图6-35所示。单击OK按钮继续操作。

（11）单击Connect按钮连接阿里云物联网平台，此时可以看到在物联网平台上，设备显示为在线，在MQTT.fx软件中显示绿色的正常连接状态，如图6-36所示。

（12）下行通信数据测试，从物联网发送消息，在MQTT.fx软件中接收信息，测试MQTT.fx软件与物联网平台连接是否成功，单击MQTT.fx软件中的Subscribe选项，输入一个设备具有订阅权限的自定义Topic，单击Subscribe，订阅这个自定义Topic，订阅成功后，该Topic将显示在列表中，如图6-37所示。

例如，在本例中自定义Topic为/a1PTAvWjo9i/test1/user/get。

（13）用户可以在物联网平台控制台的设备详情页中找到Topic列表页，查看已经订阅的发布消息，并可输入消息，单击“确定”按钮进行发布，平台会显示发布成功，如图6-38所示。

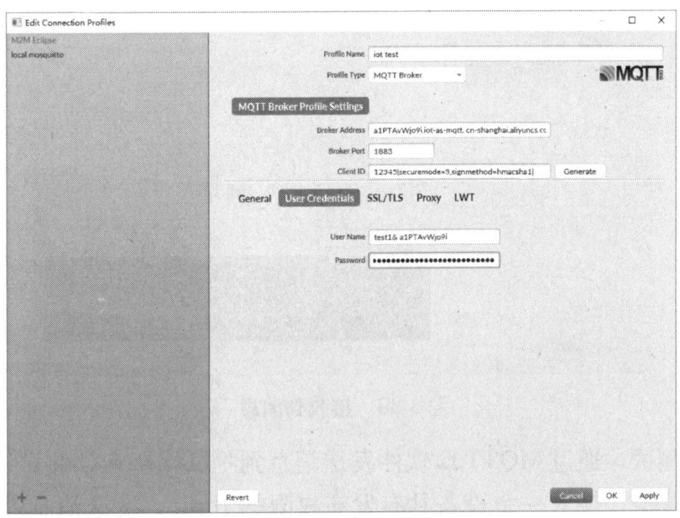

图6-35　填写相关配置文件

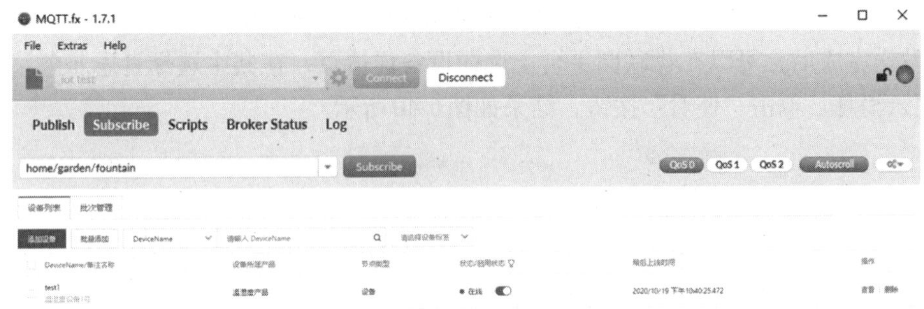

图6-36　设备在线

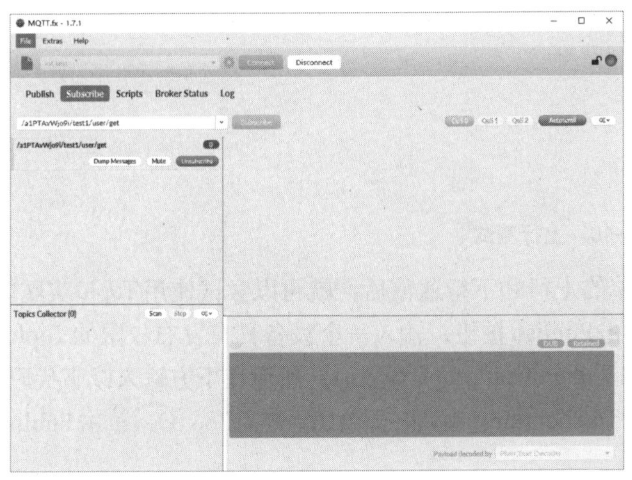

图6-37　自定义Topic订阅

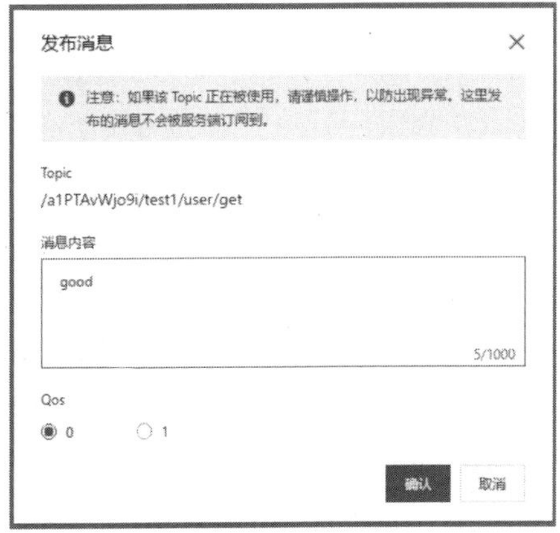

图6-38　发布消息

（14）回到MQTT.fx软件后即可查看到接收到的消息，如图6-39所示。

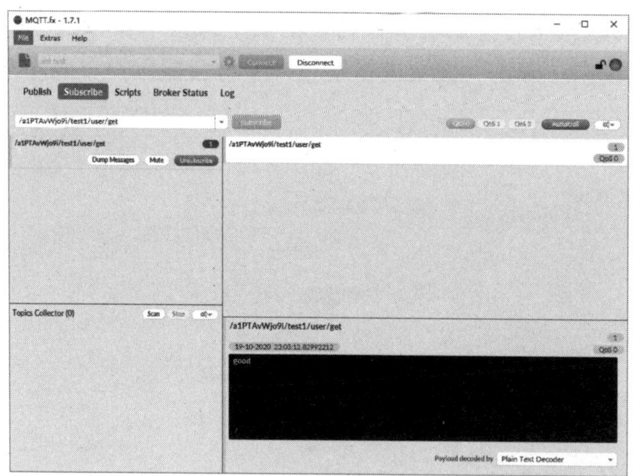

图6-39 接收到消息

（15）上行通信测试，通过MQTT.fx软件发送消息到物联网平台，测试连通性，在MQTT.fx软件中单击Publish按钮，输入一个设备具有发布权限的Topic，发送消息内容，单击Publish按钮，向这个Topic推送一条消息。

例如，在本例中发布权限的Topic为/a1PTAvWjo9i/test1/user/ set。

（16）发送完成后，可以在物联网平台上选择设备详情页，在其中选择日志服务，前往查看，选择设备到云消息，单击“查看”按钮，结果如图6-40所示。

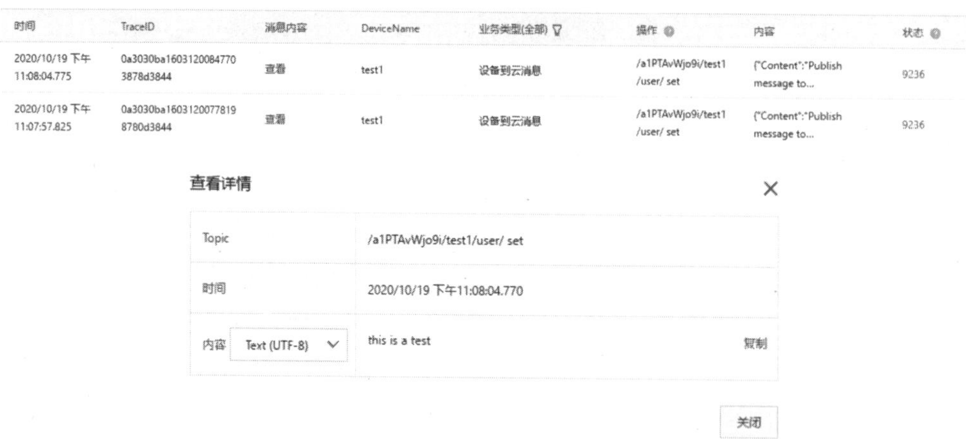

图6-40 上行测试

（17）使用MQTT.fx软件实现了数据简单的上行和下行通信后，就可以尝试使用Topic实现虚拟设备属性的上报操作，具体操作如下，单击Publish按钮，输入一个设备具有发布权限的Topic，本例中使用的Topic为/sys/a1PTAvWjo9i/test1/thing/event/property/post。然后在下方输入以下代码，其中"Humidity":60表示模拟湿度为60%，"Temperature":28表示模拟温度为28° C，单击Publish按钮发送，如图6-41所示，具体代码如下：

```
{
"id":"1",
```

```
"version":"1.0",
"params":{"Humidity":60,"Temperature":28},
"method":"thing.event.property.post"
}
```

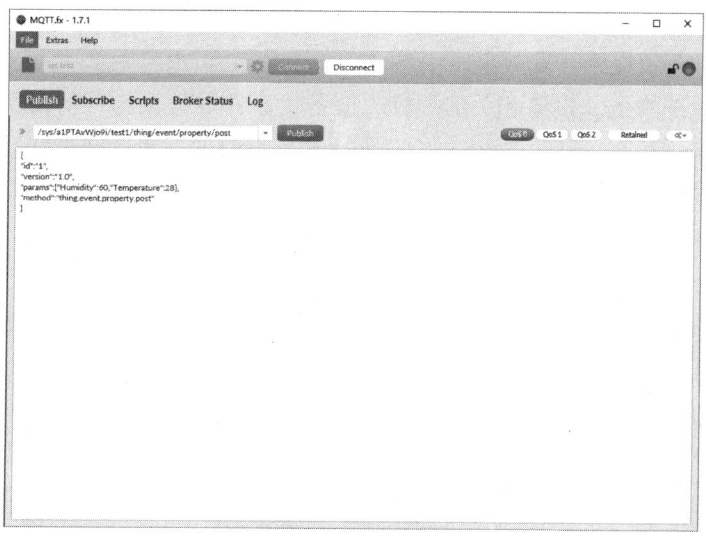

图6-41　上行测试

此时用户可以通过阿里云平台查看相关设备的状态，可以发现，设备的状态显示在线，温度和湿度分别是28° C和60%，如图6-42所示，通过这一测试就可以说明数据的上行和下行通信是完全正常的，可以验证MQTT.fx软件通过MQTT协议实现了数据的上云操作，从而为后续真实设备的上云操作提供理论原型依据。

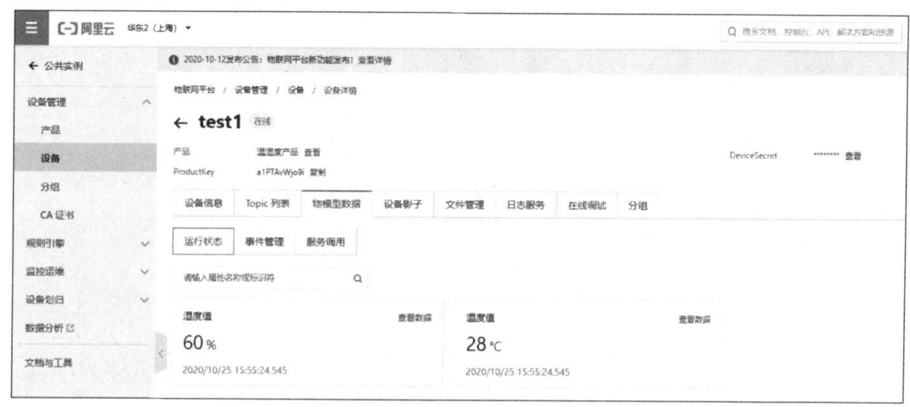

图6-42　云端数据显示

使用MQTT客户端实现了数据的模拟上传后，可以使用物联网平台提供的应用开发模块，进行可视化界面的设计，物联网应用开发（IoT Studio）是阿里云针对物联网场景提供的生产力工具，是阿里云物联网平台的一部分。可覆盖各个物联网行业核心应用场景，帮助用户高效经济地完成物联网数据分析、设备、服务及应用开发，加速物联网SaaS构建。物联网应用开发提供了Web可视化开发、业务逻辑开发与物联网数据分析等一系列便捷的物联网开发工具，解决物联网开发领域开发链路长、协同成本高、方案移植困难等问题。

其功能特点包括：

- 可视化搭建。IoT Studio提供可视化搭建能力，可以通过拖拽、配置操作，快速完成设备数据监控相关的Web应用、API服务的开发。用户可以专注于核心业务，从传统开发的烦琐细节中脱身，有效提升开发效率。
- 与设备管理无缝集成。设备相关的属性、服务、事件等数据均可从物联网平台设备接入和管理模块中直接获取，IoT Studio与物联网平台无缝打通，大大降低物联网开发工作量
- 丰富的开发资源。各开发平台均拥有数量众多的组件和丰富的API。随着产品迭代升级，组件库丰富，IoT Studio帮助用户提升开发效率。
- 组件开发。IoT Studio提供了组件开发能力，用户可以开发、发布和管理自己研发的组件，并将其发布到Web可视化工作台中用于可视化页面搭建。大大满足开发者的需求，提升组件丰富性，为可视化搭建提供无限可能。
- 无须部署。使用IoT Studio，应用服务开发完毕后，直接托管在云端，支持直接预览、使用。无需部署即可交付使用，免除用户额外购买服务器等产品的烦恼。

具体操作步骤如下：

首先选择物联网平台左侧标题栏中的相关服务，并在其中选择物联网应用开发，单击“前往使用”按钮，如图6-43所示。

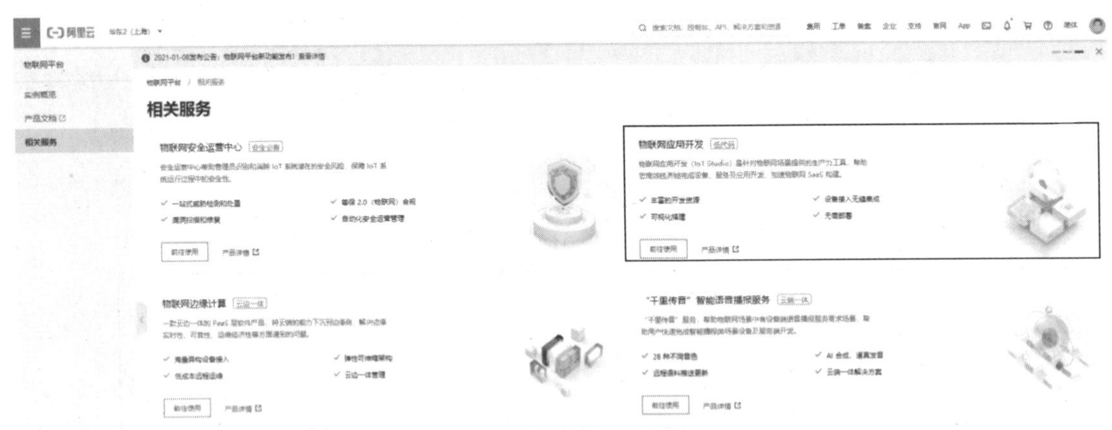

图6-43　物联网应用开发

选择“开发工具”→“Web可视化开发”→“新建”选项，输入应用名称为温湿度展示，所属项目为智能家居，单击“确定”按钮后继续，如图6-44所示。

新建完成后，进入图形化应用程序开发界面，可使用屏幕左侧的设置按钮进行页面设置、组件设置、设备绑定管理、应用设置等内容的操作，选择页面选项，可以设置导航布局和页面设置，单击页面设置右侧的加号，可以添加自定义的页面，用户可以根据平台提供的模板创建页面，如图6-45所示，本例中选择空白页面。

图6-44　新建可视化Web应用项目

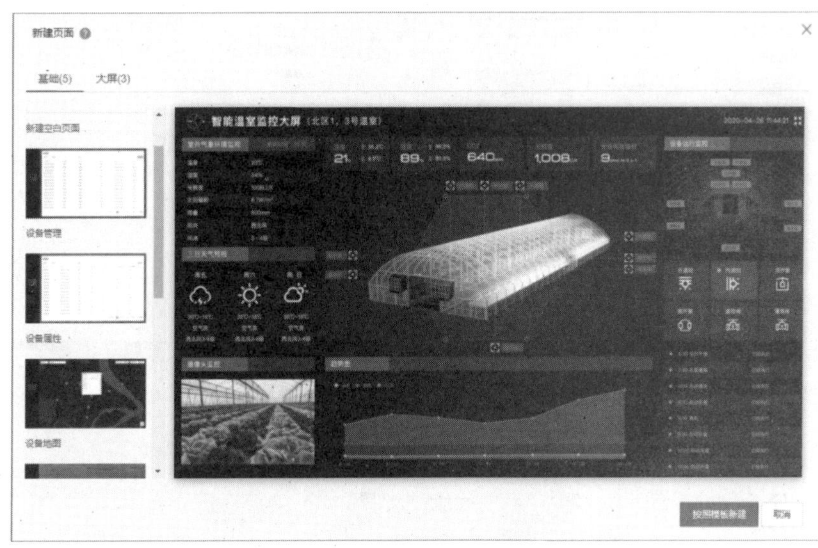

图6-45　新建模板页面

选择空白页面后，可以选择组件，在页面上添加所需要的组件，选择基础组件中的“文字”组件，输入标题，选择文字后，可以在右侧设置对应的属性内容，包括居中方式、文字内容、字体格式、颜色、大小、交互方式等，如图6-46所示。

图6-46　文字组件设置

在基础组件中选择卡片，在页面中插入卡片，用于显示模拟上传的温度值和湿度值，卡片内容的设置主要包括两个步骤：其一是基础属性的设置，包括卡片的标题文字设置，单位设置，背景颜色设置，边框设置，大小设置等；其二是配置数据源，设置显示的数据来源，包括产品、设备、数据项等内容，具体设置如图6-47所示。

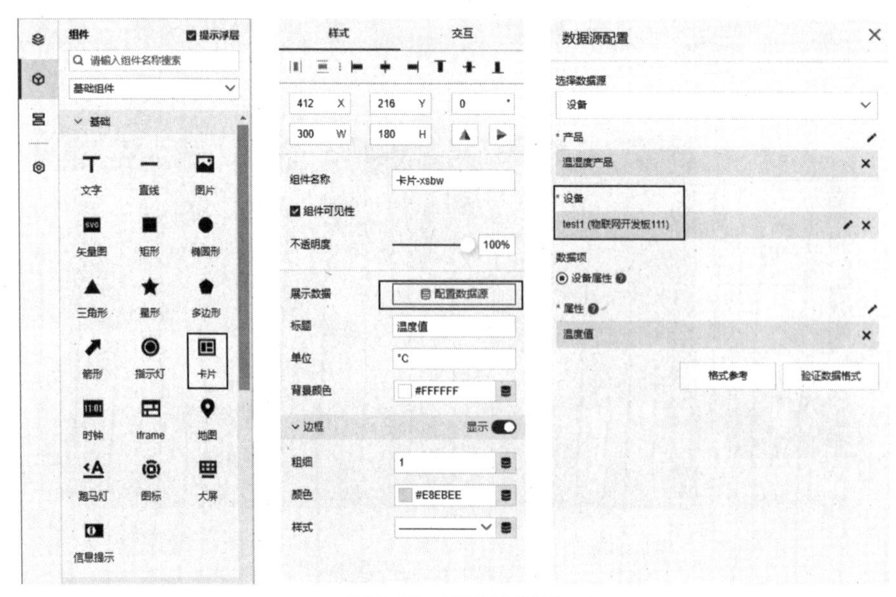

图6-47　设置数据源

设置完成后就可以在屏幕上显示模拟上传的温度值和湿度值，用户可以单击屏幕右上方的“保存”按钮和“发布”按钮进行后续保存发布操作，如图6-48所示。此外用户还可以根据实际的需要在页面中插入开关、数据分析图表、表单等多种组件内容，如图6-49所示。

智能家居内容温湿度

图6-48　数据显示及保存发布

图6-49　其他组件

发布完成后物联网平台会随机产生一个网址用于测试访问，如果需要永久域名，也可以通过申请绑定域名的方式进行相关内容的配置，如图6-50所示。

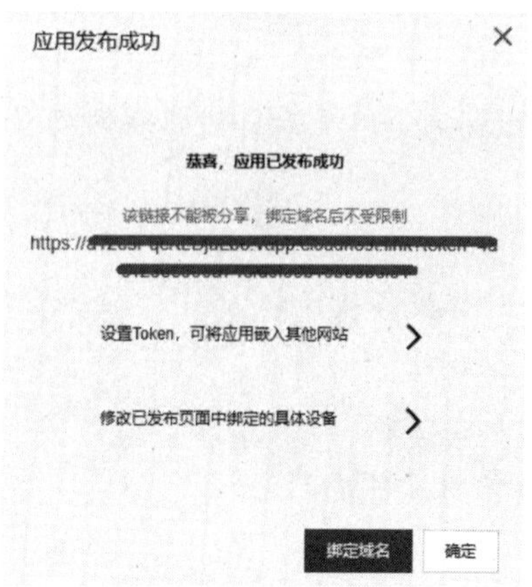

图6-50　发布成功

习　题

一、选择题

1. OneNET是__________基于开放、共赢的理念，面向公共服务自主研发的开发云平台。

   A. 中国电信物联网有限公司　　B. 中国网通物联网有限公司

   C. 中国移动物联网有限公司　　D. 中国联通物联网有限公司

2. IBM Watson物联网平台提供四大物联网解决方案，分别是分析、连接、__________、风险管理。

   A. 信息管理　　B. 数据管理　　C. 监控管理　　D. 资源管理

3. 阿里云实名认证要求用户选择认证类型，包括__________、企业/政府实名认证和个体工商户实名认证。

   A. 机构认证　　B. 组织机构认证　　C. 个人实名认证　　D. 团体认证

4. MQTT协议中有三种身份，包括发布者、代理和__________。

   A. 普通用户　　B. 超级用户　　C. 使用者　　D. 订阅者

二、判断题

1. 2017年10月12日，阿里云在2017杭州·云栖大会上宣布正式发布Link物联网平台。（　　）

2. 百度智能云为金融、城市、医疗、客服与营销、能源、制造、电信、文娱、交通等众多领域领军企业提供服务。（　　）

3. Azure IoT是一个综合性云服务平台，开发人员和IT专业人士可通过我们的全球数据中心网络使用该平台来生成、部署和管理应用程序。（　　）

4. 在物联网平台方面阿里云提供了企业物联网平台和生活物联网平台（飞燕）。（　　）

5. 阿里云平台会自动生成设备的三元组，即设备证书的主要内容，包括ProductKey、DeviceName和DeviceSecret。（　　）

6. OneNET.fx是一款基于Eclipse Paho，使用Java语言编写的MQTT客户端工具，支持通过Topic订阅和发布消息。（　　）

7. 物联网应用开发（IoT Studio）是阿里云针对物联网场景提供的生产力工具，是阿里云物联网平台的一部分。（　　）

三、简答题

1. 简述物联网平台的三种云计算服务模式。
2. 简述华为OceanConnect物联网平台的特点。
3. 简述阿里云物联网平台的基本功能。
4. 简述MQTT传输的服务质量的三种情况。

第7章 物联网智能家居系统介绍

本章主要介绍了物联网智能家居的基本定义、关键技术、发展现状等，使用华清远见模拟仿真软件完成了智能家居系统的模拟仿真，并结合Arduino和OneNET平台实现了智能家居系统中的温湿度监测系统的建设，此外还介绍了杭州鸿雁电器有限公司在物联网智能家居系统中的实际应用案例。

7.1 物联网智能家居系统概述

智能家居（Smart Home），又称为智慧家庭和智能住宅。智能家居是以住宅为安装基础结合无线网络通信技术、微机控制技术和总线技术等将住宅内部的家电系统、娱乐设施、安防设施以及安防系统等有效地连接在同一个网络内部进行智能化、网络化的控制与管理，从而形成以网络信息服务、住宅安全和家居系统智能控制于一体的智能家居系统。智能家居具有安全、高效、舒适、易管理等特征，使得家居生活有了质的飞跃，实现了科技与生活的有效融合。

1984年美国建成了世界上第一幢智能建筑，采用计算机技术对建筑物内的电梯、照明、空调等设备进行监控，并且可以提供电邮、语音等服务。随后，美国、日本等经济比较发达地区的相关公司相继组成联盟提出了智能家居的各种方案。1985年5月，家庭电话网络联盟利用Tut公司的随机制非结构性电话线提出了将宽带数据接入服务融入电话网络的方案，为智能家居系统的网络技术奠定了基础。2001年，IBM和美国一家半导体公司发布了关于家庭网关的新技术，该技术可以将宽带接入家庭，使得包括电灯、仪表、空调、娱乐系统等的远程管理成为可能。2003年，三星公司通过机顶盒和网络推出了一款全新的智能家居控制系统，将家居自动化、安防、信息家电以及信息中心连在一起，形成一个全面的面向宽带互联网的家居控制网络。

随着智能手机的日益普及，智能移动设备作为智能家居的控制终端将成为智能家居系统的发展方向，智能移动设备除了能给用户带来便利和良好的人机操作界面，还真正将智能家居打造成“以人为本”的现代化的家居环境。2011年，Google推出了Android@Home智能家居控制方案，此方案利用Android智能终端与中央控制器进行通信，中央控制器通过2.4 GHz转900 MHz转换器将控制命令发送给相关装置，实现了对灯、饮水机等设备的控制，系统可以播放无线立体声系统音响，甚至可以分析健身本上燃烧的卡路里等。

我国的智能家居始于20世纪90年代末，2001年后国内的几家大公司，如海尔、联想、中兴等都先后发布了自己的家庭网关产品。海尔推出的U_Home智能家居系统，采用有线和无线相结合的方式，把所有设备通过信息传感设备与网络连接，通过物联网实现了3C产品、智能家居系统、安防系统等的智能化识别以及数字媒体信息共享的功能。

目前，智能家居在国内的应用场景主要包括智能照明、智能门锁，智能门窗、环境监测、安全警报和影音娱乐等。智能照明是指通过智能家居系统自动开启关闭照明系统，并能通过调节灯光的亮度和色彩来烘托环境气氛，具体包括一键场景控制、RGB色彩调整、远程控制功能、自动开启关闭功能等。智能门锁是对原有的家庭门锁进行功能提升，如可以通过远程手机端APP开锁、遥控操作开锁、授权开锁、实时远程报警，在规定时间内设置一次性密码，用于访客的进入等功能。智能门窗是指通过传感器、智能网关、智能窗帘等智能设备，根据室外的环境变化，自动控制窗户的开启关闭、自动通风等操作。环境监测是指通过各类传感器监测家庭内的环境因素，例如，监测室内温湿度变化、监测室内煤气是否泄漏、监测室内的烟雾浓度等，当超越预设的阈值时会进行报警，并反馈给业主。安全警报是指通过使用门磁报警器、红外报警器、人体感应报警器、摄像头等设备实现对家庭内部的实时监控，从而保证家庭内部安全。影音娱乐是指通过智能遥控器、红外转发器、背景音乐设备，实现家庭内设备的联动操作，为用户提供舒适快捷的影音娱乐环境。

2018年，中国信通院发表了《2018中国智能家居产业发展白皮书》，在其中对国内外智能家居市场发展、现状、行业问题、技术标准和趋势展望等内容进行了详细说明和解读。智能家居系统通过在我国的不断发展，已经从以控制为中心、以住宅为载体、以多设备互联的控制集中化，逐步转变成以内容为中心、以用户为载体、以效果为导向的交互多元化发展阶段。根据上述白皮书总结，智能家居系统在我国的行业发展历程大体经历了以下几个阶段：

2000年之前，智能家居概念的初步形成阶段；

2000—2005年蓄势发展阶段，出现了智能照明、智能中控产品；

2005—2008年市场摸索阶段，出现了网络家电、背景音乐、电动窗帘等产品；

2008—2012年厂商关注阶段，推出了可视对讲、智能影音、家庭安防等产品；

2012—2014年智能创客阶段，智能硬件、云平台智能模块等产品出现；

2014—2016年生态构建阶段，各大互联平台产品陆续上线；

2017—2018年服务落地，智能家居产品实际应用到了房地产、家装、商业新零售产业。

2018年智能家居市场规模前五位的国家分别是美国（188.7亿美元）、中国（65.32亿美元）、日本（28.94亿美元）、德国（27.64亿美元）和英国（26.88亿美元）。在整个智能家居的消费市场中，需求呈现多样性，消费者可以通过线上线下等多种渠道购买智能家居产品，其中消费者使用最多的渠道为电商渠道，以2018年数据为例，占71%。具体购买的消费级智能家居热门产品包括智能家电、智能插座、智能晾衣架、电动窗帘、智能摄像头、智能音箱、智能锁、红外转发器、智能路由器等，以下就对其中两个产品进行相关介绍。

1. 智能音箱

智能音箱是普通音箱的升级产物，家庭消费者可以通过语音进行互动控制，如点播歌曲、了解天气情况、实现对智能家居设备的控制等，智能音箱集成了人工智能处理能力，能够通过语音识别、语音合成、语义理解等技术完成语音交互。智能音箱具有智能语音交互系统、可接入内容服务以及互联网服务，同时可关联更多设备，实现对场景化智能家居控制的智能终端产品，如图 7-1 所示。

图 7-1　智能音箱

2017 年智能音箱市场规模达到了质的飞跃；2018 年行业热情高涨，消费认知迅速提升；2019 全年中国智能音箱市场总出货量为 4 589 万台，同比增长 109.7%。需特别指出的是，阿里巴巴、百度、小米市场份额占比超过 90%。其中，阿里巴巴天猫精灵智能音箱以全年 1 561 万台出货量位居首位，同比增长 87.9%；百度小度智能音箱全年出货量为 1 490 万台，同比增长 278.5%；小米小爱智能音箱全年出货 1 130 万台，同比增长 89.7%。

2. 智能锁

智能锁（见图 7-2）是在传统机械锁的基础上改进的，是在用户安全性、识别、管理性方面更加智能化、更加简便化的锁具。智能锁是门禁系统中锁门的执行部件，是具有安全性、便利性、先进技术的复合型锁具。智能锁可以使用磁卡、射频卡、指纹锁、虹膜识别门锁等非机械钥匙作为用户识别 ID。主要的应用场景包括银行、政府部门、酒店、学校宿舍、别墅等。

图 7-2　智能锁

从2015年起，智能锁的年增长率超过50%，2017年中国智能锁总销售量突破1 000万把，销售总值接近200亿元，中国已经成为全球最大的智能锁生产制造和销售国家。

2020年，亿欧智库发布了《2020中国智能家居行业研究报告》，从智能家居的发展背景、行业现状、典型案例分析以及未来发展趋势进行了论述，确定了智能家居的研究对象和研究范围。

智能家居又称为智慧家庭，是以住宅为主体，综合利用物联网、云计算、人工智能等技术，使家居设备具有集中管理、远程控制、互联互通、自主学习等功能，实现家庭环境管理、安全防卫、信息交流、消费服务、影音娱乐与家居生活有机结合，创造便捷、舒适、健康、安全、环保的家庭人居环境。智能家居设备可以分为三个基本阶段，第一阶段是智能单品阶段，聚焦细分品类的智能升级。随着场景为中心的全套智能家居解决方案的兴起，逐步进入了第二阶段，即智能互联阶段。借助于大数据、人工智能、机器学习等技术，智能家居设备能够构建用户画像，并理解用户的行为，出现了第三个阶段，即主动智能阶段。该阶段主要以用户为中心，建立在个人数据分析、行为习惯理解、自主深度学习等基础上，一切围绕人的需求，提供准时化、个性化、智能化的服务。

智能家居设备应具有的四大特征和六大类别，分别是：

智能家居设备全部有联通性（通过无线、蓝牙、ZigBee等不同通信协议实现智能家居设备之间的互联互通，场景联动）；自动化（可通过人为单次触发和控制，按照人的要求，经过自动检测、信息处理、分析判断、操作控制，实现预期目标）；云化（具有云端数据存储处理，分析学习能力，提供安全可靠的数据存储中心，实现不同设备之间数据与应用共享）；自主学习（通过使用人工神经网络，利用大数据分析计算，使得基于机器学习的智能家居系统更加智能和便利）。

根据行业分类习惯和产品设备特点，根据研究报告，将智能家居设备分为六类，分别是智能家电、智能家庭安防、智能家庭娱乐、智能连接控制、智能光感、智能家庭能源管理，具体如图7-3所示。

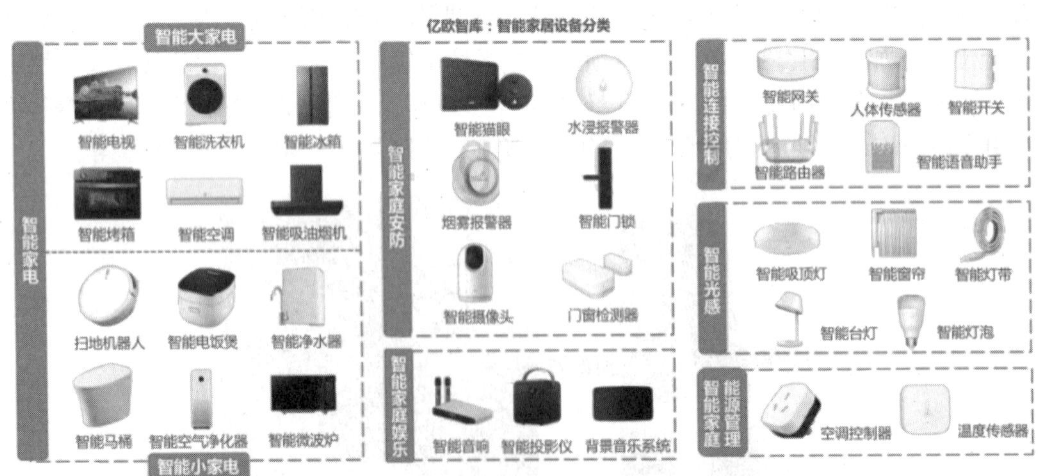

图7-3 智能家居设备分类

中国的智能家居行业发展经历了三个时代，分别是以单品终端为主的智能家居互联网时代，以多终端协作连接为主的智能家居移动互联网时代，以家居体验一体化为主的智能家居物联网时代。根据报告总结相关发展历程如下：

- 2004年6月，由海尔主导的中国家庭网络标准联盟E家佳成立；
- 2007年3月，出现首个智能家居精装楼盘；
- 2012年3月，龙头企业科研院所、产业基地联合发起成立了中国智能家居产业联盟；
- 2014年1月，谷歌32亿美元收购Nest引爆了智能家居行业；
- 2014年3月，海尔发布海尔U+智慧生活战略；
- 2014年12月，小米12.66亿元入股美的，瞄准智能家居行业；
- 2015年2月，小米联合13家照明企业，签订《共建智能照明联合声明》；
- 2015年4月，阿里巴巴成立智能生活事业部；
- 2016年3月，小米正式发布小米智能家居全新品牌；
- 2017年，AI人工智能音箱，天猫精灵、小爱同学全面介入智能音箱行业；
- 2017年2月，百度成立智能家居硬件事业部；
- 2018年3月，阿里巴巴宣布全面进军物联网行业，计划未来五年连接100亿台设备；
- 2019年5月，小米成立大家电事业部；
- 2019年11月，小米正式发布互联网空调产品；
- 2020年，工信部筹建智能家庭标准工作组。

智能家居的提升离不开科技层面的快速发展，5G时代的到来，物联网技术应用的日渐成熟，云计算、人工智能技术的不断兴起，对于智能家居的支持功不可没，未来智能家居系统发展的关键技术主要包括物联网技术、云计算技术、边缘计算和人工智能。

智能家居作为物联网重点应用领域之一，在国家政策中多次被提及，多个政府部门对智能家居行业的发展做出了重要提示，但截至目前智能家居行业标准体系尚未明确建立，国家在智能家居政策方面还需要给予进一步的支持和指导。

截至2020年，我国智能家居市场规模约为4 353亿元，预计到2025年市场规模将突破8 000亿元。中国的智能家居行业可以分为后装市场模式和前装市场模式，所谓后装就是在完成整屋装修后，用户无须改动布线和水电布局，通过购买智能家居产品，使用无线连接即可实现产品的互联互通和家居的智能化。所谓前装就是在装修之前为用户提供整套智能家居解决方案，前装市场的参与者有房地产开发商、家装公司和全屋智能解决方案提供商，前装方案重点安装的产品有智能摄像头、智能路由器、智能网关、智能灯光、智能门禁等。智能家居作为物联网的一个重要应用，也是最常见的一个应用场景，依托于各种先进技术，在不久的将来必定会有更广阔的应用场景和更深入的实际应用。

7.2 物联网智能家居系统模拟仿真

物联网智能家居系统在实际应用中会使用到大量的传感器，在模拟仿真实验中，使用到的传

视 频

智能家居系统模拟仿真实验

感器包括人体感应传感器、空气温湿度传感器、可燃气体传感器、光照传感器，使用到的执行器包括有风扇、电灯、声光报警器和电动遮阳板。具体的实际场景如下：

- 当人体感应传感器感应到有人时自动打开电灯。
- 当室内温度大于25℃时，打开风扇持续5s。
- 当室内湿度大于30%时，开启电动窗帘。
- 当可燃气体大于15时，报警器报警。
- 当光照大于30Lux时，打开电动窗帘。

以下就详细说明相关操作步骤。

1. 传感器

（1）人体感应传感器。

按照图7-4所示，将人体感应传感器和M3无线节点控制板、M4网关单元进行连接，其中人体感应传感器和M3无线节点控制板之间使用GPIO进行连接，端口号是GPIO_3，M3无线节点控制板和M4网关单元之间使用RS485连接，M3无线节点控制板作为从机，M4网关单元作为主机，按照图7-5所示的软件默认连接规则进行配置，结果如图7-6所示。

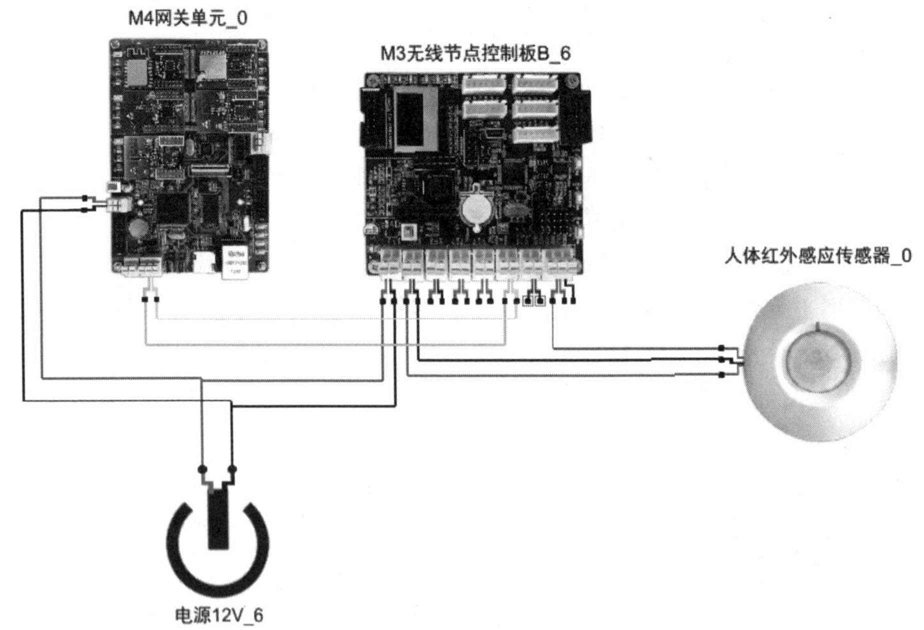

图7-4 人体感应传感器

（2）空气温湿度传感器。

按照图7-7所示，将空气温湿度传感器和M3无线节点控制板，使用RS485连接，按照软件默认连接规则连接，M3无线节点控制板和M4网关单元之间使用Wi-Fi连接，SSID和密码均为1234，配置结果如图7-8所示。

485协议（有线）.txt - 记事本

文件(F)　编辑(E)　格式(O)　查看(V)　帮助(H)

序号	名称	功能码 (hex)	从机地址 (hex)	寄存器起始地址 (hex)	读/写寄存器（个数）	备注
01	空气温湿度	03	02	00 00	2	第1个寄存器为温度，第2个寄存器为湿度
02	人体红外	03/06	03	00 00	1	0x30表示无人，0x31表示有人
03	光照传感器	03	04	00 00	4	光照值（2~3寄存器）倍率（4寄存器）
04	土壤温湿度	03	06	00 00	2	第1个寄存器为土壤的温度，第2个寄存器为土壤湿度
05	二氧化碳	03	07	00 00	1	当前环境下CO2浓度，单位ppm
06	PM2.5	03	08	00 00	1	粉尘浓度毫克每立方米
07	遮阳帘（电动遮阳板）	03/06	09	00 00	1	0X41打开，0X42停止，0X43关闭
08	红外光栅	03	0B	00 00	1	0x30 表示无遮挡，0x31 表示有遮挡
09	燃气传感器	03	0C	00 00	1	0x30未超标，0x31超标
10	烟雾传感器	03	0D	00 00	1	0x30 表示烟雾浓度未超标，0x31 表示烟雾浓度超标
11	门锁	03/06	14	00 00	1	0x30 表示门锁关闭，0x31 表示门锁开启
12	雨雪传感器	03	10	00 00	1	0x30 表示无雨无雪，0x31 表示有雨或有雪
13	报警器	03/06	13	00 00	1	0x30 表示关闭声光报警器，0x31 表示开启声光报警器
14	灌溉（喷淋）	03/06	11	00 00	1	0x30 表示关闭灌溉，0x31 表示开启灌溉
15	风扇	03/06	12	00 00	1	0x30 表示关闭风扇，0x31 表示开启风扇
16	加热片	03/06	15	00 00	1	0x30 表示关闭加热，0x31 表示打开加热
17	直流电机	03/06	16	00 00	1	0X41正传，0X42 停止，0X43反传
18	电灯	03/06	17	00 00	1	0x30 表示电灯开启，0x31 表示电灯关闭
19	继电器	03/06	18	00 00	1	0X30表示关闭蜂鸣器,0X31开启蜂鸣器
20	蜂鸣器	03/06	19	00 00	1	0X30表示关闭继电器，0X31表示开启继电器

图 7-5　有线规则

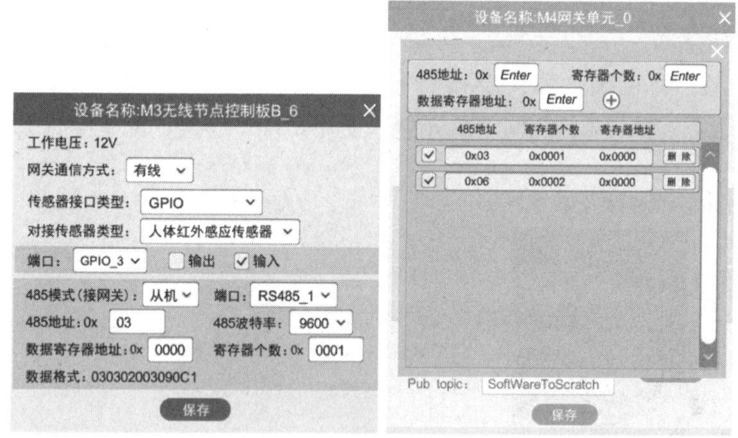

图 7-6　人体感应传感器配置

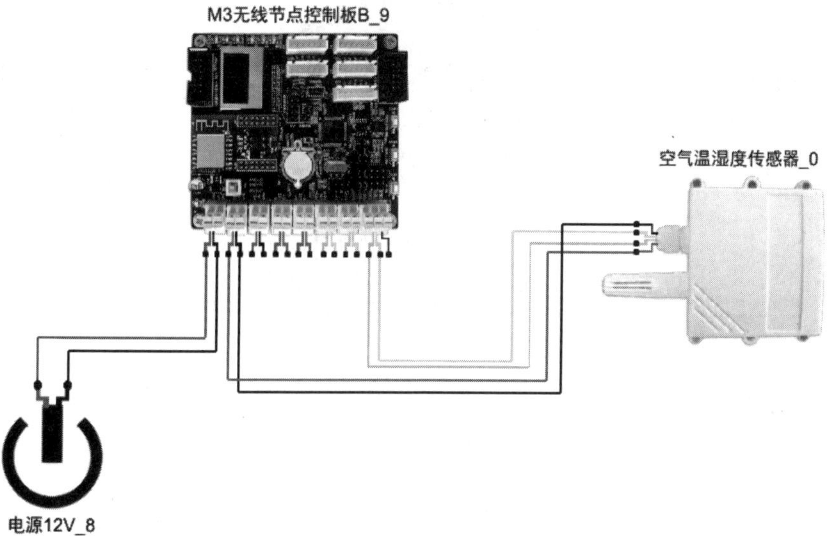

图 7-7　空气温湿度传感器

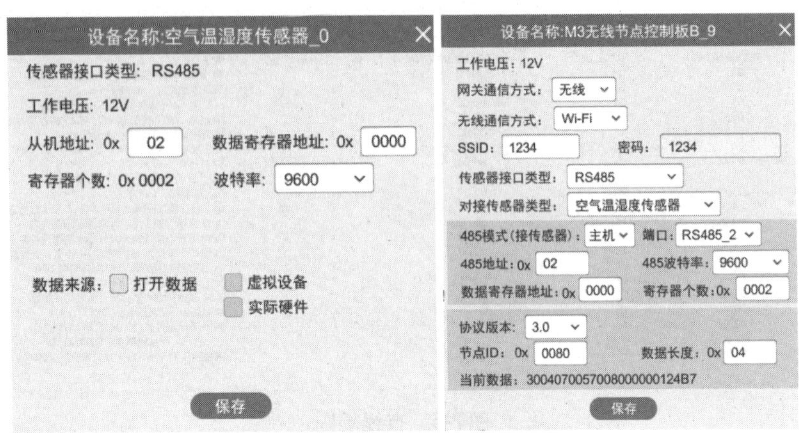

图7-8　空气温湿度传感器配置

（3）可燃气体传感器。

按照图7-9所示，将可燃气体传感器和M3无线节点控制板，使用GPIO连接，端口使用GPIO_4，M3无线节点控制板和M4网关单元之间使用RS485连接，配置结果如图7-10所示。

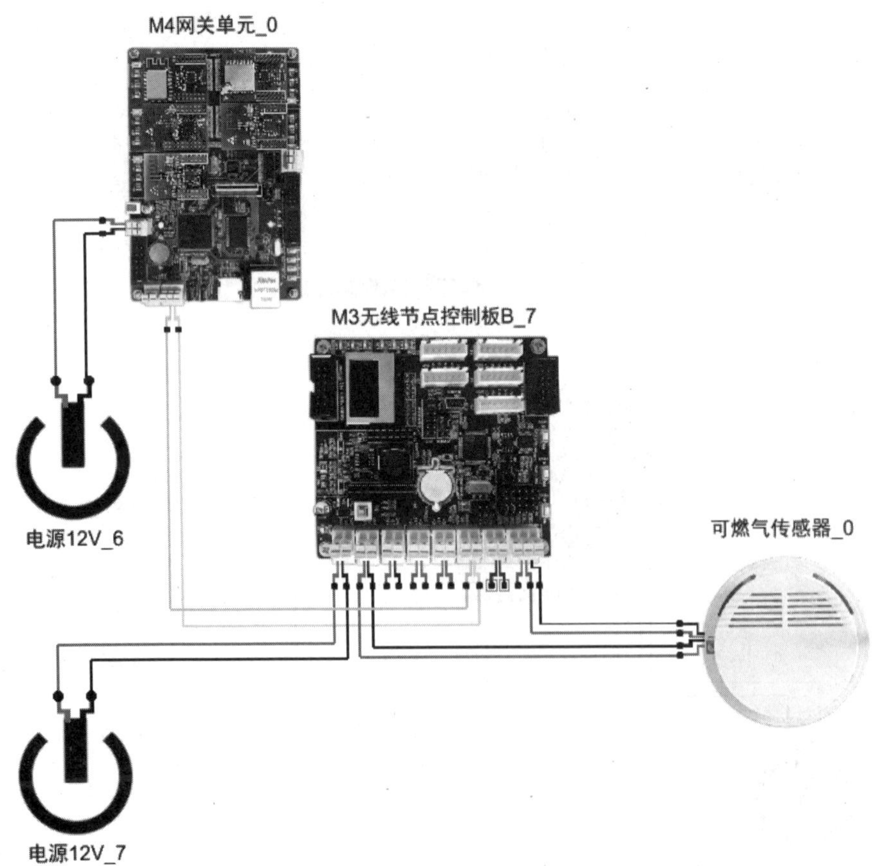

图7-9　可燃气体传感器

设备名称:可燃气传感器_0
传感器接口类型: GPIO
工作电压: 12V
数据来源: 打开数据
虚拟设备
实际硬件
数据周期: 30
修改
保存
设备名称:M3无线节点控制板B_7
工作电压：12V
网关通信方式： 有线
传感器接口类型： GPIO
对接传感器类型： 可燃气传感器
端口： GPIO_4 输出 输入
485模式(接网关)： 从机 端口： RS485_1
485地址：0x 06 485波特率： 9600
数据寄存器地址：0x 0000 寄存器个数：0x 0002
数据格式：0603040000030E78C
保存

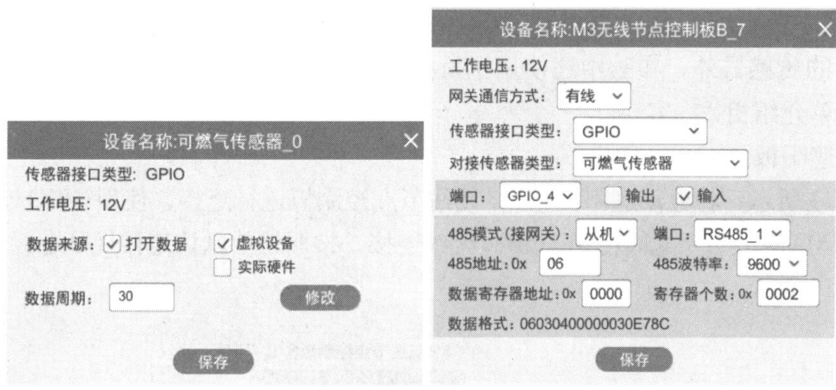

图 7-10 可燃气体传感器设置

（4）光照传感器。

按照图 7-11 所示，将光照传感器和M3无线节点控制板，使用RS485连接，M3无线节点控制板和M4网关单元之间使用Wi-Fi连接，配置结果如图 7-12 所示。

M3无线节点控制板B_10
光照传感器_0
电源12V_9

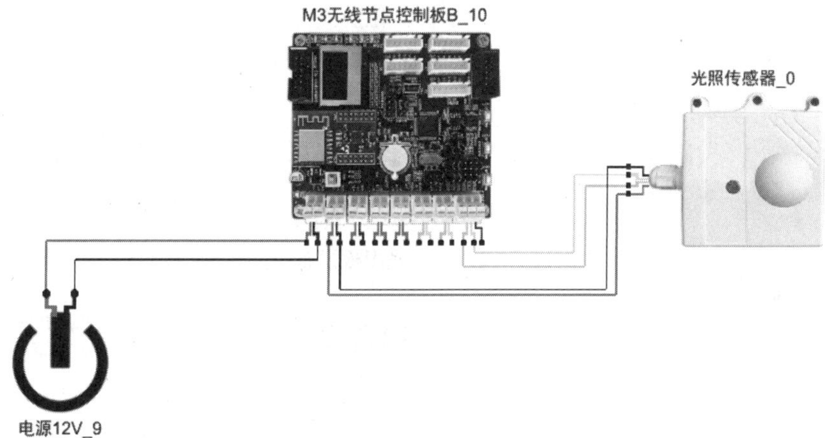

图 7-11 光照传感器

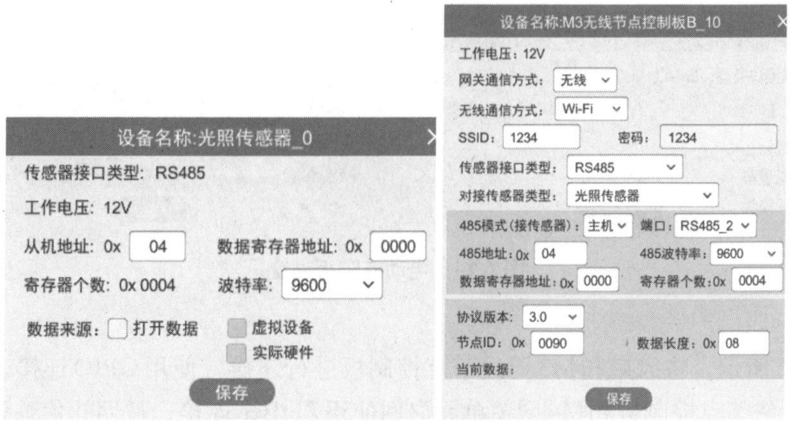

设备名称:光照传感器_0
传感器接口类型: RS485
工作电压: 12V
从机地址: 0x 04
数据寄存器地址: 0x 0000
寄存器个数: 0x 0004
波特率: 9600
数据来源: 打开数据
虚拟设备
实际硬件
保存
设备名称:M3无线节点控制板B_10
工作电压：12V
网关通信方式： 无线
无线通信方式： Wi-Fi
SSID： 1234 密码： 1234
传感器接口类型： RS485
对接传感器类型： 光照传感器
485模式(接传感器)： 主机 端口： RS485_2
485地址：0x 04 485波特率： 9600
数据寄存器地址：0x 0000 寄存器个数：0x 0004
协议版本： 3.0
节点ID： 0x 0090 数据长度： 0x 08
当前数据：
保存

图 7-12 光照传感器设置

2. 执行器

除了上述的传感器外，实验中还使用了执行器，包括电动遮阳板、风扇、电灯和声光报警器，以下就简单介绍相关内容。

（1）电动遮阳板。

按照图7-13所示，将电动遮阳板和M3无线节点控制板进行连接，使用GPIO连接，M3无线节点控制板和M4网关单元之间使用ZigBee无线连接，按照软件默认连接规则进行配置，具体设置内容如图7-14所示。

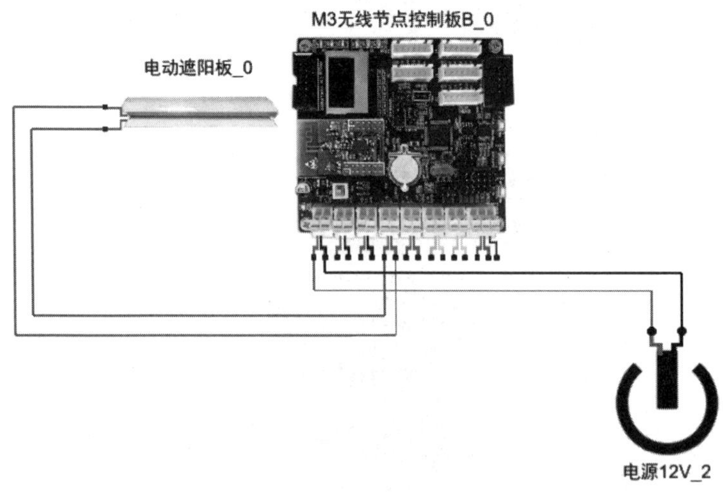

图7-13　电动遮阳板设备

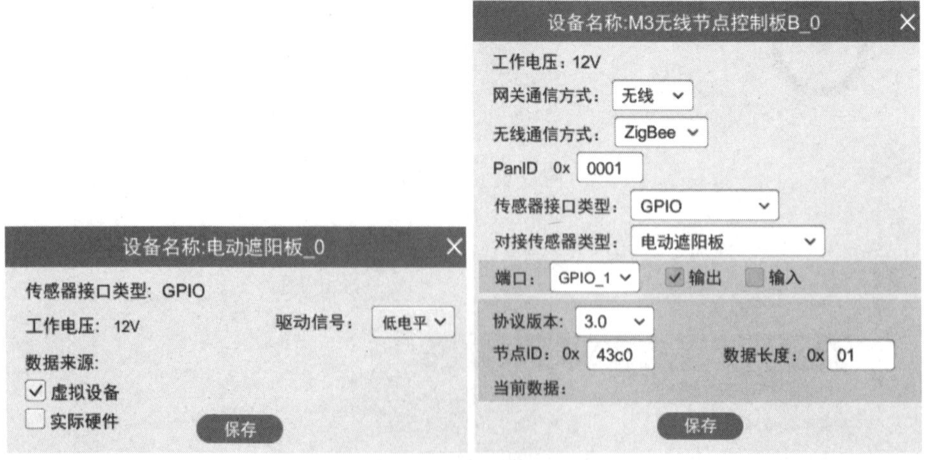

图7-14　电动遮阳板设置

（2）风扇。

按照图7-15所示，将风扇和M3无线节点控制板进行连接，使用GPIO连接，端口采用的是GPIO_1，M3无线节点控制板和M4网关单元之间使用ZigBee连接，按照软件默认连接规则进行配置，具体设置内容如图7-16所示。

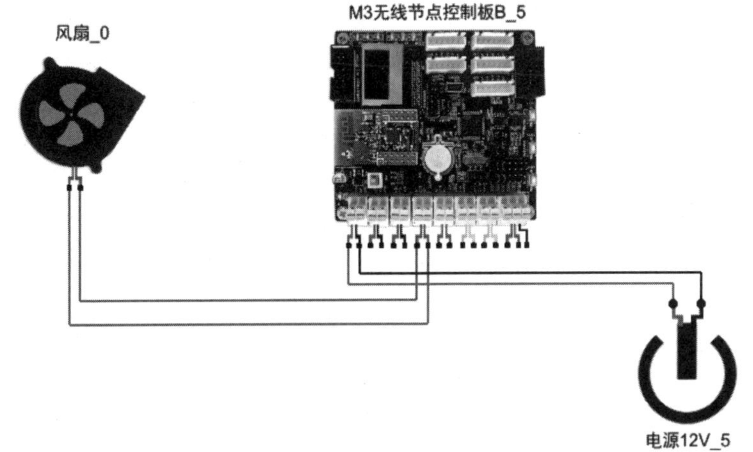

图7-15　风扇

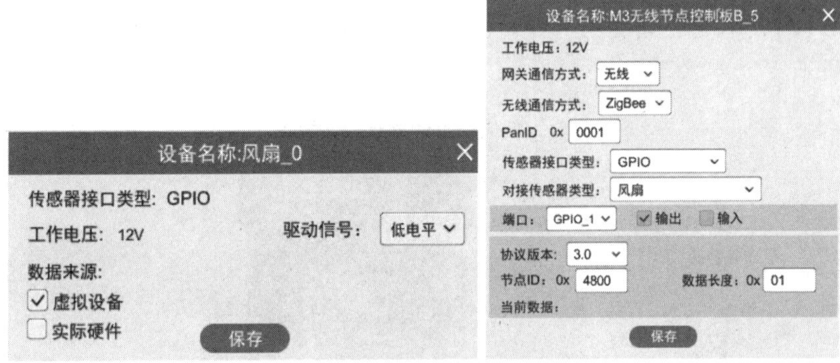

图7-16　风扇设置

（3）电灯。

按照图7-17所示，将电灯和M3无线节点控制板进行连接，使用GPIO连接，M3无线节点控制板和M4网关单元之间使用BLE连接，按照软件默认连接规则进行配置，具体设置内容如图7-18所示。

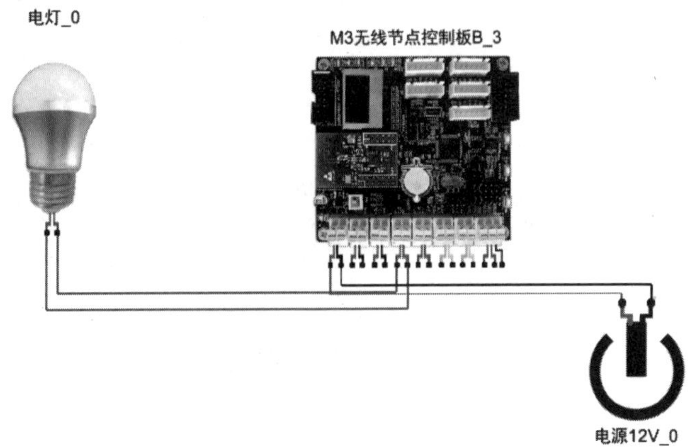

图7-17　电灯

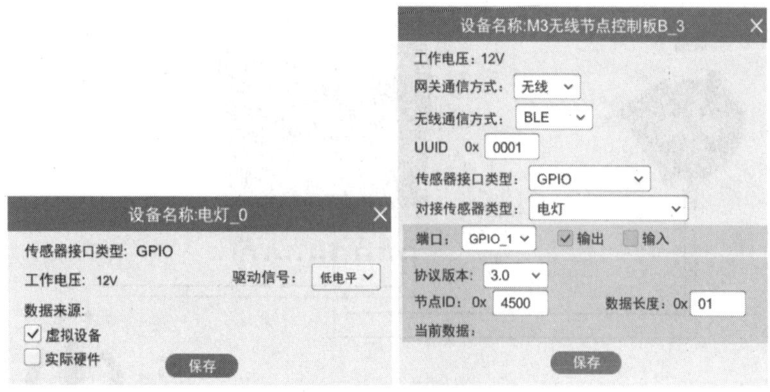

图7-18　电灯设置

（4）声光报警器。

按照图7-19所示，将声光报警器和M3无线节点控制板进行连接，使用GPIO连接，M3无线节点控制板和M4网关单元之间使用Wi-Fi无线连接，按照软件默认连接规则进行配置，具体设置内容如图7-20所示。

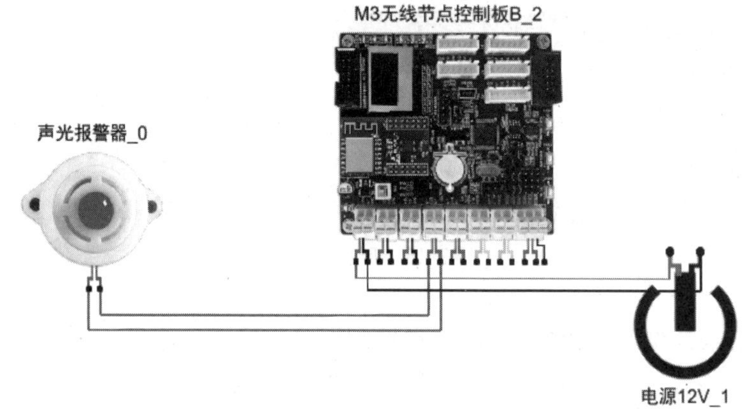

图7-19　声光报警器

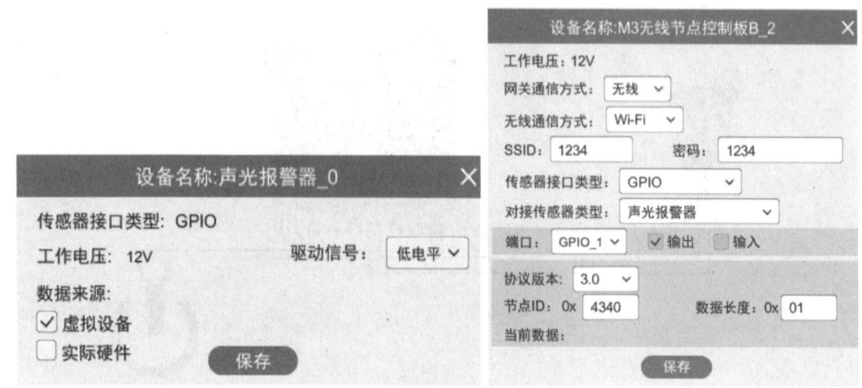

图7-20　声光报警器设置

设备连线完成后，就可以首先进行验证，尝试进行MQTT服务器的连接、订阅，如图7-21所示。然后单击打开数据列表，勾选打开数据，实现模拟数据的运行，如图7-22所示。

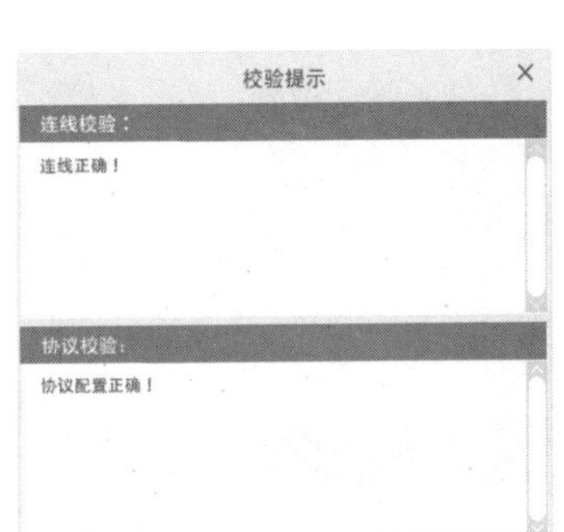

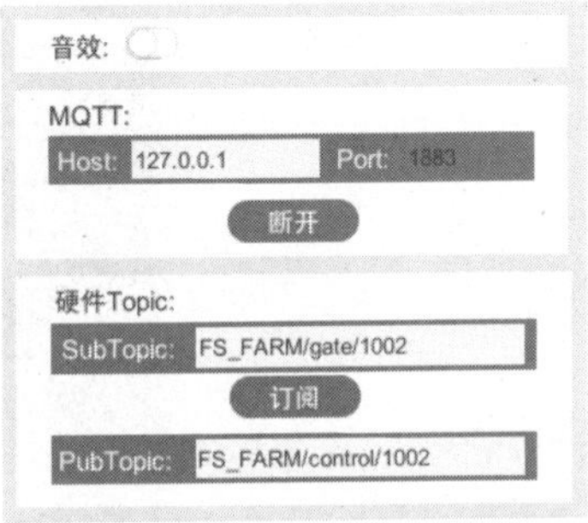

图7-21　验证及订阅MQTT

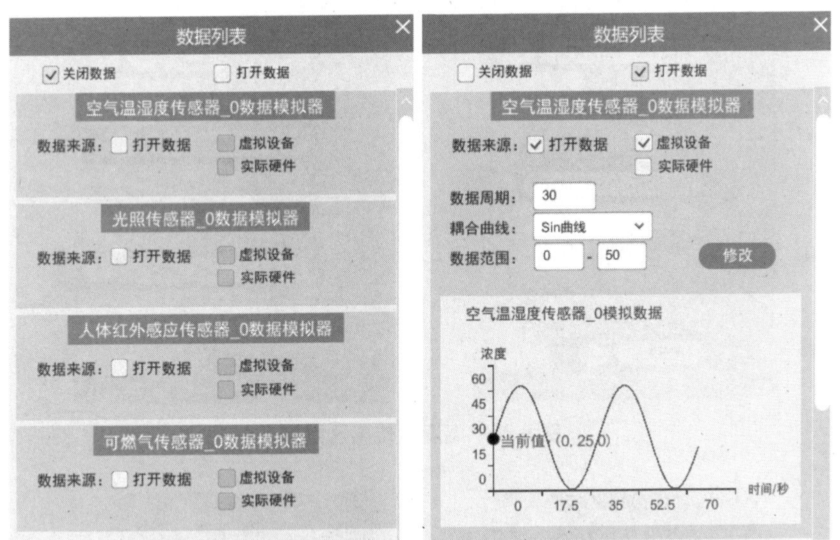

图7-22　打开数据

单击右下角的Scratch按钮进入图形编辑界面，进行逻辑编程，首先进行MQTT服务器连接，并订阅MQTT服务，相关流程如图7-23所示。完成订阅后就可以根据实际的传感器来进行实时监测和执行器反馈了，需要将所有传感器均包含在一个循环语句中不断重复，然后根据实际要求完成具体的配置，对应的配置内容如图7-24～图7-26所示。

所有图形化编程完成后，就可以单击绿色旗子开始运行，然后查看相关结果，如图7-27所示。

图7-23　MQTT服务订阅

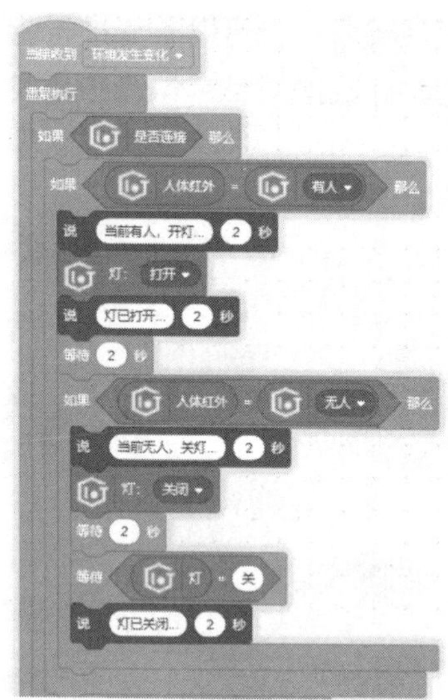

图7-24　人体感应传感器编程

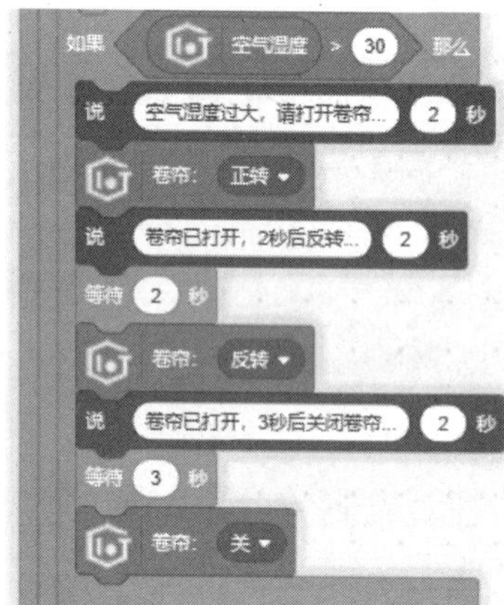

图7-25　温湿度传感器编程

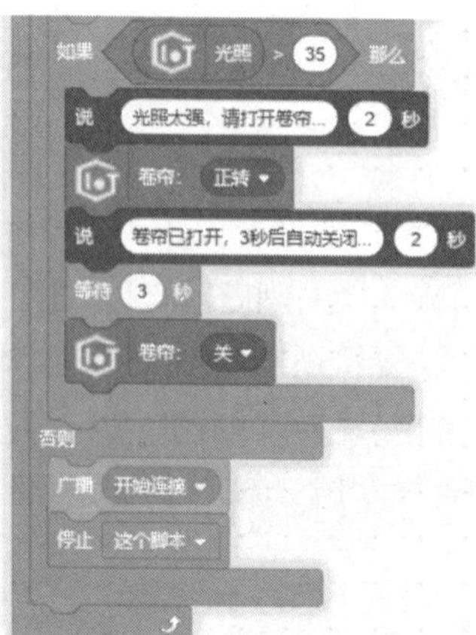

图7-26　可燃气传感器和光照传感器编程

图 7-27　实验结果

7.3 基于Arduino的智能家居温湿度系统

智能家居温湿度监控是整个智能家居系统最简单也是最常见的一个应用，在第5章介绍Arduino相关配件时也曾使用DHT11和1602液晶制作过一款单机版的本地温湿度监控系统，本节中将在此基础上进一步优化功能，实现云平台对于DHT11传感器的数据监控功能，使用到的实验设备如表7-1所示。

视　频

基于Arduino的智能家居温湿度系统

表 7-1　实验设备及平台清单

序号	实验设备	说明
1	Arduino Uno	实验主控板
2	ESP8266 模块	实现联网
3	DHT11 温湿度传感器	采集室内温湿度
4	OneNET 物联网平台	用于数据上网控制

ESP8266系列模组是由深圳市安信可科技有限公司开发的一系列基于乐鑫ESP8266EX的低功耗UART-WiFi芯片模组，可以方便地进行二次开发，接入云端服务，实现手机3G/4G/5G全球随时随地的控制，加速产品原型设计。模块核心处理器 ESP8266 在较小尺寸封装中集成了业界领先的 Tensilica L106 超低功耗 32 位微型 MCU，带有 16 位精简模式，主频支持 80 MHz 和 160 MHz，支持 RTOS，集成 Wi-Fi MAC/ BB/RF/PA/LNA，板载天线。支持标准的 IEEE802.11b/g/n 协议，完整的TCP/IP 协议栈。用户可以使用该模块为现有的设备添加联网功能，也可以构建独立的网络控制器。ESP8266是高性能无线 SoC，以最低成本提供最大实用性，为Wi-Fi功能嵌入其他系统提供无限可能。实物如图 7-28 所示。公司官网是 https://www.ai-thinker.com/home，使用者可以前往官网了解相关信息，下载配套工具包。

该产品的特点如下：

- 支持802.11b/g/n协议。
- 内置Tensilica L106超低功耗32位微型MCU，主频支持80 MHz和160 MHz，支持RTOS。
- 内置10 bit高精度ADC，内置TCP/IP协议栈，内置TR开关、balun、LNA、功率放大器和匹配网络。
- 内置PLL、稳压器和电源管理组件，802.11b模式下+18 dBm的输出功率。
- MPDU、A-MSDU的聚合和0.4 s的保护间隔。

图7-28　ESP8266系列模组

- Wi-Fi 2.4 GHz，支持WPA/WPA2安全模式。
- 支持AT本地升级及云端OTA升级。
- 支持STA/AP/STA+AP工作模式。
- 支持Smart Config功能（包括Android和iOS设备）。
- HSPI、UART、I2C、I2S、IR Remote Control、PWM、GPIO。
- 深度睡眠保持电流为20 uA，关断电流小于5 uA。
- 2 ms之内唤醒、连接并传递数据包。
- 待机状态消耗功率小于1.0 mW (DTIM3)。

安信可公司为ESP8266系列模组提供了完整的一体化开发工具、烧录工具、串口调试工具、串口驱动程序等，以下就对部分工具进行介绍。

SDK的编程环境常有两种：其一是由乐鑫公司提供的编程环境，需要使用Linux操作系统，其二是由安信可公司提供的基于Windows操作系统的一体化编译环境。在此选择第二种一体化编译环境进行介绍说明。首先在安信可下载一体化编译环境，然后开始安装，指定安装路径，并开始安装，如图7-29所示，安装完成后，如图7-30所示。

安装完成后，需要首先配置编译器的路径，打开安装路径，并在其中找到Config.exe文件，双击打开，用户可以指定编译路径，或者直接选择默认路径，并保存，如图7-31所示。打开程序，软件主界面如图7-32所示。

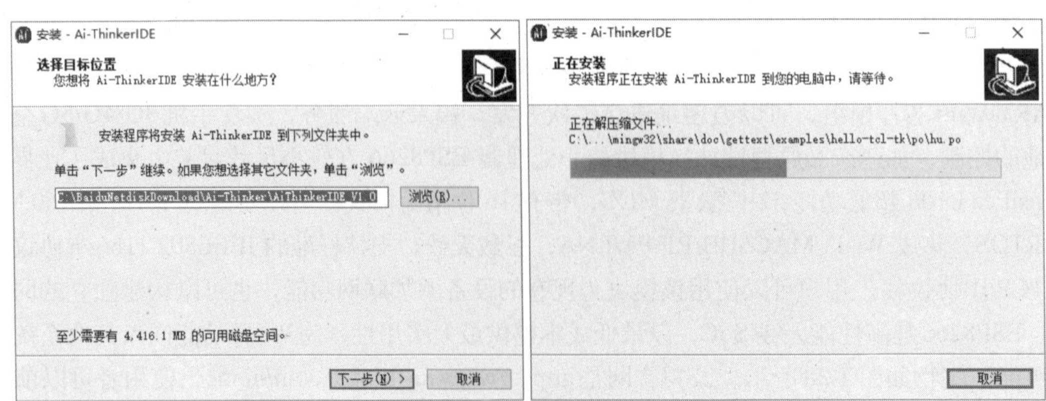

图7-29　开始安装

安装 - Ai-ThinkerIDE
Ai-ThinkerIDE 安装向导完成
安装程序已在您的电脑中安装了 Ai-ThinkerIDE。此应用程序可以通过选择安装的快捷方式运行。
单击“完成”退出安装程序。
完成(F)

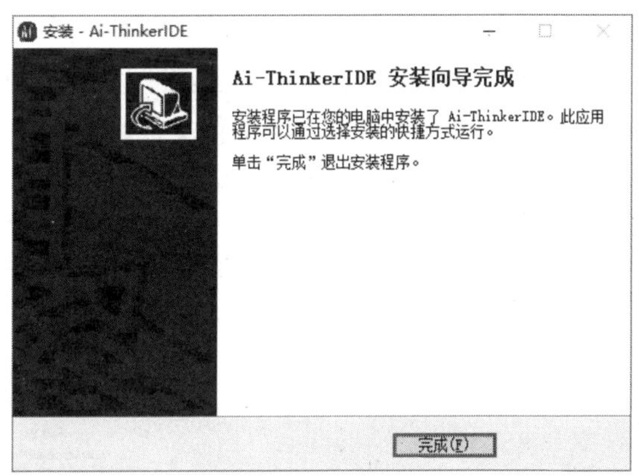

图 7-30　完成安装

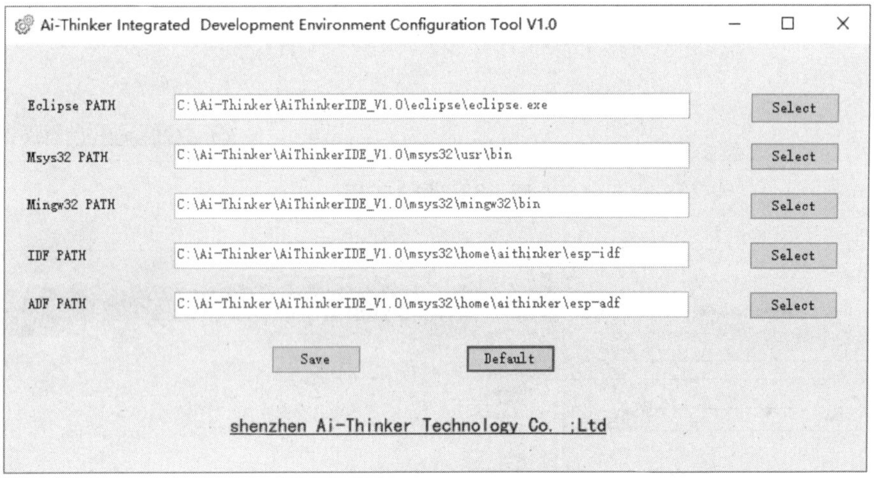

Ai-Thinker Integrated Development Environment Configuration Tool V1.0
Eclipse PATH
C:\Ai-Thinker\AiThinkerIDE_V1.0\eclipse\eclipse.exe
Select
Msys32 PATH
C:\Ai-Thinker\AiThinkerIDE_V1.0\msys32\usr\bin
Select
Mingw32 PATH
C:\Ai-Thinker\AiThinkerIDE_V1.0\msys32\mingw32\bin
Select
IDF PATH
C:\Ai-Thinker\AiThinkerIDE_V1.0\msys32\home\aithinker\esp-idf
Select
ADF PATH
C:\Ai-Thinker\AiThinkerIDE_V1.0\msys32\home\aithinker\esp-adf
Select
Save
Default
shenzhen Ai-Thinker Technology Co. ;Ltd

图 7-31　指定编译器路径

Ai-Thinker IDE For IoT
base of eclipse mars
Support ESP8266 & ESP32 Platform
C/C++ - Eclipse
File Edit Source Refactor Navigate Search Project Run Window Help
Quick Access
C/C++
Project Explo...
esp-adf
esp-idf
ESP8266_NONOS_SDK
ESP8266_RTOS_SDK
An outline is not available.
Problems Tasks Console Properties
No consoles to display at this time.

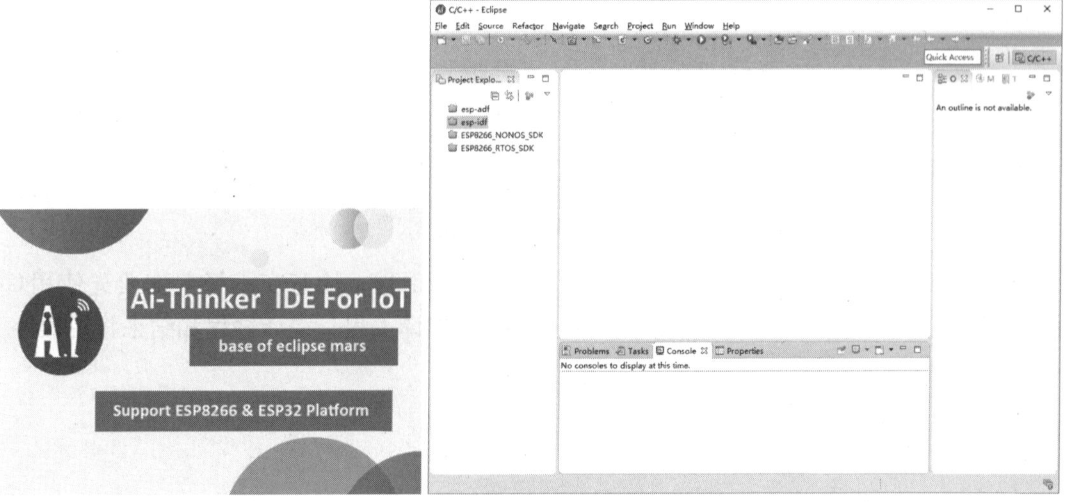

图 7-32　软件主界面

完成安装后，就可以首先配置一个工程，在左侧工程区域右击并选择Import命令，在其中选择Existing Code as Makefile Project选项，单击Next按钮继续，如图7-33所示。选择导入路径，如图7-34所示，导入完成后就可以在左侧工程栏中看到工程文件内容。

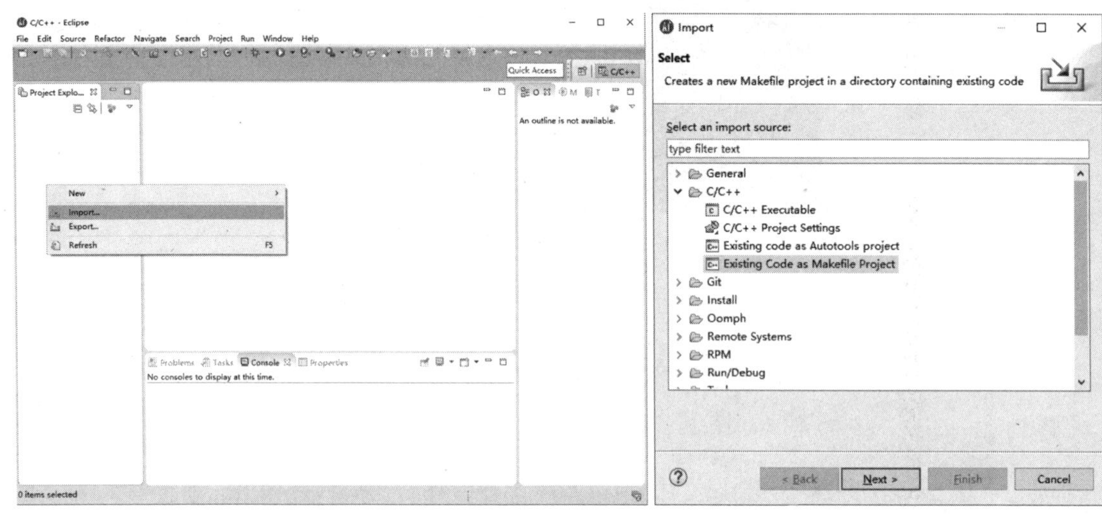

图7-33　导入工程

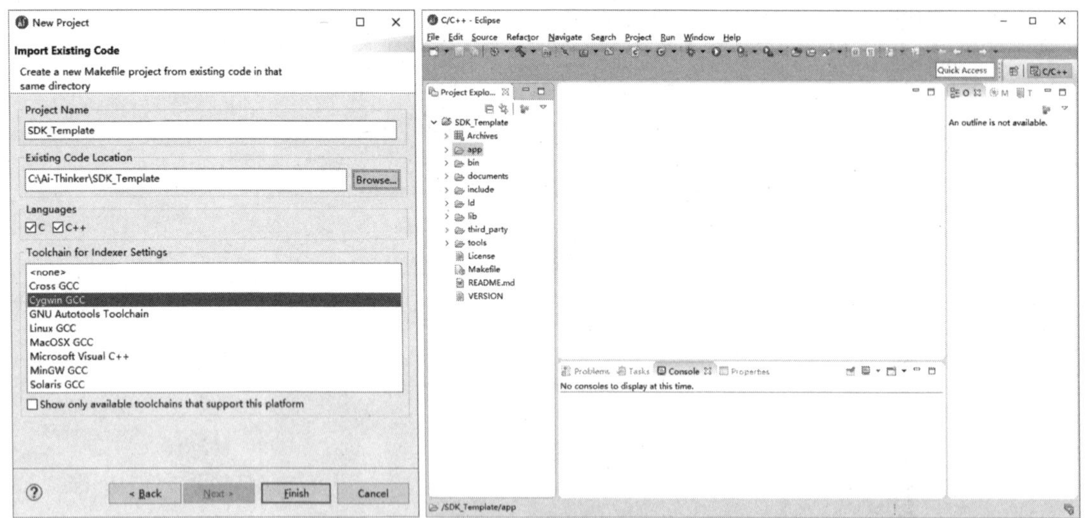

图7-34　选择路径

完成导入工程后，可以尝试先编译一次工程，右击工程，注意在编译前需要先使用Clean Project清除一次编译剩余，然后再次使用Build Project编译工程，编译过程和结果将在软件下方显示，如图7-35所示。

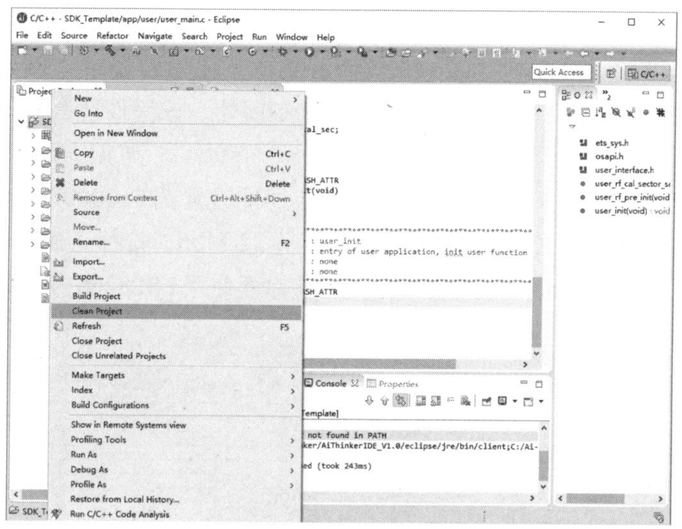

图 7-35　编译工程

用户可以开始进行代码的编写，完成相关的功能，然后通过编译生成bin文件，用户可以根据厂商提供的下载规则进行文件的下载，如图7-36所示，下载前要求对相关配置内容进行设置，具体包括：

- CrystalFreq：根据实际选用的晶振型号选择晶振的频率。
- SPI SPEED：设置SPI的速度，最大值为80 MHz。
- SPI MODE：根据实际使用的FLASH选择对应的模式。
- FLASH SIZE：根据实际编译的配置对应选择的FLASH大小。
- DoNotChgBin：如果勾选，FLASH的运行频率、方式和布局会以用户编译时的配置选项为准，如果不勾选，则以下载工具最终的配置为准。

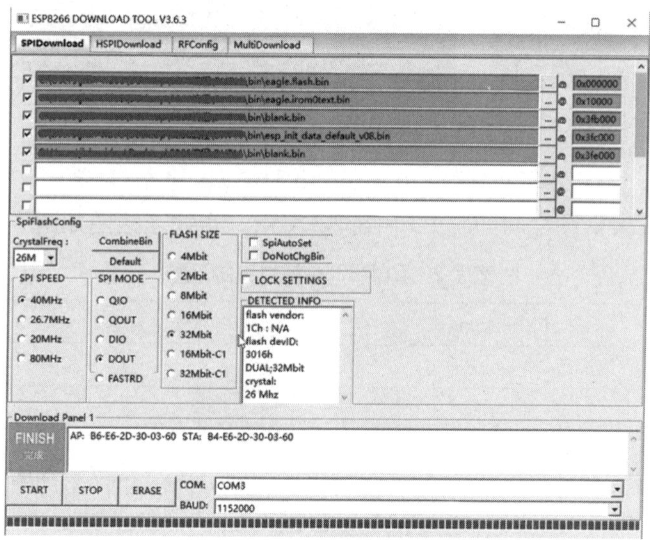

图 7-36　下载文件

此外安信可公司还针对不同的应用场景定制了固件bin文件，用户只要直接烧录即可，并且定制的固件一般都会将多个文件合并成一个bin文件方便用户烧录，例如在本实验中应用了OneNET物联网平台的连接。安信可公司就提供了定制固件，该固件已合并 boot_v1.5.bin、user1.bin、esp_init_data_default.bin和 blank.bin只需要烧录一个文件，就可以实现相关功能。加载并勾选下载的针对OneNET物联网平台的bin文件，下载地址设置为0x00000，晶振频率为26 MHz，速度为40 MHz，模式设置为DIO，FLASH大小设置为32 Mbit，选择正确的端口号和波特率就可以开始进行下载，如图7-37所示，注意烧写程序还是需要使用ESP8266专用烧写器。

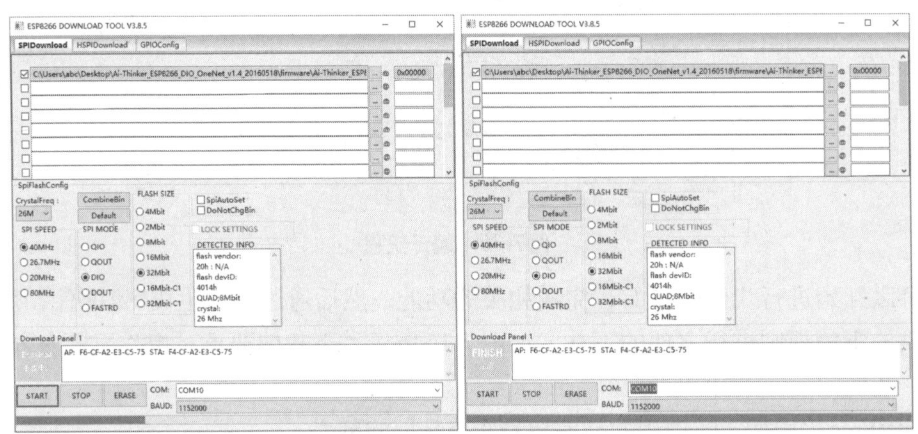

图7-37　下载文件

ESP8266模块固件下载完成后，就可以将模块和Arduino UNO板进行连接，并开始进行Arduino代码的编写，本实验中使用的是ESP8266-01S，其实物及引脚电路图如图7-38所示。

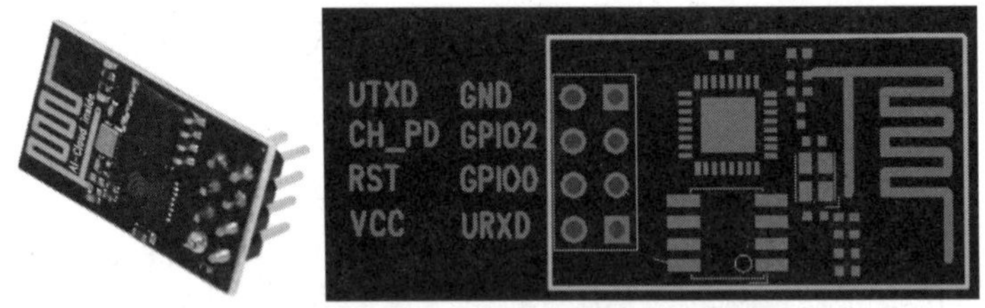

图7-38　实物及引脚电路图

根据引脚电路图，将ESP8266模块和Arduino UNO板进行连接，并将DHT11同步接入到Arduino UNO板中，具体引脚说明如表7-2和表7-3所示。实物连接图如图7-39所示。

表7-2　ESP8266模块引脚连接

序号	ESP8266模块	Arduino Uno
1	UTXD	0
2	CH_PD	3.3 V
3	VCC	3.3 V
4	GND	GND
5	URXD	1
6	RST/GPIO0/GPIO2	悬空

表 7-3　DHT11 引脚连接

序号	DHT11 模块	Arduino Uno
1	GND	GND
2	VCC	5 V
3	DATA	3

图 7-39　实物连接图

程序代码如下：

```
#include "edp.c"
#include "DHT11.h"
#define DHT11PIN 3
DHT11 dht11;
#define KEY " ZsiPhfDsyaTez2ubMQbJWCiIvh4="
#define ID "681632254"
#define PUSH_ID NULL
String comdata = "";
#define _baudrate 115200
#define WIFI_UART Serial
int DHT11 = 0;
edp_pkt *pkt;
bool doCmdOk(String data, char *keyword)
{
    bool result = false;
    if (data != "")
    {
        WIFI_UART.println(data);
    }
    if (data == "AT")
        delay(2000);
    else
        while (!WIFI_UART.available());
    delay(200);
    if (WIFI_UART.find(keyword))
    {
        result = true;
    }
    else
```

```
    {
        result = false;
    }
    while (WIFI_UART.available())
        WIFI_UART.read();
    delay(500);
    return result;
}
void setup()
{
    char buf[100] = {0};
    int tmp;
    pinMode(13, OUTPUT);
    pinMode(7, OUTPUT);
    WIFI_UART.begin(_baudrate);
    WIFI_UART.setTimeout(3000);
    delay(3000);
    Serial.setTimeout(100);
    delay(2000);
    while (!doCmdOk("AT", "OK"));
    digitalWrite(13, HIGH);
    while (!doCmdOk("AT+CWMODE=3", "OK"));
    while (!doCmdOk("AT+CWJAP=\"test\",\"123456\"", "OK"));
    while (!doCmdOk("AT+CIPSTART=\"TCP\",\"jjfaedp.hedevice.com\",876", "OK"));
    while (!doCmdOk("AT+CIPMODE=1", "OK"));
    while (!doCmdOk("AT+CIPSEND", ">"));
}
int dht_flag = 1;
void loop()
{
    static int edp_connect = 0;
    bool trigger = false;
    edp_pkt rcv_pkt;
    unsigned char pkt_type;
    int i = 0, tmp;
    char num[10];
    int wd, sd;
    char wd1[20], sd1[20];
    if (!edp_connect)
    {
        while (WIFI_UART.available())
            WIFI_UART.read();
        packetSend(packetConnect(ID, KEY));
        while (!WIFI_UART.available());
        if ((tmp = WIFI_UART.readBytes(rcv_pkt.data, sizeof(rcv_pkt.data))) > 0)
        {
            rcvDebug(rcv_pkt.data, tmp);
            if (rcv_pkt.data[0] == 0x20 && rcv_pkt.data[2] == 0x00 && rcv_pkt.
data[3] == 0x00)
            {
                edp_connect = 1;
                digitalWrite(13, LOW);
            }
        }
```

```
        packetClear(&rcv_pkt);
    }
    if (dht_flag == 1)
    {
        dht_flag = 0;
        dht11.read(DHT11PIN);
        wd = dht11.temperature;
        sd = dht11.humidity;
        sprintf(wd1, "%d", wd);
        sprintf(sd1, "%d", sd);
        DHT11 = 0;
        delay(500);
        packetSend(packetDataSaveTrans(NULL, "WD", wd1));
        delay(500);
        packetSend(packetDataSaveTrans(NULL, "SD", sd1));
        delay(500);
    }
    DHT11++;
    if(dht11.temperature >=22)
    {
      digitalWrite(7, HIGH);
    }
    if(dht11.temperature <22)
    {
      digitalWrite(7, LOW);
    }

    if (DHT11 > 150 && edp_connect)
    {
        dht11.read(DHT11PIN);
        wd = dht11.temperature;
        sd = dht11.humidity;
        sprintf(wd1, "%d", wd);
        sprintf(sd1, "%d", sd);
        DHT11 = 0;
        delay(500);
        packetSend(packetDataSaveTrans(NULL, "WD", wd1));
        delay(500);
        packetSend(packetDataSaveTrans(NULL, "SD", sd1));
        delay(500);
    }
    while (WIFI_UART.available())
    {
        digitalWrite(13, HIGH);
        delay(500);
        readEdpPkt(&rcv_pkt);
        if (isEdpPkt(&rcv_pkt))
        {
            pkt_type = rcv_pkt.data[0];
            switch (pkt_type)
            {
            case CMDREQ:
                char edp_command[50];
                char edp_cmd_id[40];
```

```
                    long id_len, cmd_len, rm_len;
                    char datastr[20];
                    char val[10];
                    memset(edp_command, 0, sizeof(edp_command));
                    memset(edp_cmd_id, 0, sizeof(edp_cmd_id));
                    edpCommandReqParse(&rcv_pkt, edp_cmd_id, edp_command, &rm_len,
&id_len, &cmd_len);
                    sscanf(edp_command, "%[^:]:%s", datastr, val);
                    break;
                    default:;
                    break;
                }
            }
        }
        if (rcv_pkt.len > 0)
            packetClear(&rcv_pkt);
        delay(150);
    }
    bool readEdpPkt(edp_pkt *p)
    {
        int tmp;
        if ((tmp = WIFI_UART.readBytes(p->data + p->len, sizeof(p->data))) > 0)
        {
            rcvDebug(p->data + p->len, tmp);
            p->len += tmp;
        }
        return true;
    }
    void packetSend(edp_pkt *pkt)
    {
        if (pkt != NULL)
        {
            WIFI_UART.write(pkt->data, pkt->len);
            WIFI_UART.flush();
            free(pkt);
        }
    }
    void rcvDebug(unsigned char *rcv, int len)
    {
        int i;
    }
```

在整个代码段中，有三个地方是需要根据实际情况进行修改的，具体如下：

修改1：OneNET物联网平台中的APIKey。

```
#define KEY " ZsiPhfDsyaTez2ubMQbJWCiIvh4="
```

修改2：OneNET物联网平台中的设备ID号。

```
#define ID "681632254"
```

修改3：无线网络连接SSID和连接密钥。

```
while (!doCmdOk("AT+CWJAP=\"test\",\"123456\"", "OK"));
```

为了获得OneNET物联网平台中的相关关键参数，以下就先介绍如何注册、添加设备产品，获得产品数据。

（1）登录https://open.iot.10086.cn/网站，使用手机号注册用户，如图7-40所示。

（2）注册完成后需要进行身份认证，身份认证可以包括企业认证和个人认证，其中企业认证需要提供企业名称、性质、规模、信用代码、营业执照扫描件等内容，个人认证需要提供个人真实姓名、证件号码、所在地信息等内容，如图7-41所示。

图7-40 注册用户

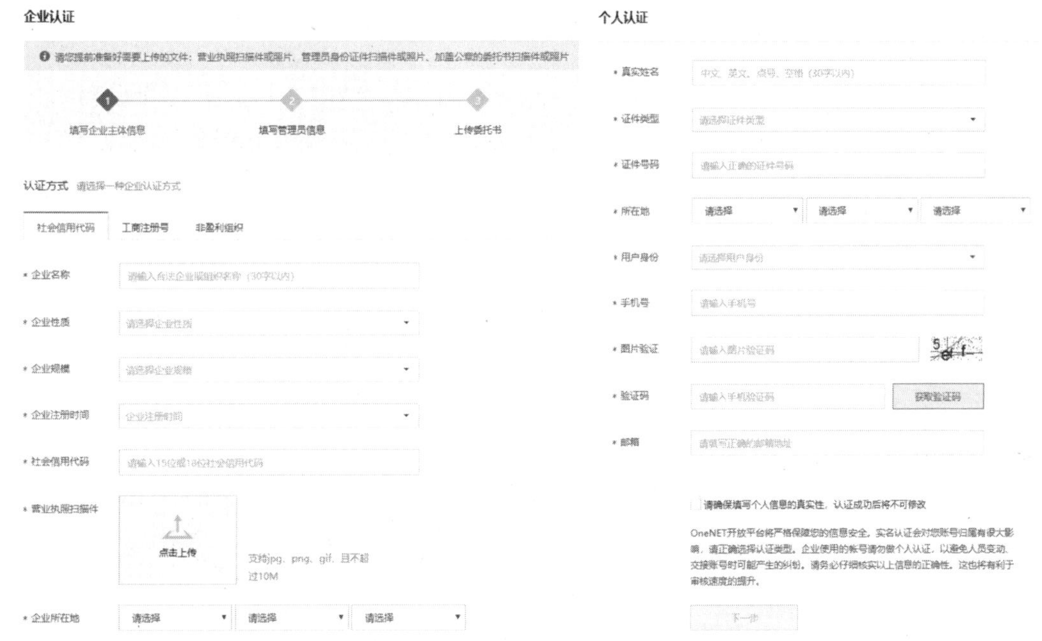

图7-41 注册用户

（3）认证完成后，可以单击控制台首页→“多协议接入”选项，选择其中的“添加产品”选项，开始进行产品和设备的添加，如图7-42所示。

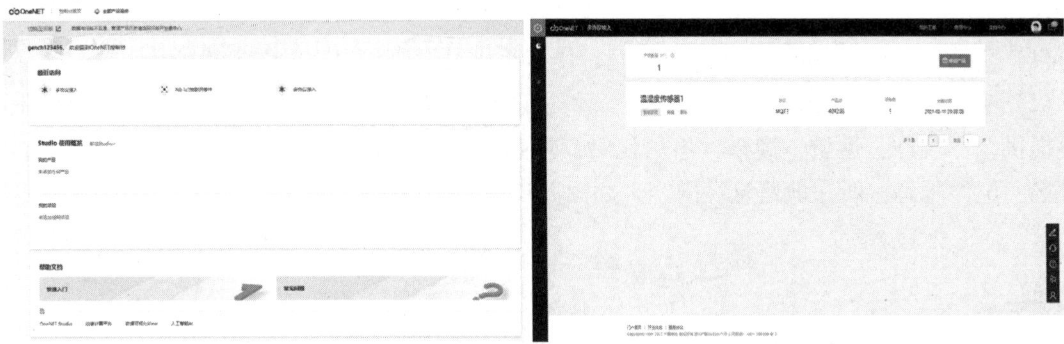

图7-42　多协议接入

（4）在“添加产品”对话框中，输入产品名称、产品行业、产品类型、产品简介、联网方式、设备接入协议等内容，产品添加完成后，可以直接选择“立即添加设备”按钮，进行设备的添加，如图7-43所示。

（5）在“添加新设备”对话框中，对应输入设备名称、鉴权信息、数据保密性、设备描述等内容，进行设备的添加，如图7-44所示。

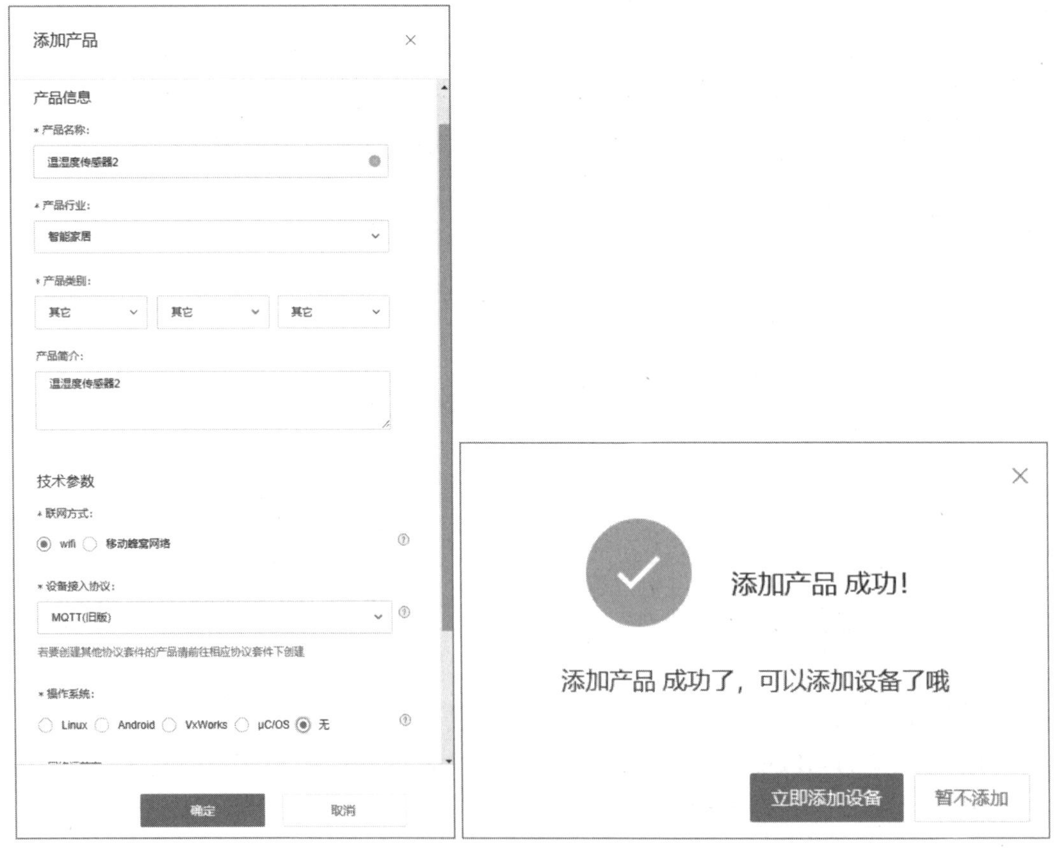

图7-43　产品设备属性

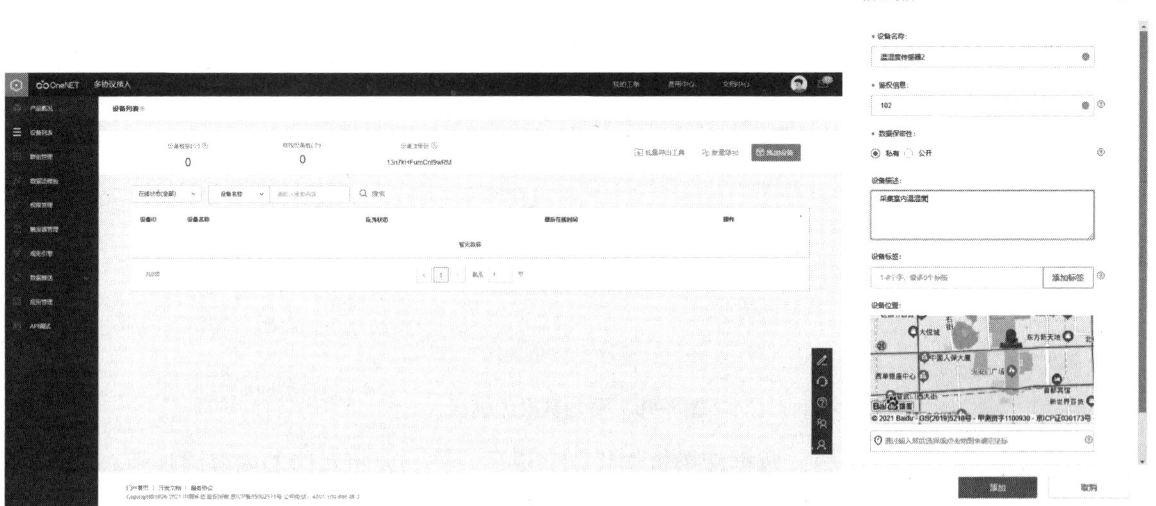

图7-44 设置设备属性

（6）选择左侧“设备列表”→“设备详情”，查看设备ID号，本例中ID号是681632254，添加设备的APIKey，添加完成后，复制APIKey值，例如ZsiPhfDsyaTez2ubMQbJWCiIvh4=，如图7-45所示。

图7-45 查看设备ID添加APIKey

（7）单击“数据流展示”→“数据流模板管理”，添加数据流模板，分别根据实际需求进行添加，例如在本例中添加WD代表温度，SD代表湿度，具体的配置如图7-46所示。

图7-46　添加数据流模板

（8）设备ID、APIKey值、数据流模板均添加完成后，就需要将对应的内容添加到Arduino源码中并上传到Arduino UNO板，上传成功如图7-47所示。上传前特别注意，需要将ESP8266模块连接到Arduino UNO板的TX和RX引脚线先拔掉，因为如果硬件串口被占用是无法进行上传操作的，一旦上传成功后，就可以将TX和RX引脚线插回去，并同步打开串口监视器查看是否联网成功。

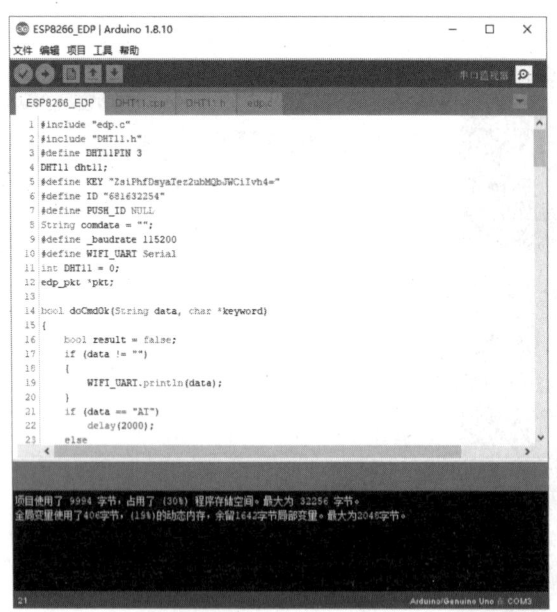

图7-47　上传源代码

（9）再次进入设备列表，可以查看到当前设备已经显示在线状态，单击“详情”按钮，选择“数据流展示”选项，在其中就可以看到对应的温度和湿度值，选择实时刷新功能，当DHT11温湿度发生变化时，物联网平台上的数据就会同步发生变化，如图7-48所示。

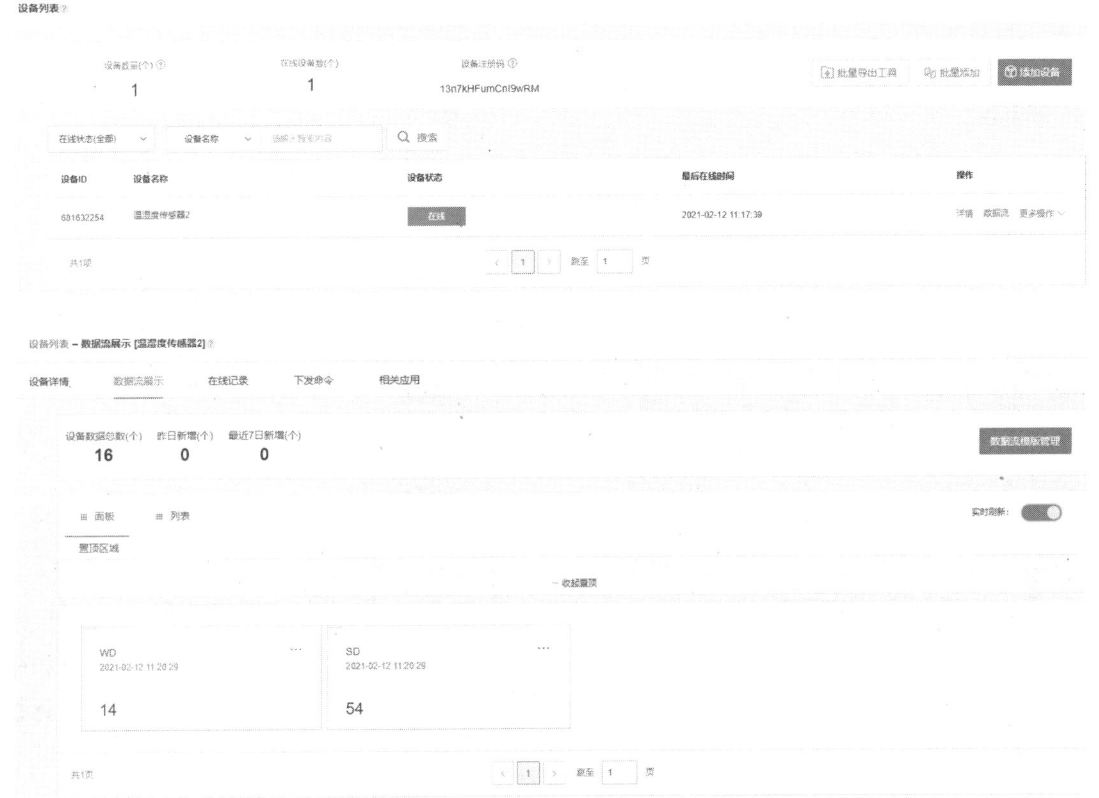

图7-48　数据流在线数据显示

（10）为了能更直观地显示相关数据，可以使用左侧应用管理，添加应用，输入应用名称、应用阅览权限、应用LOGO等内容后，开始创建，如图7-49所示。

（11）单击应用开始编辑，在左侧组件库中选择基础元素，并在其中拖动文本、仪表盘到编辑区域，如图7-50所示，然后分别选择仪表盘，在右侧选择属性，设置对应的数据源，在其中设置设备、数据流、刷新频率、表盘单位、最小值和最大值，如图7-51所示。

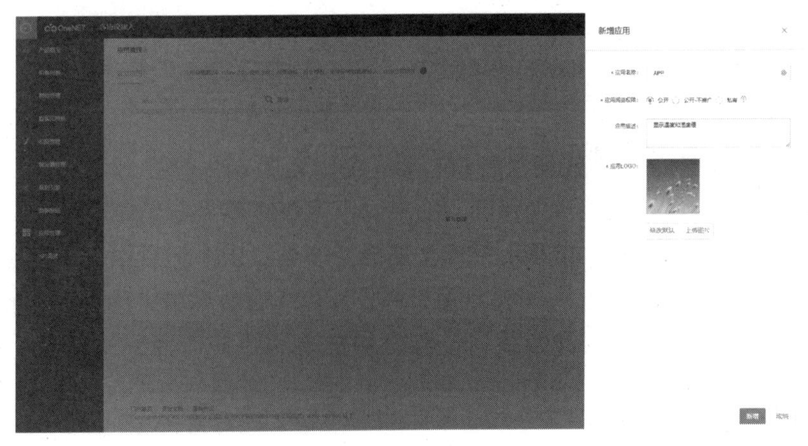

图7-49　创建应用

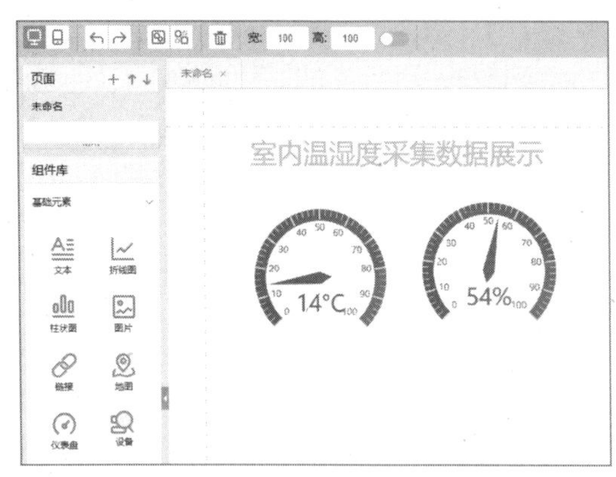

图7-50　添加基本元素

图7-51　选择数据源

（12）此外还可以根据实际需求添加地图、设备、链接等基础元素，以及旋钮、开关和命令等控制元素，全部完成后，可以单击屏幕右上角的“保存”、“预览”和“发布”按钮，进行数据展示，如图7-52所示。

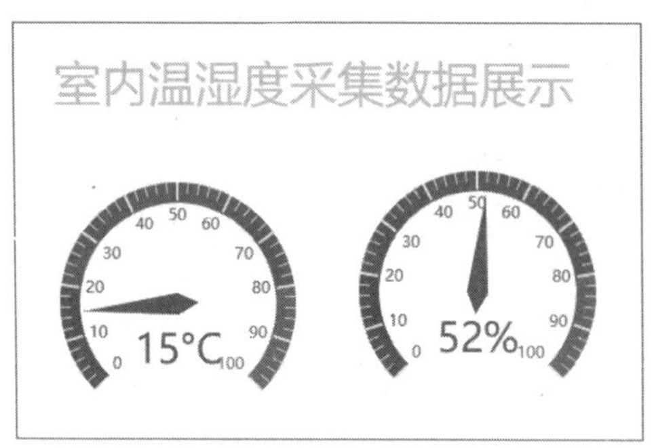

图7-52　发布数据

7.4 鸿雁智能家居系统应用案例

杭州鸿雁电器有限公司坐落于杭州市余杭区五常大道上，是成立于1981年的老牌国企，该企业从传统开关制造业起家，到LED照明探索者，再发展成为智慧家居先锋，企业的产品业绩不断增长，华丽转身，成为了一家物联网企业，如图7-53所示。

图7-53　杭州鸿雁电器有限公司

在20世纪80年代初，拉线开关是中国家庭最普遍的灯具控制装置，存在外观单一、做工粗糙、安全性差等诸多短板。1982年，鸿雁电器推出自主研发的86型电器装置件产品。21世纪以来，信息化浪潮席卷全球。鸿雁电器在业内率先提出智慧照明概念，并以此作为鸿雁LED照明产业的定位。2010年，鸿雁电器正式进军LED照明行业，领航国内LED照明行业，通过电子信息技术，彻底从技术层面打通了电工与照明行业的融合之路。

随着区块链、云计算、人工智能、物联网技术时代的到来，鸿雁电器也在不断提升自己的技术壁垒，企业依托于传统的86型电器装置件产品，扩展并形成了一套完整的全屋智能家居系统，如图6-31所示，系统包括智能照明系统、家电管理系统、能源管理系统、健康水系统、安防监控系统、健康环境系统、影音娱乐系统等，并通过家庭管理中心，实现了云+端的整合，将App定义成物联网时代的新概念开关，打通了家庭、建筑、园区与城市的联系，形成一个新的连接业态，如图7-54所示。

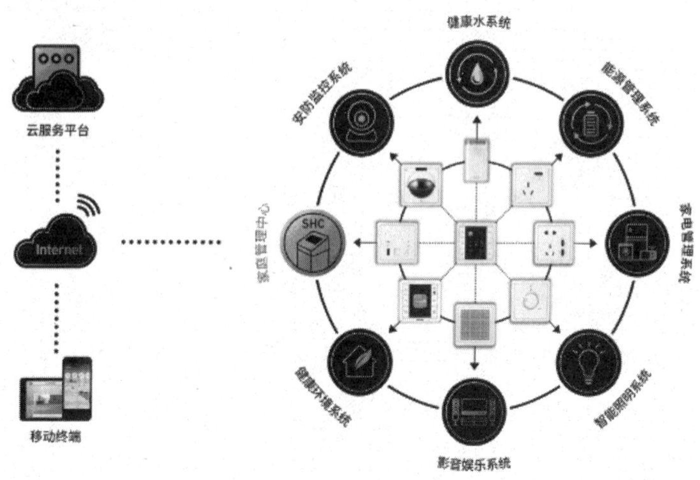

图7-54　鸿雁全屋智能家居系统

在杭州鸿雁电器企业内，建设了一个2000多平方米的产品展示馆，即鸿雁智慧生活体验馆，在这个场馆中公司系统地展示了鸿雁的电工电气、LED照明、智能家居、水电管道四大支柱产业产品，其中也包括最新款的智能家居整体解决方案产品，如图7-55所示。鸿雁电器的产业布局也从家庭照明拓展到城市照明，从智能家居拓展到智慧园区、智慧城市的全景式服务运营。

图7-55　鸿雁智能生活体验馆

在本节中就以鸿雁电器公司的部分商用物联网智能家居产品为例进行相关介绍，具体涉及的产品包括智能家居网关、燃气传感器、智能窗帘、门磁报警器、温湿度传感器、智能门锁、红外遥控器、人体感应传感器、智能开关等。并且使用鸿雁电器公司开发的智享人居App实现对全屋设备的整体控制和管理。具体操作步骤如下：

1. 添加网关设备

首先在手机端安装智享人居App软件，使用手机号码即可进行注册，注册完成后就可以使用账号和密码登录，登录后可以看到主界面，如图7-55所示。配置智能家居的首先任务是添加智能网关，在保证手机端和智能网关连接的是同一个无线网络后，添加网关。添加常用设备的方法有三种，分别是直接添加设备、扫描二维码添加和搜索设备添加，点击App右上方的加号，选择“添加设备”选项，如图7-56所示。

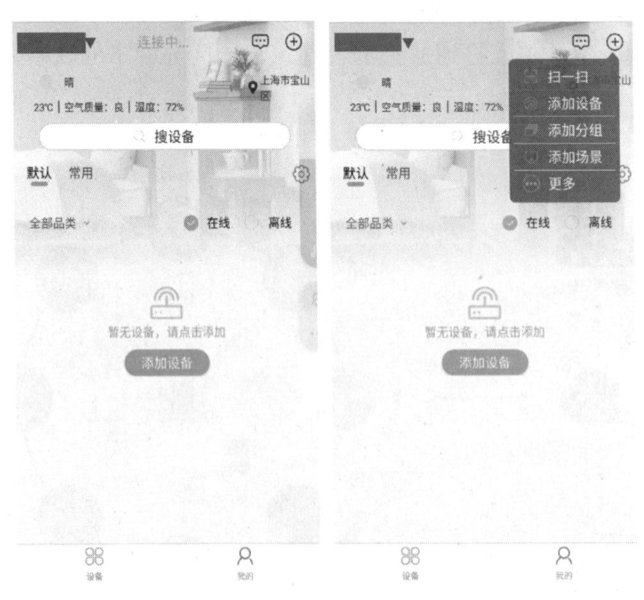

图7-56　添加设备

在左侧设备型号中选择网关设备，并选择智能主机U86款，选择“添加”按钮，并选择开始绑定网关设备，如图7-57所示。网关添加完成后，就可以开始添加各类传感器和智能家居设备了。

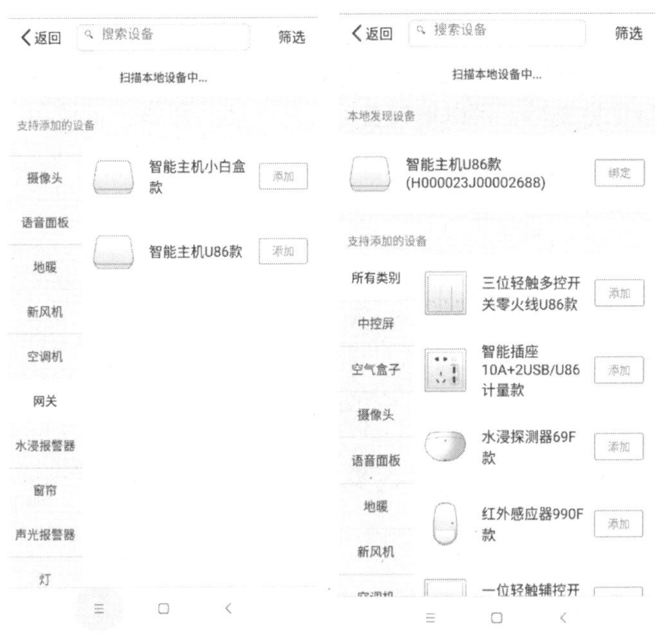

图 7-57　添加主机 U86 款

2. 添加燃气传感器设备

在搜索栏输入燃气传感器，可以直接搜索到相应的设备，然后选择"添加"按钮，软件首先会要求你再次指定网关设备，并将燃气传感器设置为配网模式，长按设备上的组网键使绿灯快闪时在5秒内松开，绿灯慢闪提示进入配网模式，如图 7-58 所示。

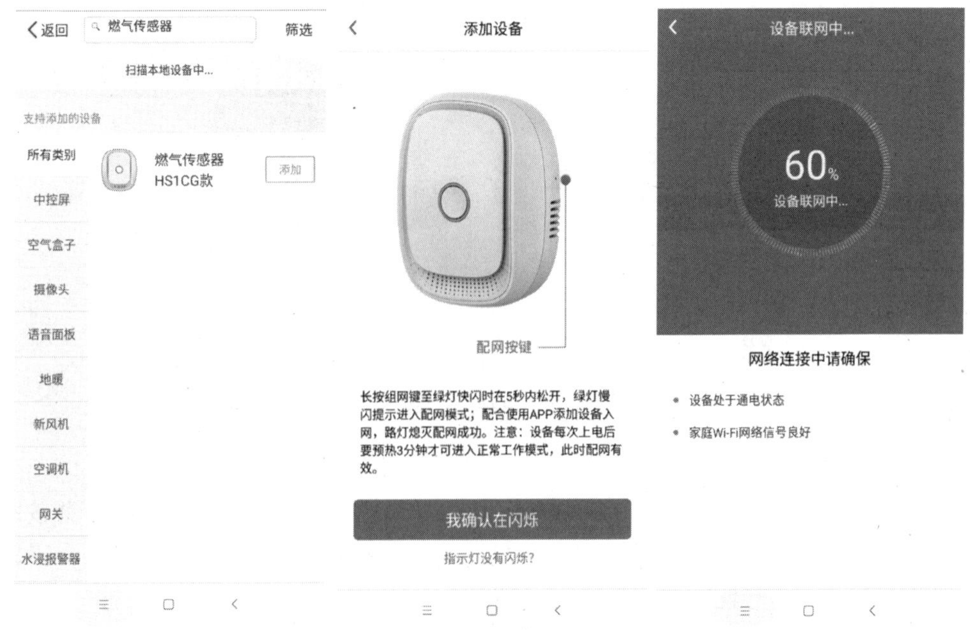

图 7-58　添加燃气传感器

3. 添加12 V电机模块

使用相同的方法，搜索添加12 V直流电机控制模块，并通过设置配网模式后，实现设备的添加，如图7-59所示。添加完成后，可以对设备进行开、关、暂停、正转和反转操作，从而能遥控电动阀门开启，然后关闭阀门，设备如图7-60所示。

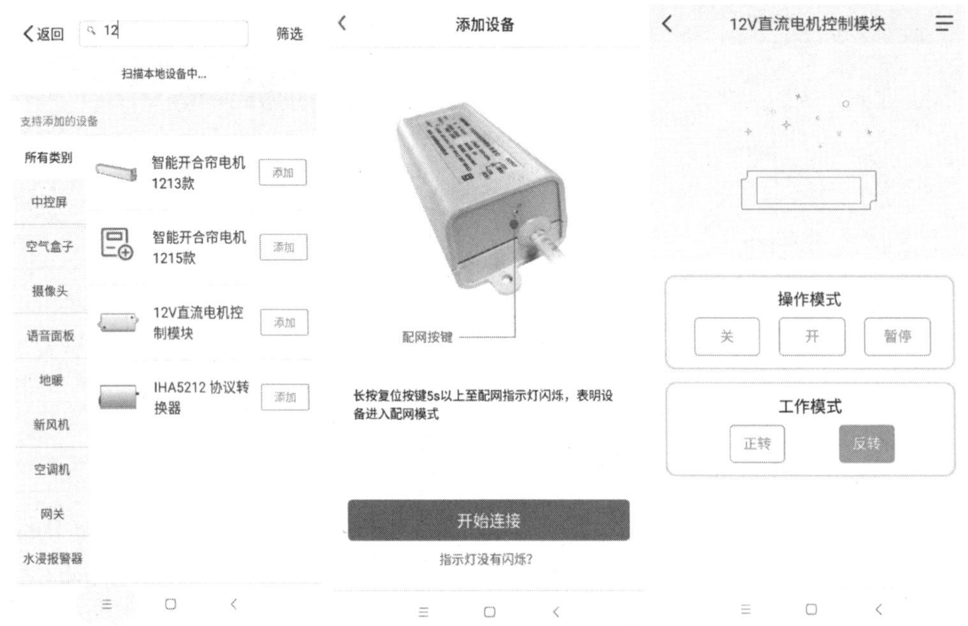

图7-59　添加12 V电机模块

图7-60　燃气电动阀门

4. 添加窗帘开合电机

搜索智能窗帘的开合电机，选择智能开合帘电机1215款，选择“添加”按钮，并按照要求长按配网键使电机处于配网模式，完成添加后，即可实现对窗帘的打开、暂停、关闭、正转和反转操作，并且还可以按照百分比的方式设置窗帘开启的位置，如图7-61所示。

图7-61　添加智能窗帘的开合帘电机

5. 添加燃气报警场景

添加完燃气传感器、12 V直流电机模块、窗帘电机模块后，即可设置一个特定的智能家居场景：当发生燃气泄漏时，自动关闭燃气阀门，并开启窗帘通风。具体操作是首先在主界面右上角选择“添加场景”选项，然后选择新建场景，并命名为燃气报警，在触发条件中写清楚如果发生燃气泄漏的情况，就自动关闭12 V直流电机控制阀门，并自动开窗帘通风，单击“确定”按钮后，一个预设场景就添加完成了，如图7-62所示。

图7-62　添加燃气泄漏场景

6. 温湿度传感器

家庭内部的温度和湿度监控是最常见也是最普遍的，首先搜索温湿度传感器，然后选择“添加”按钮，通过设备配网添加后，就可以显示相关的室内温湿度的情况，如图7-63所示。

7. 添加环境监测场景

选择添加场景，并选择添加自动场景，命名为环境监测场景，要求当室内的温度大于26℃时，能自动打开窗帘通风，具体配置如图7-64所示。

图7-63　温湿度传感器　　　　图7-64　环境监测场景设置

8. 万能红外遥控器设备

家庭内部会有很多通过红外遥控的家电，如空调、电视机等，通过添加万能红外遥控器就可以实现对这些设备的一键控制。首先搜索红外遥控器（桌面式），选择“添加”按钮，同样通过配网的方式，完成设备添加，添加完成后红外遥控器可以分别对空调、机顶盒、投影仪、电视机进行集中控制，遥控器内容集成了一套码库，需要首先进行对码识别操作，才能实现对设备的控制，选择对应品牌的相关设备，然后选择测试红外码，具体配置如图7-65所示。

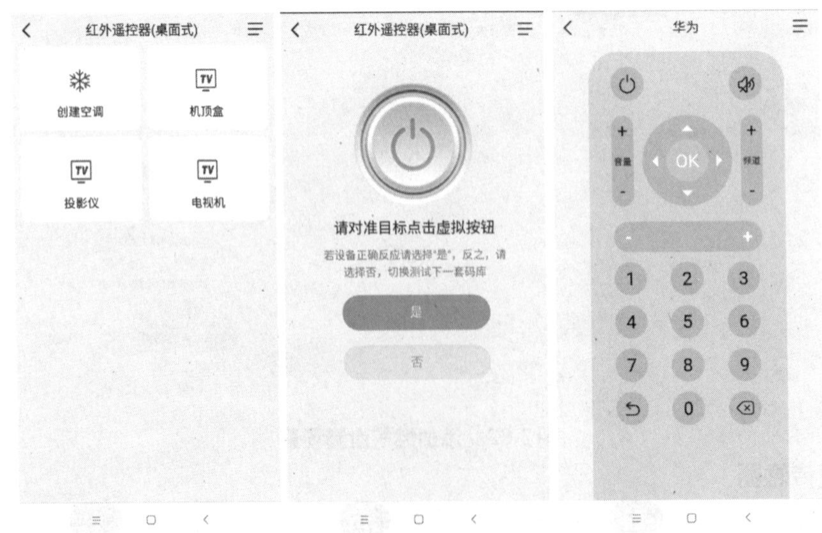

图7-65　红外遥控器设备

9. 人体感应传感器

搜索添加人体感应传感器及单键智能开关，设置场景当感应到有人活动时，自动开灯，具体配置如图 7-66 所示。

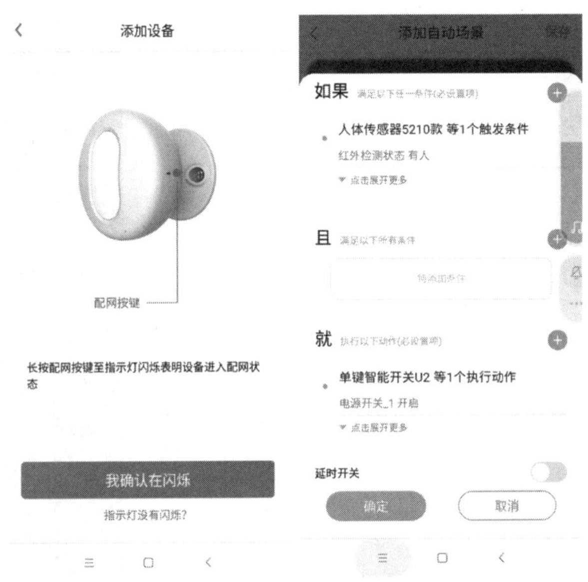

图 7-66　人体感应传感器

10. 门窗传感器

添加门窗传感器及单键智能开关，设置进屋模式，要求当感应到门窗传感器被打开时，自动开灯，具体配置如图 7-67 所示。

图 7-67　门窗传感器

11. 智能门锁

鸿雁品牌的智能门锁，具有多种开锁的模式，具体包括指纹开锁、密码开锁、感应卡开锁、机械钥匙开锁、远程授权开锁等，并且可以查看开门记录，具体配置如图7-68所示。

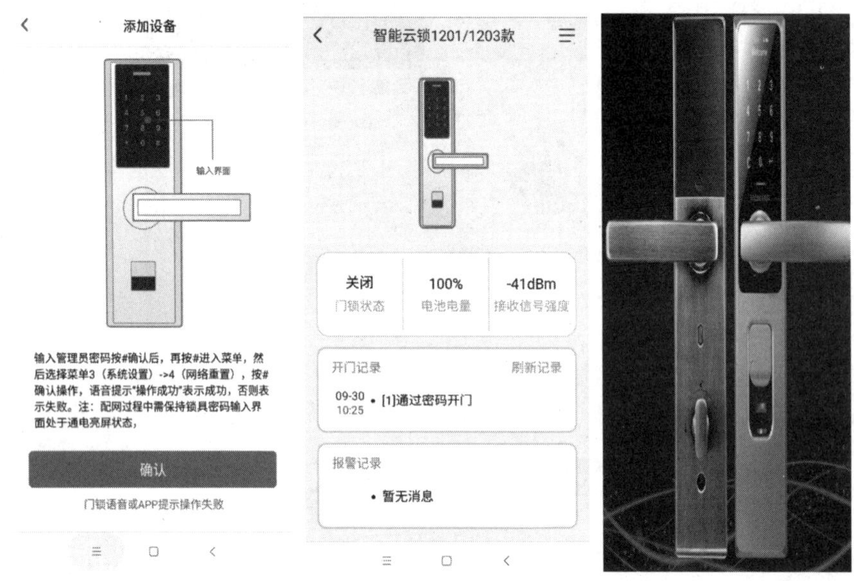

图7-68　智能门锁

除了上述添加的智能家居设备外，目前智能家居应用领域中还大量使用了语音助手，即通过各类语音模块下发指令控制家居内的各类设备，鸿雁品牌中也推出了相应的语音产品，通过语音模块即能对家居内所有的产品进行实时的控制，如图7-69所示。

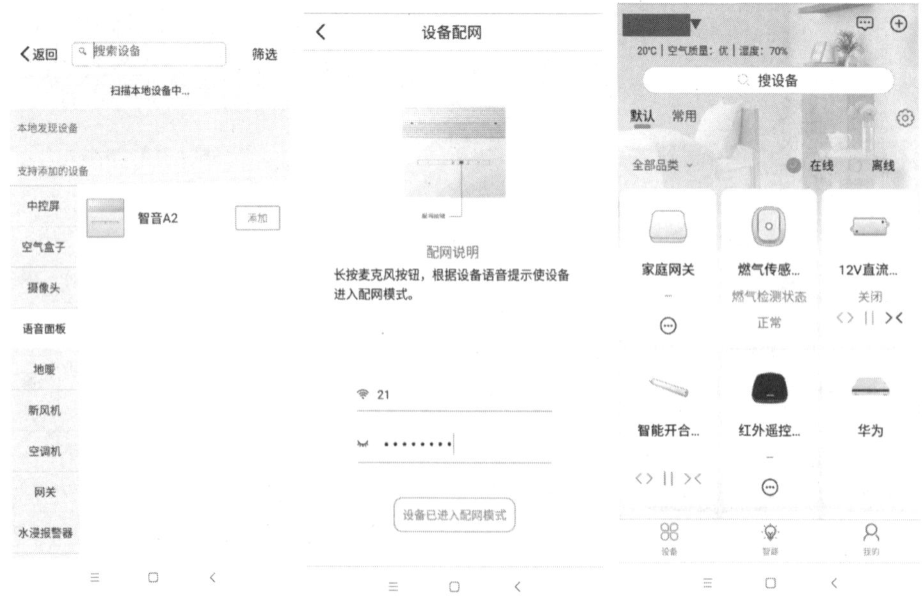

图7-69　语音控制模块

习　题

一、选择题

1. 目前，智能家居在国内的应用场景主要包括智能照明、__________、智能门窗、环境监测、安全警报和影音娱乐等。

A. 智能交通　　B. 智能物流　　C. 智能门锁　　D. 智能电网

2. 智能音箱是普通音箱的升级产物，家庭消费者可以通过__________进行互动控制。

A. 手机短信　　B. ID卡　　C. 个人指纹　　D. 语音

3. 智能锁使用磁卡、射频卡、__________、虹膜识别门锁等非机械钥匙作为用户识别ID。

A. 指纹锁　　B. 钥匙　　C. 门卡　　D. 铜锁

4.《2020中国智能家居行业研究报告》中提到的智能家居设备应具有的四大特征分别是联通性、自动化、云化和__________。

A. 智能化　　B. 自主学习　　C. 无线化　　D. 高速连接

5. ESP8266模块的VCC引脚一般连接__________。

A. 5 V　　B. 12 V　　C. 3.3 V　　D. 24 V

二、判断题

1. 智能家居是以住宅为安装基础结合无线网络通信技术、微机控制技术和总线技术等将住宅内部的家电系统、娱乐设施、安防设施以及安防系统等有效地连接在同一个网络内部进行智能化、网络化的控制与管理，从而形成以网络信息服务、住宅安全和家居系统智能控制于一体的智能家居系统。（　　）

2. 2018年3月，阿里巴巴宣布全面进军物联网行业，计划未来五年连接200亿台设备。（　　）

3. ESP8266系列模组可以支持802.11b/g/n协议。（　　）

4. 1980年，鸿雁电器推出自主研发的86型电器装置件产品。（　　）

三、简答题

1. 根据《2020中国智能家居行业研究报告》，智能家居设备可以分为哪几个阶段？

2. 中国的智能家居行业发展经历了哪几个时代？

第8章

物联网智慧农业系统应用

本章主要介绍了物联网智慧农业的基本定义、发展现状、传感器类型、应用场景等内容，并结合华清远见模拟仿真软件设计了智慧农业系统，结合树莓派和Arduino等设备搭建了农业环境监控系统。

8.1 智慧农业应用系统概述

物联网的应用领域非常广泛，具体包括智能物流、智能交通、智能安防、智能能源、智能医疗、智能建筑、智能制造、智能家居、智能零售和智慧农业等，其中智慧农业占据着非常重要的地位。中国作为一个农业大国，农业人口众多，耕地面积很广，但长久以来农业的生产效率较低，生产成本高，一直是制约着农业的发展重要因素。随着物联网技术、人工智能、大数据、云计算、5G技术、无人机技术的出现，越来越多的新技术应用到了农业产品的生产中，将新技术赋能传统农业，从而实现全新智慧农业的运营模式建立，提高农业亩产，优化农产品品质。

亿欧智库在2018年公布了一份关于中国农业的调研报告《2018智慧农业发展研究报告——新科技驱动农业变革》，报告从中国农业实际问题出发，着重探讨以物联网、人工智能等新技术如何驱动农业发展，解读智慧农业相关概念，总结了当前智慧农业的四大典型应用场景。通过对应用场景的具体解析，根据实际发展存在的问题，对智慧农业的未来发展提出了相关建议。报告中给出的智慧农业的定义是利用物联网、人工智能、大数据等现代信息技术与农业进行深度融合，实现农业生产全过程的信息感知、精准管理和智能控制的一种全新的农业生产方式，可实现农业可视化诊断、远程控制以及灾害预警等功能。

报告指出智慧农业应该包括数字农业、精准农业、农业物联网、智能农业等技术的统称，智慧农业发展的基础在于数字农业，数字农业是实现农业物联网发展的前提，所谓数字农业就是指利用传感器、摄像头、智能穿戴设备等，将农业对象、环境以及全过程进行可视化表达、数字化展现和信息化管理的一种现代农业技术。精准农业又称为精细农业、精确农业，关键在于定位、定量、定时，即精准灌溉、施肥和杀虫等。农业物联网是指将各种设备收集到的数据，进行系统化的集成管理，从而实现自动化、智能化和远程控制等。智能农业是指通过实时采集温室内温度、土壤温度、CO_2浓度、湿度信号以及光照、叶面湿度、露点温度等环境参数，自动开启或者关闭指定设备。根据用户需求，随时进行处理，为设施农业综合生态信息自动监测、对环境进行自动控制和智能化管理提供科学依据，从而最终实现农业智能化。

为了提高农作物的产量，主要需要获得四个方面的基础数据，分别是土地土壤数据、病虫害数据、气候气象数据和农作物数据。土地土壤数据对农作物的成长具有重要的作用，土壤的酸碱度、温湿度、有机物含量以及水分等都会对农作物的产量起到直接或间接的影响，土壤肥力较好的土地，能够使农作物的产量增加，相反，土壤肥力较差的土地，会使农作物减产或死亡。病虫害是我国农业的主要灾害之一，病虫害的发生会使农作物本身的抵抗力下降，造成农作物减产，对农业生产造成重大的损失。农业自古以来是“靠天吃饭”的行业，中国每年由于水灾、旱灾、风雹、冷冻等自然灾害所造成的受灾面积超过2 000万平方米，直接造成农民经济损失数亿元，因此，气候气象数据是促进农业增产的必要条件之一。提高农作物产量，不仅与上述三方面数据有关系，农作物自身数据也必不可少。由于不同农作物进行光合作用和呼吸作用的能力不同，光合作用越强、呼吸作用越弱的植物，植物体内积累的有机物越多，产量也会越高，研究农作物自身成长数据不可或缺。之前介绍了数字农业是实现农业物联网发展的基础，目前获取农业数据主要来自三个方面：传感器监测、无人机航拍以及卫星观测，涉及的技术主要有3S技术、计算机视觉以及图像识别技术等。

2019年中央一号文件提出，实施农业关键核心技术攻关行动，推动包括智慧农业在内的一系列领域自主创新。目前，智慧农业技术已经应用到生产监测、温室植物种植、精准灌溉、农产品质量安全追溯等诸多领域，并形成独特优势。更引人注目的是，百度、阿里、腾讯、京东等国内互联网巨头一年来也纷纷加快了在智慧农业领域的布局。信息和知识是智慧农业的核心要素。当前，互联网、物联网、大数据、云计算、人工智能等现代信息技术，正在与农业深度融合，具备农业信息感知、定量决策、智能控制、精准投入、个性化服务的全新农业生产方式已经运用到了实践中。

1. 传感器

智慧农业建设过程中首要就是要实现农业数字化，因此智慧农业中会使用大量的各类传感器，以下就进行简要的介绍。

（1）土壤温湿度传感器。

该传感器主要用于进行土壤温湿度的采集，探针与机体之间使用高密度环氧树脂进行高温真空灌装阻止水分进入机体内部，密闭性能更好，采用严格的制造工艺实现了整机的防水防尘处理，保证元器件正常运作，选用进口316L型不锈钢作为原料，防锈、不电解、耐盐碱腐蚀，适用于各种土质。此外除了温湿度的传感器外，还有土壤水分传感器、土壤盐分传感器、土壤电导率EC传感器等，从而能更好地检测土壤墒情，如图8-1所示。

（2）风向传感器。

该传感器可测量室外环境中的风向，可以测量0～360°，16个方向的自然界风向，具有很高的性价比，体积小，携带方便，安装简便，有较强的防腐性能，测量精度高，范围宽，具有很强的抗干扰能力，电源适应范围宽，信号传输距离远，如图8-2所示。

图8-1　土壤温湿度传感器

（3）光照度传感器。

光照度传感器是将光照度大小转换成电信号的一种传感器，输出数值计量单位为Lux。光是光合作用不可缺少的条件；在一定的条件下，当光照强度增强后，光合作用的强度也会增强，但当光照强度超过限度后，植物叶面的气孔会关闭，光合作用的强度就会降低。因此，使用光照度传感器控制光照度也就成为影响作物产量的重要因素，如图8-2所示。

图8-2　风向传感器及光照度传感器

（4）空气温湿度传感器。

温湿度传感器多以温湿度一体式的探头作为测温元件，将温度和湿度信号采集出来，经过稳压滤波、运算放大、非线性校正、V/I转换、恒流及反向保护等电路处理后，转换成与温度和湿度成线性关系的电流信号或电压信号输出，也可以直接通过主控芯片进行485或232等接口输出，如图8-3所示。

（5）雨雪传感器。

雨雪传感器是利用雨水的导电特性，采用先进检测电路，检测是否有雨雪的仪器。雨雪传感器采用表面栅形电极感应外界雨雪情况，内部采用进口智能微处理器，反应灵敏、测量精度高。内置自动加热装置可排除雨雪附着的干扰，保障系统的正常运行。输出为一组常开、一组常闭开关信号，方便安装使用，如图8-3所示。

（6）二氧化碳传感器。

图 8-3　空气温湿度传感器及雨雪传感器

二氧化碳传感器是用于检测二氧化碳浓度的机器。二氧化碳是绿色植物进行光合作用的原料之一，作物干重的95%来自光合作用。因此，使用二氧化碳传感器控制浓度也就成为影响作物产量的重要因素，如图8-4所示。

（7）PH值传感器。

PH值传感器是高智能化在线连续监测仪，由传感器和二次表两部分组成。可配三复合或两复合电极，以满足各种使用场所。配上纯水和超纯水电极，可适用于电导率小于3 μs/cm的水质（如化学补给水、饱和蒸气、凝结水等）的PH值测量，如图8-4所示。

（8）大气压力传感器。

该传感器内容具有信号采集模块和放大功能，能有效地采集环境大气压强，从而更好地为智慧农业提供准确的数据，如图8-4所示。

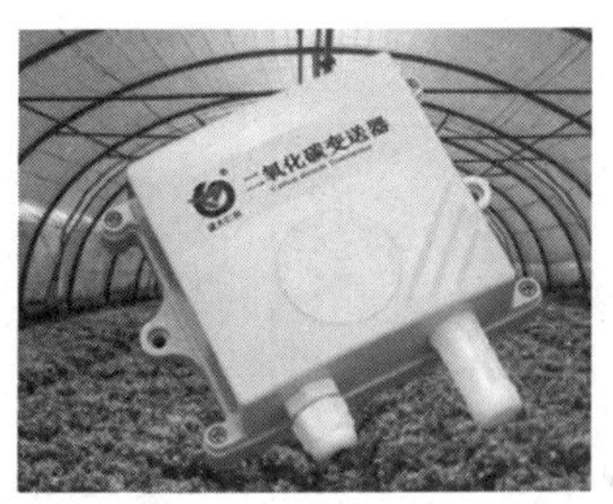

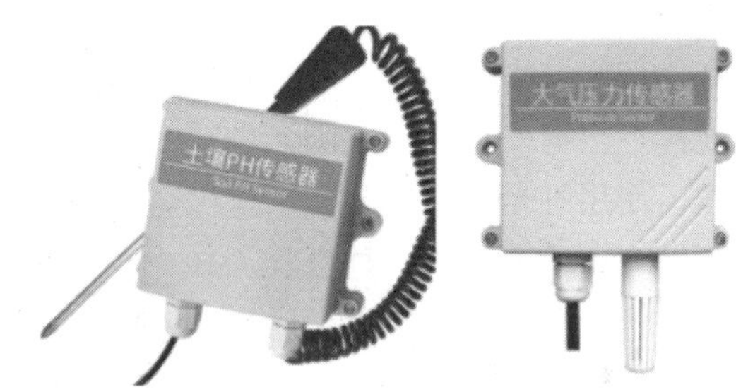

图 8-4　二氧化碳传感器、PH值传感器及大气压力传感器

2. 监控部件和执行部件

除了上述的各类传感器外，在智慧农业系统中还包含着大量的各类监控部件和执行部件，以下就简要说明。

（1）视频监控摄像头。

监控摄像头是一种半导体成像器件，具有灵敏度高、抗强光、畸变小、体积小、寿命长、抗震动等优点。监控摄像机安全防范系统中。图像的生成当前主要是来自CCD摄像机，也可将存储的电荷取出使电压发生变化，具有抗震动和撞击之特性而被广泛应用，如图8-5所示。

图 8-5　视频监控

（2）喷灌设备。

喷灌设备将有压水流通过喷头喷射到空中，呈雨滴状散落在田间及农作物上的农田灌溉设备。其灌溉用水可经水泵增压，也可利用高水位水源的自然落差。用水泵增压的喷灌设备包括动力机、水泵、输水管道和喷头等部分；利用自然落差的喷灌设备可不用动力机和水泵，如图8-6所示。

图8-6　喷灌设备

（3）补光灯。

温室补光灯，又称植物补光灯，是依照植物生长的自然规律，根据植物利用太阳光进行光合作用的原理，使用灯光代替太阳光来提供给温室植物生长发育所需光源的一种灯具，如图8-7所示。

（4）风机。

温室大棚风机是大棚温室专用风机，针对农作物的生长具有加湿、保温、通风的作用，如图8-7所示。

图8-7　补光灯及风机设备

（5）卷帘机。

卷帘机，是用于温室大棚草帘自动卷放的农业机械设备，根据安放位置分为前式、后式，根据动力源分为电动和手动，常用的是电动卷帘机，一般使用220V或380V交流电源，如图8-8所示。

（6）报警器。

声光报警器是一种通过声音和各种光来向人们发出示警信号的一种报警信号装置，如图8-8所示。

智慧农业的实际应用场景很多，其中最典型的案例就是智慧农业大棚，国内很多公司研发了多种智慧农业大棚系统，如图8-9所示，常见的农业大棚系统包括数据采集控制层、数据通信层和数据管理层。数据采集控制层分为两个部分，数据采集层和数据控制层，采集层是指通过各类传感器采集大棚环境变量数据，例如采集温室湿帘风机、喷淋滴灌、内外遮阳、顶窗侧窗、加温补光、病虫害监测设备以及图像采集设备数据，对虫情、墒情、灾情进行实时监测，对信息的实时传送的通信模块和网络的部署等。控制层是实现自动调节环境温度，湿度并创造优化动植物生长的环境因子，达到适宜植物生长的范围，为植物生长提供最佳环境的重要保障，主要控制运用物联网系统传感器设备、远程、自动化控制温室内环境设备，如自动灌溉系统、风机、侧窗、顶窗等。通信层是指通过各类通信技术将数据及时进行传输，实现监管数据统计管理功能，传输速率更快更稳定。管理层主要是指使用手机、计算机等终端设备实现远程实时查看温室视频监控视频，并可以保存录像文件，防止农作物被盗等状况出现，远程获取大田或者温室大棚内部的空气温湿度/土壤水分温度/二氧化碳浓度/光照强度及视频图像，通过模型分析，自动控制温室湿帘风机/喷淋滴灌/内外遮阳/顶窗侧窗/加温补光等设备，向管理者推送实时监测信息、报警信息，温室大棚信息化、智能化远程管理等。

图 8-8　卷帘机及报警器

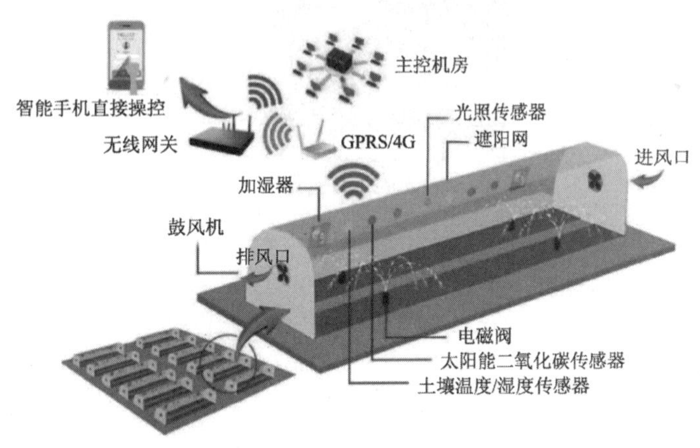

图 8-9　智慧大棚系统

8.2　物联网智慧农业系统模拟仿真

物联网智慧农业系统在实际应用中会包含大量的各类传感器，如土壤温湿度传感器、空气温湿度传感器、CO_2 传感器、光照传感器等，使用华清远见模拟仿真系统可以全面地模拟相关场景，

视 频

智慧农业系统模拟仿真实验

并实现相关检测反馈功能，以下就详细说明相关操作步骤。

具体场景效果如下：

- 使用二氧化碳传感器，采集到环境浓度大于20%时，打开报警器进行报警；
- 使用人体感应传感器，检测到有人时打开报警器进行报警；
- 使用空气温湿度传感器，当温度大于25° C时打开风扇降温；
- 使用空气温湿度传感器，当湿度大于30%时打开窗帘；
- 使用土壤温湿度传感器，当温度大于10° C时打开灌溉5 s；
- 使用土壤温湿度传感器，当湿度大于15%时打开加热灯；
- 使用光照传感器，当光照大于30Lux时打开窗帘；

以下就按照上述场景描述进行具体的配置。

1. 传感器

（1）二氧化碳传感器。

按照图8-10所示，将二氧化碳传感器和M3无线节点控制板进行连接，其中二氧化碳传感器和M3无线节点控制板之间使用RS485进行连接，M3无线节点控制板和M4网关单元之间使用Wi-Fi无线连接，按照如图8-11和图8-12所示的软件默认连接规则进行配置，结果如图8-13所示，其中设置Wi-Fi无线的SSID和连接密码均为1234。

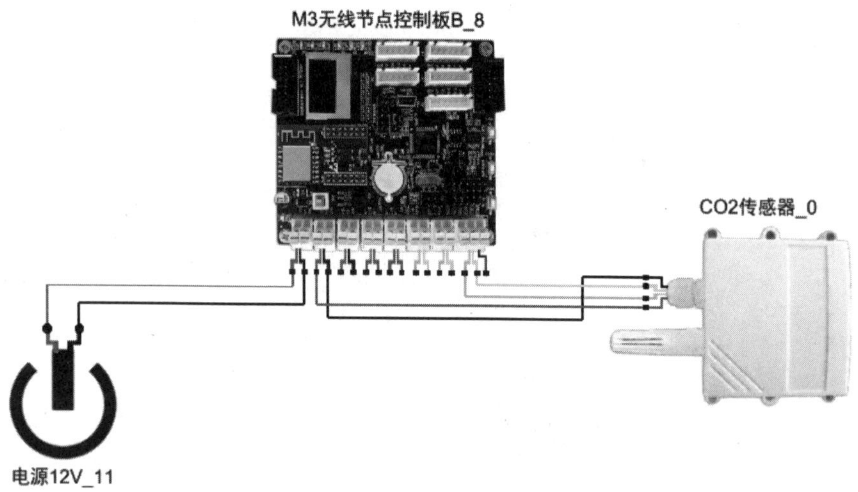

图8-10　二氧化碳传感器

（2）人体感应传感器。

按照图8-14所示，将人体感应传感器和M3无线节点控制板进行连接，其中人体感应传感器和M3无线节点控制板之间使用GPIO连接，使用端口格式GPIO_3。M3无线节点控制板和M4网关单元之间使用RS485进行连接，其中M4网关单元作为主机、M3无线节点控制板作为从机，需要在主机端和从机端均添加相关的信息进行绑定，具体配置如图8-15所示。

（3）空气温湿度传感器。

按照图8-16所示，将空气温湿度传感器和M3无线节点控制板进行连接，其中空气温湿度传感器和M3无线节点控制板之间使用RS485进行连接，M3无线节点控制板和M4网关单元之间使用Wi-Fi无线连接，按照软件默认连接规则进行配置，具体设置内容如图8-17所示。

30协议（无线）.txt - 记事本

文件(F) 编辑(E) 格式(O) 查看(V) 帮助(H)

序号	名称	节点ID（hex）	数据长度（Byte）	备注
01	空气温湿度	0080	4	前2个字节为温度，后2个字节为湿度
02	可燃气浓度	0140	1	0x30未超标，0x31超标
03	土壤温湿度	0180	4	前两个字节为土壤的温度、后两个字节为土壤湿度
04	二氧化碳	01C0	2	当前环境下CO2浓度，单位ppm
05	PM2.5	0200	1	粉尘浓度毫克每立方米
06	红外光栅	0280	1	0x30 表示无遮挡，0x31 表示有遮挡
07	烟雾传感器	0300	1	0x30 表示烟雾浓度未超标，0x31 表示烟雾浓度超标
08	人体红外	0340	1	0x30表示无人，0x31表示有人
09	雨雪传感器	0700	1	0x30 表示无雨无雪，0x31 表示有雨或有雪
10	光照传感器	0900	8	光照值（3 Byte~6 Byte），倍率（7 Byte~8 Byte）
11	灌溉（喷淋）	4040	1	0x30 表示关闭灌溉，0x31 表示开启灌溉
12	声光报警器	4340	1	0x30 表示关闭声光报警器，0x31 表示开启声光报警器
13	电灯	4500	1	0x30 表示电灯开启，0x31 表示电灯关闭
14	门锁	47C0	1	0x30 表示门锁关闭，0x31 表示门锁开启
15	风扇	4800	1	0x30 表示关闭风扇，0x31 表示开启风扇
16	加热片	4380	1	0x30 表示关闭加热，0x31 表示打开加热
17	遮阳帘（电动遮阳板）	43C0	1	0X41 打开，0X42停止，0X43关闭
18	直流电机	4300	1	0X41正传，0X42 停止，0X43反传
19	继电器	4080	1	0X30表示关闭蜂鸣器,0X31开启蜂鸣器
20	蜂鸣器	40C0	1	0X30表示关闭继电器，0X31表示开启继电器

图8-11 无线规则

485协议（有线）.txt - 记事本

文件(F) 编辑(E) 格式(O) 查看(V) 帮助(H)

序号	名称	功能码（hex）	从机地址（hex）	寄存器起始地址（hex）	读/写寄存器（个数）	备注
01	空气温湿度	03	02	00 00	2	第1个寄存器为温度，第2个寄存器为湿度
02	人体红外	03/06	03	00 00	1	0x30表示无人，0x31表示有人
03	光照传感器	03	04	00 00	4	光照值（2~3寄存器）倍率（4寄存器）
04	土壤温湿度	03	06	00 00	2	第1个寄存器为土壤的温度，第2个寄存器为土壤湿度
05	二氧化碳	03	07	00 00	1	当前环境下CO2浓度，单位ppm
06	PM2.5	03	08	00 00	1	粉尘浓度毫克每立方米
07	遮阳帘（电动遮阳板）	03/06	09	00 00	1	0X41打开，0X42停止，0X43关闭
08	红外光栅	03	0B	00 00	1	0x30 表示无遮挡，0x31 表示有遮挡
09	燃气传感器	03	0C	00 00	1	0x30未超标，0x31超标
10	烟雾传感器	03	0D	00 00	1	0x30 表示烟雾浓度未超标，0x31 表示烟雾浓度超标
11	门锁	03/06	14	00 00	1	0x30 表示门锁关闭，0x31 表示门锁开启
12	雨雪传感器	03	10	00 00	1	0x30 表示无雨无雪，0x31 表示有雨或有雪
13	报警器	03/06	13	00 00	1	0x30 表示关闭声光报警器，0x31 表示开启声光报警器
14	灌溉（喷淋）	03/06	11	00 00	1	0x30 表示关闭灌溉，0x31 表示开启灌溉
15	风扇	03/06	12	00 00	1	0x30 表示关闭风扇，0x31 表示开启风扇
16	加热片	03/06	15	00 00	1	0x30 表示关闭加热，0x31 表示打开加热
17	直流电机	03/06	16	00 00	1	0X41正传，0X42 停止，0X43反传
18	电灯	03/06	17	00 00	1	0x30 表示电灯开启，0x31 表示电灯关闭
19	继电器	03/06	18	00 00	1	0X30表示关闭蜂鸣器,0X31开启蜂鸣器
20	蜂鸣器	03/06	19	00 00	1	0X30表示关闭继电器，0X31表示开启继电器

图8-12 有线规则

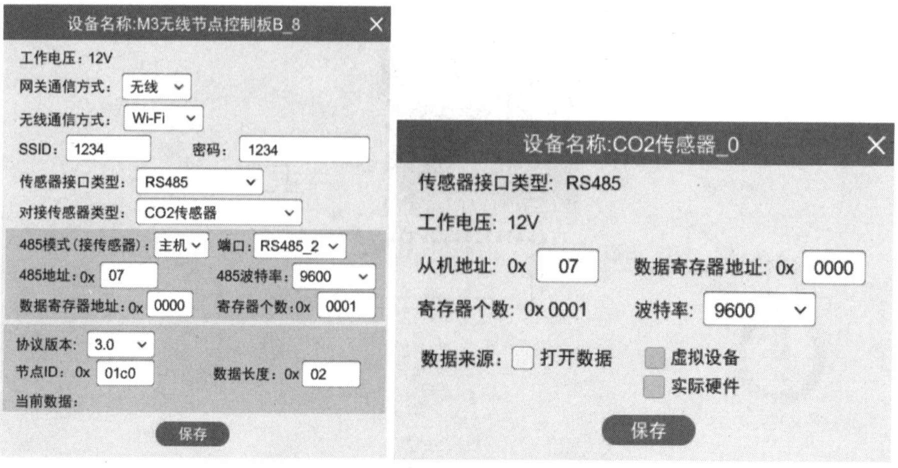

设备名称:M3无线节点控制板B_8
工作电压：12V
网关通信方式：无线
无线通信方式：Wi-Fi
SSID：1234 密码：1234
传感器接口类型：RS485
对接传感器类型：CO2传感器
485模式（接传感器）：主机 端口：RS485_2
485地址：0x 07 485波特率：9600
数据寄存器地址：0x 0000 寄存器个数：0x 0001
协议版本：3.0
节点ID：0x 01c0 数据长度：0x 02
当前数据：
保存

设备名称:CO2传感器_0
传感器接口类型：RS485
工作电压：12V
从机地址：0x 07 数据寄存器地址：0x 0000
寄存器个数：0x 0001 波特率：9600
数据来源：打开数据 虚拟设备 实际硬件
保存

图8-13 二氧化碳传感器模块设置

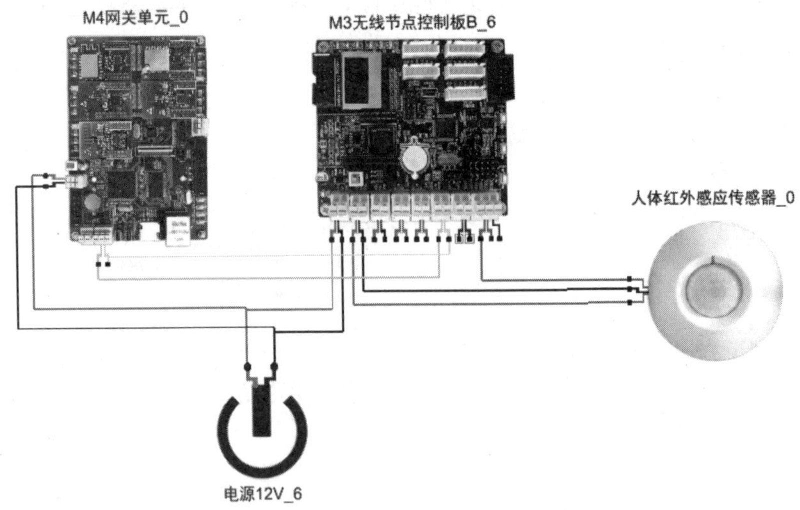

图8-14　人体感应传感器

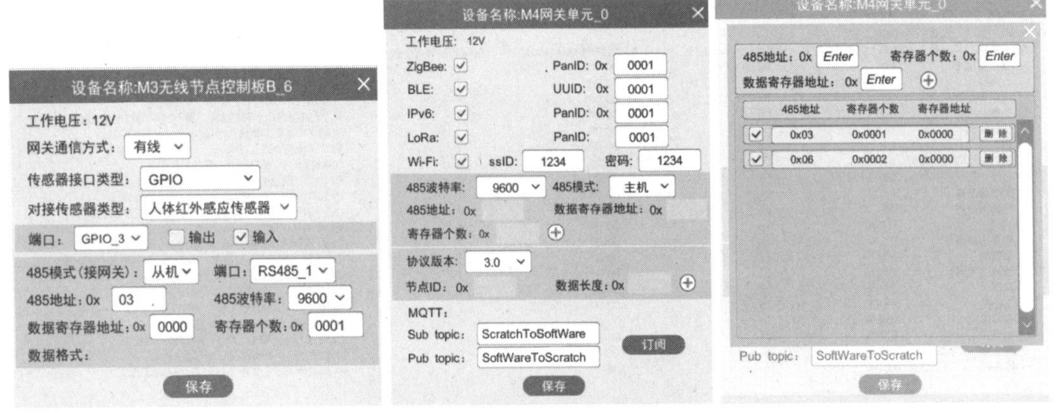

图8-15　人体感应传感器模块设置

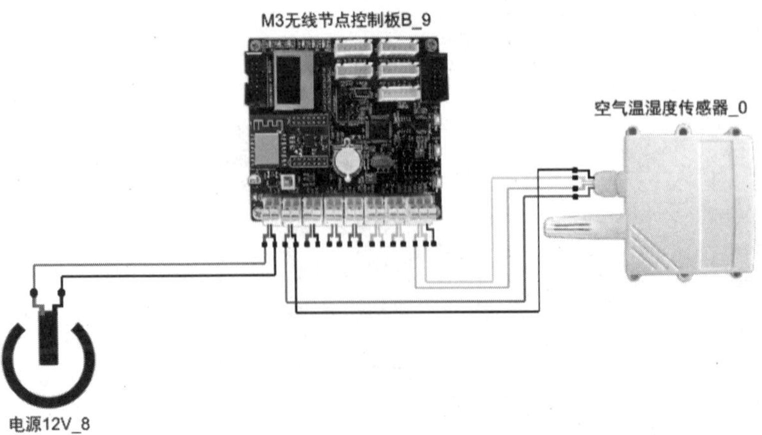

图8-16　空气温湿度传感器

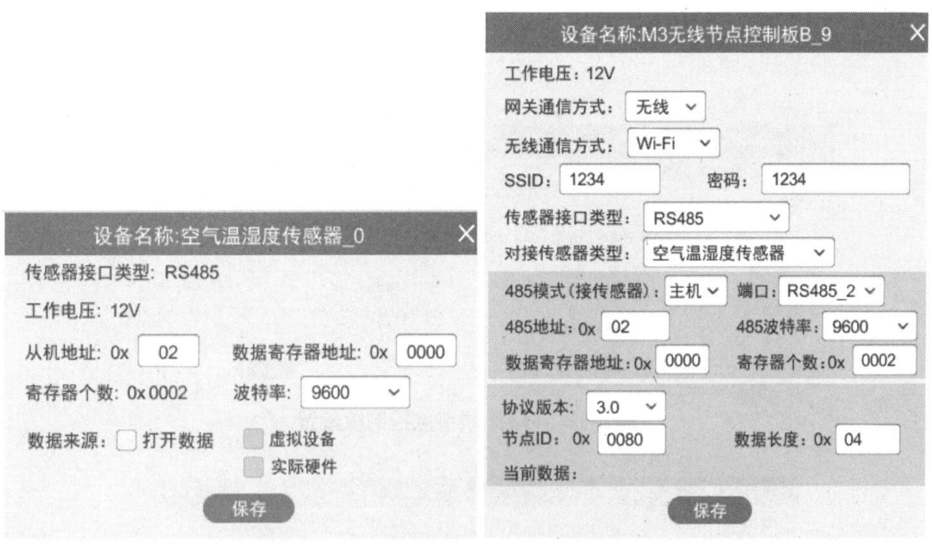

图 8-17　空气温湿度传感器模块设置

（4）土壤温湿度传感器。

按照图 8-18 所示，将土壤温湿度传感器和M3 无线节点控制板进行连接，M3 无线节点控制板和M4 网关单元进行连接，均采用RS485 进行连接，其中M3 无线节点控制板即承担了从机的角色（连接网关），又承担了主机的角色（连接传感器），其设置如图 8-19 所示。M4 网关单元设置如图 8-20 所示。

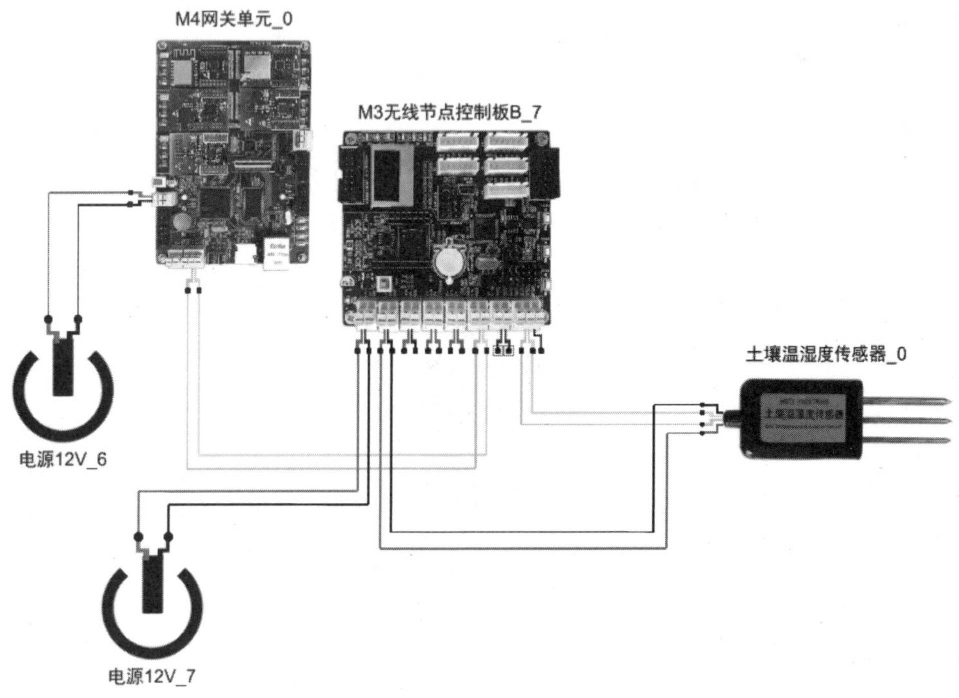

图 8-18　土壤温湿度传感器

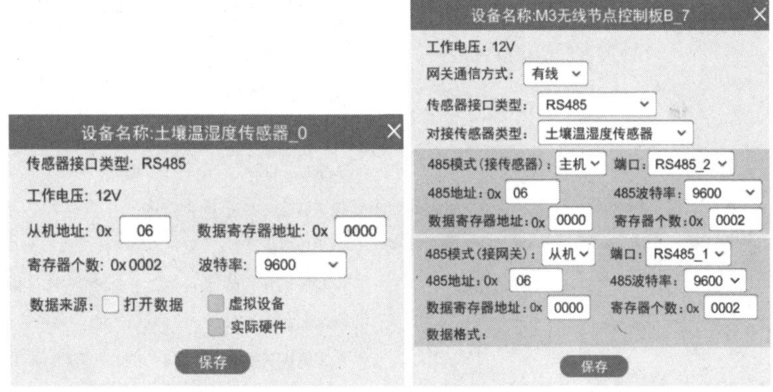

图8-19　M3无线节点控制板设置

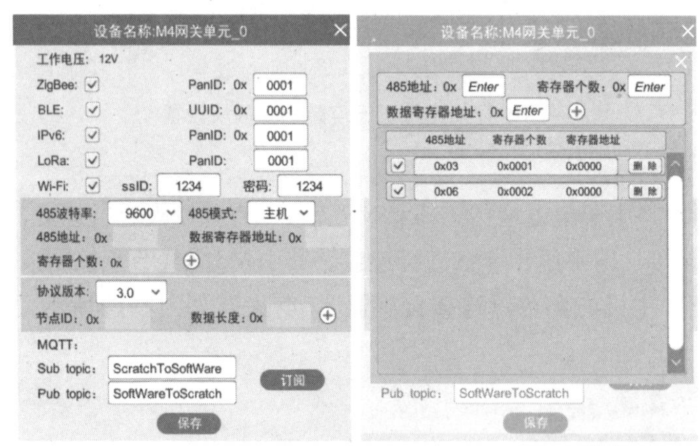

图8-20　M4网关单元设置

（5）光照传感器。

按照图8-21所示，将光照传感器和M3无线节点控制板进行连接，采用RS485进行连接，M3无线节点控制板和M4网关单元之间使用Wi-Fi无线连接，按照软件默认连接规则进行配置，具体设置内容如图8-22所示。

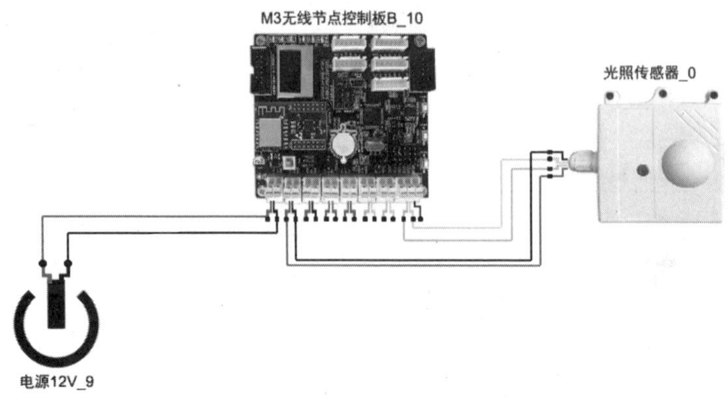

图8-21　光照传感器

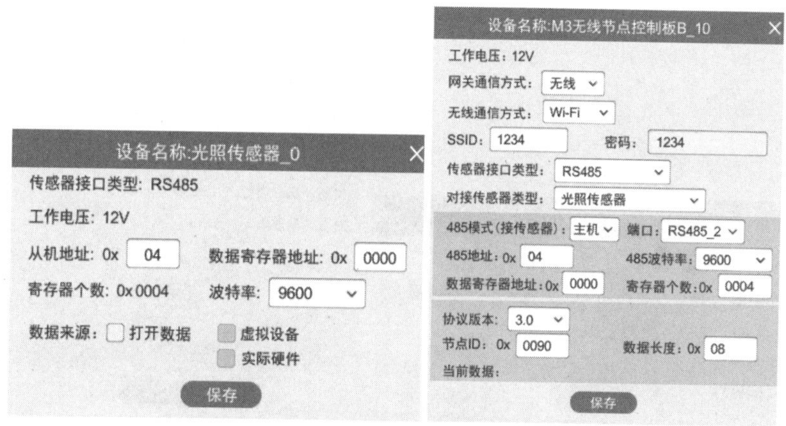

图8-22　光照传感器设置

2. 执行器

本实验中除了使用到上述传感器外，还使用了部分执行器，以下就详细进行说明，具体执行器包括喷淋、电动遮阳板、声光报警器、电灯、风扇。

(1) 喷淋。

按照图8-23所示，将喷淋和M3无线节点控制板进行连接，使用GPIO连接，M3无线节点控制板和M4网关单元之间使用WiFi无线连接，按照软件默认连接规则进行配置，具体设置内容如图8-24所示。

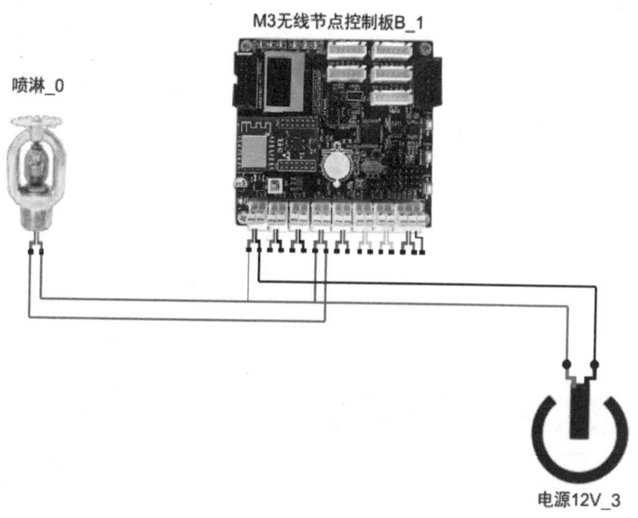

图8-23　喷淋设备

(2) 电动遮阳板。

按照图8-25所示，将电动遮阳板和M3无线节点控制板进行连接，使用GPIO连接，端口采用的是GPIO_1，M3无线节点控制板和M4网关单元之间使用ZigBee无线连接，按照软件默认连接规则进行配置，具体设置内容如图8-26所示。

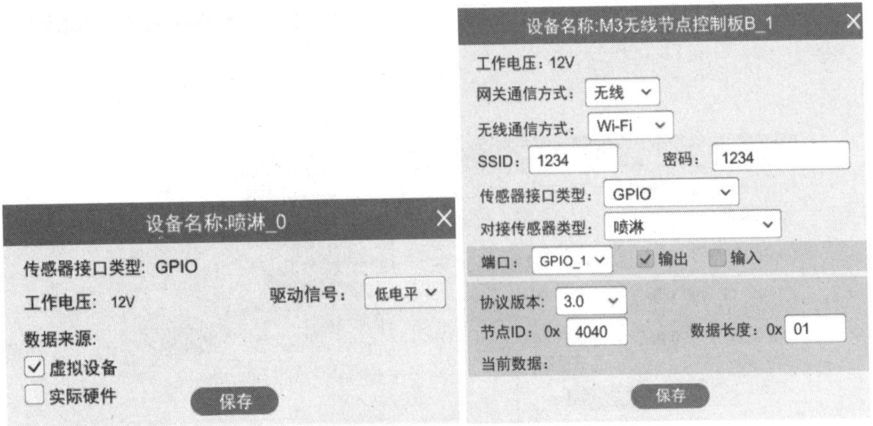

图8-24 喷淋设备配置

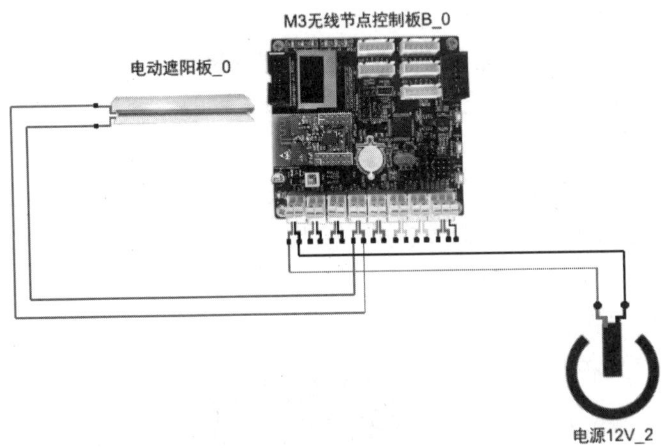

图8-25 电动遮阳板设备

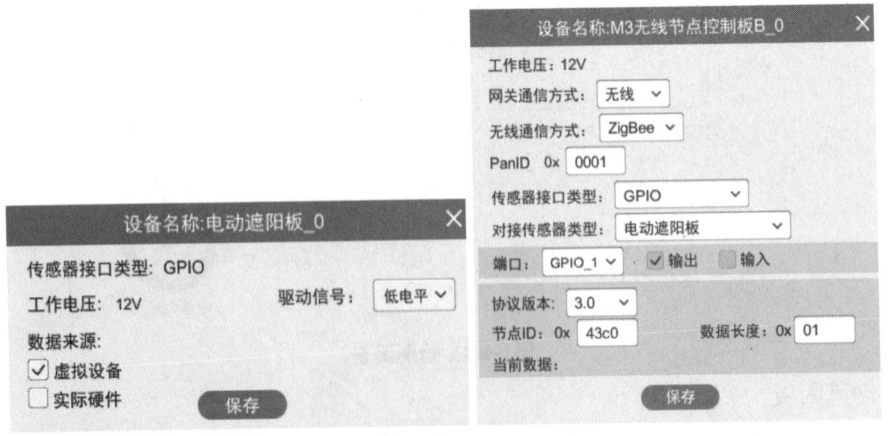

图8-26 电动遮阳板设置

（3）声光报警器。

按照图8-27所示，将声光报警器和M3无线节点控制板进行连接，使用GPIO连接，端口采用

的是GPIO_1，M3无线节点控制板和M4网关单元之间使用Wi-Fi无线连接，按照软件默认连接规则进行配置，具体设置内容如图8-28所示。

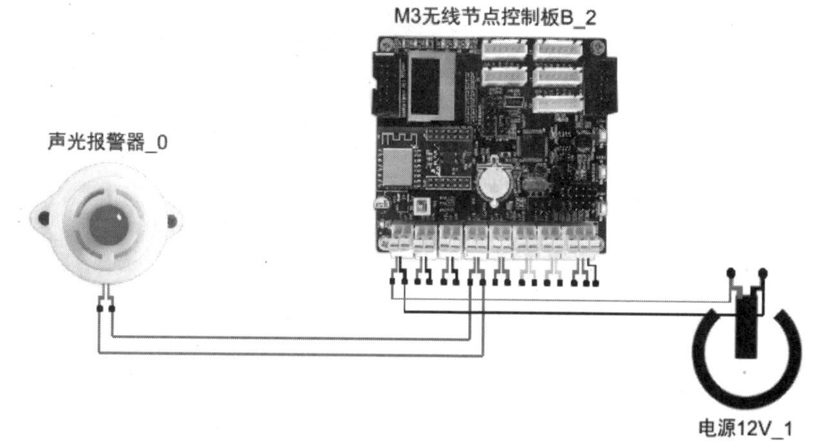

图8-27　声光报警器

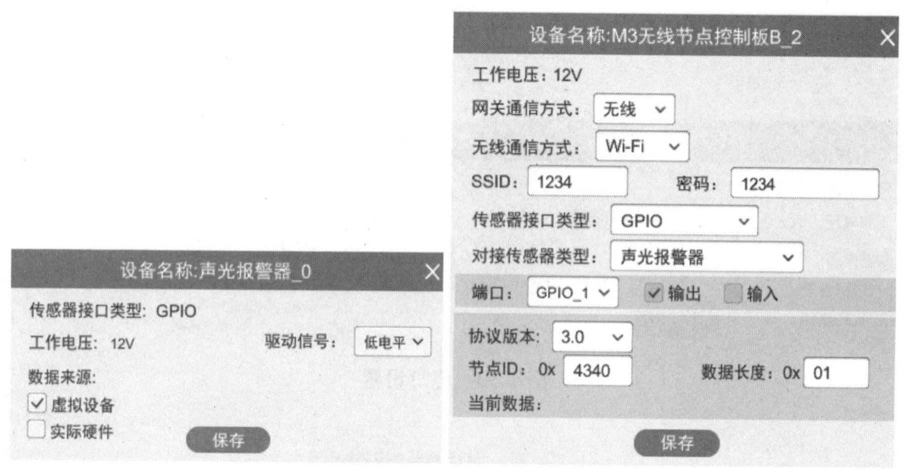

图8-28　声光报警器设置

（4）电灯。

按照图8-29所示，将电灯和M3无线节点控制板进行连接，使用GPIO连接，端口采用的是GPIO_1，M3无线节点控制板和M4网关单元之间使用BLE连接，按照软件默认连接规则进行配置，具体设置内容如图8-30所示。

（5）风扇。

按照图8-31所示，将风扇和M3无线节点控制板进行连接，使用GPIO连接，端口采用的是GPIO_1，M3无线节点控制板和M4网关单元之间使用Wi-Fi无线连接，按照软件默认连接规则进行配置，具体设置内容如图8-32所示。

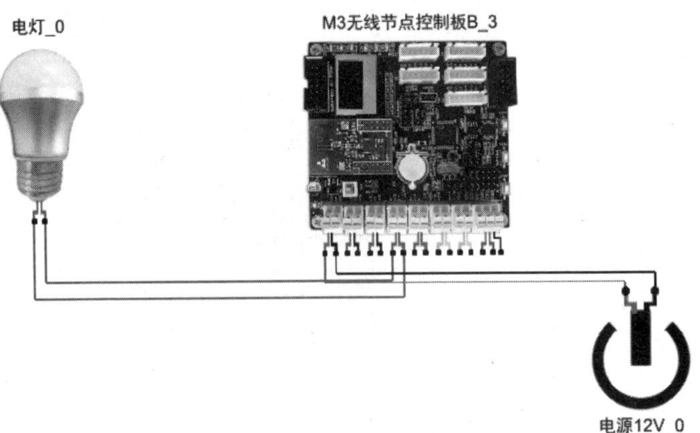

图8-29 电灯

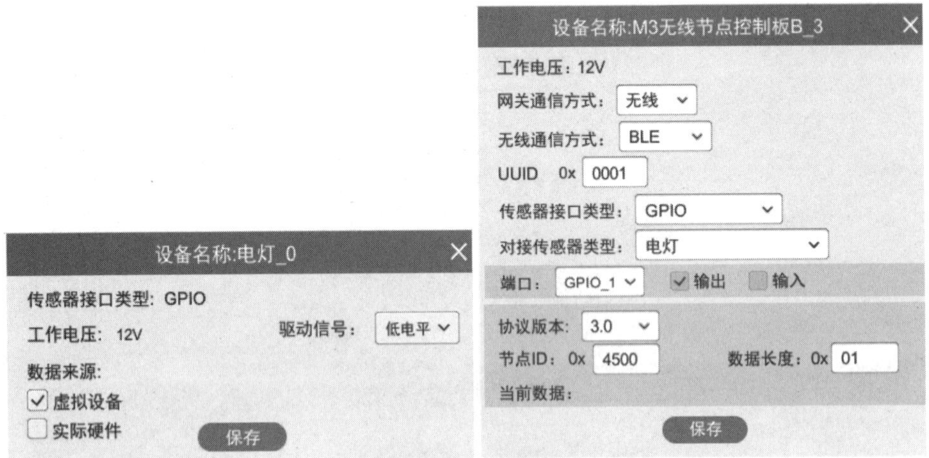

图8-30 电灯设置

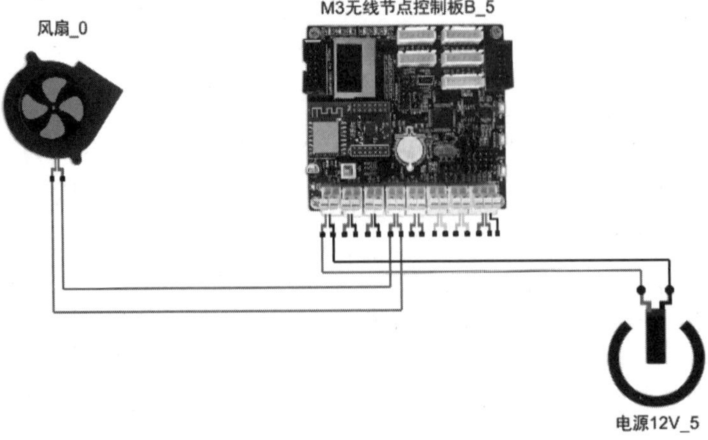

图8-31 风扇

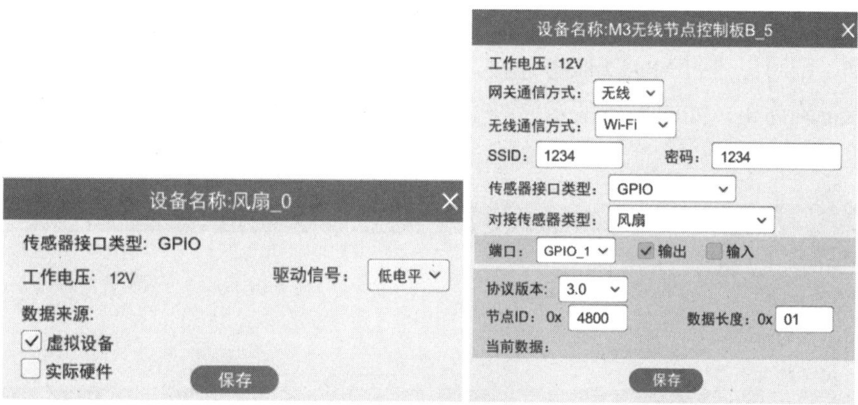

图 8-32　风扇设置

在整个模拟仿真实验中网关设置至关重要，包括对网络连接类型的选择、RS485节点的添加，无线设备的节点添加等，如图8-33和图8-34所示。

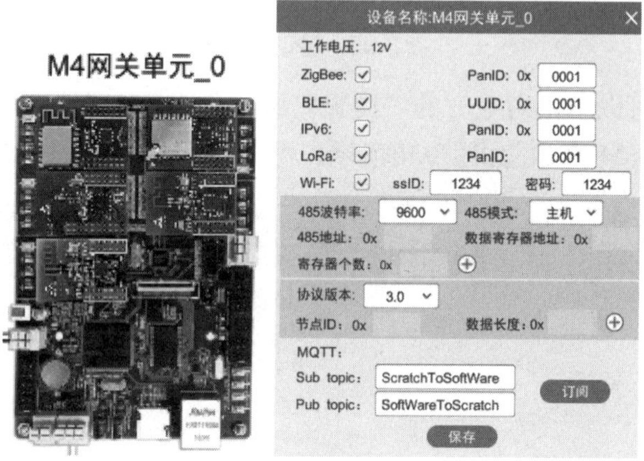

图 8-33　网关设置

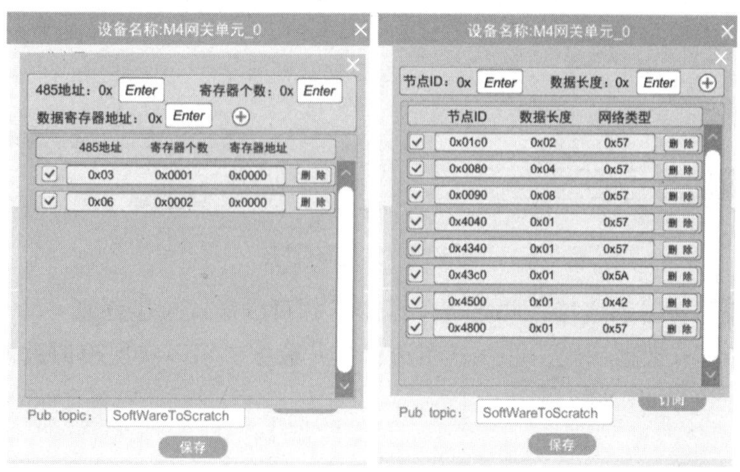

图 8-34　RS458及无线节点添加

所有传感器、执行器和M4网关单元连接完成后，就可以尝试进行验证，如果设备连线、协议配置均正确，则可以进行MQTT服务连接及后续操作，如果出现错误则需要根据提示解决错误直到验证完成正确为止，如图8-35所示。

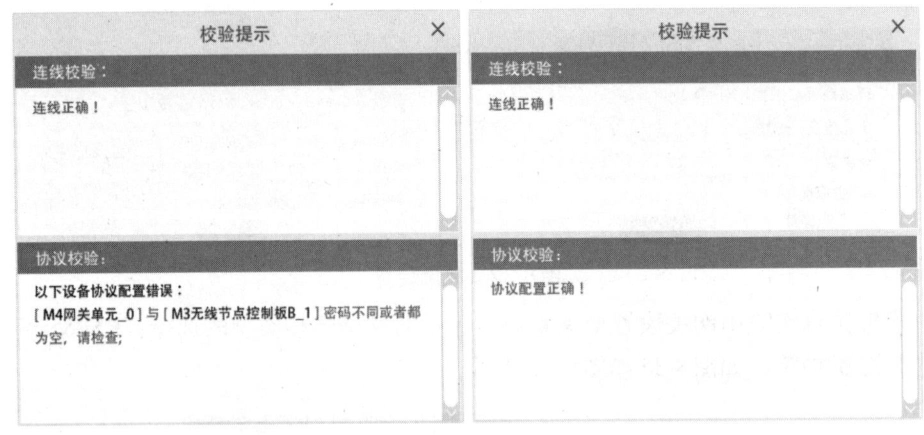

图8-35　验证测试

验证均正确后，就可以单击右上方的“设置”按钮，选择连接MQTT服务，并选择M4网关单元显示属性，选择订阅MQTT，如图8-36所示。

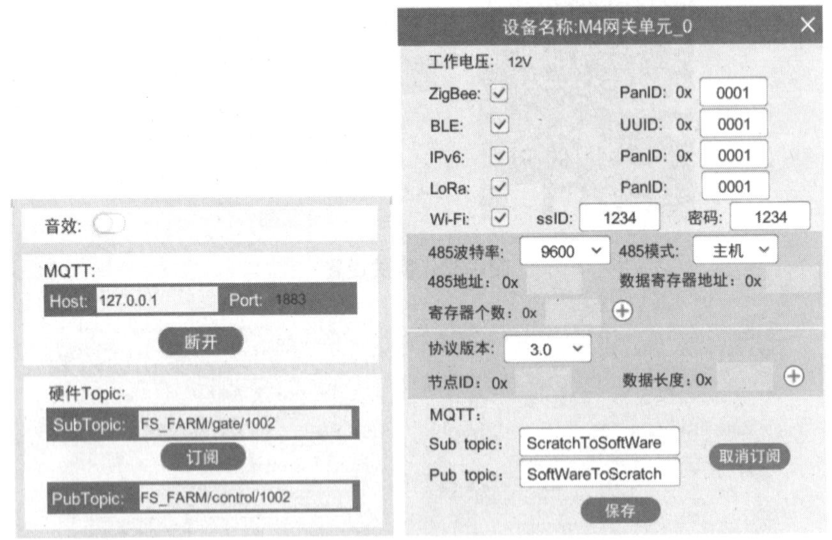

图8-36　订阅MQTT

完成了MQTT服务器的连接，并完成了订阅后，可以尝试单击任意一个传感器的M3无线节点控制板，选择打开数据列表，并在其中选择打开数据，可以实现模拟数据的运行，为后续Scratch编程提供数据，如图8-37所示。

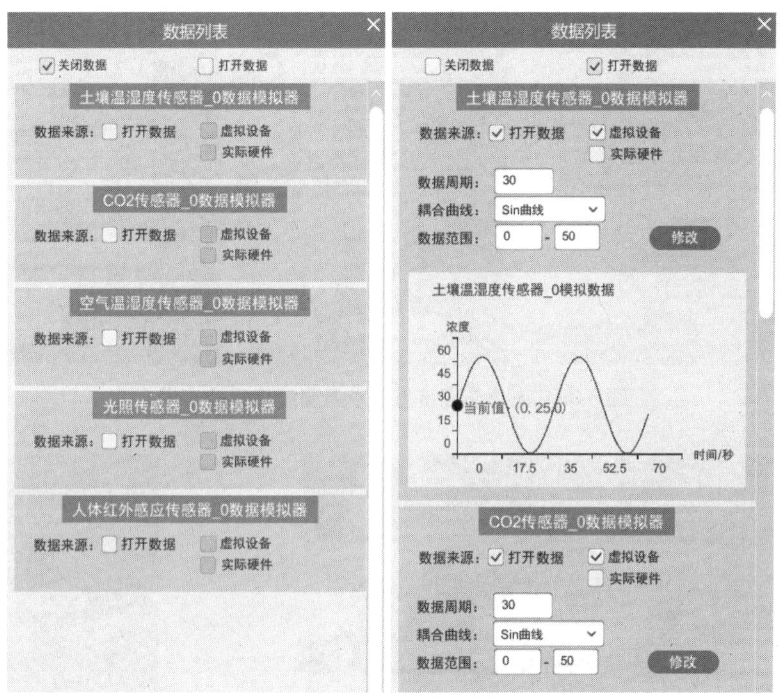

图 8-37　打开模拟数据源

完成所有线缆连接、协议配置、MQTT服务设置，并通过验证后，单击右下角的Scratch按钮，开始进行图形编程，按照实验设计目标，创建相关应用，连接MQTT服务部分和之前实验一样，如图8-38所示，传感器检测反馈部分由于涉及的传感器较多，需要将所有传感器包含在一个循环语句中，并针对每个传感器设置判断语句，具体配置如图8-38～图8-41所示。

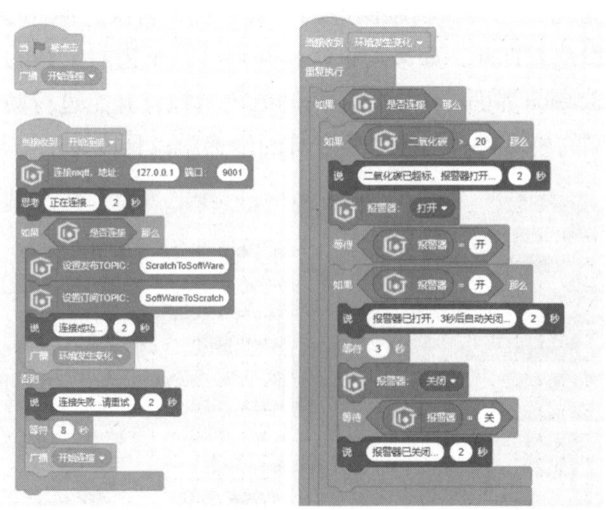

图 8-38　初始化配置及二氧化碳传感器应用

图8-39　人体感应传感器及温湿度传感器应用

图8-40　土壤温湿度传感器应用

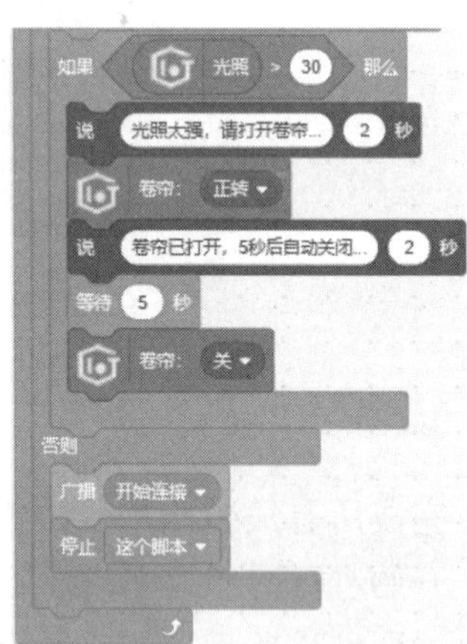

图8-41　光照传感器应用

Scratch编程全部完成后，切换回物联网虚拟仿真系统，再次检测MQTT服务器的连接情况、订阅情况，以及模拟数据是否打开，如果均正确打开则可以单击右上角的“运行”按钮，开始进行模拟运行，并切换到Scratch界面，单击右上角的绿色旗帜，开始进行模拟仿真，检测逻辑设计是否正确，可以单击右侧的模块栏，勾选需要查看的传感器，具体显示结果如图8-42所示。

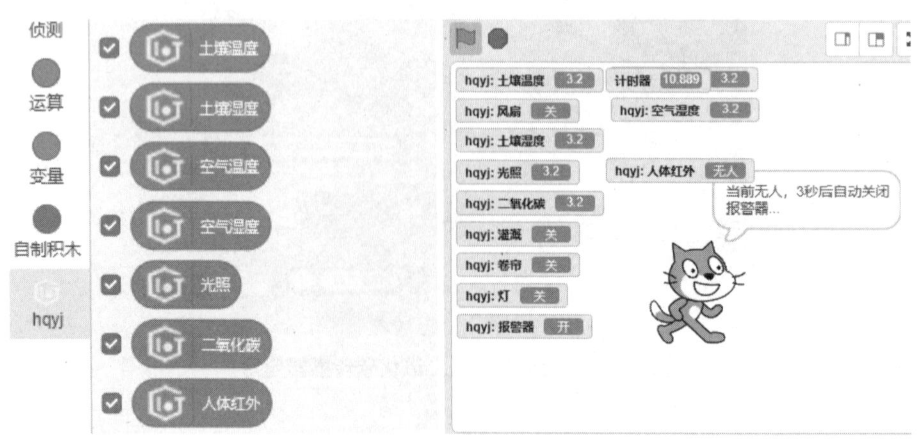

图8-42　系统运行结果

8.3 基于Arduino和树莓派智慧农业系统

智慧农业在实际应用中会使用大量的传感器和硬件设备，以下就结合Arduino和树莓派以及相关各类传感器，实现智慧农业系统的搭建，并通过阿里云平台实现对数据的实时采集和展示。

8.3.1 树莓派基本介绍

树莓派（Raspberry Pi）是一款基于ARM的单板计算机，默认运行一款称为Raspbian的操作系统，它是基于Linux内核和Debian操作系统开发的开源操作系统。操作系统被装载在一张TF卡上，由USB供电，只需要连接鼠标、键盘和显示器，就可以进行基于Linux操作系统的程序设计。树莓派是由注册于英国的慈善组织Raspberry Pi基金会开发，项目负责人是Eben Upton。树莓派从2012年诞生至今，由于其体积小、成本低、便携性好、可编程、可联网等特点，已经被全球各地的使用者们广泛应用到了各式各样有趣的创意项目中。

视 频

树莓派的基本使用

树莓派研发至今，发行了多个版本，用于不同的应用，其中图8-43为前期发行的各类版本，图8-44为最新的发行版本Raspberry Pi 4 Model B。

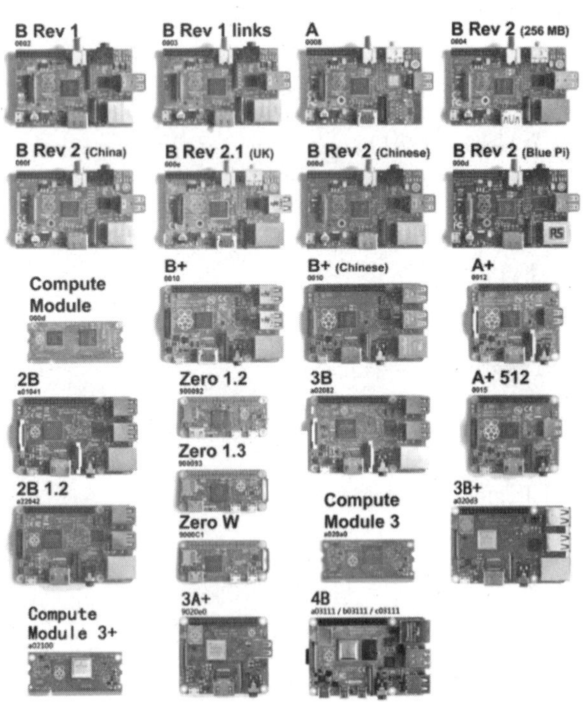

图8-43　树莓派的不同类型版本

图8-44 Raspberry Pi 4 Model B

树莓派4（Raspberry Pi 4 Model B）是一次全新的升级，几乎涉及每个元素。树莓派官方称第一次为大多数用户提供类似PC的性能水平，同时也保留了经典的树莓派接口功能。其关键参数如下：

- Broadcom BCM2711，四核Cortex-A72（ARM v8）64位SoC @ 1.5 GHz；
- 1 GB，2 GB或4 GB LPDDR4-3200 SDRAM；
- 支持2.4 GHz和5.0 GHz IEEE 802.11ac无线，蓝牙5.0，BLE；
- 千兆以太网；
- 2个USB 3.0端口；2个USB 2.0端口；
- Raspberry Pi标准40针GPIO接头连接器；
- 2个micro-HDMI端口（最多支持4kp60）；
- 2通道MIPI DSI显示端口；
- 2通道MIPI CSI摄像机端口；
- 4针立体声音频和复合视频端口；
- H.265（4kp60解码），H264（1080p60解码，1080p30编码）；
- OpenGL ES 3.0图形；
- Micro-SD卡插槽，用于加载操作系统和数据存储；
- 通过USB-C连接器5V DC；
- 通过GPIO接头提供5V DC；
- 启用以太网供电（PoE）（需要单独的PoE HAT）；
- 工作温度：0℃～50℃环境；

树莓派的官网地址是http://www.raspberrypi.org/，该网站为用户提供了非常完整的指南、常见文档、开发文档等，主界面如图8-45所示。

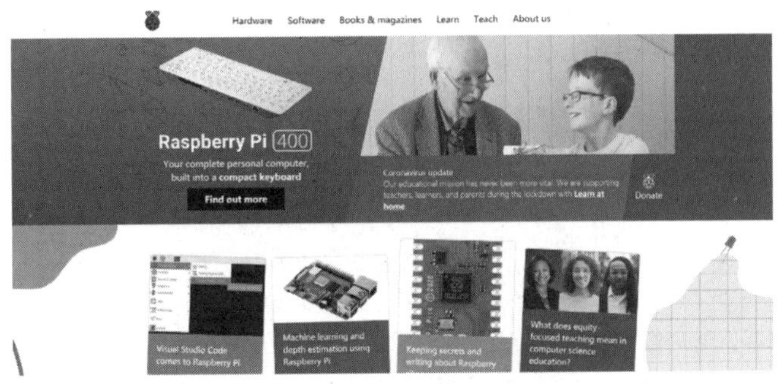

图 8-45　树莓派官网

树莓派的实际应用也非常广泛，拥有大量的用户群，各类不同人群使用树莓派开发和创造了大量有趣的创意，如图 8-46 所示就是两项基于树莓派的创意作品。同样作为开源硬件树莓派的使用也是相对比较简单，因此以下就从基本环境搭建、系统安装、网络连接、系统汉化、SSH 远程连接开启、VNC 远程连接设置等方面进行简单说明。

图 8-46　树莓派蜘蛛机器人及宠物喂食机

树莓派不同版本的硬件接口是有差异的，如图 8-47 和 8-48 所示就是两款树莓派的硬件接口展示，这两款树莓派也是目前最常用的版本型号，本节中也会分别使用到这两款实现不同的实验内容。

图 8-47　Raspberry Pi 3 Model B 硬件接口

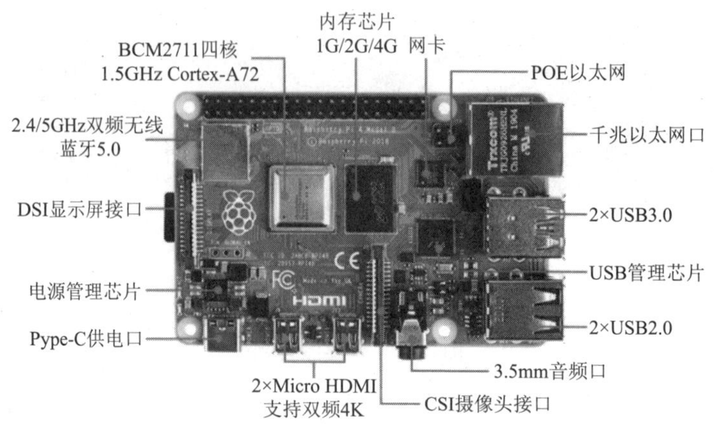

图8-48　Raspberry Pi 4 Model B硬件接口

了解了硬件接口后，可以开始进行树莓派的操作系统安装，需要的硬件和软件分别包括Micro SD卡一张，Micro SD卡USB读卡器一个，Win32 Disk Imager软件，如图8-49所示。首先将Micro SD卡插入到USB读卡器中，并连接计算机，对Micro SD卡进行格式化，然后从树莓派官网中下载对应版本的镜像文件，其扩展名是img，打开软件，选择正确的镜像文件，选择正确的盘符，单击Write开始进行写入操作，完成后会显示写入成功提示框，如图8-50所示。

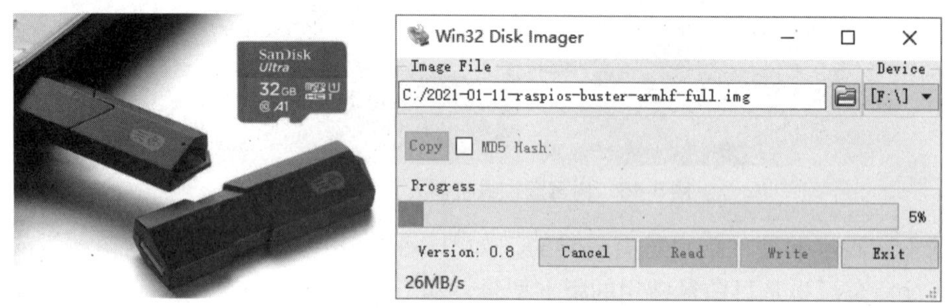

图8-49　USB读卡器及Win32 Disk Imager软件

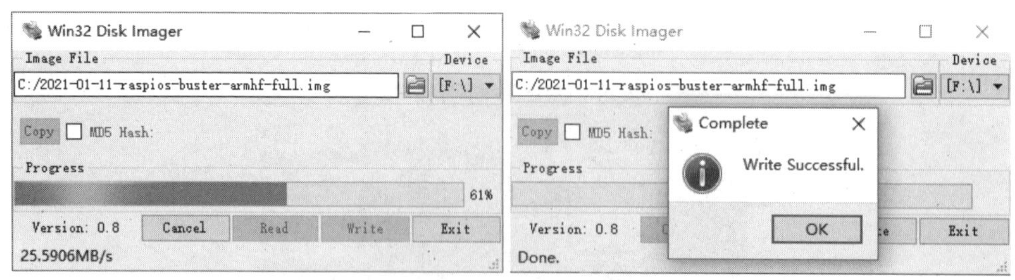

图8-50　写入操作系统

以Raspberry Pi 4 Model B为例，完成操作系统写入烧录后，就可以将Micro SD卡插入到树莓派的SD卡槽中，开始进行第一次的系统运行了。进入系统后，首先要做网络配置，可以使用有线网络连接和无线网络连接，如果采用无线网络连接则可以直接单击屏幕右上角的无线连接图标，在其中选择对应的无线网络，输入密码即可进行连接，如图8-51所示。

图 8-51　无线网络连接

网络连接成功后，可以打开终端，输入命令 ifconfig，查看本机获得的 IP 地址，如图 8-52 所示，分配到的 IP 地址是 192.168.2.102。

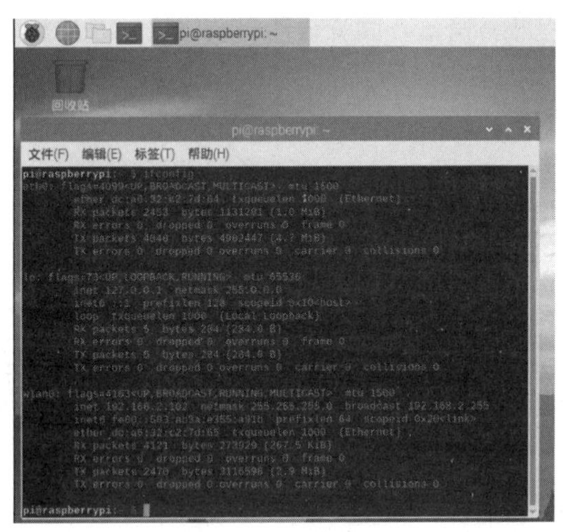

图 8-52　IP 地址查看

除了上述通过鼠标的方式连接无线网络外，还可以通过直接修改配置文件的方式来进行无线网络修改，在 Raspberry Pi 4 Model B 中无线网络的配置文件保存位置为：/etc/wpa_supplicant/wpa_supplicant.conf，用户可以通过对其中 network 部分进行修改，将无线网络的 ssid 和密码进行修改，从而实现无线网络的连接。

```
network={
        ssid="FAST_999"
        psk="123456"
        key_mgmt=WPA-PSK
}
```

树莓派实现网络连接后，就可以尝试使用各类远程控制软件实现远程控制和管理，在此介绍两款，分别是 VNC 和 putty。VNC（Virtual Network Computing，虚拟网络计算机），VNC 是一款优秀的远程控制工具软件，由著名的 AT&T 欧洲研究实验室开发，VNC 是基于 UNIX 和 Linux 操作系统的免费开放源码软件，远程控制能力强大，高效实用，其性能可以和 Windows 和 MAC 中的任何远程控制软件媲美。首先可以下载 VNC Viewer，根据不同的系统版本下载的不同的 VNC

Viewer，如图8-53所示。

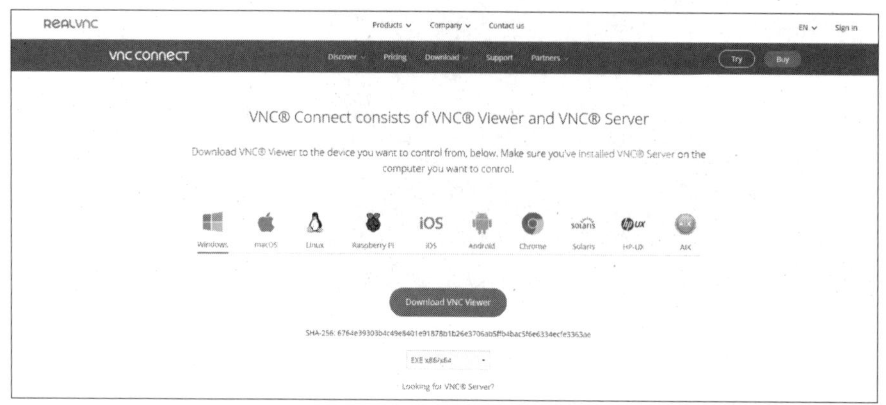

图8-53　下载VNC Viewer

VNC Viewer的安装过程非常简单，同意软件安装协议，并选择正确的安装路径，单击Next按钮，即可完成软件的安装，如图8-54所示。

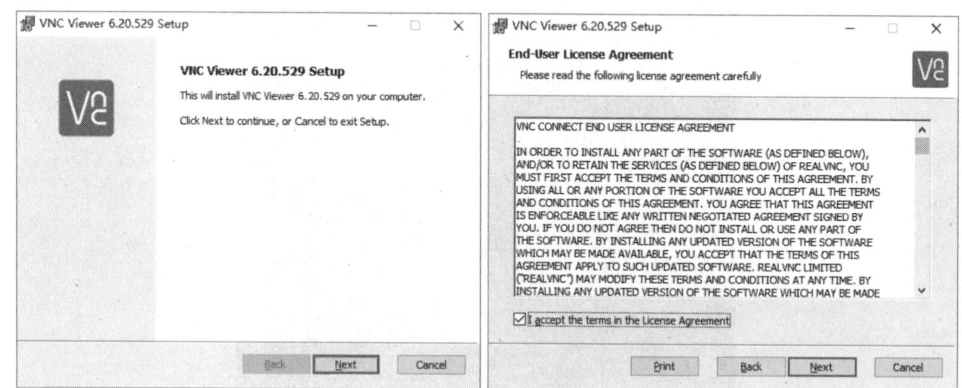

图8-54　软件安装

安装完成后，需要首先打开树莓派的VNC服务，选择“开始”→“首选项”→Raspberry Pi Configuration，选择Interfaces选项卡，并勾选VNC即可，如图8-55所示。

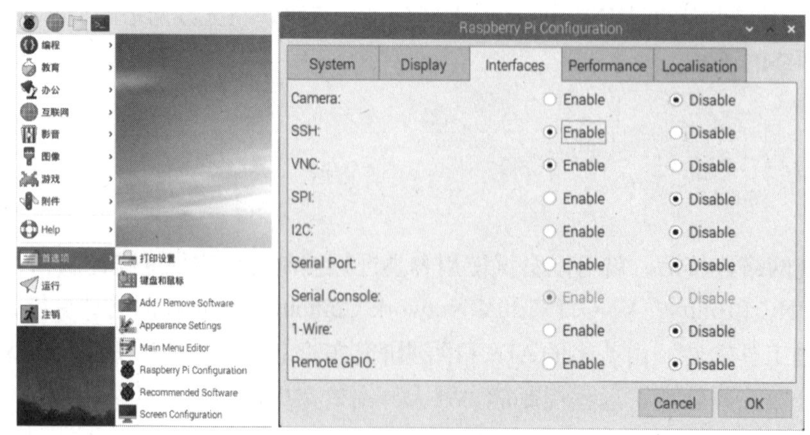

图8-55　开启VNC服务

VNC服务启动后，可以直接打开VNC Viewer软件，在其中输入树莓派的IP地址，并输入用户名和密码，就可以实现VNC的远程连接，如图8-56和图8-57所示。除了上述通过图形界面启动VNC服务外，还可以通过命令行方式启动，打开终端，在其中输入vncserver即可开启服务，如图8-58所示。

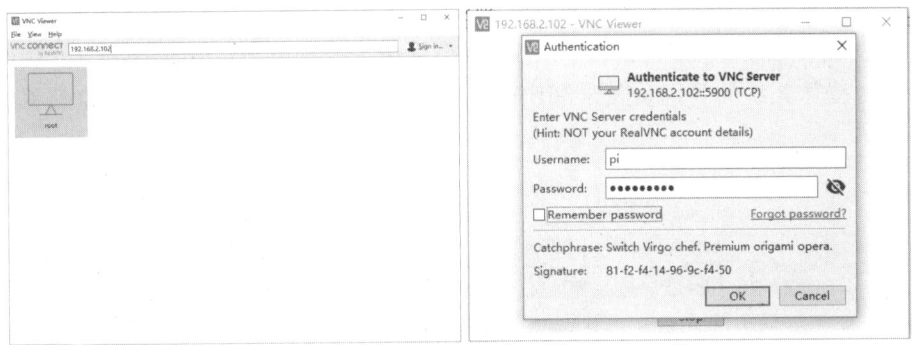

图8-56　开始连接

图8-57　VNC连接

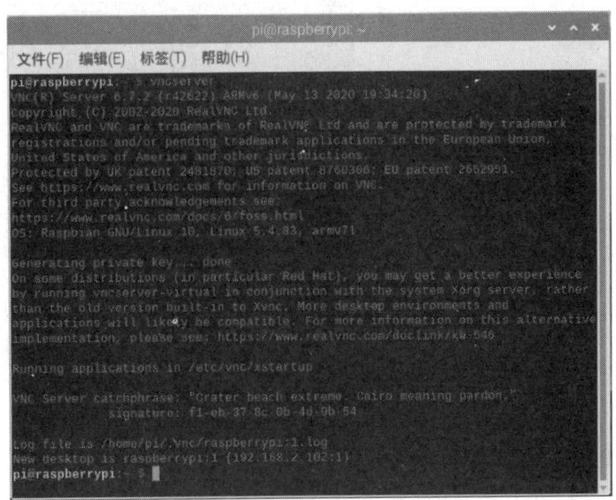

图8-58　VNC服务开启

Putty软件是集Telnet、SSH、Rlogin、纯TCP以及串行接口的连接软件，是一款开放源代码的软件，主要由Simon Tatham维护，使用MIT licence授权。随着Linux在服务器端应用的普及，Linux系统管理越来越依赖于远程，Putty软件采用开源模式，完全免费，全面支持SSH1和SSH2，体积较小，只有几百KB，而且操作非常简单，得到了普遍的认可和广泛的使用。

Putty软件的使用非常简单，首先双击打开该软件，输入Linux服务器的IP地址，例如192.168.2.102，端口号设置为默认的22，连接类型选择SSH，单击打开后就可以直接连接到服务器，输入Linux操作系统的管理员账号和密码就可以对服务器进行远程管理和控制了，如图8-59所示。

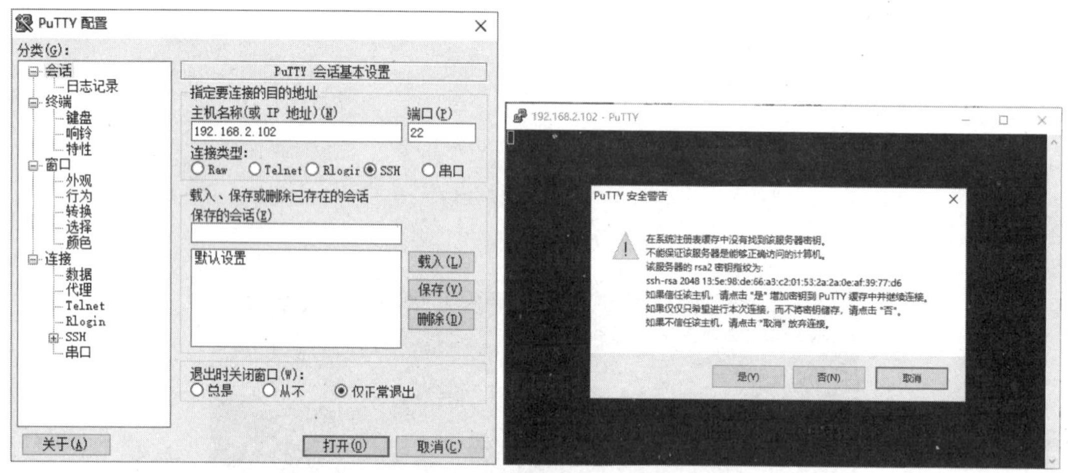

图8-59　putty远程连接

跟之前的VNC连接相同，在进行连接前还需要开启SSH服务，选择Raspberry Pi Configuration，选择其中Interfaces选项卡，并勾选SSH开启，连接成功后，就可以直接通过命令行的方式对树莓派进行远程控制了，如图8-60所示。

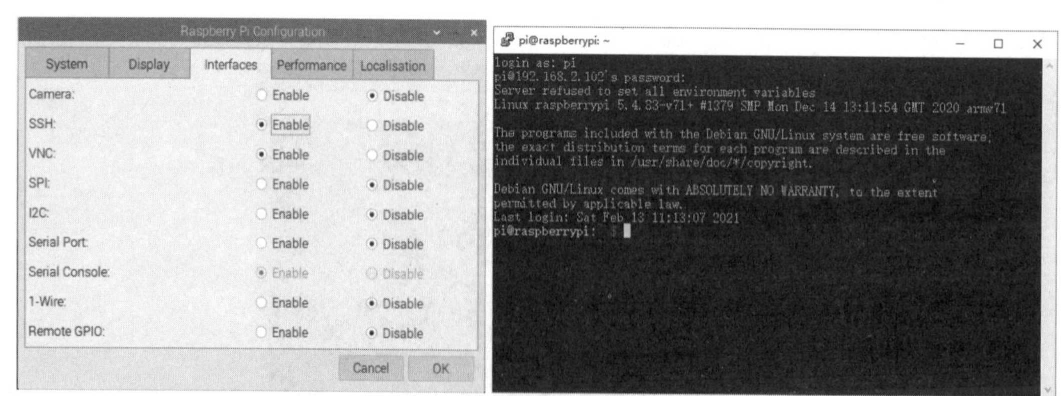

图8-60　开启SSH服务并连接

此外在进行树莓派操作系统烧录时，会出现Micro SD卡未被充分利用的情况，例如原本32G的Micro SD卡，实际操作系统占用的空间并不多，造成大量的剩余空间没有被使用，类似这种情况，可以通过对树莓派的配置设置来进行相关处理，首先打开树莓派的终端，在其中输入命令sudo raspi-config，开启配置界面，选择Advanced Options选项，并选择Expand Filesystem选项，确保所有的SD卡空间均可用，重新启动后，可以使用df –h 命令查看相关结果，如图8-61所示。

图8-61　重启查看结果

了解了上述Raspberry Pi 4 Model B的简单应用后，后续就可以尝试将树莓派接入物联网平台实现网络数据的上传和处理，以下就简单说明该型号树莓派如何实现与阿里云物联网平台的连接操作。

（1）首先由于Python 3支持MQTT需要Paho-MQTT库的支持，所以打开终端，在终端中运行以下命令，下载并安装Paho-MQTT，如图8-62所示。

```
sudo python3 -m pip install paho-mqtt -i https://mirrors.aliyun.com/pypi/simple/
```

（2）从阿里云物联网平台上下载源码文件包code.zip，解压后使用WinSCP软件，将代码上传到/home/pi/Desktop，如图8-63所示。

（3）完成上传后，打开code文件夹开始修改运行程序，单击选中run.py文件，右击并选择Thonny Python IDE命令，如图8-64所示，根据阿里云物联网平台创建的产品和设备的三元组，修改相关内容，在此就以第6章创建的设备test1为例，填充修改三元组信息。

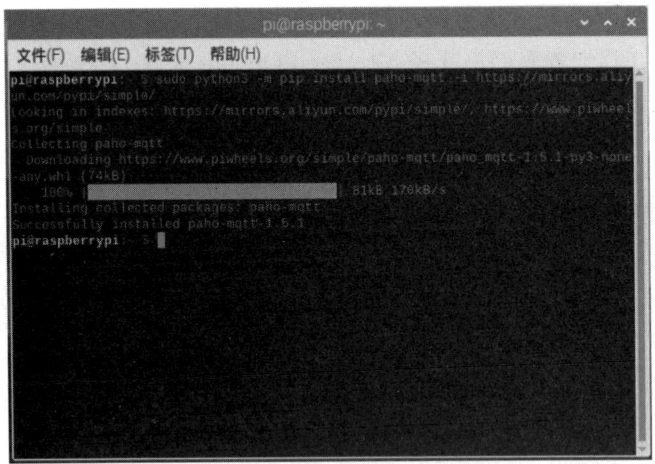

图8-62　下载并安装Paho-MQTT

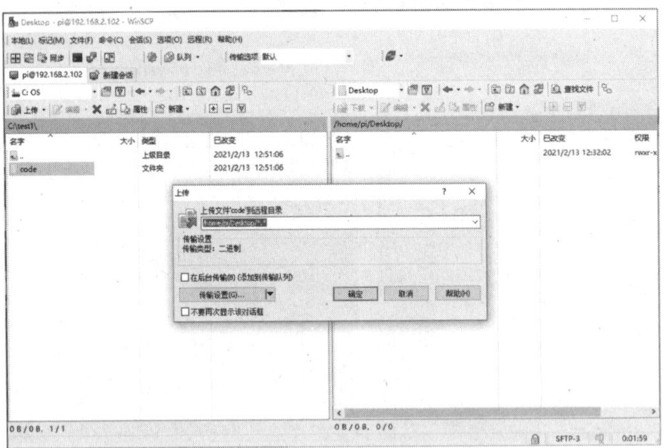

图8-63　WinSCP上传源码文件包

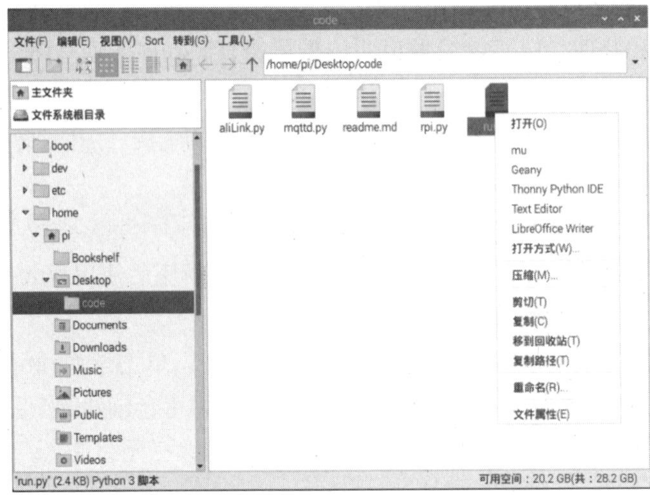

图8-64　修改run.py文件

三元组信息为：

```
"ProductKey": "a1PTAvWjo9i"
"DeviceName": "test1"
"DeviceSecret": "3cb22f5607434341fc29025cfafc8923"
```

完成修改后，单击save保存，如图8-65所示。

图8-65　修改三元组信息

（4）重新打开终端，在其中输入以下命令：

```
cd /home/pi/Desktop/code/
sudo python3 run.py
```

运行正常后，就可以实现设备连接阿里云物联网平台操作，正常通信后，将会每隔10s上传一次相关数据，并且会响应物联网平台的控制指令，上传数据包括磁盘总量、磁盘使用率、内存总量、内存占用、CPU温度和CPU使用率等内容，可以在物联网平台上创建对应的数模型，从而显示对应的数据内容，如图8-66所示。

图8-66　修改三元组信息

（5）在物联网平台上可以看到当前设备是处于在线状态，并且根据上传数据格式设置数模型后，就可以在平台的设备运行状态中查看到对应的数据，如图8-67所示。这样就实现了初步的树莓派和阿里云物联网平台的连接，用户可以在此基础上，进一步进行研发，从而将各种传感器采集到的数据上传到云平台，实现实时的数据监控，也可以通过物联网平台下发各类指令对物联网设备实现控制。

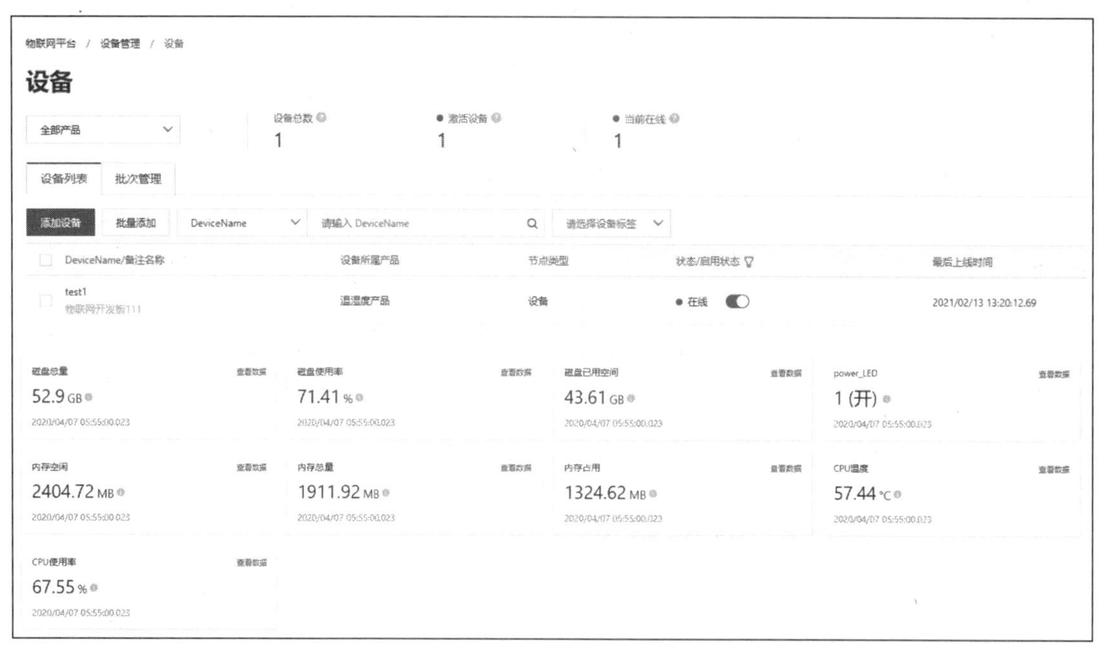

图8-67　数据上云操作

8.3.2　基于树莓派和DHT11数据上云操作

通过上述介绍，读者已经对树莓派的基本配置有了一定的了解，对于树莓派连接物联网云平台有了相关的认识，使用的树莓派型号是Raspberry Pi 4 Model B。树莓派自从2012年2月29日发布了第一代树莓派产品后，至今已经陆续发布了非常多型号的产品，具体发行历程如下：

视频

基于树莓派和DHT11数据上云操作

- 2012年2月29日，树莓派B发布；
- 2012年9月5日，树莓派B修改版发布；
- 2014年7月14日，树莓派B+发布；
- 2014年11月11日，树莓派A+发布；
- 2015年2月2日，树莓派2B发布；
- 2015年11月26日，树莓派Zero发布；
- 2016年2月29日，树莓派3B发布；
- 2017年2月28日，树莓派Zero W发布；
- 2018年3月4日，树莓派3B+发布；
- 2018年11月5日，树莓派3A+发布；

- 2019年6月24日，树莓派4B发布。

不同的树莓派在不同的时期为各式各样的用户提供了非富多彩的体验，Raspberry Pi 4 Model B虽然是最新版本的树莓派型号，但目前仍然有大量的用户在使用之前版本型号的树莓派产品，而且由于Raspberry Pi 4 Model B发布不久，就出现了一些设计问题，例如，USB Type-C接口兼容性问题，因此部分用户还是更喜欢使用以往成熟的树莓派产品，目前仍有大量用户在使用Raspberry Pi 3 Model B型号产品，以下就以该产品型号为例，介绍相关实际应用。

本实验主要使用Raspberry Pi 3 Model B树莓派结合DHT11实现室内温湿度的采集，并通过阿里云物联网平台实现数据的实时采集，首先来了解了Raspberry Pi 3 Model B的引脚分布情况，如图8-68所示。

在第5章中已经介绍过DHT11温湿度传感器，其共包括4个引脚，其中有一个引脚属于悬空状态，因此实际使用时只使用3个引脚，具体引脚连接如表8-1所示。设备连接图如图8-69所示。

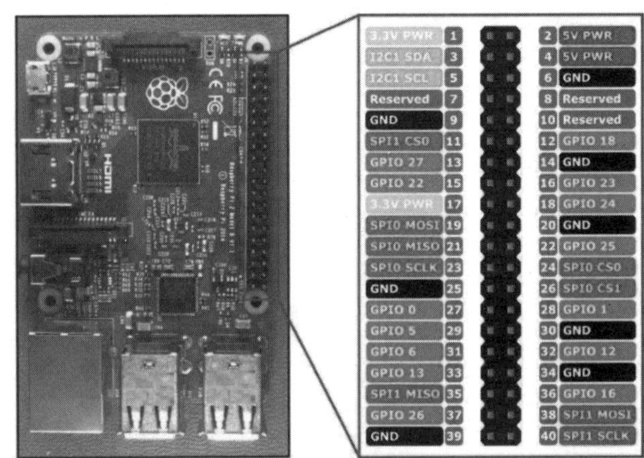

图8-68 引脚分布图

表8-1 引脚连接说明

序号	名称	树莓派
1	VDD	4号引脚（5V PWR）
2	DATA	32号引脚（GPIO 12）
3	NC	悬空
4	GND	6号引脚（GND）

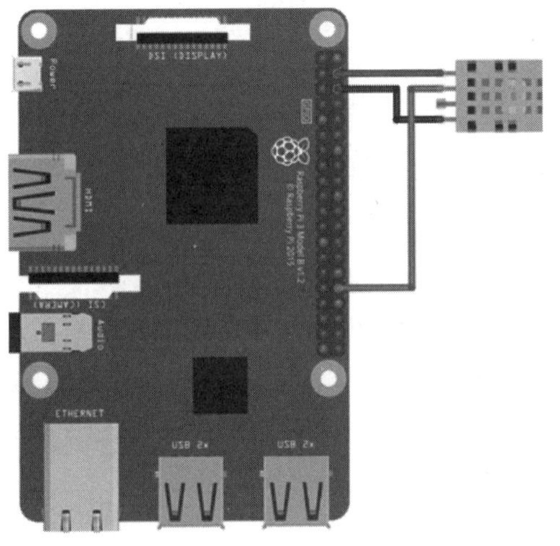

图8-69 设备连接图

由于最终采集到的数据需要在阿里云平台上进行展示，因此还需要在物联网平台上创建相对应的产品和设备，在此还是使用之前创建的产品和设备信息，其产品的功能如图8-70所示，完成设置后，需要将自定义功能进行发布，并创建对应的设备，并记录三元组，在此依然使用之前创建的设备，用于数据上云操作，三元组如下：

```
{
  "ProductKey": "a1PTAvWjo9i"
  "DeviceName": "test1"
  "DeviceSecret": "3cb22f5607434341fc29025cfafc8923"
}
```

图8-70　产品功能

完成阿里云平台相关设置后，就可以开始在树莓派端安装阿里云开发者工具包SDK，首先打开终端，在其中输入命令pip install aliyun-python-sdk-iot-client，开始进行安装，完成后如图8-71所示。

完成安装后，就可以进行程序代码的开发，开发环境可以有很多，本案例中使用的是Geany开发环境，Geany是一款小巧的使用GTK+2开发的跨平台的开源集成开发环境以GPL许可证分发源代码，是免费的自由软件。特别需要注意的是，在进行代码编写时需要指定对应的三元组信息，从而实现数据的有效上传操作，三元组涉及代码位置如下：

```
options = {
    'productKey':'a1PTAvWjo9i',
    'deviceName':'test1',
```

```
    'deviceSecret':'3cb22f5607434341fc29025cfafc8923',
    'port':1883,
    'host':'iot-as-mqtt.cn-shanghai.aliyuncs.com'
}
dht_pin =12
GPIO.setmode(GPIO.BCM)
```

```
pi@raspberrypi:~ $ pip install aliyun-python-sdk-iot-client
Looking in indexes: https://pypi.org/simple, https://www.piwheels.org/simple
Requirement already satisfied: aliyun-python-sdk-iot-client in ./.local/lib/python2.7/site-packages (0.0.14)
Requirement already satisfied: pycrypto>=2.6.1 in /usr/lib/python2.7/dist-packages (from aliyun-python-sdk-iot-client) (2.6.1)
Requirement already satisfied: paho-mqtt>=1.3.1 in ./.local/lib/python2.7/site-packages (from aliyun-python-sdk-iot-client) (1.5.0)
Requirement already satisfied: certifi>=2018.1.18 in /usr/lib/python2.7/dist-packages (from aliyun-python-sdk-iot-client) (2018.8.24)
pi@raspberrypi:~ $
```

图 8-71　安装 SDK

完成代码编写后，即可单击软件上方的运行及查看文件，进行代码的运行，如图 8-72 所示，如能正常运行，会自动弹出一个终端，显示发送的信息，如图 8-73 所示。

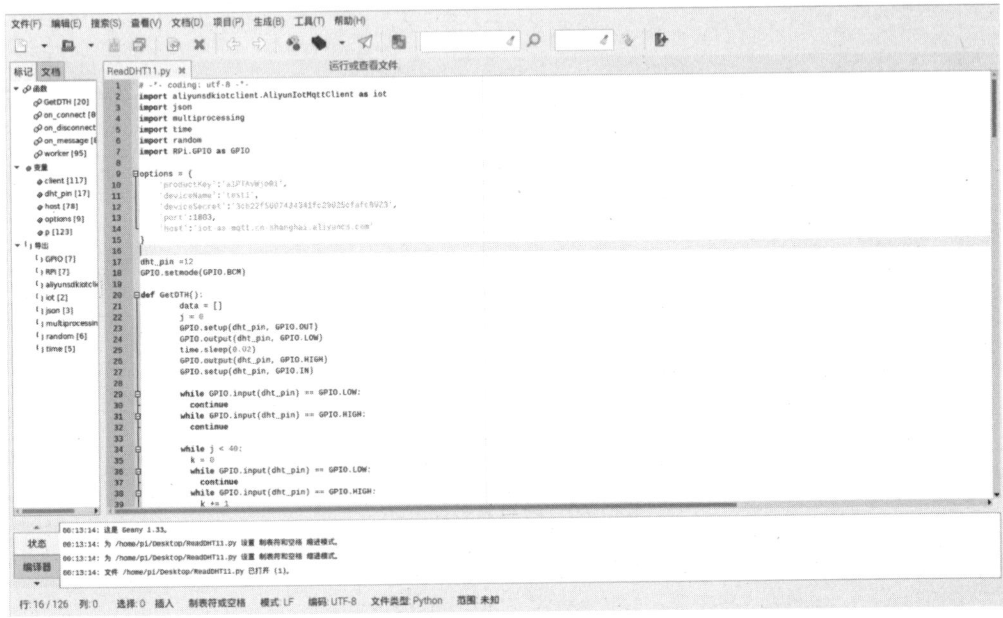

图 8-72　运行文件

```
Connected with result code 0
T= 255 H= 255
send data to iot server: {'params': {'Temperature': 255, 'Humidity': 255}, 'id':
 1613233176, 'method': 'thing.event.property.post'}
{"code":200,"data":{},"id":"1613233176","message":"success","method":"thing.even
t.property.post","version":"1.0"}
T= 16 H= 56
send data to iot server: {'params': {'Temperature': 16, 'Humidity': 56}, 'id': 1
613233181, 'method': 'thing.event.property.post'}
{"code":200,"data":{},"id":"1613233181","message":"success","method":"thing.even
t.property.post","version":"1.0"}
T= 16 H= 56
send data to iot server: {'params': {'Temperature': 16, 'Humidity': 56}, 'id': 1
613233186, 'method': 'thing.event.property.post'}
{"code":200,"data":{},"id":"1613233186","message":"success","method":"thing.even
t.property.post","version":"1.0"}
T= 16 H= 56
send data to iot server: {'params': {'Temperature': 16, 'Humidity': 56}, 'id': 1
613233191, 'method': 'thing.event.property.post'}
{"code":200,"data":{},"id":"1613233191","message":"success","method":"thing.even
t.property.post","version":"1.0"}
```

图8-73　反馈信息

此时前往阿里云物联网平台查看相关设备就会发现设备已经处于在线状态，并且当DHT11数据发生变化时，在设备运行状态中也会实时发生变化，如图8-74所示。自此就已经实现了通过树莓派采集DHT11温湿度数据并上传到阿里云物联网平台的目的，实现了简单的物联网设备上云操作。

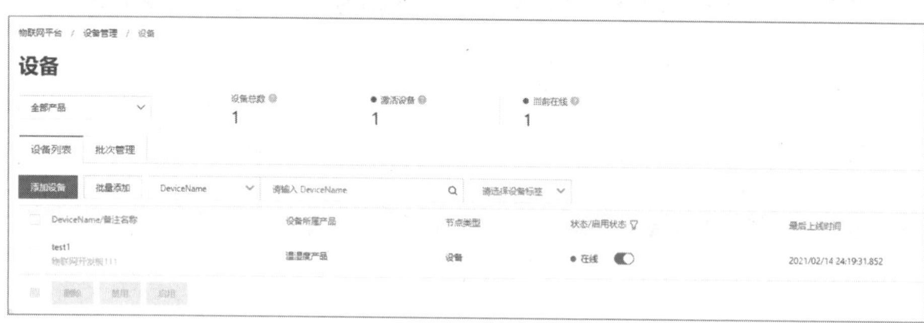

图8-74　阿里云数据展示

代码如下：

```
# -*- coding: utf-8 -*-
import aliyunsdkiotclient.AliyunIotMqttClient as iot
import json
import multiprocessing
```

```
import time
import random
import RPi.GPIO as GPIO
options = {
    'productKey':'a1PTAvWjo9i',
    'deviceName':'test1',
    'deviceSecret':'3cb22f5607434341fc29025cfafc8923',
    'port':1883,
    'host':'iot-as-mqtt.cn-shanghai.aliyuncs.com'
}
dht_pin =12
GPIO.setmode(GPIO.BCM)
def GetDTH():
   data = []
   j = 0
   GPIO.setup(dht_pin, GPIO.OUT)
   GPIO.output(dht_pin, GPIO.LOW)
   time.sleep(0.02)
   GPIO.output(dht_pin, GPIO.HIGH)
   GPIO.setup(dht_pin, GPIO.IN)

   while GPIO.input(dht_pin) == GPIO.LOW:
     continue
   while GPIO.input(dht_pin) == GPIO.HIGH:
     continue

   while j < 40:
     k = 0
     while GPIO.input(dht_pin) == GPIO.LOW:
       continue
     while GPIO.input(dht_pin) == GPIO.HIGH:
       k += 1
       if k > 100:
         break
     if k < 8:
       data.append(0)
     else:
       data.append(1)
     j += 1
   #print "sensor is working."
   #print data
   humidity_bit = data[0:8]
   humidity_point_bit = data[8:16]
   temperature_bit = data[16:24]
   temperature_point_bit = data[24:32]
   check_bit = data[32:40]
   humidity = 0
   humidity_point = 0
   temperature = 0
   temperature_point = 0
   check = 0
   for i in range(8):
     humidity += humidity_bit[i] * 2 ** (7-i)
```

```
            humidity_point += humidity_point_bit[i] * 2 ** (7-i)
            temperature += temperature_bit[i] * 2 ** (7-i)
            temperature_point += temperature_point_bit[i] * 2 ** (7-i)
            check += check_bit[i] * 2 ** (7-i)
        tmp = humidity + humidity_point + temperature + temperature_point
        if check == tmp:
            #print "temperature :", temperature, "*C, humidity :", humidity, "%"
            return temperature,humidity
        else:
            return temperature,humidity
    host = options['productKey'] + '.' + options['host']
    # The callback for when a PUBLISH message is received from the server.
    def on_message(client, userdata, msg):
        #topic = '/' + productKey + '/' + deviceName + '/update'
    #{"method":"thing.service.property.set","id":"169885527","params":{"LED":1},"v
ersion":"1.0.0"}
        print(msg.payload)
        setjson = json.loads(msg.payload)
        led = setjson['params']['LED']
        GPIO.output(led_pin,(GPIO.HIGH if led==1 else GPIO.LOW ))
    def on_connect(client, userdata, flags_dict, rc):
        print("Connected with result code " + str(rc))
    def on_disconnect(client, userdata, flags_dict, rc):
        print("Disconnected.")
    def worker(client):
         topic = '/sys/'+options['productKey']+'/'+options['deviceName']+'/thing/
event/property/post'
        while True:
            time.sleep(5)
            T,H = GetDTH()
            print 'T=',T,'H=',H
            if T!=0 or H!=0:
                payload_json = {
                    'id': int(time.time()),
                    'params': {
                        'Temperature':  T,
                        'Humidity':  H,
                    },
                    'method': "thing.event.property.post"
                    }
                print('send data to iot server: ' + str(payload_json))
                client.publish(topic, payload=str(payload_json))
    if __name__ == '__main__':
        client = iot.getAliyunIotMqttClient(options['productKey'],
options['deviceName'], options['deviceSecret'], secure_mode=3)
        client.on_connect = on_connect
        client.on_disconnect = on_disconnect
        client.on_message = on_message
        client.connect(host=host, port=options['port'], keepalive=60)
        p = multiprocessing.Process(target=worker, args=(client,))
        p.start()
        client.loop_forever()
```

8.3.3 基于Arduino和树莓派智慧农业环境监控系统

树莓派连接阿里云物联网平台传输温湿度数据的相关功能已经实现，现对上述的系统进一步优化，结合Arduino、树莓派和阿里云平台实现智慧农业系统的搭建，所需要的主要器件和设备如图8-75所示，包括Raspberry Pi 3 Model B树莓派、Arduino UNO板、面包板、风扇、DHT11温湿度传感器、光敏传感器、土壤湿度传感器、LED灯、水泵、LED灯、杜邦线、USB电源线等，电路连接图如图8-76所示。

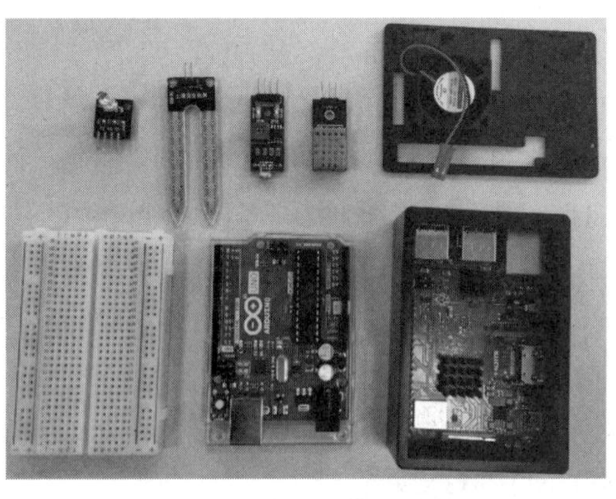

图8-75　阿里云数据展示

视 频

基于Arduino和树莓派智慧农业环境监控系统

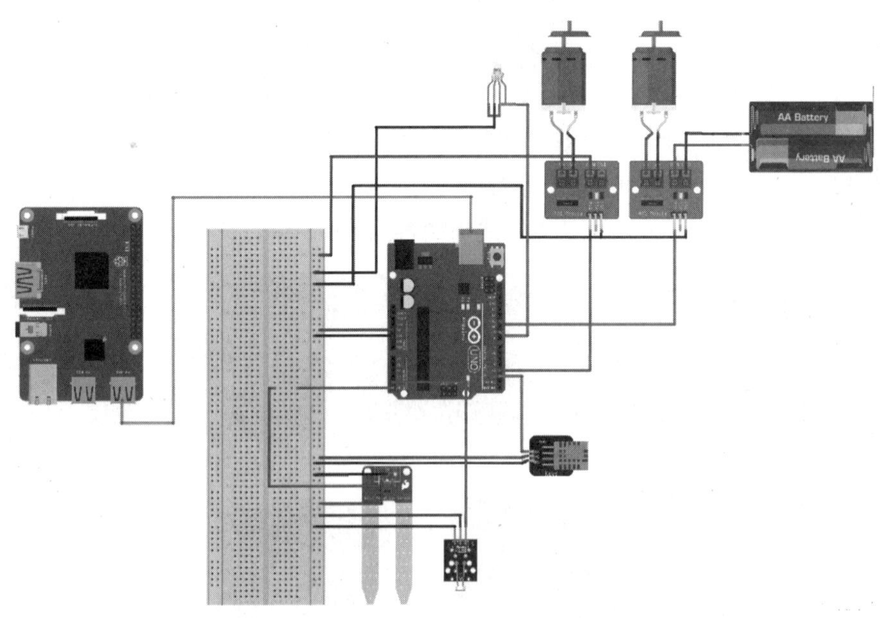

图8-76　电路连接图

本例中设计的智慧农业系统，主要功能目标包括：

- 使用Arduino UNO板收集各类传感器采集的数据，通过树莓派上传到物联网平台；
- 使用阿里云物联网平台下发数据指令，通过树莓派操控Arduino，控制水泵、风扇、LED

灯等设备器件；

- 通过在Arduino UNO板中设定阈值，实现智能控制和场景模拟操作；
- 使用手机端APP接入阿里云物联网平台实现对系统的整体控制。

图8-77　实物连接图

实物连接图如图8-77所示。

引脚连接说明：

- DHT11温湿度传感器如图8-78（a）所示，其OUT引脚连接Arduino UNO的2号引脚，正极引脚连接5V和负极引脚连接Arduino UNO的GND。
- 光敏传感器如图8-78（b）所示，其AO引脚连接Arduino UNO的A4引脚，VCC引脚连接5V和GND引脚连接Arduino UNO的GND。
- 土壤湿度传感器如图8-78（c）所示，其AO引脚连接Arduino UNO的A5引脚，VCC引脚连接5V和GND引脚连接Arduino UNO的GND。
- LED灯模块如图8-78（a）所示，将RGB三个引脚并联，连接Arduino UNO的9号引脚，GND引脚连接Arduino UNO的GND。
- 风扇和水泵如图8-78（c）、（d）所示，两者均采用一款型号为IRF520模块实现电子开关控制，详细连接如图8-79所示，该模块采用PWM信号实现电子开关的功能，其中SIG引脚连接PWM信号，当信号为高电平有效，当PWM为高电平时，V+和V-之间为电源电压，工作指示灯点亮，连接负载工作。当PWM为低电平时，V+和V-之间为0V，工作指示灯熄灭，连接负载不工作。本例中水泵IRF520模块的SIG引脚Arduino UNO的3号引脚，风扇IRF520模块的SIG引脚Arduino UNO的11号引脚。

Arduino UNO的供电通过一个USB连接线与树莓派的USB口进行连接，从而提供正常供电。

（a）DHT11温湿度传感器

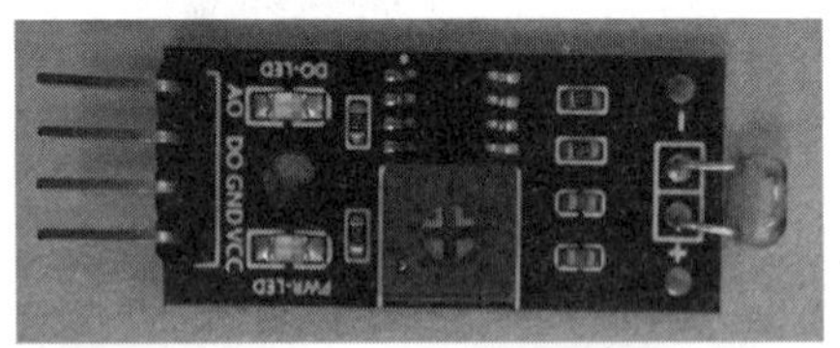

（b）光敏传感器

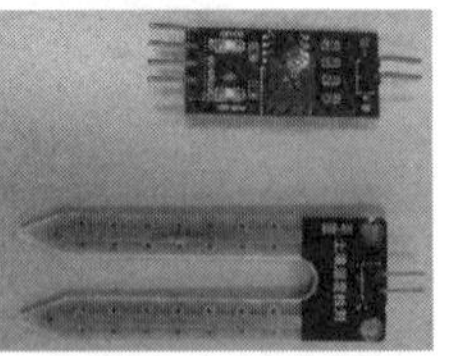

（c）土壤湿度传感器

（d）LED灯

（e）IRF520模块

（f）风扇

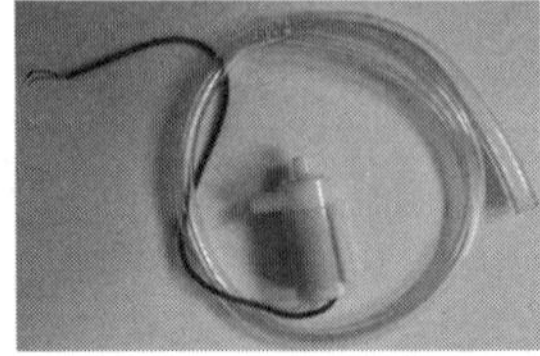

（g）水泵

图8-78　器件实物

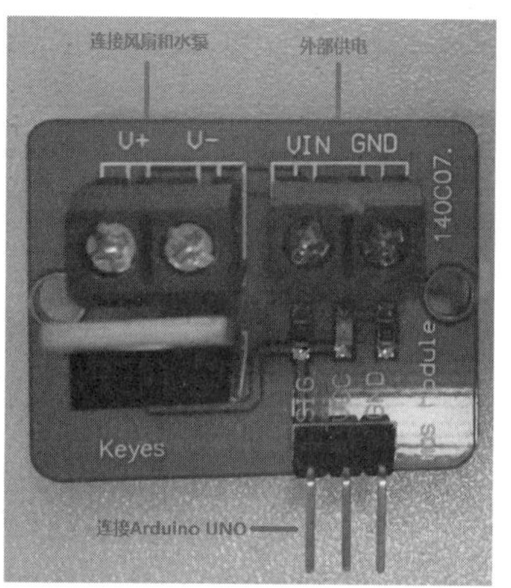

图 8-79　IRF520 模块详细连接

完成了硬件系统连接后，就可以在阿里云物联网平台上创建对应项目、产品和设备了，并可以利用平台提供了公版APP功能，创建属于自己的APP项目，具体步骤如下：

（1）首先登录阿里云，选择导航栏中的产品，选择“物联网IoT”→“生活物联网平台（飞燕）”选项，如图8-80所示，在之前章节中介绍过阿里云共提供了两款物联网平台，其一是企业物联网平台，其二是生活物联网平台（飞燕），生活物联网平台提供了设备接入能力、移动端的SDK以及免开发的公版APP和界面，更适用于消费级的智能设备开发者。

（2）进入生活物联网平台（飞燕）的管理控制台，创建新项目，输入项目名称，选择“自有品牌项目”选项，单击“确定”按钮完成创建，如图8-81所示。

图 8-80　生活物联网平台（飞燕）

图 8-81　创建项目

（3）项目创建完成后，就可以开始创建产品，单击“创建新产品”按钮，在其中输入产品的名称、所属品类、节点类型、是否接入网关、连网方式、数据格式，是否使用ID2认证等内容，单击“确定”按钮完成创建，如图8-82所示。

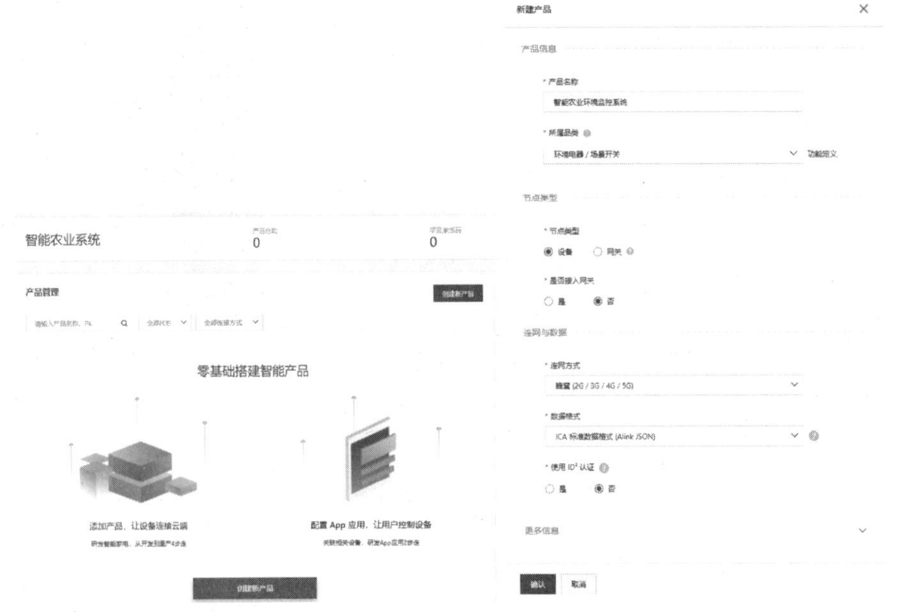

图8-82　创建产品

（4）产品创建后需要进行功能定义，选择自定义功能，添加功能，如图8-83所示，在其中根据实际的应用设计进行功能定义，平台已经为用户提供了模板，如图8-84所示，当功能名称中输入土壤湿度、光照强度和大棚空气温度后，默认的标识符、数据类型等内容就会自动被填充，用户可以在模板的基础上再次进行修改，如修改取值范围、步长、单位等，其中功能的标识符非常重要，上传的数据必须与添加功能时定义的数据类型、标识符保持一致。由于本例中所涉及的功能较多，因此完整的自定义功能如图8-85所示。单击“下一步”按钮继续。

（5）在人机交互界面，选择使用公版APP控制产品，并分别对产品展示、分享方式、设备面板等内容进行设置，如图8-86所示。

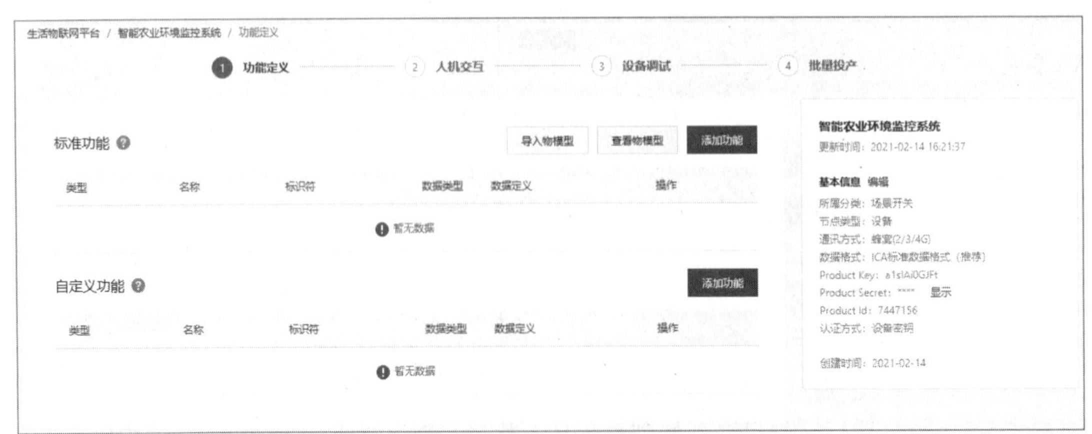

图8-83　自定义功能

图 8-84　功能详情

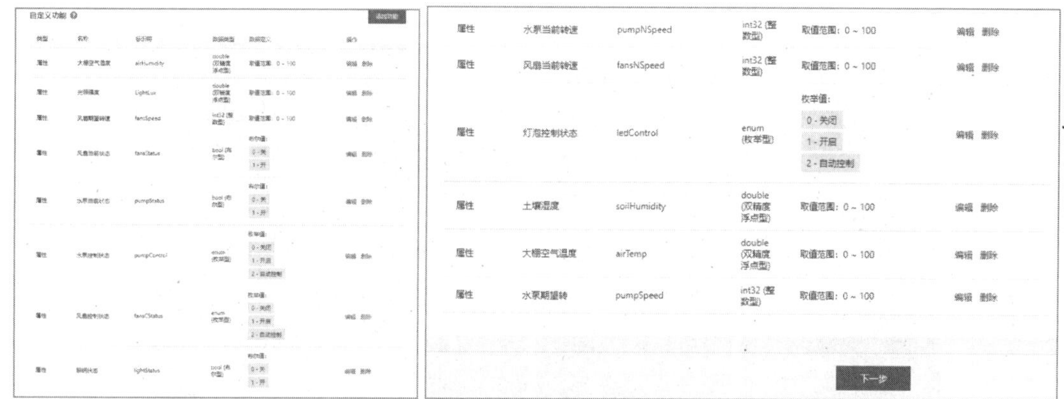

图 8-85　完整自定义功能

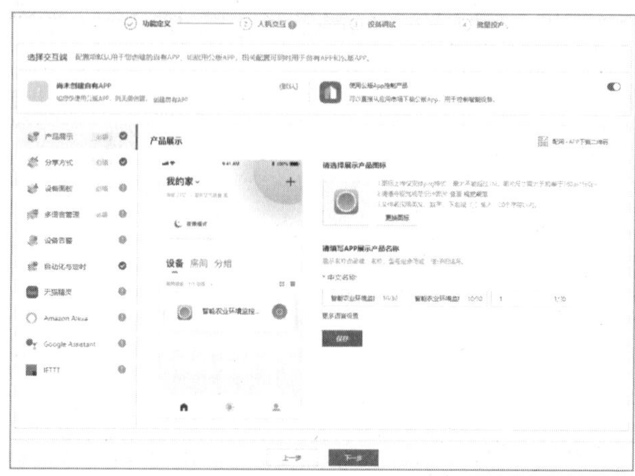

图 8-86　人机交互

（6）选择设备面板，开始进行面板的设计，创建面板，编辑界面左侧包括功能、信息、系统、导航、图形和图表等内容，用户可以根据模板创建相关应用，右侧为属性设置区域，可以单击每个应用修改其属性，如图8-87所示。本案例中共包括4个基础的界面，分别是状态总览、通风系统、灌溉系统和照明系统，如图8-88所示，完成后单击“下一步”按钮进入设备调试界面。

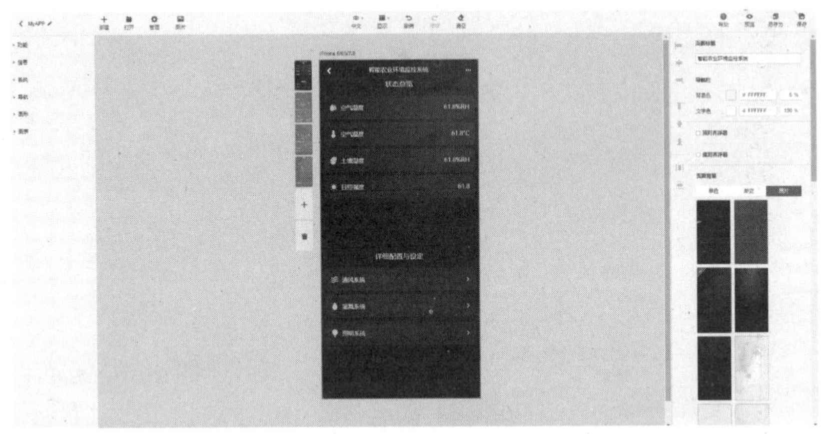

图8-87　界面设置

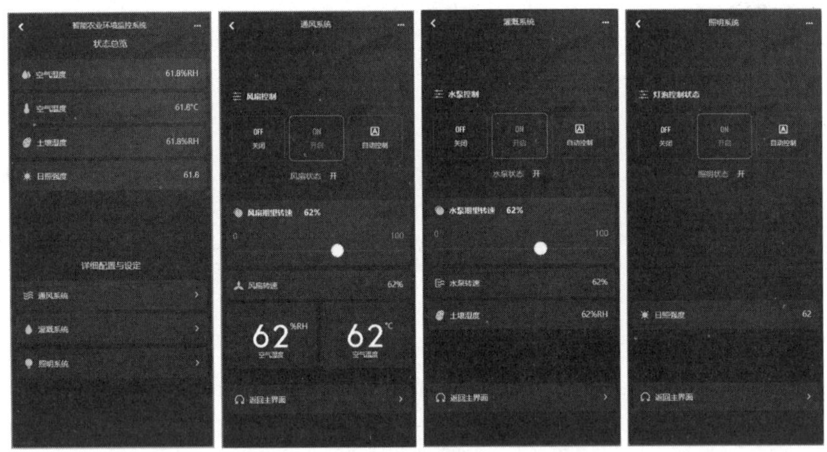

图8-88　主要界面

（7）在设备调试界面，单击屏幕下方的“新增测试设备”按钮，添加设备，如图8-89所示，输入DeviceName，即可完成设备的添加。

图8-89　新增测试设备

（8）单击“新增测试设备”按钮，查看设备详情，在详细信息页面可以查看设备的三元组，即 ProductKey、DeviceName、Deviceecret，用户需要保存此信息用于后续树莓派上传数据连接，如图 8-90 所示。

设备详情

Raspberry-Pi 离线

产品　智能农业环境监控系统　　ProductKey: a1R5GAJCIVI 复制　　DeviceSecret ******** 复制

设备信息　Topic列表　运行状态　事件管理　服务调用　设备影子　文件管理　日志服务　在线调试

设备信息

产品名称	智能农业环境监控系统	ProductKey	a1R5GAJCIVI 复制	区域	华东2（上海）
节点类型	设备	DeviceName	Raspberry-Pi 复制	DeviceSecret	******** 复制
备注名称	编辑	IP地址	114.85.140.207	固件版本	-
添加时间	2020/09/10 16:14:06	激活时间	2020/09/10 16:14:33	最后上线时间	2020/12/24 08:49:05
当前状态	离线	实时延迟	测试		

图 8-90　设备详情

（9）完成设备调试后，就可以进行批量投产了，用户可以首先确认产品基本信息，并在批量生产发布产品区域，勾选“我充分了解并同意《开发者须知》和《授权协议》”单选按钮，并完成发布。完成发布后，用户可以单击“配网 +App 下载二维码”，在下方输入树莓派的 DeviceName 即可生成二维码，该二维码可以下载阿里云公版 APP 同时进行配网，如图 8-91 所示。

图 8-91　批量生产

（10）用户扫描二维码并下载 APP 后就可以查看基本界面，但由于树莓派、Arduino UNO 板未完成设计，因此界面会显示离线，如图 8-92 所示。

（11）完成了阿里云相关配置后，就可以进行Arduino UNO板的编程工作，Arduino UNO板主要执行的工作是各类传感器的采集和处理工作，首先连接计算机和Arduino UNO板，编写程序代码，并烧录，如图8-93所示。

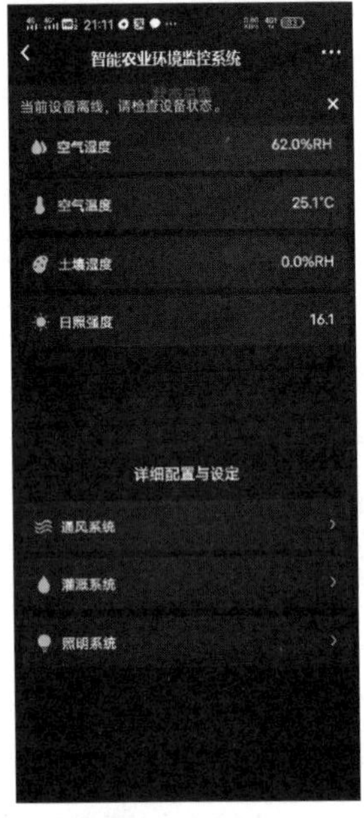

图8-92　APP界面

图8-93　APP界面

Arduino源码：

```
#include <DHT.h>
#include <DHT_U.h>
#define SOIL_HUMIDITY_IN_APIN A5
#define LIGHT_IN_APIN A4
#define DHT11_IN_PIN 2
#define LED_OUT_PIN 9
#define PUMP_CONTROL_OUT_PIN 3
#define FANS_CONTROL_OUT_PIN 11
DHT dht(DHT11_IN_PIN, DHT11);
double air_humidity = 0;
double air_temperature = 0;
double soil_humidity = 0;
double light_intensity = 0;
int pump_speed = 200;
int pump_nspeed = 0;
int fans_speed = 200;
int fans_nspeed = 0;
int pump_con_status = 0;
int fans_con_status = 0;
int led_con_status = 2;
boolean pump_status = 0;
boolean fans_status = 0;
boolean led_status = 0;
String comdata = "";
```

```
    void setup()
    {
        Serial.begin(9600);
        pinMode(SOIL_HUMIDITY_IN_APIN, INPUT);
        pinMode(LIGHT_IN_APIN, INPUT);
        pinMode(PUMP_CONTROL_OUT_PIN, OUTPUT);
        dht.begin();
    }
    void loop()
    {
        air_humidity = dht.readHumidity();
        air_temperature = dht.readTemperature();
        soil_humidity = analogRead(SOIL_HUMIDITY_IN_APIN);
        light_intensity = analogRead(LIGHT_IN_APIN);

        pump_con_status = setAliControlPumpStatus(comdata, pump_con_status);
        fans_con_status = setAliControlFansStatus(comdata, fans_con_status);
        led_con_status = setAliControlLEDStatus(comdata, led_con_status);
        pump_speed = setAliControlPumpSpeed(comdata, pump_speed);
        pump_nspeed = startPump(pump_speed, pump_nspeed, pump_con_status);
        fans_speed = setAliControlFansSpeed(comdata, fans_speed);
        fans_nspeed = startFans(fans_speed, fans_nspeed, fans_con_status);
        led_status = contorlLED(light_intensity, led_con_status);
        comdata = "";
        sendMessage(air_humidity, air_temperature, soil_humidity, pump_con_status, pump_
status, pump_speed, pump_nspeed, light_intensity, led_con_status, led_status);
        delay(3000);
    }
    void serialEvent()
    {
        comdata = "";
        while (Serial.available())
        {
            comdata += char(Serial.read());
            delay(1);
        }
        comdata.trim();
        while (Serial.read() >= 0)
        {
        }
    }
    void sendMessage(double air_humidity, double air_temperature, double soil_
humidity, int pump_con_status, int pump_status, int pump_speed, int pump_nspeed,
double light_intensity, int led_con_status, bool led_status)
    {
        String data = "";
        data += air_humidity;
        data += '#';
        data += air_temperature;
        data += '#';
        data += soil_humidity;
        data += '#';
        data += pump_con_status;
        data += '#';
```

```
    data += pump_status;
    data += '#';
    data += pump_speed;
    data += '#';
    data += pump_nspeed;
    data += '#';
    data += fans_con_status;
    data += '#';
    data += fans_status;
    data += '#';
    data += fans_speed;
    data += '#';
    data += fans_nspeed;
    data += '#';
    data += light_intensity;
    data += '#';
    data += led_con_status;
    data += '#';
    data += led_status;
    Serial.println(data);
    Serial.flush();
}
boolean contorlLED(double light_intensity, int led_con_status)
{
    if (light_intensity > 300 && led_con_status == 2)
    {
        analogWrite(LED_OUT_PIN, 255);
        return 1;
    }
    if (light_intensity <= 300 && led_con_status == 2)
    {
        analogWrite(LED_OUT_PIN, 0);
        return 0;
    }
    if (led_con_status == 1)
    {
        analogWrite(LED_OUT_PIN, 255);
        return 1;
    }
    if (led_con_status == 0)
    {
        analogWrite(LED_OUT_PIN, 0);
        return 0;
    }
}
int startPump(int pump_speed, int pump_nspeed, int pump_con_status)
{
    if (soil_humidity>700 && pump_con_status == 2)
    {
        pump_status = 1;
        if (pump_speed > pump_nspeed)
        {
            while (pump_speed != pump_nspeed)
            {
```

```
                analogWrite(PUMP_CONTROL_OUT_PIN, ++pump_nspeed);
                delay(5);
            }
            pump_nspeed = pump_speed;
        }
        else if (pump_speed < pump_nspeed)
        {
            while (pump_speed != pump_nspeed)
            {
                analogWrite(PUMP_CONTROL_OUT_PIN, --pump_nspeed);
                delay(5);
            }
            pump_nspeed = pump_speed;
        }
        if (pump_speed == pump_nspeed)
        {
            analogWrite(PUMP_CONTROL_OUT_PIN, pump_nspeed);
        }
    }
    if (soil_humidity<=700  && pump_con_status == 2)
    {
        pump_status = 0;
        while (pump_nspeed > 0)
        {
            analogWrite(PUMP_CONTROL_OUT_PIN, pump_nspeed--);
            delay(5);
        }
        pump_nspeed = 0;
    }
    if (pump_con_status == 1)
    {
        pump_status = 1;
        if (pump_speed > pump_nspeed)
        {
            while (pump_speed != pump_nspeed)
            {
                analogWrite(PUMP_CONTROL_OUT_PIN, pump_nspeed++);
                delay(5);
            }
            pump_nspeed = pump_speed;
        }
        if (pump_speed < pump_nspeed)
        {
            while (pump_speed != pump_nspeed)
            {
                analogWrite(PUMP_CONTROL_OUT_PIN, pump_nspeed--);
                delay(10);
            }
            pump_nspeed = pump_speed;
        }
        if (pump_speed == pump_nspeed)
        {
            analogWrite(PUMP_CONTROL_OUT_PIN, pump_nspeed);
        }
```

```
    }
    if (pump_con_status == 0)
    {
        pump_status = 0;
        while (pump_nspeed > 0)
        {
            analogWrite(PUMP_CONTROL_OUT_PIN, pump_nspeed--);
            delay(5);
        }
        pump_nspeed = 0;
    }
    return pump_nspeed;
}
int startFans(int fans_speed, int fans_nspeed, int fans_con_status)
{
    if (air_temperature > 25 && fans_con_status == 2)
    {
        fans_status = 1;
        analogWrite(FANS_CONTROL_OUT_PIN, fans_speed);
        fans_nspeed = fans_speed;
    }
    if (air_temperature <= 25 && fans_con_status == 2)
    {
        fans_status = 0;
        analogWrite(FANS_CONTROL_OUT_PIN, 0);
        fans_nspeed = 0;
    }
    if (fans_con_status == 1)
    {
        fans_status = 1;
        analogWrite(FANS_CONTROL_OUT_PIN, fans_speed);
        fans_nspeed = fans_speed;
    }
    if (fans_con_status == 0)
    {
        fans_status = 0;
        analogWrite(FANS_CONTROL_OUT_PIN, 0);
        fans_nspeed = 0;
    }
    return fans_nspeed;
}
int setAliControlLEDStatus(String data, int led_con_status)
{
    if (data.equals("LL") == 1)
    {
        return 0;
    }
    if (data.equals("LH") == 1)
    {
        return 1;
    }
    if (data.equals("LA") == 1)
    {
        return 2;
```

```
    }
    if (data == "")
    {
        return led_con_status;
    }
}
int setAliControlPumpStatus(String data, int pump_con_status)
{
    if (data.equals("PL") == 1)
    {
        return 0;
    }
    if (data.equals("PH") == 1)
    {
        return 1;
    }
    if (data.equals("PA") == 1)
    {
        return 2;
    }
    if (data == "")
    {
        return pump_con_status;
    }
}
int setAliControlPumpSpeed(String data, int pump_speed)
{
    int ps = 0;
    String int_data = "";
    if (data.startsWith("PS") == 1)
    {
        int_data = data.substring(2);
        int_data.trim();
        ps = int_data.toInt();
        if (ps >= 0 && ps <= 255)
        {
            return ps;
        }
        else if (ps > 255)
        {
            return 255;
        }
        else if (ps < 0)
        {
            return 0;
        }
    }
    if (data == "")
    {
        return pump_speed;
    }
}
int setAliControlFansStatus(String data, int fans_con_status)
{
```

```
        if (data.equals("FL") == 1)
        {
            return 0;
        }
        if (data.equals("FH") == 1)
        {
            return 1;
        }
        if (data.equals("FA") == 1)
        {
            return 2;
        }
        if (data == "")
        {
            return fans_con_status;
        }
    }
    int setAliControlFansSpeed(String data, int fans_speed)
    {
        int fs = 0;
        String int_data = "";
        if (data.startsWith("FS") == 1)
        {
            int_data = data.substring(2);
            int_data.trim();
            fs = int_data.toInt();
            if (fs >= 0 && fs <= 255)
            {
                return fs;
            }
            else if (fs > 255)
            {
                return 255;
            }
            else if (fs < 0)
            {
                return 0;
            }
        }
        if (data == "")
        {
            return fans_speed;
        }
    }
```

（12）完成了Arduino UNO板的相关配置后，就可以进行树莓派的相关设置了，首先进行软件源更新，方便后续软件的更新，打开终端，输入如下命令：sudo nano /etc/apt/sources.list。

清空sources.list文件中的所有内容，并输入以下内容，如图8-94所示。

```
    deb http://mirrors.tuna.tsinghua.edu.cn/raspbian/raspbian/ buster main non-free contrib
    deb-src http://mirrors.tuna.tsinghua.edu.cn/raspbian/raspbian/ buster main non-free contrib
```

图 8-94　更改软件源

再次输入命令sudo nano /etc/apt/etc/apt/sources.list.d/raspi.list，清空原有内容，并输入以下内容：deb http://mirrors.tuna.tsinghua.edu.cn/raspberrypi/ buster main ui，使用【Ctrl+O】组合键保存，并使用【Ctrl+X】组合键退出，如图 8-95 所示。

图 8-95　更新raspi.list文件

完成软件源更新后，直接在终端中输入命令：sudo apt-get update更新软件源列表，如图 8-96 所示。

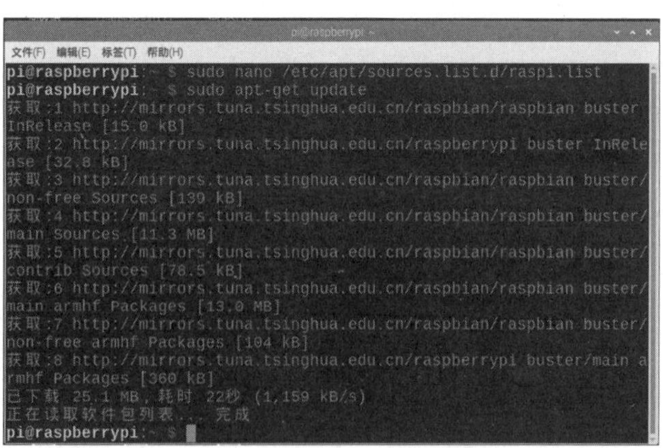

图 8-96　更新软件源列表

（13）完成软件源的相关更新后，就可以开始下载阿里云IoT套件了，在终端中输入以下命令开始下载安装：pip install aliyun-python-sdk-iot-client；如图 8-97 所示。

（14）安装完对应套件后，就可以开始进行Python程序的编写了，其中有两个区域需要特别注意，其一是程序代码中的设备三元组必须跟阿里云中的设备三元组保持一致。其二是上传数据的

Json格式，左侧字符串要求与阿里云物联网创建的功能标识符必须保持一致，具体如图8-98所示。

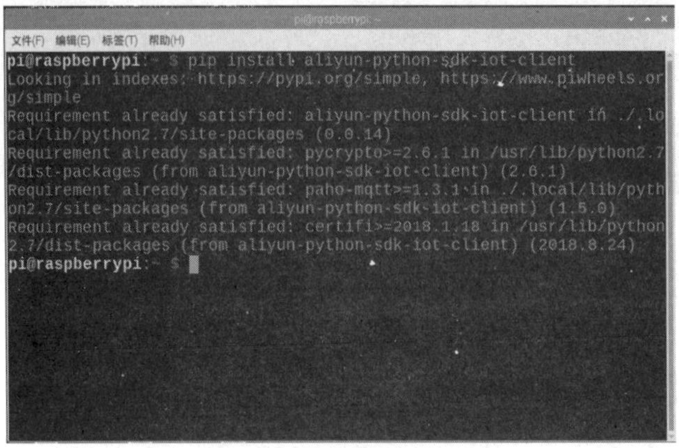

```
文件(F) 编辑(E) 标签(T) 帮助(H)
pi@raspberrypi:~ $ pip install aliyun-python-sdk-iot-client
Looking in indexes: https://pypi.org/simple, https://www.piwheels.or
g/simple
Requirement already satisfied: aliyun-python-sdk-iot-client in ./.lo
cal/lib/python2.7/site-packages (0.0.14)
Requirement already satisfied: pycrypto>=2.6.1 in /usr/lib/python2.7
/dist-packages (from aliyun-python-sdk-iot-client) (2.6.1)
Requirement already satisfied: paho-mqtt>=1.3.1 in ./.local/lib/pyth
on2.7/site-packages (from aliyun-python-sdk-iot-client) (1.5.0)
Requirement already satisfied: certifi>=2018.1.18 in /usr/lib/python
2.7/dist-packages (from aliyun-python-sdk-iot-client) (2018.8.24)
pi@raspberrypi:~ $
```

图8-97　下载阿里云套件

```
options = {
    'productKey':'a1R5GAJCIVI',
    'deviceName':'Raspberry-Pi',
    'deviceSecret':'186f376ca4a18e5c06075256758c0f13',
    'regionId':'cn-shanghai'
}
```

```
try:
    payload_json = {
                'id': int(time.time()),
                'params': {
                'airTemp': airTemperature,
                'airHumidity': airHumidity,
                'soilHumidity': soilHumidity,
                'LightLux' : LightIn,
                'pumpControl': pumpCStatus,
                'pumpStatus': pumpStatus,
                'pumpNSpeed': int((pumpNSpeed/255.0)*100),
                'pumpSpeed' : int((pumpSpeed/255.0)*100),
                'fansCStatus' : fansCStatus,
                'fansStatus' :  fansStatus,
                'fansNSpeed' : int((fansNSpeed/255.0)*100),
                'fansSpeed' : int((fansSpeed/255.0)*100),
                'ledControl' : ledCStatus,
                'lightStatus' : ledStatus

                },
                'method': "thing.event.property.post"
```

图8-98　三元组及标识符

Python源代码如下：

```
import pyfirmata
import time
import paho.mqtt.client as mqtt
import time
import hashlib
import hmac
import random
import json
import multiprocessing
import serial
import types
options = {
    'productKey':'a1R5GAJCIVI',
    'deviceName':'Raspberry-Pi',
```

```
        'deviceSecret':'186f376ca4a18e5c06075256758c0f13',
        'regionId':'cn-shanghai'
    }
    HOST = options['productKey'] + '.iot-as-mqtt.'+options['regionId']+'.aliyuncs.com'
    PORT = 1883
    PUB_TOPIC = "/sys/" + options['productKey'] + "/" + options['deviceName'] + "/
thing/event/property/post";
    #arduino
    try:
        ser = serial.Serial('/dev/ttyACM0', 9600,timeout=1);
    except:
        pass
    # The callback for when the client receives a CONNACK response from the server.
    def on_connect(client, userdata, flags, rc):
        print("Connected with result code "+str(rc))
        client.subscribe("the/topic")
    # The callback for when a PUBLISH message is received from the server.
    def on_message(client, userdata, msg):
        setjson = json.loads(msg.payload)
        strsetjson = str(setjson)
        if(strsetjson.find("pumpControl") != -1):
            PCS = setjson['params']['pumpControl']
            if(PCS == 0):
                ser.write("PL")
            if(PCS == 1):
                ser.write("PH")
            if(PCS == 2):
                ser.write("PA")

        if(strsetjson.find("fansCStatus") != -1):
            FCS = setjson['params']['fansCStatus']
            if(FCS == 0):
                ser.write("FL")
            if(FCS == 1):
                ser.write("FH")
            if(FCS == 2):
                ser.write("FA")

        if(strsetjson.find("ledControl") != -1):
            LC = setjson['params']['ledControl']
            if(LC == 0):
                ser.write("LL")
            if(LC == 1):
                ser.write("LH")
            if(LC == 2):
                ser.write("LA")

        if(strsetjson.find("pumpSpeed") != -1):
            PS = setjson['params']['pumpSpeed']
            PS = int((PS/100.0)*255)
            if(PS>=0 and PS<=255):
                ser.write("PS"+str(PS))

        if(strsetjson.find("fansSpeed") != -1):
```

```
            FS = setjson['params']['fansSpeed']
            FS = int((FS/100.0)*255)
            if(FS>=0 and FS<=255):
                ser.write("FS"+str(FS))

    def hmacsha1(key, msg):
        return hmac.new(key.encode(), msg.encode(), hashlib.sha1).hexdigest()
    def getAliyunIoTClient():
        timestamp = str(int(time.time()))
        CLIENT_ID = "paho.py|securemode=3,signmethod=hmacsha1,timestamp="+timestamp+"|"
        CONTENT_STR_FORMAT = "clientIdpaho.pydeviceName"+options['deviceName']+"pr
oductKey"+options['productKey']+"timestamp"+timestamp
        # set username/password.
        USER_NAME = options['deviceName']+"&"+options['productKey']
        PWD = hmacsha1(options['deviceSecret'],CONTENT_STR_FORMAT)
        client = mqtt.Client(client_id=CLIENT_ID, clean_session=False)
        client.username_pw_set(USER_NAME, PWD)
        return client

    def worker(client):
        topic = '/sys/'+options['productKey']+'/'+options['deviceName']+'/thing/event/
property/post'
        while True:
            data = ser.readline().strip('\n\r');# read a string from port

            try:
                key= ['airHumidity','airTemperature','soilHumidity','pumpCStatus',
'pumpStatus','pumpSpeed','pumpNSpeed','fansCStatus','fansStatus','fansSpeed','fans
NSpeed','lightIn','ledCStatus','ledStatus']
                value = data.split("#",13)                # Split string with '#'
                dict_data = dict(zip(key,value))          # Zip dictionary data
            except:
                pass
            # Gets dictionary string data
            strAirTemperature = dict_data.get('airTemperature')
            strAirHumidity = dict_data.get('airHumidity')
            strSoilHumidity = dict_data.get('soilHumidity')
            strPumpCStatus = dict_data.get('pumpCStatus')
            strPumpStatus = dict_data.get('pumpStatus')
            strPumpSpeed = dict_data.get('pumpSpeed')
            strPumpNSpeed = dict_data.get('pumpNSpeed')
            strFansCStatus = dict_data.get('fansCStatus')
            strFansStatus = dict_data.get('fansStatus')
            strFansSpeed = dict_data.get('fansSpeed')
            strFansNSpeed = dict_data.get('fansNSpeed')
            strLightIn = dict_data.get('lightIn')
            strLedCStatus = dict_data.get('ledCStatus')
            strLedStatus = dict_data.get('ledStatus')
            # Initialize variables
            airTemperature = 0                            # Air temperature
            airHumidity = 0                               # Air humidity
            soilHumidity = 0                              # Soil humidity
            pumpStatus = 0                                # Pump ON-OFF Status
            pumpSpeed = 0                                 # Pump expect speed
```

```
        pumpNSpeed = 0                              # Pump now speed
        #Conversion typeto match Aliyun
        try:
                if(strAirTemperature!=None and strAirHumidity!=None and
strSoilHumidity!=None and strPumpStatus!=None):
                airTemperature = float(strAirTemperature)
                airHumidity = float(strAirHumidity)
                soilHumidity = round(((1.0-(float(strSoilHumidity)/1023.0))*100) , 2)
                LightIn = round(((1.0-(float(strLightIn)/1023.0))*100) , 2)
                pumpCStatus = int(strPumpCStatus)
                pumpStatus = int(strPumpStatus)
                pumpSpeed = int(strPumpSpeed)
                pumpNSpeed = int(strPumpNSpeed)
                fansCStatus = int(strFansCStatus)
                fansStatus = int(strFansStatus)
                fansSpeed  =int(strFansSpeed)
                fansNSpeed = int(strFansNSpeed)
                ledCStatus = int(strLedCStatus)
                ledStatus = int(strLedStatus)
        except:
            time.sleep(0.1)
            pass
        #Encapsulated json
        try:
            payload_json = {
                        'id': int(time.time()),
                        'params': {
                        'airTemp': airTemperature,
                        'airHumidity': airHumidity,
                        'soilHumidity': soilHumidity,
                        'LightLux' : LightIn,
                        'pumpControl': pumpCStatus,
                        'pumpStatus': pumpStatus,
                        'pumpNSpeed': int((pumpNSpeed/255.0)*100),
                        'pumpSpeed' : int((pumpSpeed/255.0)*100),
                        'fansCStatus' : fansCStatus,
                        'fansStatus' :  fansStatus,
                        'fansNSpeed' : int((fansNSpeed/255.0)*100),
                        'fansSpeed' : int((fansSpeed/255.0)*100),
                        'ledControl' : ledCStatus,
                        'lightStatus' : ledStatus
                        },
                        'method': "thing.event.property.post"
                }
            print('send data to iot server: ' + str(payload_json))
            client.publish(topic, payload=str(payload_json))
            time.sleep(3)
        except:
            time.sleep(0.1)
            pass
if __name__ == '__main__':
    time.sleep(0.5)
    client = getAliyunIoTClient()
    client.on_connect = on_connect
```

```
    client.on_message = on_message
    client.connect(HOST, 1883, 300)
    p = multiprocessing.Process(target=worker, args=(client,))
    p.start()
    client.loop_forever()
```

（15）完成代码编写后，就可以单击“运行”或“查看”文件按钮，执行代码，系统会弹出终端，显示相关数据，如图8-99所示，如果上传数据显示正确就可以前往阿里云平台和手机端APP查看相关数据，并可以使用手机端APP尝试控制各类器件，如图8-100所示。

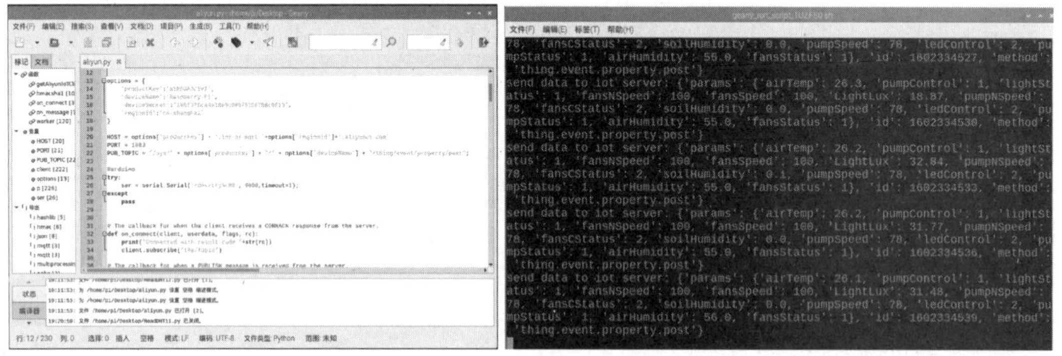

图8-99　执行Python程序

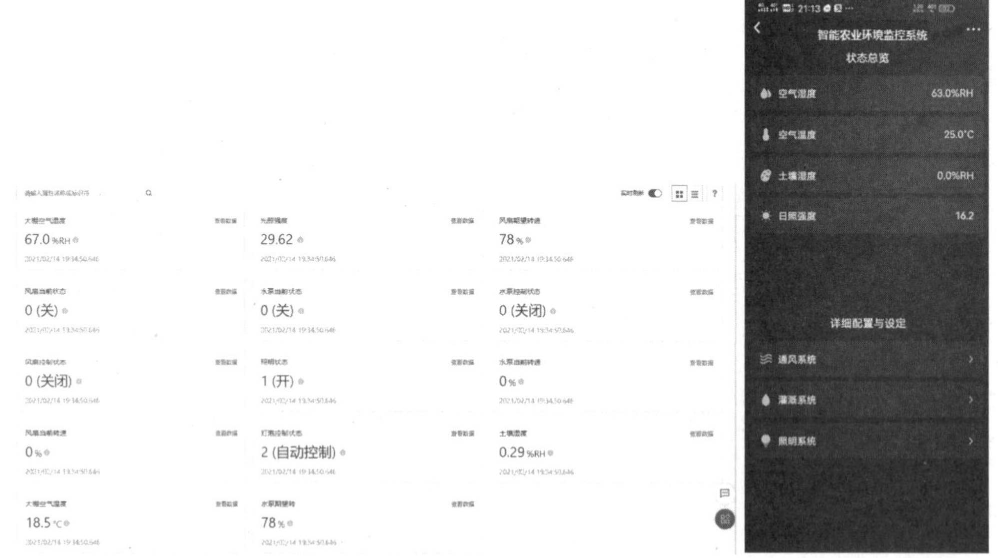

图8-100　执行结果

至此，基于Arduino UNO板、树莓派和阿里云平台的智慧农业环境监控系统就全部完成了，通过相关传感器采集数据，并通过Arduino UNO板进行汇聚，使用树莓派进行上传阿里云，使用阿里云物联网平台（飞燕）进行产品、设备创建，利用公版APP实现手机端APP的设计和制作，最终实现整体的数据显示和器件控制。大体模拟了智慧农业环境监控系统的基本功能，用户也可以在此基础上开发更多的应用，为物联网智慧农业的应用提供更多的可能性。

习　题

一、选择题

1.《2018智慧农业发展研究报告——新科技驱动农业变革》报告中提出，为了提高农作物的产量，主要需要获得四个方面的基础数据，分别是土地土壤数据、__________、气候气象数据和农作物数据。

A. 视频监控数据　　B. 病虫害数据

C. 市场需求数据　　D. 农产品微生物菌群数据

2. 智慧农业中会使用大量的各类传感器，常见的传感器包括土壤温湿度传感器、风向传感器、光照传感器、__________。

A. 二氧化碳传感器　　B. 人体感应传感器

C. 火焰传感器　　D. 震动传感器

3. 树莓派（Raspberry Pi）是一款基于ARM的单板计算机，目前最新版本是__________。

A. 树莓派B+　　B. 树莓派3A+

C. 树莓派4B　　D. 树莓派Zero

4. 以下__________软件可以进行树莓派的远程图形界面连接。

A. Putty　　B. WINSCP

C. SecureCRT　　D. VNC Viewer

5. IRF520模块的作用主要是__________。

A. 稳压电源　　B. 电子开关

C. 数据采集　　D. 自动控制

二、判断题

1. 智慧农业的定义是利用物联网、人工智能、大数据等现代信息技术与农业进行深度融合，实现农业生产全过程的信息感知、精准管理和智能控制的一种全新的农业生产方式，可实现农业可视化诊断、远程控制以及灾害预警等功能。（　　）

2. 2020年中央一号文件提出，实施农业关键核心技术攻关行动，推动包括智慧农业在内的一系列领域自主创新。（　　）

3. 树莓派终端中输入命令sudo raspi-config，可以开启配置界面。（　　）

三、简答题

1. 简述智慧农业大棚一般包括哪几个系统。

2. 简述树莓派Raspberry Pi 3 Model B和Raspberry Pi 4 Model B的芯片组信号。

参 考 文 献

[1] 黄玉兰. 物联网射频识别（RFID）核心技术教程[M]. 北京：人民邮电出版社，2016.
[2] 崔艳荣，周贤善. 物联网概述[M]. 北京：清华大学出版社，2014.
[3] 吴功宜，吴英. 物联网工程导论[M]. 北京：机械工业出版社，2012.
[4] 陈吕洲. Arduino程序设计基础[M]. 2版. 北京：北京航空航天大学出版社，2017.
[5] 宋楠，韩广义. Arduino开发从零开始学[M]. 北京：清华大学出版社，2014.
[6] 西蒙•蒙克. Arduino编程从零开始使用C和C++[M].2版. 北京：清华大学出版社，2018.
[7] 黄焕林，丁昊. Arduino电子设计：创意案例版[M]. 北京：机械工业出版社，2018.
[8] 罗素，杜伦. 物联网安全[M]. 北京：机械工业出版社，2018.
[9] 刘克生. WiFi模块开发入门与应用实例[M]. 北京：化学工业出版社，2020.
[10] 何福贵. 创客机器人实战：基于Arduino和树莓派[M]. 北京：机械工业出版社，2018.
[11] 李永华. Arduino项目开发智能控制[M]. 北京：清华大学出版社，2019.
[12] 李永华. Arduino案例实战（卷VII）[M]. 北京：清华大学出版社，2018.
[13] 安翔. 物联网Python开发实战[M]. 北京：电子工业出版社，2018.
[14] 余智豪，余泽龙. 树莓派趣学实战100例[M]. 北京：清华大学出版社，2020.
[15] 王欣，王文兵. Python基础教程[M]. 北京：人民邮电出版社，2018.